科技大讲堂丛书

现代图像处理与应用

洪汉玉　李璇　时愈　章秀华 ◎ 编著

清华大学出版社
北京

内 容 简 介

本书系统地讨论了现代图像处理的基本概念和代表性方法,包括图像的基本概念、图像处理的基本步骤及典型系统;图像的基本运算、图像插值、图像变换等实用基础算法以及图像增强、图像分割、特征提取、图像统一复原、图像配准与融合等现代图像处理技术。同时,本书涵盖了作者及其团队在重大科研项目中取得的科研成果以及在解决实际工程问题中取得的科技创新成果,包括复杂条件下的目标检测与识别、图像几何校正与拼接、三维重建与测量等。全书的整体内容安排力求在满足系统性和科学性的基础上,紧密结合实际应用需求,并覆盖部分当前研究前沿。

本书可以作为高等院校自动化、计算机等相关专业高年级本科生和研究生学习图像处理的教材,也可以供计算机信息处理、机器视觉、控制科学等各领域中从事图像处理相关工作的广大科技人员和高校师生参考。

版权所有,侵权必究。举报:010-62782989,beiqinquan@tup.tsinghua.edu.cn。

图书在版编目(CIP)数据

现代图像处理与应用 / 洪汉玉等编著. -- 北京:清华大学出版社,2025.5. --(清华科技大讲堂丛书). -- ISBN 978-7-302-68797-9

Ⅰ. TP391.413

中国国家版本馆 CIP 数据核字第 20252AT419 号

责任编辑:赵 凯 张爱华
封面设计:刘 键
责任校对:郝美丽
责任印制:刘 菲

出版发行:清华大学出版社
    网 址:https://www.tup.com.cn,https://www.wqxuetang.com
    地 址:北京清华大学学研大厦 A 座 邮 编:100084
    社 总 机:010-83470000 邮 购:010-62786544
    投稿与读者服务:010-62776969,c-service@tup.tsinghua.edu.cn
    质量反馈:010-62772015,zhiliang@tup.tsinghua.edu.cn
    课件下载:https://www.tup.com.cn,010-83470236
印 装 者:涿州市般润文化传播有限公司
经 销:全国新华书店
开 本:185mm×260mm 印 张:21.25 字 数:520 千字
版 次:2025 年 6 月第 1 版   印 次:2025 年 6 月第 1 次印刷
印 数:1~2500
定 价:99.00 元

产品编号:100993-01

前　言

本书是为学习现代图像处理技术,从事复杂场景图像处理,动态目标检测、识别及其应用系统开发,三维物体检测和测量等方面研究的本科生、研究生,以及科技人员而写的。本书以实践创新为导向,在介绍现代图像处理基本概念和知识的基础上,对国内外先进的图像处理新技术、新方法和新理论进行了梳理,总结了作者近年来从事现代图像处理的研究成果和科技创新案例,意在促进现代图像处理新思想和新技术的应用和传播。

随着信息新技术的飞速发展和硬件水平的不断提升,机器视觉已然在工业、农业、军事、航天、交通、安全、科研等领域中得到了广泛的应用。现代图像处理技术是机器视觉的重要组成部分,是一门理论和技术发展十分迅速、应用十分广泛的交叉性前沿学科,它的理论、方法、技术是在自然场景和复杂条件下机器视觉系统实现自动化、智能化的基础。本书是一本传播现代图像处理先进方法及其应用的教材,扎根于基础,拓展至应用,创新性突出、内容丰富、叙述详细、深入浅出、通俗易懂、可读性强。

本书在前 7 章主要介绍了数字图像的基础知识,以及图像变换、图像增强、图像分割、特征提取、图像统一复原等实用的图像处理技术。在详细阐述图像处理技术基本理论的基础上,建立了一套先进的现代图像处理技术理论和方法,总结了相应的模型、算法及其所能解决的问题,克服了传统图像处理方法的局限性,传播了现代图像处理的先进知识。同时,本书具有很强的应用导向,在后 5 章,重点介绍了作者团队在重大科研项目中取得的科研成果,以及在解决实际工程问题中取得的科技创新成果,其中主要论述了复杂条件下实现图像处理、目标检测与识别、三维检测和测量的理论、方法与技术问题,并提供了工程案例中涉及的图像处理算法及程序代码,为现代图像处理技术在工程上的具体应用打开了快速通道。

本书采用图文并茂的方式对大量实际图像的处理结果进行生动有趣的展示,使读者进一步明确图像处理的先进方法在社会生产领域的重要价值和用途,主要突出了图像处理与应用的时代背景需求。传统的图像处理方法解决不了当今人工智能技术发展所遇到的图像处理问题,这就需要改变人们对图像处理技术的认识,需要阐述现代图像处理先进的理论和方法。在此基础上,本书以生产线钢坯字符检测识别、路面缺陷和道路异物三维检测等重要课题为实例,研究了动态条件下的图像预处理、背景抑制与兴趣区域提取、目标检测、目标识别算法;以生产过程的动目标产品检测识别和三维测量为实例,进行了图像与图形之间的关联研究及目标的图形建模研究,提出了基于图像离散信息与图形几何关系保拓扑结构映射的图像图形集成分析方法,拓展了现代图像处理方法与计算机图形学处理技术集成的科学发展新思想。国际学术界很重视三维目标检测识别的研究,作者在澳大利亚和韩国期间对涉及的三维多视点目标图像去模糊和目标的三维细化等有关三维检测识别的算法进行了深入研究,与之相关的算法及成果在本书也进行了阐述。

国家自然科学基金面上项目（No.62171329）、武汉市科技局知识创新专项（No.2022010801010351；No.2023010201010143）及有关行业资助项目等支撑了本书涉及的研究工作。同时，本书的出版得到了武汉工程大学教材出版项目的资助。作者在此表示衷心的感谢。

中船重工集团有限公司第七一九研究所为本书涉及的舰船舷号识别工作提供了大量试验图像；交通运输部公路科学研究院、国家道路与桥梁工程检测设备计量站在本书所涉及的路面缺陷、道路异物三维检测技术研发工作中提供了测试场地、特种装置、专业测试与鉴定等合作，在此一并表示真诚的感谢。

本书由洪汉玉总体负责编著，第1章由时愈、洪汉玉、黄丽坤编写，第2章由李璇、洪汉玉编写，第3章由时愈、张耀宗编写，第4章由李璇、吴锦梦编写，第5章由李璇、洪汉玉编写，第6章由洪汉玉、时愈编写，第7章由陈艳菲编写，第8章由洪汉玉、章秀华编写，第9章由马雷编写，第10章由章秀华、朱映编写，第11章由洪汉玉、朱映、章秀华、叶亮编写，第12章由洪汉玉、章秀华、叶亮编写；另外，田克耘、牛屯等研究生参与了部分写作与整理工作。在编写本书过程中参考了大量的文献，在此对这些文献的作者表示诚挚的感谢。

由于作者水平有限，书中难免存在疏漏之处，殷切希望读者批评指正。

洪汉玉

2025年5月于武汉

目　录

第1章	绪论	1
1.1	视觉和图像的关系	2
1.1.1	视觉感知结构	2
1.1.2	人眼的调节以及人眼中图像的形成	3
1.2	数字图像的基本概念	4
1.2.1	图像的分类	4
1.2.2	图像的采样和量化	5
1.2.3	图像像素间的基本关系	9
1.2.4	数字图像的分辨率和深度	12
1.3	数字图像处理的基本步骤	14
1.4	典型的数字图像处理系统	16
第2章	数字图像处理的实用基础算法	19
2.1	图像的基本运算	19
2.1.1	点运算	19
2.1.2	代数运算	19
2.1.3	逻辑运算	22
2.1.4	几何运算	22
2.2	图像插值	31
2.2.1	最近邻插值	32
2.2.2	双线性插值	32
2.2.3	Chebyshev正交多项式插值	35
2.3	图像变换	37
2.3.1	卷积与相关	38
2.3.2	傅里叶变换	41
2.3.3	短时傅里叶变换	42
2.3.4	小波变换	43
2.3.5	离散余弦变换	45
2.3.6	K-L变换	47
2.4	图像的形态学算法	48

		2.4.1 膨胀和腐蚀	48
		2.4.2 形态学中的细化算法	50
		2.4.3 二维图像细化	51
参考文献			53

第3章 图像增强 ... 55

- 3.1 空间域图像增强 ... 55
  - 3.1.1 灰度变换 ... 55
  - 3.1.2 直方图处理 ... 58
  - 3.1.3 图像平滑 ... 62
  - 3.1.4 图像锐化 ... 65
- 3.2 频率域图像增强 ... 68
  - 3.2.1 空间域与频率域的关系 ... 68
  - 3.2.2 低通滤波 ... 70
  - 3.2.3 高通滤波 ... 75
- 3.3 图像去噪 ... 78
  - 3.3.1 遥感成像中的两种常见噪声 ... 78
  - 3.3.2 条带噪声形成机理 ... 79
  - 3.3.3 条带噪声的像面特征 ... 80
  - 3.3.4 遥感成像中随机噪声的建模 ... 80
  - 3.3.5 随机/条带噪声去除方法 ... 80
- 3.4 图像去雾 ... 84
  - 3.4.1 雾天图像的大气散射模型 ... 84
  - 3.4.2 基于暗通道先验的图像去雾 ... 86
  - 3.4.3 基于直方图均衡化的去雾图像偏色校正 ... 89
- 参考文献 ... 91

第4章 图像分割 ... 92

- 4.1 概述 ... 92
- 4.2 阈值分割 ... 93
  - 4.2.1 阈值分割算法 ... 93
  - 4.2.2 全局阈值分割算法 ... 94
  - 4.2.3 局部阈值分割算法 ... 97
- 4.3 边缘检测 ... 97
  - 4.3.1 边缘和边缘检测 ... 97
  - 4.3.2 边缘检测算子 ... 98
  - 4.3.3 霍夫变换检测 ... 105
- 4.4 语义分割 ... 107
  - 4.4.1 语义分割概述 ... 107

4.4.2　语义分割的方法 …………………………………………………… 107
　　4.4.3　语义分割的应用 …………………………………………………… 111
参考文献 ………………………………………………………………………… 113

第 5 章　特征提取 ………………………………………………………………… 115

5.1　图像的特征提取 ……………………………………………………………… 115
5.2　形状特征提取 ………………………………………………………………… 116
5.3　颜色特征提取 ………………………………………………………………… 118
5.4　统计特征提取 ………………………………………………………………… 120
5.5　纹理特征提取 ………………………………………………………………… 121
　　5.5.1　纹理特征的分类 ……………………………………………………… 121
　　5.5.2　图像纹理的主要特性 ………………………………………………… 122
　　5.5.3　图像纹理特征的描述方法 …………………………………………… 123
　　5.5.4　基于灰度共生矩阵的纹理特征提取方法 …………………………… 124
5.6　过零点特征提取 ……………………………………………………………… 126
　　5.6.1　过零点的概念及发展 ………………………………………………… 126
　　5.6.2　过零点不变特性 ……………………………………………………… 127
　　5.6.3　过零点特征在目标检测中的应用 …………………………………… 128
参考文献 ………………………………………………………………………… 129

第 6 章　图像统一复原 …………………………………………………………… 131

6.1　概述 …………………………………………………………………………… 131
6.2　图像复原步骤与质量评价 …………………………………………………… 131
6.3　过渡区提取与区域选择 ……………………………………………………… 136
6.4　点扩散函数计算模型 ………………………………………………………… 137
6.5　空不变模糊图像统一复原 …………………………………………………… 139
6.6　空变模糊图像统一复原 ……………………………………………………… 147
参考文献 ………………………………………………………………………… 150

第 7 章　图像配准与融合 ………………………………………………………… 151

7.1　图像配准 ……………………………………………………………………… 151
　　7.1.1　图像配准的概念 ……………………………………………………… 151
　　7.1.2　图像配准的基本理论 ………………………………………………… 152
　　7.1.3　图像配准的步骤 ……………………………………………………… 154
　　7.1.4　图像配准的一般方法 ………………………………………………… 154
7.2　图像融合概述 ………………………………………………………………… 159
　　7.2.1　图像融合的基本概念 ………………………………………………… 159
　　7.2.2　图像融合的主要研究内容 …………………………………………… 160
　　7.2.3　图像融合的步骤 ……………………………………………………… 162

7.3 图像融合的基本方法 162
　　7.3.1 基于空间域的融合方法 162
　　7.3.2 基于变换域的融合方法 164
　　7.3.3 其他图像融合技术 173
7.4 图像融合评价标准 175
　　7.4.1 主观评价 175
　　7.4.2 客观评价 175
7.5 图像融合的应用 178
　　7.5.1 红外和可见光图像融合 178
　　7.5.2 多聚焦图像融合 182
参考文献 185

第8章 钢坯字符检测识别 187

8.1 复杂光照场景的背景抑制处理 187
　　8.1.1 背景抑制处理方法 187
　　8.1.2 均值漂移抑制背景 188
　　8.1.3 均值漂移与连通域区域特征相结合 190
　　8.1.4 实验结果与分析 190
8.2 基于可分离判据和测量的钢坯图像递归分割算法 191
　　8.2.1 图像分割算法 191
　　8.2.2 递归分割算法的原理及实现 193
　　8.2.3 基于可分离判据和测量的递归分割算法 194
　　8.2.4 字符标定判据 197
　　8.2.5 候选区域的特征方差判据 198
　　8.2.6 字符投影判据与测量 200
　　8.2.7 实验结果与分析 202
8.3 基于智能多代理的复杂场景钢坯字符切分法 205
　　8.3.1 引言 205
　　8.3.2 智能多代理者切分法结构 207
　　8.3.3 基于智能多代理者切分法实现 207
　　8.3.4 实验结果与分析 211
8.4 字符识别的算法研究 214
　　8.4.1 几种常用的识别算法 214
　　8.4.2 模板匹配识别 215
　　8.4.3 电子显示与编码识别 217
　　8.4.4 实验结果与分析 219
　　8.4.5 基于特征及证据理论的复杂场景钢坯字符识别 220
8.5 本章小结 225
参考文献 225

第 9 章　舰船舷号检测识别 ·········· 227

9.1　引言 ·········· 227
9.2　自然场景文本检测识别算法 ·········· 227
9.3　舰船舷号数据库的构建与分析 ·········· 228
9.4　稀疏样本条件下的舰船舷号检测与识别方法 ·········· 229
9.4.1　通用实例分割算法在舷号检测识别中的不足 ·········· 229
9.4.2　固定中心和最大化面积的随机透视变换技术 ·········· 230
9.4.3　渐进式上下文解耦技术 ·········· 232
9.4.4　掩码间扰动抑制技术 ·········· 233
9.5　舰船舷号检测与识别评价标准 ·········· 234
9.6　舰船舷号检测与识别的应用 ·········· 235
9.6.1　定性分析 ·········· 235
9.6.2　定量分析 ·········· 236
参考文献 ·········· 237

第 10 章　图像校正与拼接 ·········· 239

10.1　鱼眼镜头图像校正 ·········· 239
10.1.1　鱼眼镜头简介 ·········· 239
10.1.2　鱼眼图像校正法 ·········· 240
10.2　光学遥感卫星影像几何校正 ·········· 247
10.2.1　卫星影像几何畸变来源及影响 ·········· 247
10.2.2　几何校正模型 ·········· 247
10.2.3　系统几何校正 ·········· 249
10.2.4　正射校正 ·········· 249
10.3　图像拼接 ·········· 249
10.3.1　图像拼接基本流程 ·········· 249
10.3.2　图像拼接的几何基础 ·········· 250
10.3.3　图像配准技术 ·········· 253
10.3.4　图像融合技术 ·········· 260
10.3.5　全景图像拼接结果 ·········· 263
参考文献 ·········· 264

第 11 章　三维点云重建与测量 ·········· 265

11.1　单线结构光三维点云重建与测量 ·········· 265
11.1.1　线结构光三角测量方法 ·········· 265
11.1.2　系统标定 ·········· 267
11.1.3　工件轮廓线提取与平面几何参数测量 ·········· 269
11.1.4　工件三维重建与几何参数测量 ·········· 271

11.2 多线结构光三维点云重建与测量 ... 279

　　11.1.5 系统设计与实现 ... 275

11.2 多线结构光三维点云重建与测量 ... 279
　　11.2.1 引言 ... 279
　　11.2.2 多线结构光三维测量系统模型 ... 279
　　11.2.3 多线结构光匹配重建 ... 281
　　11.2.4 多视角三维点云帧间匹配 ... 285
　　11.2.5 三维点云曲面重建 ... 288
　　11.2.6 系统设计与实现 ... 291

11.3 数字光栅投影三维点云重建与测量 ... 292
　　11.3.1 引言 ... 292
　　11.3.2 光栅投影三维测量系统基本模型 ... 294
　　11.3.3 解包裹相位 ... 295
　　11.3.4 系统标定与三维点云生成 ... 296
　　11.3.5 相对相位校正 ... 297
　　11.3.6 点云滤波处理 ... 298
　　11.3.7 基于点云的三维尺寸测量 ... 299
　　11.3.8 系统与典型应用 ... 300

参考文献 ... 302

第 12 章 路面缺陷和道路异物检测 ... 305

12.1 裂缝检测 ... 305
　　12.1.1 路面病害类别及系统开发环境 ... 306
　　12.1.2 裂缝检测中的图像处理技术 ... 308
　　12.1.3 破损特征提取及破损初步评估 ... 314

12.2 基于路面激光图像的车辙特征检测方法研究 ... 318
　　12.2.1 车辙形成与危害 ... 318
　　12.2.2 车辙特征的提取 ... 318
　　12.2.3 车辙特征提取结果与分析 ... 319

12.3 路面缺陷三维检测 ... 321
　　12.3.1 路面缺陷三维检测需求分析 ... 321
　　12.3.2 基于线激光的三维检测系统 ... 321
　　12.3.3 基于过零点理论的道路表面三维道路缺陷检测 ... 322
　　12.3.4 实验与分析 ... 323

12.4 道路异物三维检测 ... 325

参考文献 ... 327

第1章

绪　论

　　数字图像的最早应用之一是在报纸业。20世纪20年代之前,横跨大西洋传送一幅图像需要一个多星期,之后引入了电缆图像传输系统,首先使用特殊的打印设备对图像进行编码,继而通过海底电缆,将图像从伦敦传送到纽约,最后在接收端重建这些图像。这样传送一幅图像的时间缩短到3小时左右。在创建这些图像时并未使用计算机,所以这类早期的图像和现在的数字图像的概念有一定的差距。

　　数字图像处理是通过计算机对数字图像进行去噪、增强、复原、分割、特征提取和理解分析等的方法和技术。因为数字图像处理要求较大的存储和计算能力,所以数字图像处理的产生和发展早期受限于计算机及数据存储、显示和传输等技术的发展。20世纪60年代,随着计算机科学与技术的发展,真正意义上的数字图像处理诞生。自此,数字图像处理的应用从航天探测开始。1964年,美国加利福尼亚的喷气推进实验室利用几何变换校正、细节锐化增强等数字图像处理方法和技术处理从空间探测器发回的图像。

　　数字图像处理的迅速发展还受其他两个因素的影响:一是离散数学理论的创立和完善,为数字图像处理技术的进一步深入和提升奠定了坚实的基础;二是航空航天、军事、医学、工业、环境、林业、农牧业等方面的应用需求的快速增长。而今,智慧城市、智能制造、智能交通、智能安防、智能家居等均离不开数字图像处理的方法和技术。

　　数字图像处理的方法和技术中最常用到的技术是目标的检测定位与识别分析。例如在工业检测中,基于图像处理与分析的视觉检测不仅是一种以机器视觉为基础的现代智能检测技术,具有非接触、高精度、自动化和智能化等特点,而且涉及光电成像、图像处理、图像分析、人工智能、智能控制、精确测量等技术,是介于基础理论和应用研究之间的多学科综合性研究领域,成为现代工业的重要研究方向,在工业领域有着广泛的应用前景。

　　美国国家标准局20世纪80年代在调查的基础上曾做过预测:今后工业检测工作的80%将由视觉检测技术完成。随着现代工业生产加工工艺的不断进步,产品加工过程的智能化和自动化程度越来越高,现代工业生产中产品加工过程的自动化率已接近100%的程度。在这种高度自动化的生产线上,基于视觉图像的检测成为一项关键的步骤。这种检测利用图像传感器获取产品图像,检测待测特征,测定目标产品的特征数据,进而准确检测和识别目标。

为了更好地学习本书,掌握数字图像处理的方法和技术,本章从数字图像处理的基础出发:首先探讨视觉和图像的关系,由人类视觉引出数字图像的成像;接着给出数字图像处理的基本概念,主要包括像素、分辨率、采样和量化等;然后阐述数字图像处理的基本步骤;最后给出一个典型的数字图像处理系统。

1.1 视觉和图像的关系

人类获取外界信息有视觉、听觉、触觉、嗅觉、味觉等多种方法,但绝大部分(75%)来自视觉所接收的图像信息,即所谓"百闻不如一见"。采用各种成像系统以不同形式和手段观测客观世界,可以直接或间接作用于人眼并进而产生视觉的感知实体称为图像。当我们判断一幅数字图像的质量好或差时,通常基于主观的视觉判断给出评价。这种评价指标为无参考的主观视觉评价指标。我们看到的世界是丰富多彩的,数码相机的成像机制和人眼形成的视觉感知在原理上是非常接近的。探究视觉感知可以更好地了解图像的来源。

1.1.1 视觉感知结构

人眼的眼球由坚韧的三层膜包裹:第一层由角膜和巩膜组成,第二层是虹膜、睫状体和脉络膜,第三层是视网膜。脉络膜位于巩膜的正下方,脉络膜血管丰富,有眼部温度调节作用,其颜色较深,包含丰富的黑色素,起到吸收透过视网膜的光线的作用,可以减少进入人眼的入射光量和眼球内反向散射的光量。脉络膜的最前端为睫状体和虹膜。虹膜是睫状体的前延部分,其中央是一个圆孔,能限制进入眼睛的光束孔径,称为瞳孔。虹膜的主要功能是根据外界光线的强弱,相应地使瞳孔缩小或扩大,调节进入人眼内的光能量,以保证视网膜上的成像。晶状体是眼屈光介质的重要部分,是由多层薄膜构成的一个双凸透镜,直径约为9mm。在自然状态下,其前表面的曲率半径约为10.1mm,后表面的曲率半径约为6.1mm。借助于睫状肌的收缩或放松的调节,可使晶状体前表面的曲率半径发生变化,从而改变眼睛的折光度,使不同距离的物体都能成像在视网膜上。

眼睛后方的内壁与玻璃体紧贴的部分是由视神经末梢组成的视网膜,它是眼睛光学系统成像的接收器。视网膜是一个凹形球面,接收外部光的视觉刺激,其曲率半径为12.5mm。眼睛聚焦时,来自物体或场景的光在视网膜上成像。在视神经进入眼腔处附近的视网膜上,有一个椭圆形的区域,该区域内没有感光细胞,不产生视觉,称为盲点。通常人们感觉不到盲点的存在,这是因为眼球在眼窝内不时转动。

视网膜表面有很多光感受细胞,主要分为两类:锥状体细胞和杆状体细胞,分别简称为视锥细胞和视杆细胞。这两种细胞都具有感光作用,但用途不同。视锥细胞对于明亮的光线非常敏感,在视网膜上大约分布了700万个。视锥细胞的感光机能是感知颜色的,还可以细分为感知红、绿、蓝的视锥细胞,通常也称为S短波视锥细胞、M中波视锥细胞、L长波视锥细胞,短波代表感知蓝色的,中波代表感知绿色的,长波代表感知红色的,如图1-1所示。

视杆细胞的功能则是感知光线的强弱,主要主导暗环境或夜晚的视力,但无色觉感。视杆细胞在明亮光线环境中,敏感性容易趋向饱和,光线亮度大幅增加,细胞的敏感性不会再

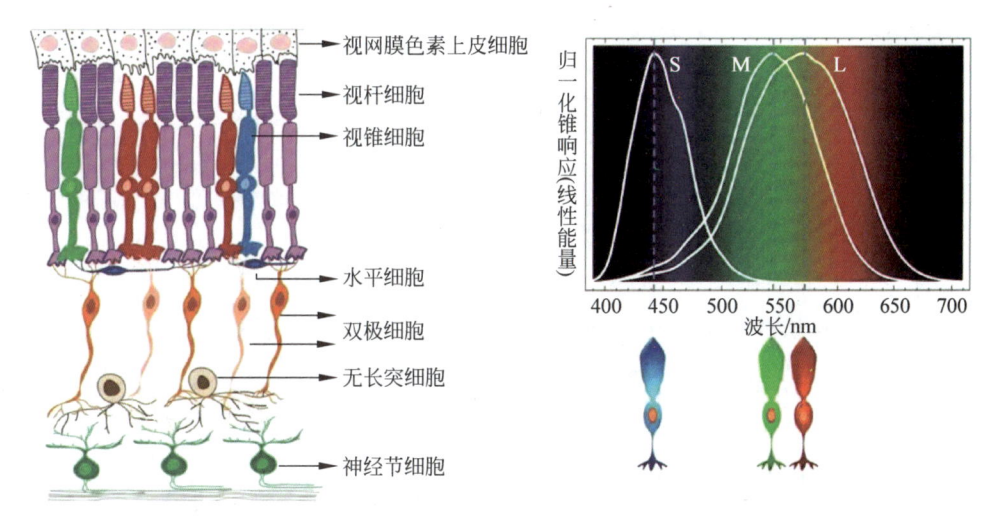

图 1-1 视锥细胞对颜色的感应

随之大幅上涨。视杆细胞对微弱的光线非常敏感,在视网膜上大约分布 12 500 万个。人们看柔和的室内光线和强烈的室外自然光,两者光强度相差是非常大的,但眼睛感受到的室外光线强度并没有比室内强很多,这正是因为视杆细胞对强光敏感性饱和了。而在暗处,视杆细胞会非常敏感,环境里稍微有一点光线,视杆细胞就可以接收到光刺激,人眼从而可以看到弱光环境下的目标和场景。由视杆细胞在暗环境下对不同波长光的敏感性绘制出来的曲线称为暗视觉曲线。两种细胞互相配合,使人们的眼睛在白天和晚上都能看清楚目标和场景。视网膜上的这两种感光细胞除了光谱响应特性和空间分布特性不同外,它们与视网膜其他神经元的联系方式也有所不同,由此决定了它们的感光灵敏度和空间分辨率的差异。

1.1.2 人眼的调节以及人眼中图像的形成

为使不同距离的物体都能在视网膜上成清晰的像,眼内的晶状体会根据物体的远近,相应调整其折光度,以适应不同的视距,这种过程称为眼睛的调节。当肌肉完全放松时,眼睛所能看清的最远点称为远点;当肌肉在最紧张时,眼睛所能看清的最近的点称为近点。必须指出,近点距离并不是明视距离,后者是指正常的眼睛在正常照明下最方便和最习惯的工作距离,国际上规定为 250mm。

近点距离和远点距离是随年龄而变化的。随着年龄的增大,肌肉调节能力的衰退,近点逐渐变远,而且调节范围变小。青少年时期,近点离眼睛很近,调节范围很大。到 45 岁时,近点已在明视距离 250mm 以外。因此称 45 岁以后的眼睛为老年性远视眼或老花眼。而当年龄在 70 岁以上时,眼睛就失去了调节能力。

人眼相当于一架照相机,晶状体相当于照相机镜头,视网膜相当于照相机的胶片,人眼看物体和凸透镜成像的原理是一样的,眼睛的构造就是一个凸透镜,如图 1-2 所示。根据成像条件可知,物体在视网膜上成倒立、缩小的实像,来自物体的光线通过瞳孔,经过晶状体成像在视网膜上,再经过神经系统传到大脑,经过大脑处理,我们就看到物体而产生视觉了。

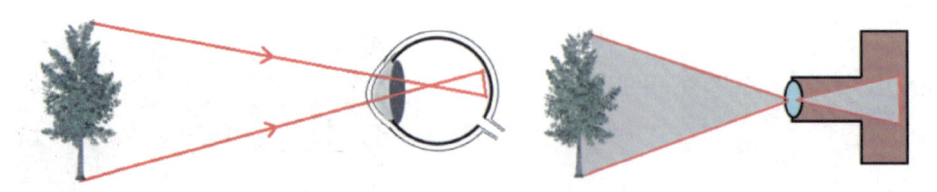

图 1-2　人眼成像与相机成像示意

1.2　数字图像的基本概念

1.2.1　图像的分类

1666 年，牛顿发现一束阳光通过玻璃棱镜后，显示的光束不再是白光，而是由从紫色到红色的连续色谱组成。实际上，人眼所感知的可见光色彩范围只占了电磁波的一小部分。电磁波是一种波长为 λ 传播的正弦波。根据电磁辐射的波长进行从短到长顺序排列，电磁波的顺序可表示如下：伽马射线（γ 射线）、X 射线、紫外线、可见光、红外线、微波、无线电波，如图 1-3 所示。电磁波谱的频段较宽，而常说的光谱包括紫外光、可见光、红外光，其中可见光是一种可被人眼感知的电磁波，其范围为 $0.43\mu m$（紫色）～$0.79\mu m$（红色）。

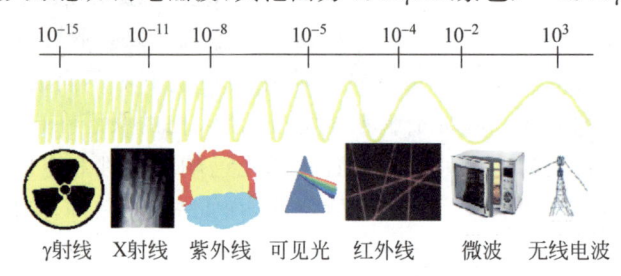

图 1-3　电磁波的顺序

原理上，如果能够开发传感器来检测由一个电磁波波谱段发射的能量，那么就能在该波段上对感兴趣的目标或场景成像。获取图像的方式有 3 种：使用单个传感器获取图像、使用条带传感器获取图像和使用阵列传感器获取图像。单个传感器的基本构成是光二极管，输出是与光强成正比的电压，电压的变化最终由数字化处理转换为图像的灰度信息。大多数扫描仪采用条带传感器获取图像，通常在一个条带方向上安装成像传感器，垂直于条带的运动会在另一个方向上成像。成像条带传感器一次给出二维图像的一行，相对于目标或场景的运动方向给出二维图像的一列。医学和工业成像通常使用环形条带传感器获取三维物体的切片图像，如 X 射线成像和计算机断层成像（磁共振成像）等。电荷耦合器件（CCD）传感器则采用了二维阵列形式排列各个感测元件，这种阵列方式广泛应用于数字摄像机或其他光敏设备中。其主要优点是能够将能量聚焦到阵列表面，获取一幅完整的图像。

γ 射线成像主要用途是医学和天文观测。在医学中，将放射性同位素注入人体，利用同位素衰变时发射的 γ 射线进行成像，如人体骨骼扫描图像，可用于骨骼病变的分析和定位。德国物理学家伦琴于 1895 年 11 月 8 日发现了 X 射线，为开创医疗影像技术铺平了道路，1901 年他被授予首次诺贝尔物理学奖。这一发现不仅对医学诊断有重大影响，还直接影响了 20 世纪许多重大科学发现。X 射线成像最常用于医学诊断和天文观测。X 射线管是带有阴极和阳极的真空管。阴极加热后,释放的自由电子高速流向阳极,当电子撞击一个原子核时,会以 X 射线辐射的方式释放能量。如血管造影是将一根导管插入静脉,通过导管注入 X 射线造影剂,则会进行 X 射线成像,成像后的图像中的血管对比度会增强,可清晰观察到病变。紫外光成像通常采用荧光显微方法,紫外光不可见,但当紫外光照射到矿物质时,可以发出荧光。合成孔径雷达成像则是基于目标散射特性,收集目标散射点信息的集合。所谓散射点是目标散射电磁波能力比较强的点,通过回波信号处理,得到雷达成像。热红外成像在军事、工业、汽车辅助驾驶、医学等领域都有着广泛的应用。根据黑体辐射的存在,任何物体都依据温度的不同对外进行电磁波辐射。波长为 2.0~1000μm 的部分称为热红外线。热红外成像通过热红外敏感 CCD 对物体进行成像,成像后的图像能反映出物体表面的温度场,如图 1-4 所示。

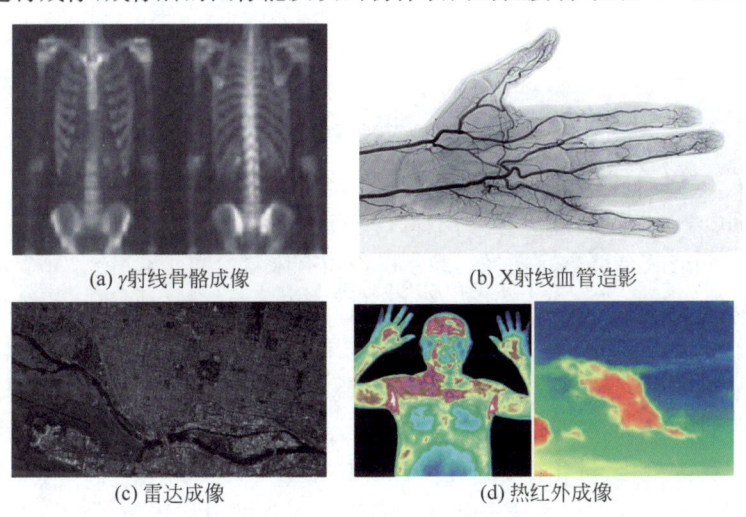

(a) γ射线骨骼成像　　(b) X射线血管造影

(c) 雷达成像　　(d) 热红外成像

图 1-4　电磁波成像

按照电磁波的波谱段,可将获取的图像分为以下几种:可见光图像,波长为 0.38~0.8μm;其他波段图像,如 γ 射线、X 射线、紫外线、红外线、微波;声波图像,如 B 超;其他图像,由感兴趣的物理量转换而成,如密度分布图。

1.2.2　图像的采样和量化

连续图像是指在二维坐标系中连续变化的图像,即图像的像点是无限稠密的,同时具有灰度值(即图像从暗到亮的变化值)。连续图像的典型代表是由光学透镜系统获取的图像,如人物照片和景物照片等,有时又称模拟图像。模拟图像是通过某种物理量的强弱变化来表现图像上各个点的颜色信息的,印刷品图像、相片、画稿上的图像都是模拟图像。模拟图像由连续的点组成。

数字图像是由模拟图像数字化得到的以二维或三维数字组形式表示的图像,以像素为基本元素,是可以用数字计算机或数字电路存储和处理的图像。动态的、彩色的、三维的视频图像的表示方法如下:

$$I = f(x, y, z, \lambda, t) \tag{1-1}$$

其中,I 为图像的强度,x、y、z 为空间坐标,λ 为电磁波波长,t 为时间。静止图像与时间无关,固定波长图像与波长无关,平面图像与 z 无关。为了方便起见,后续提到的数字图像均为静止的、固定波长的、二维图像,数字图像的显示如图 1-5 所示。

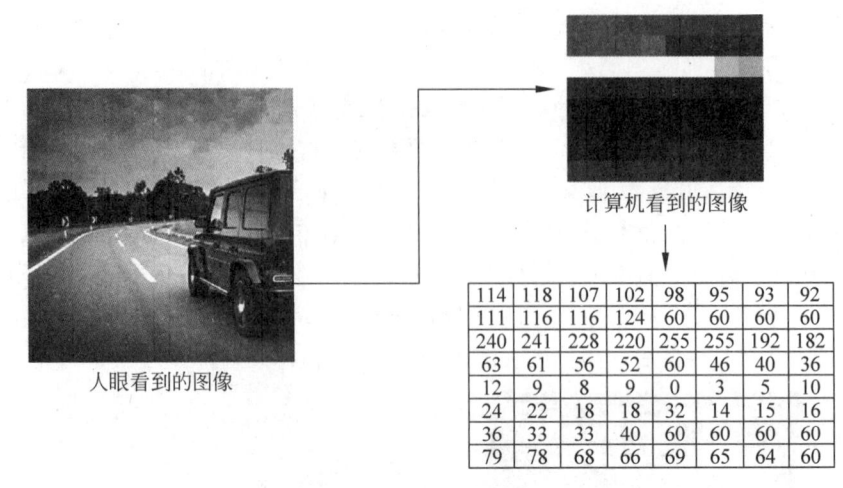

图 1-5　数字图像的显示

一幅二维数字图像可以定义为一个二维函数 $f(x,y)$，其中 x 和 y 是空间（平面）坐标，任意一对空间坐标 (x,y) 处的幅值 f 称为图像在该点的强度或灰度。当 x、y 和灰度值 f 都是有限的离散量时，称该图像为数字图像。数字图像由有限数量的元素组成，每个元素都有一个特定的位置和数值。这些元素称为像素。像素是广泛用于表示数字图像的元素的术语。

一幅图像的 x 坐标和 y 坐标是连续的，其幅度也是连续的。将一幅连续图像转换为数字图像便于计算机处理、分析，需要两个基本步骤：采样和量化。即对连续图像进行数字化，就要对连续图像的坐标和幅值进行取样。对坐标值进行数字化称为采样（或取样），对幅度值进行数字化称为量化，量化步骤确定了图像的幅值分辨率。

图像在空间上的离散化也就是用空间上部分点的灰度值代表原模拟图像，这些点称为采样点。如图 1-6 所示，将原始连续图像分割成许多小方格，每个方格是 1 像素，每像素用

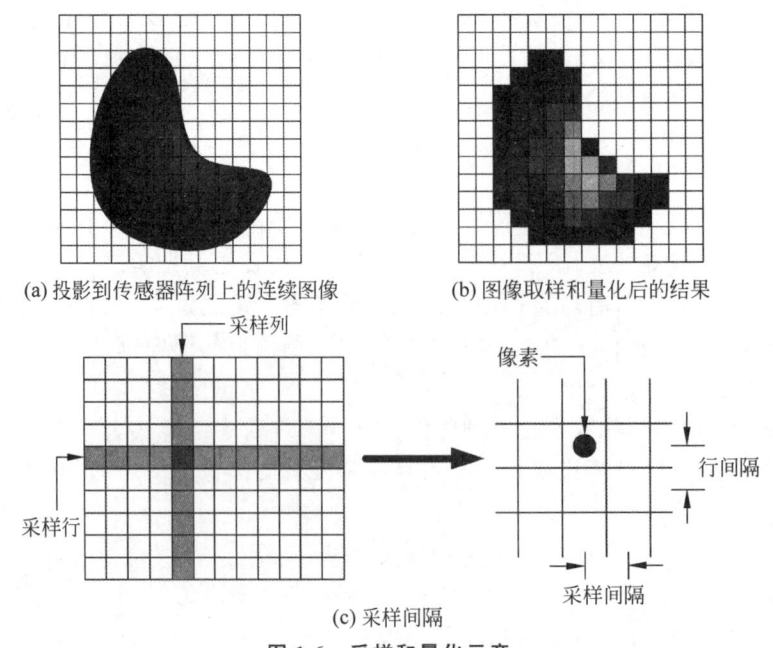

(a) 投影到传感器阵列上的连续图像　　(b) 图像取样和量化后的结果

(c) 采样间隔

图 1-6　采样和量化示意

一个亮度值表示,采样间隔决定了这些像素的分布密度。黑点表示每个像素的采样点,采样点的亮度值用来表示该像素的亮度。通过采样点获取的亮度值,可以把连续的图像信息转换为一个个离散的像素信息,用于数字图像的表示和处理。采用不同的采样行和采样列,可获得不同个数采样点的图像。

不同采样点对图像质量有一定的影响。对一幅 256×256 像素、256 个灰度级的具有较多细节的图像,如果保持灰度级数不变而仅将其空间分辨率(通过像素复制)减为 128×128 像素,就可能在图中各区域的边缘处看到棋盘模式,并在全图看到像素粒子变粗的现象。这种效果一般在 64×64 像素的图中看得更为明显,而在 16×16 像素和 8×8 像素的图中就已相当显著了。

图 1-7 所示是一组不同采样点对图像质量产生影响的例子。图 1-7(a)是采用了 256 个采样行和 256 个采样列得到的图像,像素灰度值连续,视觉效果不错。其余各图依次为保持灰度级数不变而将原图空间分辨率在横、竖两个方向逐次减半所得到的结果,即它们是空间分辨率分别为 128×128 像素、64×64 像素、32×32 像素、16×16 像素、8×8 像素的图像。由这些图可看到上面所述现象。如在图 1-7(b)中,车的轮廓处已出现锯齿状;图 1-7(c)中这种现象更为明显,且车的轮廓有变粗的感觉;图 1-7(d)中已看不出车的轮廓;图 1-7(e)中已几乎不能分辨出车与道路;而图 1-7(f)单独观看时完全不知其中为何物。从图 1-7 可以得知,采样点越多,图像质量越好;采样点数过少,离散的像素灰度值无法有效地反映原始模拟图像中相应位置的像素灰度值区域,从而导致出现马赛克效应。

(a) 原图像(256×256像素)　(b) 采样图像(128×128像素)　(c) 采样图像(64×64像素)

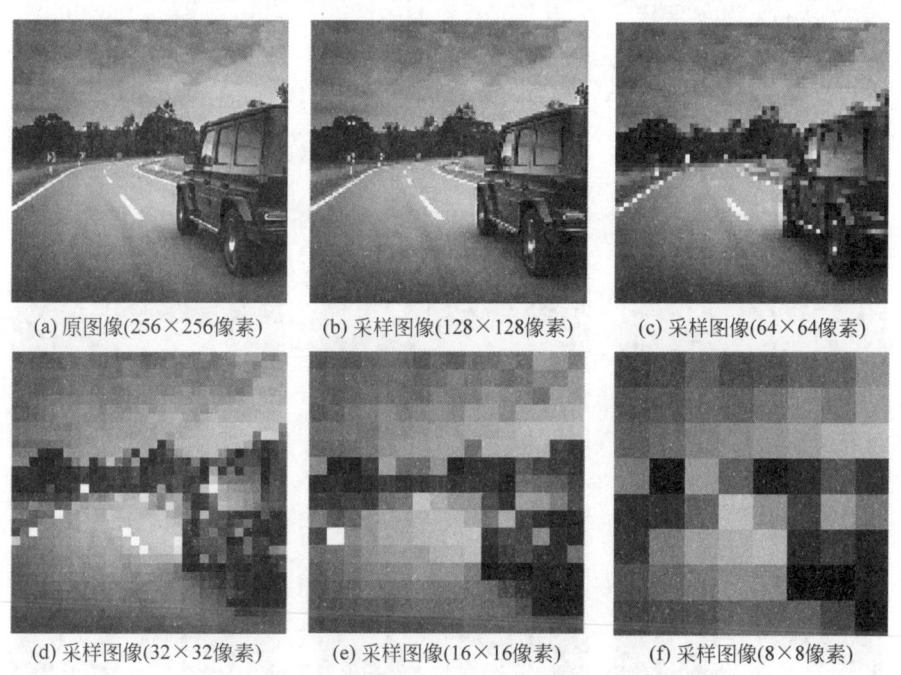

(d) 采样图像(32×32像素)　(e) 采样图像(16×16像素)　(f) 采样图像(8×8像素)

图 1-7　不同采样点对图像质量的影响

把采样后所得的各像素的灰度值从模拟量到离散量的转换称为图像的量化。图像的量化示意如图 1-8 所示。图 1-8 中的垂直灰度条将亮度比例尺从黑色到白色分成了 255 个离散的区间,垂直刻度标记给出了分配给 255 个亮度区间的特定整数值,分别为 0,1,2,…,255。从一幅连续图像的左上角出发,向右向下进行采样和量化,会得到一幅二维数字图像。

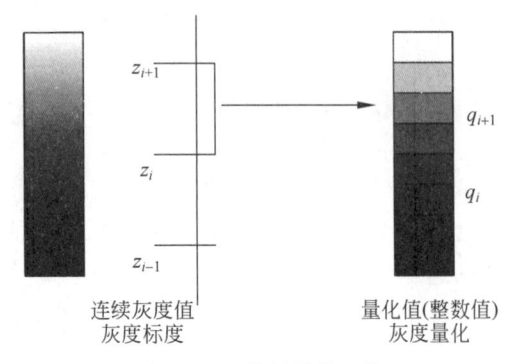

图 1-8 图像的量化示意

当图像的采样点数一定时,量化级数越多,图像质量越好。现在仍借助上述 256×256 像素、256 级灰度级的图像,考虑减少图像幅度分辨率(即灰度级数)所产生的效果。如果保持空间分辨率而仅将灰度级数减为 128 或 64,一般并不能发现有什么明显的区别。如果将其灰度级数进一步减为 32,则在灰度缓慢变化的区域常会出现一些几乎看不出来的、非常细的山脊状结构。这种效应称为虚假轮廓,它是由于在数字图像的灰度平滑区域使用的灰度级数不够而造成的,一般在用 16 级或不到 16 级均匀分布灰度数的图中比较明显。

图 1-9 所示是一组不同量化级数对图像质量产生影响的例子,其中图 1-9(a)为一幅 256×256 像素、256 级灰度图。其余各图依次为保持空间分辨率不变而将灰度级数逐次减小为 64、16、8、4、2 所得到的结果。由这些图可看到上述讨论的现象。例如,图 1-9(b)还基本与图 1-9(a)相似,而从图 1-9(c)开始可看到一些虚假轮廓,图 1-9(d)这种现象已很明显,图 1-9(e)中随处可见,而图 1-9(f)则具有木刻画的效果了。其中,图 1-9(a)所示的量化为 256 级后的数字图像,称为灰度图像;图 1-9(f)所示的量化为 2 级后的数字图像,只有黑色(0)

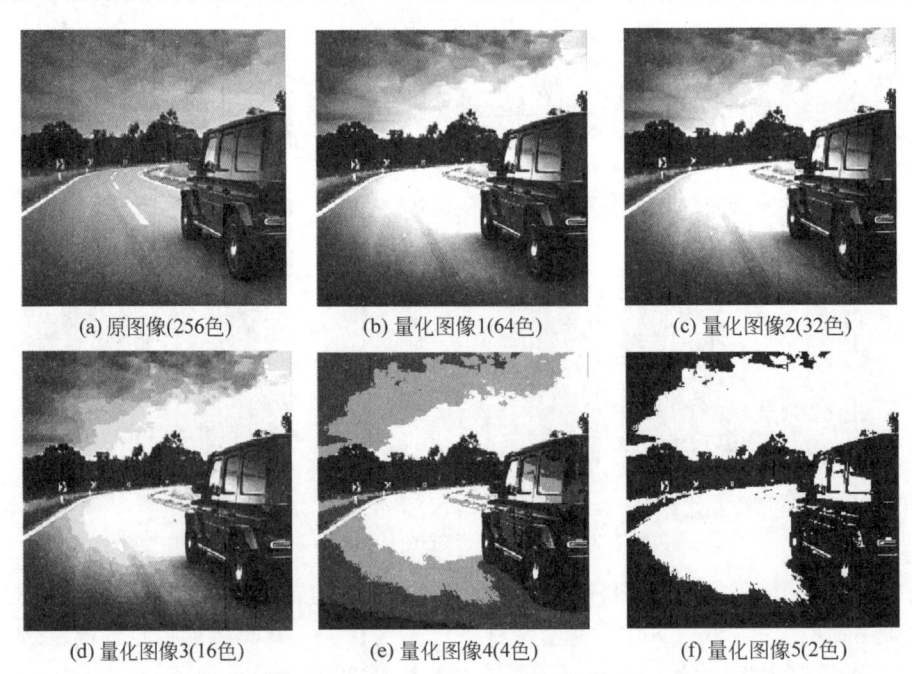

图 1-9 不同量化级数对图像质量的影响

和白色(255)两个亮度值,称为黑白图像,也称为二值图像。从图 1-9 可知,量化级数越多,图像的像素灰度值越连贯,图像质量较好;反之,量化级数越少,数字图像的像素灰度值不足以表达原模拟图像块的像素灰度值,图像质量较差。

令 $f(s,t)$ 表示一个有两个连续变量 s 和 t 的连续图像函数。如前面所述,通过取样和量化,可把该函数转换为数字图像。假设把这幅连续图像采样和量化为一幅数字图像 $f(x,y)$,该图像包含有 M 行和 N 列,其中 (x,y) 是离散坐标。为表达清楚和方便起见,我们对这些离散坐标使用整数值 $x=0,1,2,\cdots,M-1$ 和 $y=0,1,2,\cdots,N-1$ 表示。这样,数字图像在原点位置的值就是 $f(0,0)$,原点位置为数字图像的左上角的第一个像素点,第一行中下个坐标位置的值是 $f(0,1)$。这里,符号 $(0,1)$ 表示第一行的第二个像素点。对图像取样时,这些值并不是物理坐标值。一般来说,数字图像在任何坐标 (x,y) 处的值记为 $f(x,y)$,其中 x 和 y 都是整数。需要引用特定的坐标 (i,j) 时,使用符号 $f(i,j)$,其中的参数是整数。由图像的坐标张成的实平面部分称为空间域,x 和 y 称为空间变量或空间坐标。

如式(1-2)所示,计算机处理中的数字图像 f 可表示为由数值 $f(x,y)$ 组成的 $M\times N$ 数值阵列(矩阵):

$$f(x,y)=\begin{bmatrix} f(0,0) & f(0,1) & \cdots & f(0,N-1) \\ f(1,0) & f(1,1) & \cdots & f(1,N-1) \\ \vdots & \vdots & & \vdots \\ f(M-1,0) & f(M-1,1) & \cdots & f(M-1,N-1) \end{bmatrix} \quad (1-2)$$

其中,M 和 N 为采样行数和采样列数,$f(x,y)$ 是像素坐标点 (x,y) 处的像素灰度值。每个像素包括两个属性:坐标点表示的位置和像素的灰度值。对于灰度图像而言,每个像素的灰度值通常数值范围为 0~255,其中 0 表示黑,255 表示白。彩色图像则可以用红(R)、绿(G)、蓝(B)三元组的二维矩阵来表示。三元组的每个数值为 0~255,0 表示相应的基色在该像素中没有,255 表示相应的基色在该像素中取得最大值,(0,0,0)表示黑色,(255,255,255)表示白色。

1.2.3 图像像素间的基本关系

对一个像素来说,与它关系最密切的常是它的邻近像素(或近邻像素),它们组成该像素的邻域。根据对一个坐标为 (x,y) 的像素 p 的近邻像素的不同定义,可以得到由不同近邻像素所组成的不同的邻域。常见的像素邻域主要有如下 3 种形式。

(1) 4-邻域 $N_4(p)$。

它由像素 p 的水平(左、右)和垂直(上、下)共 4 个近邻像素组成,这些近邻像素的坐标分别是 $(x+1,y)$、$(x-1,y)$、$(x,y+1)$、$(x,y-1)$。图 1-10(a)给出 4-邻域的一个示例,组成 p 的 4-邻域的 4 个像素均用 r 表示,它们与 p 有公共的边。

(2) 对角邻域 $N_D(p)$。

它由 p 的对角(左上、右上、左下、右下)共 4 个近邻像素组成,这些近邻像素的坐标分别是 $(x-1,y+1)$、$(x-1,y-1)$、$(x+1,y+1)$、$(x+1,y-1)$。图 1-10(b)给出对角邻域的一个示例,组成 p 的对角邻域的 4 个像素均用 s 表示,它们与 p 有公共的顶角。对角邻域一般不单独使用。

(3) 8-邻域 $N_8(p)$。

它由 p 的 4 个 4-邻域像素加上 4 个对角邻域像素合起来构成。图 1-10(c) 给出 8-邻域的一个示例,其中组成 p 的 8-邻域的 4 个 4-邻域像素用 r 表示,4 个对角邻域像素用 s 表示。

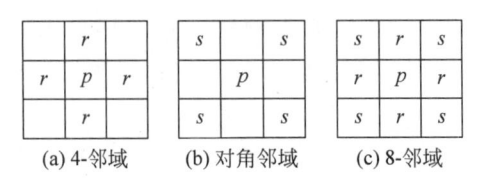

	r	
r	p	r
	r	

(a) 4-邻域

s		s
	p	
s		s

(b) 对角邻域

s	r	s
r	p	r
s	r	s

(c) 8-邻域

图 1-10 像素的邻域

需要指出,根据上述对邻域的定义,如果像素 p 本身处在图像的边缘,则它的 $N_4(p)$、$N_D(p)$ 和 $N_8(p)$ 中的若干像素会落在图像之外。在图 1-10 中,如果将 p 的 8-邻域看作一幅 3×3 的图像,考虑一下 $N_4(r)$、$N_D(s)$、$N_8(r)$ 和 $N_8(s)$,就很容易理解这种情况。

在上述定义的像素邻域中,一个像素与其邻域中的像素是有接触的,也称为邻接的。图像中两个像素是否邻接就看它们是否接触。邻接表示了一种像素间的空间接近关系。

根据像素邻域的不同,邻接也对应分成 3 种:4-邻接、对角邻接和 8-邻接。两个像素的邻接仅与它们的空间位置有关,而像素间的连接和连通还要考虑像素的属性值(以下讨论中以灰度值为例)之间的关系。

对两个像素来说,要确定它们是否连接需要考虑两点:①它们在空间上是否邻接;②它们的灰度值是否满足某个特定的相似准则(例如它们的灰度值相等,或同在一个灰度值集合中取值)。举例来说,在一幅只有 0 和 1 灰度的二值图中,只有当一个像素和在它邻域中的像素具有相同的灰度值时才可以说是连接的。

设用 V 表示定义连接的灰度值集合。例如在一幅二值图中,为考虑两个灰度值为 1 的像素之间的邻接,可取 $V = \{1\}$。又如在一幅有 256 个灰度级的灰度图中,考虑灰度值为 $0 \sim 255$ 的邻接像素,集合 V 可能是这 256 个值中的任何一个子集。考虑以下 3 种类型的邻接。

(1) 4-邻接:如果 q 在集合 $N_4(p)$ 中,则具有 V 中数值的两个像素 p 和 q 是 4-邻接的。

(2) 8-邻接:如果 q 在集合 $N_8(p)$ 中,则具有 V 中数值的两个像素 p 和 q 是 8-邻接的。

(3) m-邻接(混合邻接):如果 q 在 $N_4(p)$ 中或 q 在 $N_D(p)$ 中,且集合 $N_4(p) \cap N_4(q)$ 中没有来自 V 中数值的像素,则具有 V 中数值的两个像素 p 和 q 是 m-邻接的。

混合邻接是 8-邻接的改进。混合邻接的引入是为了消除采用 8-邻接时产生的二义性。例如,考虑图 1-11(a) 中对于 $V = \{1\}$ 的像素排列。位于图 1-11(b) 上部的 3 个像素显示了多重(二义性) 8-邻接,如虚线所示。这种二义性可以通过 m-邻接消除,如图 1-11(c) 所示。

```
0 1 1          0 1---1        0 1---1
0 1 0          0 1   0        0 1   0
0 0 1          0 0   1        0 0   1
(a) 像素的排列   (b) 8-邻接像素   (c) m-邻接
```

图 1-11 8-邻接的二义性和消除

对两个像素 p 和 q 来说,如果 q 在 p 的邻域中(可以是 4-邻域、8-邻域或对角邻域),则称 p 和 q 满足邻接关系(且可分别对应 4-邻接、8-邻接或对角邻接)。如果 p 和 q 是邻接的,且它们的灰度值均满足某个特定的相似准则(对灰度图像,它们的灰度值应相等,或更一般地同在一个灰度值集合 V 中取值),则称 p 和 q 满足连接关系。可见连接比邻接要求更高,不仅要考虑空间关系,还要考虑灰度关系。如果两个像素是 4-邻接的,则在它们的灰度值均满足某个特定的相似准则时,称这两个像素是 4-连接的。如果两个像素是 8-邻接的,则在它们的灰度值均满足某个特定的相似准则时,称这两个像素是 8-连接的。

如果像素 p 和 q 不(直接)邻接,但它们均在另一个像素的相同邻域中(可以是 4-邻域、8-邻域或对角邻域),且这 3 个像素的灰度值均满足某个特定的相似准则(如它们的灰度值相等或同在一个灰度值集合中取值),则称 p 和 q 之间的关系为连通(可以是 4-连通或 8-连通)。两个像素因为都与另一个像素连接而连通,所以从这个意义上讲,连通是连接的推广。进一步,只要两个像素 p 和 q 间有一系列连接的像素,则 p 和 q 是连通的。

从具有坐标 (x,y) 的像素 p 到具有坐标 (s,t) 的像素 q 的通路是特定的像素序列,其坐标为

$$(x_0,y_0),(x_1,y_1),\cdots,(x_n,y_n)$$

其中,$(x_0,y_0)=(x_1,y_1)$,$(x_n,y_n)=(s,t)$,且像素 (x_i,y_i) 和 (x_{i-1},y_{i-1}) 对于 $1 \leqslant i \leqslant n$ 是邻接的。在这种情况下,n 是通路的长度。如果 $(x_0,y_0)=(x_n,y_n)$,则通路是闭合通路。根据所采用邻接定义的不同,可定义或得到不同的通路,如 4-通路、8-通路和 m-通路。这里对通路的定义仅仅考虑了像素空间坐标上的联系,而没有考虑像素属性空间上的联系。

一幅图像中的某些像素结合组成图像的子集合。对两个图像子集 S 和 T 来说,如果 S 中的一个或一些像素与 T 中的一个或一些像素邻接,则可以说两个图像子集 S 和 T 是邻接的。这里根据所采用的像素邻接定义,可以定义或得到不同的邻接图像子集。如可以说两个图像子集 4-邻接、两个 8-邻接的图像子集等。

类似于像素的连接,对两个图像子集 S 和 T 来说,要确定它们是否连接也需要考虑两点:①它们是否是邻接图像子集;②它们中邻接像素的灰度值是否满足某个特定的相似准则。换句话说,如果 S 中的一个或一些像素与 T 中的一个或一些像素连接,则可以说两个图像子集 S 和 T 是连接的。

设 p 和 q 是一个图像子集 S 中的两个像素,如果存在一条完全由在 S 中的像素组成的从 p 到 q 的通路,那么就称 p 在 S 中与 q 相连通。对 S 中任一个像素 p,所有与 p 相连通且又在 S 中的像素的集合(包括 p)合起来称为 S 中的一个连通组元(组元中任意两点可通过完全在组元内的像素相连接)。一般图像中的每个目标都是一个连通组元。如果 S 中只有一个连通组元,即 S 中所有像素都互相连通,则称 S 是一个连通集。如果一幅图像中所有的像素分属于几个连通集,则可以说这几个连通集分别是该幅图像的连通组元。两个互不邻接但都与同一个图像子集邻接的图像子集是互相连通的。图像中同一个连通集中的任意两个像素互相连通,而分属不同连通集中的像素互不连通。在极端的情况下,一幅图像中所有的像素都互相连通,则该幅图像本身就是一个连通集。

一幅图像中每个连通集构成该图像的一个区域,所以图像可认为是由一系列区域组成的。如果一个区域中没有孔,称该区域是简单连通的,否则称有孔的区域是多重连通的。一个区域的边界也称区域的轮廓,一般认为轮廓是所在区域的一个子集,它将该区域与其他区

域分离开。借助前面对像素邻域的介绍,可以认为组成一个区域的边界像素本身属于该区域而在其邻域中有不属于该区域的像素。

像素之间的联系常与像素在空间中的接近程度有关。像素在空间中的接近程度可以用像素之间的距离来测量。为测量距离,需要定义距离度量函数。给定 3 个像素 p、q、r,坐标分别为(x,y)、(s,t)、(u,v),如果满足下列条件,称函数 D 为一个距离度量函数。

(1) $D(p,q) \geqslant 0 (D(p,q)=0,$当且仅当 $p=q)$;

(2) $D(p,q) = D(q,p)$;

(3) $D(p,q) \leqslant D(p,r) + D(r,q)$。

上述 3 个条件中,第 1 个条件表明两个像素之间的距离总是正的(两个像素空间位置相同时,其间的距离为零);第 2 个条件表明两个像素之间的距离与起/终点的选择无关,或者说距离是相对的;第 3 个条件表明两个像素之间的最短路径是直线路径。

在图像中,对距离有不同的度量方法。点 p 和 q 之间的欧氏距离(也就是范数为 2 的距离)定义为

$$D_E(p,q) = [(x-s)^2 + (y-t)^2]^{1/2} \tag{1-3}$$

根据这个欧氏距离,距点 (x,y) 的像素的 D_E 距离小于或等于某个值 d 的像素都包括在以 (x,y) 为中心、以 d 为半径的圆中。在数字图像中,只能近似地表示一个圆。

点 p 和 q 之间的距离 D_4(也是范数为 1 的距离)又称为城区距离,定义为

$$D_4(p,q) = |x-s| + |y-t| \tag{1-4}$$

根据这个距离度量,距点 (x,y) 的距离 D_4 小于或等于某个值 d 的所有像素形成一个中心为 (x,y) 的菱形区域。例如,图 1-12 是到中心点 (x,y) 的距离 D_4 小于或等于 2 的像素形成的轮廓。

点 p 和 q 之间的距离 D_8(也是范数为∞的距离)也称为棋盘距离,定义为

$$D_8(p,q) = \max\{|x-s|, |y-t|\} \tag{1-5}$$

根据这个距离度量,距点 (x,y) 的距离 D_8 小于或等于某个值 d 的所有像素组成一个以 (x,y) 为中心的方形。例如,图 1-13 是到中心点 (x,y) 的距离 D_8 小于或等于 2 的像素形成固定距离的轮廓。

```
        2                    2 2 2 2 2
      2 1 2                  2 1 1 1 2
    2 1 0 1 1                2 1 0 1 2
      2 1 2                  2 1 1 1 2
        2                    2 2 2 2 2
```

图 1-12 城区距离的等距离轮廓示例　　图 1-13 棋盘距离的等距离轮廓示例

利用像素间的距离概念也可以定义像素的邻域。例如,$D_4=1$ 的像素就是 (x,y) 的 4-邻域像素。换句话说,像素 p 的 4-邻域也可以定义为

$$N_4(p) = \{r \mid D_4(p,r) = 1\} \tag{1-6}$$

$D_4=1$ 的像素就是 (x,y) 的 8-邻域像素。这样,像素 p 的 8-邻域也可以定义为

$$N_8(p) = \{r \mid D_8(p,r) = 1\} \tag{1-7}$$

1.2.4 数字图像的分辨率和深度

图像分辨率通常用来描述图像中像素的密度,即图像中单位长度或单位面积内的像素

数量,用每英寸多少像素点表示。在同样大小的面积上,图像的分辨率越高,则组成图像的像素点越多,图像的清晰度越高,相反,图像显得越粗糙,如图1-14所示。通常说的印刷图像的分辨率是300,即表示这幅图像1in(合2.54cm)内含有300个像素,每平方英寸(边长为1in的正方形的面积)内则有9万个像素点。

图 1-14 图像的分辨率示意

图像深度是指存储每个像素所用的位数,用来度量图像的色彩分辨率。图像深度决定了图像的每个像素可能的颜色数或可能的灰度级数。不同图像深度及表示的颜色如表1-1所示,其中真彩色图像是指图像中每个像素值都分为R、G、B三个基色分量,每基色分量用8位来记录其色彩强度,图像总深度为24位,每个像素可以是16 672 216(2的24次方)种颜色中的一种。这样得到的色彩可以反映原图的真实色彩,故称真彩色。

表 1-1 不同图像的图像深度及表示

图像深度	颜色总数	图像名称
1	2	二值图像
4	16	索引16色图像
8	256	索引256色图像
16	65 536	高彩色图像
24	16 672 216	真彩色图像

图像数据量指的是图像文件大小。存储一幅图像所需的数据量由图像的空间分辨率和幅度分辨率决定。

如果一幅图像的尺寸(对应空间分辨率)为 $M \times N$,表明图像包含 MN 个像素。如果对每个像素都用 G 个灰度值中的一个来赋值,表明在成像时量化成了 G 个灰度级(对应灰度分辨率)。在数字图像处理中,一般将这些量均取为2的整数次幂,即(m、n、k 均为正整数)

$$M = 2^m \tag{1-8}$$

$$N = 2^n \tag{1-9}$$

$$G = 2^k \tag{1-10}$$

存储一幅图像所需的位数 b(单位是比特)为

$$b = M \times N \times k \tag{1-11}$$

式中,$M \times N$ 为像素总数,k 为图像深度。

如果 $N = M$(以下一般都设 $N = M$),则

$$b = N^2 k \tag{1-12}$$

数字图像是对连续场景的一个近似，所以常会产生这样的问题：为达到较好的近似，需要多少个采样和灰度级呢？从理论上讲，M、N、G 越大，数字图像对连续场景的近似就越好。但从实际出发，式(1-11)明确指出存储和处理的需求将随 M、N 和 k 的增加而迅速增加，所以采样量和灰度级数也不能太大。

存储一幅图像所需的数据量经常很大。假设有一幅 512×512 像素、256 个灰度级的图像，它存储的数据量为

$$512 \times 512 \times 8b = 2\ 097\ 152b \tag{1-13}$$

8b 等于 1B，为表示 256 个灰度级需用 1B（即用 1B 表示一个像素的灰度），这样上面的图像需要 262 144B 来存储。如果一幅彩色图像的分辨率为 1024×1024 像素（彩色通道数为 3），则需要 3.15MB 来存储。视频由连续的图像帧组成（PAL 制为每秒 25 帧）。假设彩色视频的每帧图像为 512×512 像素，则 1s 的数据量为

$$512 \times 512 \times 8b \times 3 \times 25 = 157\ 286\ 400b \approx 18.75MB$$

为实时处理每帧分辨率为 1024×1024 像素的彩色视频，需要每秒处理 1024×1024×8b×3×25 的数据，对应的处理速度要达到约 75MB/s。假设对一个像素的处理需要 10 个浮点运算（Floating-Point Operations，FLOPS），那对 1s 视频的处理就需要近 8 个亿的浮点运算。并行运算策略通过利用多个处理器同时工作来加快处理速度。最乐观的估计认为并行运算的时间可减少为串行运算的 J 分之一，其中 J 为并行处理器的个数。按照这种估计，如果使用一百万个并行处理器来处理 1s 的视频，每个处理器还要具有每秒 262 次运算的能力。

1.3 数字图像处理的基本步骤

数字图像处理是通过计算机对数字图像进行去除噪声、增强、复原、分割、提取特征等处理的方法和技术。按照数字图像处理的结果，可以将数字图像处理的内容划分为以下两个主要类别：一类是其输入、输出都是数字图像；一类是其输入是数字图像，但输出是从这些图像中提取特征或图像的分析和理解。一般情况来说，数字图像处理的基本步骤如图 1-15 所示。

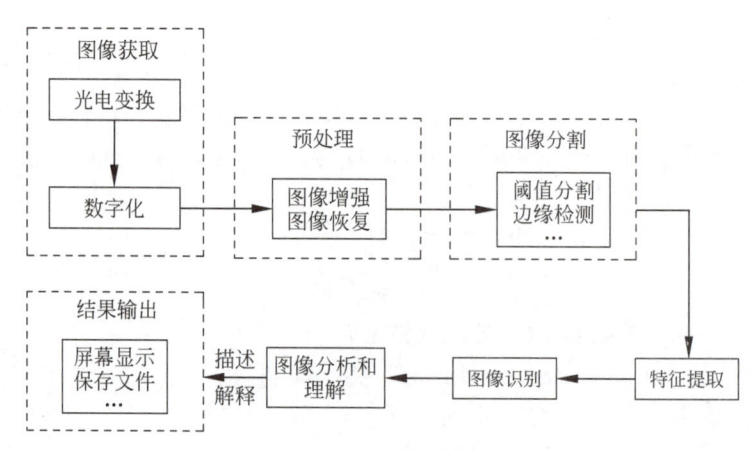

图 1-15 数字图像处理的基本步骤

这并不意味着图 1-15 中所有处理方法都适用于任何数字图像处理的任务。图 1-15 是绝大多数数字图像处理的基本步骤，可根据实际应用中数字图像任务的需求设定处理步骤。

图像获取是数字图像处理的第一步，将传感器获取的图像进行光电变换，并对模拟图像进行采样和量化数字化处理得到数字图像。

数字图像处理的方法都是基于对于数字图像的代数运算以及几何运算，代数运算指对两幅图像进行点对点的加、减、乘、除运算。代数运算的算法虽然简单，但其用途非常广泛。加法运算可用于降低图像中的随机噪声；减法运算可用于检测两幅图像的差异信息；乘法运算可用于标记图像中的感兴趣区域（掩膜处理），也可用于屏蔽掉图像中的某些部分；除法运算可用于校正成像设备的非线性影响，也可用于图像差异的检测。几何运算用于改变图像中物体的空间位置关系，主要包括图像的平移、缩放、旋转和坐标变换，以及多幅图像的空间配准及镶嵌。代数运算和几何运算的详细内容将在第 2 章进行介绍。

图像预处理是对图像进行图像增强或者恢复。图像增强的目的是获得更好的图像或是获得更有用的图像。所谓更好的图像，是指视觉上图像质量较好，表现在对比度得到了进一步的增强。所谓更有用的图像，是对图像进行去噪或者锐化处理等，抑制不感兴趣的部分，增强感兴趣的部分，目的是后续对图像进行分割、特征提取或者分析和理解。图像增强技术又可以分为两大类：一类是空间域增强；一类是频率域增强。空间域图像增强技术主要包括直方图修正、灰度变换增强、图像平滑化以及图像锐化等。频率域增强是利用图像变换方法将原来的图像空间中的图像以某种形式转换到频率域空间中，然后利用频率域空间的特有性质方便地进行图像处理，最后再转换回到原来的图像空间中，从而得到处理后的图像。书中介绍的将图像转换到频率域空间中的变换方法有傅里叶变换。频率域图像增强主要是通过滤波的方式进行图像的增强，书中介绍了理想滤波、巴特沃斯滤波、高斯滤波在低通和高通滤波器中的应用。具体的内容将在第 3 章进行介绍。图像恢复是图像清晰化的过程，如相机和拍摄物体之间发生了相对运动，导致获取到的图像是模糊的，这就需要对图像进行恢复，获取质量较高的图像，以便后续的目标检测与识别。图像复原技术是通过去模糊函数去除图像中的模糊部分，还原图像的本真。图像复原技术的内容在第 6 章会详细介绍。图像增强和图像复原的目的都是对图像进行质量的提升，不同的是图像复原技术是一个反问题，倾向于以图像退化的数学或概率模型为基础，建立数学模型，优化、迭代、估计出清晰图像。而图像增强是主观的，以什么是好的增强效果这种主观偏爱为基础。

图像分割就是把图像分成若干特定的、具有独特性质的区域并提出感兴趣目标的技术和过程。它是图像特征提取、目标检测与识别、图像分析和理解的关键步骤。从数学角度来看，图像分割是将数字图像划分成互不相交的区域的过程。图像分割的过程也是一个标记过程，即把属于同一区域的像素赋予相同的编号。通常，自动分割是数字图像处理中最困难的任务之一。成功地把目标逐一分割出来是一个艰难的过程。通常，分割越准确，目标分类或识别越成功。书中介绍的图像分割方法主要分以下几类：基于阈值的分割算法、基于边缘的分割算法等。具体内容会在第 4 章详细介绍。

特征提取通常发生在图像分割之后。在分割阶段，图像通常被划分为不同的区域，这些区域要么是图像的边界，要么是图像中的连续区域。特征提取旨在从这些区域中提取出重要的信息或特征，以便进一步地分析或处理。特征提取与描述广义上来说是属于图像分析的范畴，相对于图像预处理和图像分割来说，是数字图像处理的高级阶段。特征是某一类对象区别于其他类对象的相应(本质)特点或特性。对于图像而言,每幅图像都具有能够区别于其他图像的自身特征,有些是可以直观地感受到的自然特征,如亮度、边缘、纹理和色彩等;有些则是需要通过变换或处理才能得到的,如不变矩、直方图以及灰度共生矩阵等。特征提取包括特征检测和特征描述。特征检测是指寻找一幅图像中的特征、区域或边界。特征描述是指对检测到的特征规定量化属性。例如,可以检测一个区域的角点,并用它们的方向和位置来描述这些角点;方向和位置描述子都是量化属性。特征处理方法分为3类,分类依据是它们是适用于边界、区域还是适用于整个图像。某些特征适用于多个类别。特征描述子应具有较好的健壮性,对多种几何变换和光照变换具有一定的不变性。特征提取的目的是目标的分类聚类或者识别分析。书中提到的图像特征有形状特征、颜色特征、统计特征、图像纹理特征、点与角点特征、边缘特征等,关于图像特征提取的详细内容会在第5章介绍。

图像识别是指利用计算机对图像进行处理、分析和理解,以识别各种不同模式的目标和对象的技术。具体来说,图像识别是指根据目标特征描述子对目标赋予标记(如"车牌检测识别")的过程。在目标检测识别中,首先要选出目标的重要信息,排除冗余信息,获取有区别的特征,完成目标的分类和提取,根据这一分类结果计算机就能够结合自身记忆存储进行目标的识别,这一过程本身与人脑识别目标并不存在着本质差别。对于目标识别技术来说,其本身提取出的图像特征直接关系着图像识别能否取得较为满意的结果。提取出的图像特征是否稳定有效,对图像识别的效率与准确性有一定的影响。

图像分析一般利用数学模型并结合图像处理的技术来分析底层特征和上层结构,从而提取具有一定智能性的信息。图像理解指的是对图像的语义理解,其重点是在图像分析的基础上进一步研究图像中各目标的性质及其相互关系,并得出对图像内容含义的理解以及对原来客观场景的解释,进而指导和规划场景应用。图像理解所操作的对象是从描述中抽象出来的符号,其处理过程和方法与人类的思维推理有许多相似之处。

图像处理结果的观察和显示可在图1-15中任何阶段的输出位置进行。需要注意的是,并非所有图像处理应用都需要图1-15给出的全部流程。例如,针对人眼视觉解译的图像增强很少要求使用图1-15中的除图像增强之外的任何其他阶段。然而,随着图像处理任务的复杂性的增大,通常需要更复杂的处理过程才能解决问题。还有些图像处理的步骤没有给出,如图像压缩和水印技术、彩色图像处理、伪彩色图像处理以及目前比较热门的卷积神经网络的处理等。

1.4 典型的数字图像处理系统

本节要介绍的典型数字图像处理系统为易燃易爆泄漏气体的检测。随着社会的高速进步、工业的快速发展,各种气体也越来越多地应用到人民群众的生产生活之中。在生产过程中,一旦发生气体的泄漏情况,则很有可能造成严重的后果,如发生火灾甚至爆炸事故,进而危害到社会的安定与安全。因此,人们对气体红外图像的检测系统展开了研究。

相对于以人工巡检的传统气体泄漏检测方法,基于被动式红外成像的泄漏气体检测技术以其大场景、远距离、全天候、低成本、实时检测等优点逐渐成为气体泄漏检测的主流发展方向。由于被动式红外成像检测技术原理的制约,现有方法目前存在复杂环境、轻微泄漏、动目标干扰、低对比度等特殊情况下泄漏气体检测困难的问题。

通过对上述问题的深入探讨,研究了基于气体扩散性特征实时提取的石化产品气体泄漏检测系统,如图 1-16 所示。该气体泄漏检测系统是一个典型的数字图像处理系统,主要包括两大部分:图像采集系统和图像处理系统。图像采集系统采用非制冷长波段红外热像仪,配合窄带带通滤光片来实现对特定目标气体的泄漏成像探测。化学气体在可见光下不可见,因此采用非制冷长波段红外热像仪进行泄漏气体的成像。以乙烯和丙烯气体为例,乙烯气体和丙烯气体的红外吸收光谱不同。因此,要实现对不同泄漏气体的判断,挑选出合适的滤光片至关重要。根据滤光片的透射范围的中心波长所在的位置与气体的红外吸收光谱波长-透射率之间的关系,选择合适的滤光片,实现不同气体的泄漏成像探测。利用乙烯气体和丙烯气体的红外吸收光谱不同这一特点,选择 NB-10600-240nm 滤光片,该滤光片对乙烯和丙烯的成像响应如图 1-17 所示。从图 1-17 中可以看到,该滤光片对乙烯有响应,乙烯气体可以被检测到,而丙烯气体在该滤光片下无响应,不能成像。

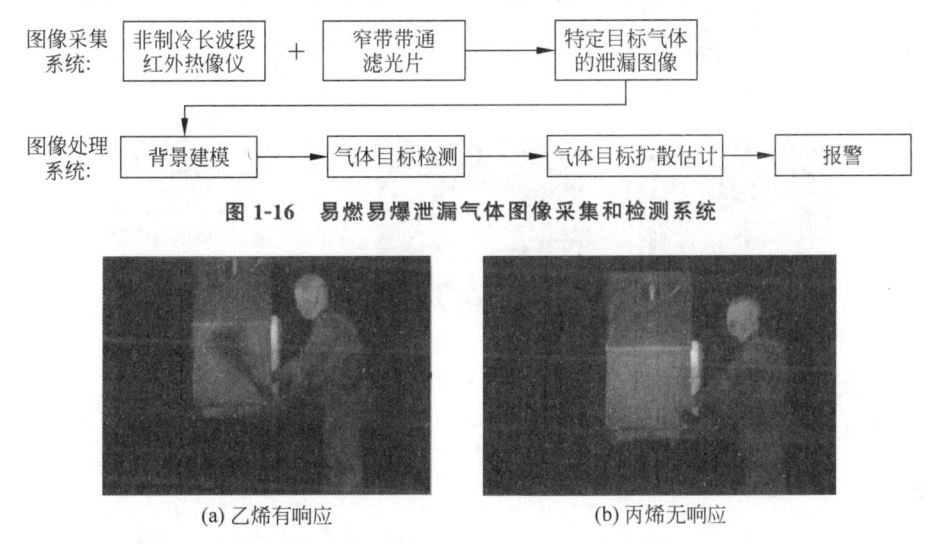

图 1-16 易燃易爆泄漏气体图像采集和检测系统

(a) 乙烯有响应　　(b) 丙烯无响应

图 1-17 NB-10600-240nm 滤光片乙烯和丙烯的成像响应

获取到泄漏气体的视频图像后,需要对泄漏气体区域进行检测和定位。针对较大监测场景中随机出现的行人和车辆、无法回避的云团、风吹、树动等强干扰,提出了伪目标强干扰下基于气体扩散性特征提取的泄漏气体红外视频检测算法,通过设计有效描述气体扩散特性的特征提取算子,配合自适应背景更新、阈值分割、连通域遍历和均值聚类等处理环节,实现泄漏气体与其他动目标的区分,从而完成泄漏区域的精准检测。针对气体泄漏红外图像具有动态背景、噪声多、轻微泄漏难以察觉等难点,提出了低对比度下基于异构联合差分的泄漏气体红外视频检测方法,增强气体泄漏区域的可用信息,从而有效提高了轻微气体泄漏情况下检测系统的检测灵敏度,检测结果如图 1-18 所示。从图 1-18 可知,通过一系列的数字图像处理操作,能够获得完整、清晰的泄漏疑似区域,实现了无色气体泄漏区域的检测和定位。

将上述泄漏气体检测的算法集成到气体泄漏红外成像检测控制软硬件平台,采用红外热像仪及滤光片采集气体泄漏区域的红外视频,构建多核 DSP 小型化系统,连接便携显示器显示 DSP 输出的实时检测结果,实现易燃易爆气体的实时检测。易燃易爆气体泄漏检测软硬件系统如图 1-19 所示。

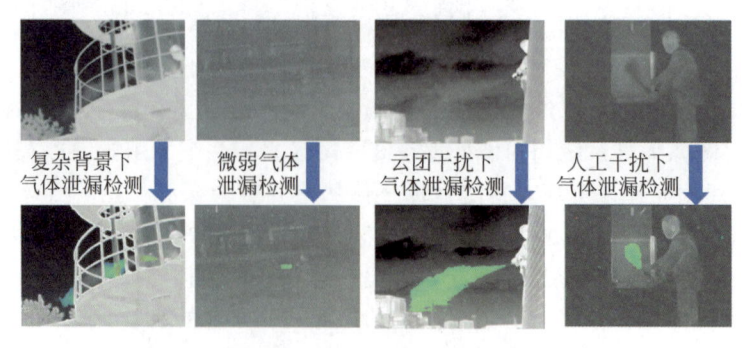

图 1-18　多种场景下泄漏气体红外检测结果（正确检测）

(a) FLIR T630 气体热像仪

(b) NB-10740-390 滤光片

(c) 红外气体检测板卡

(d) 便携式显示器

(e) 易燃易爆气体泄漏检测硬件平台

图 1-19　易燃易爆气体泄漏检测软硬件系统

第2章 数字图像处理的实用基础算法

图像运算是指以图像为单位进行的操作,该操作针对图像中的所有像素进行,运算的结果是一幅灰度分布与原图像灰度分布不同的新图像。

按照图像运算处理的数学特征,图像基本运算可分为点运算、代数运算、逻辑运算和几何运算。点运算是指对一幅图像中每个像素点的灰度值按一定的映射关系进行计算的方法;代数运算是指将两幅或多幅图像通过对应像素之间的加、减、乘、除运算得到输出图像的方法;逻辑运算是指图像间的对应像素进行逻辑与、或、非运算的方法;几何运算是通过改变图像中物体对象(像素)之间的空间关系得到输出图像的方法。几何变换不改变像素值,仅改变像素所在位置。

2.1 图像的基本运算

2.1.1 点运算

点运算是指对一幅图像中每个像素点的灰度值按一定的映射关系进行计算的方法。设输入图像的灰度为 $f(x,y)$,输出图像的灰度为 $g(x,y)$,则点运算可以表示为

$$g(x,y) = T[f(x,y)] \tag{2-1}$$

其中,$T[\ ]$ 是对 f 在 (x,y) 点值的一种数学运算,即点运算是一种像素的逐点运算,是灰度到灰度的映射过程,故称 $T[\ ]$ 为灰度变换函数。

点运算又称为"对比度增强""对比度拉伸""灰度变换"等。按灰度变换函数 $T[\ ]$ 的性质,点运算可以分为灰度变换和直方图处理。灰度变换又可以分为线性灰度变换、分段线性灰度变换和非线性灰度变换。

2.1.2 代数运算

代数运算是指在两幅或多幅输入图像之间进行逐点的加、减、乘、除运算的过程。每对

像素的灰度值通过相应的运算产生一个新的灰度值,作为输出图像对应像素的灰度值。新的灰度值有可能超出原来图像的灰度动态范围,常需要进行灰度映射,将运算产生的灰度值限制或调整到允许的动态范围内。令输入图像为 $A(x,y)$ 和 $B(x,y)$,输出图像为 $C(x,y)$,则代数运算有如下 4 种形式。

1. 加法运算

图像的加法运算记为 $C(x,y)=A(x,y)+B(x,y)$,可以得到各种图像合成的效果,也可以用于两张图像的衔接。例如将两幅输入图像通过加法运算,生成图像的合成效果如图 2-1 所示。

图 2-1 图像的加法运算示例

由于各种不同的原因,常会有一些干扰或噪声混入最后采集的图像中。图像的加法运算可以减少和去除图像采集中混入的"叠加性"噪声。

对于原图像 $f(x,y)$,有一个噪声图像集 $\{g_i(x,y)\}$,$i=1,2,\cdots,M$,其中,$g_i(x,y)=f(x,y)+e_i(x,y)$。混入噪声的图像 $g(x,y)$ 由原图像 $f(x,y)$ 和随机噪声 $e(x,y)$ 叠加,即 $g(x,y)=f(x,y)+e(x,y)$。假设有 M 幅图像相加求平均,其均值为

$$\bar{g}(x,y) = \frac{1}{M}\sum_{i=1}^{M}[f_i(x,y)+e_i(x,y)]$$
$$= f(x,y) + \frac{1}{M}\sum_{i=1}^{M}e_i(x,y) \tag{2-2}$$

当噪声 $e_i(x,y)$ 互不相关且均值为 0 时,图像均值能降低噪声的影响。由于

$$E\{\bar{g}(x,y)\} = E\left\{\frac{1}{M}\sum_{i=1}^{M}g_i(x,y)\right\} = \frac{1}{M}\sum_{i=1}^{M}E\{g_i(x,y)\}$$
$$= \frac{1}{M}\sum_{i=1}^{M}\{E[f_i(x,y)]+E[e_i(x,y)]\} \tag{2-3}$$
$$= \frac{1}{M}\sum_{i=1}^{M}f_i(x,y) = f(x,y)$$

则 $\bar{g}(x,y)$ 是 $f(x,y)$ 的无偏估计。一般而言,取 M 个图像(常用 8 幅图像)相加求平均可以消除图像的噪声。

2. 减法运算

图像的减法运算记为 $C(x,y)=A(x,y)-B(x,y)$,是将同一景物在不同时间拍摄的图像或同一景物在不同波段拍摄的图像相减,也称为差影法。已知图像 $f(x,y)$ 和 $h(x,y)$,对两幅图像进行减法运算,可以得到两幅图像间的差异:

$$g(x,y) = f(x,y) - h(x,y) \tag{2-4}$$

图像减法运算主要用于检测两幅图像之间的变化、分离混合图像、消除背景影响等。例如,用减法运算检测同一场景两幅图像之间的变化,如图 2-2 所示。假设时刻 1 的图像为 $T_1(x,y)$,时刻 2 的图像为 $T_2(x,y)$,则

$$g(x,y) = T_2(x,y) - T_1(x,y) \tag{2-5}$$

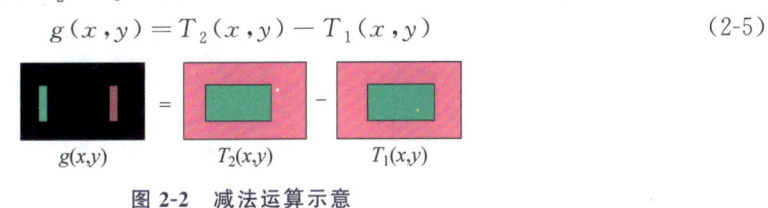

图 2-2 减法运算示意

差影法能够快速地得到图像之间的差异,提供了图像间的差值信息,在现实生活中有着广泛的应用,如运动目标的检测和跟踪、图像背景消除以及目标识别等。例如在银行金库内,监控摄像头每隔一段固定时间拍摄一幅图像,将连续拍摄的两幅图像做差影,如果图像差别超过了预先设置的阈值,则表明可能有异常情况发生,应自动报警。

图像减法运算同时还可以用于消除背景的影响,即去除不需要的叠加性图案。图 2-3 展示了减法运算在医学图像上的应用。图 2-3(a)是从病人头顶向下拍摄的 X 光照片,图 2-3(b)是碘元素注入后拍摄的 X 光照片与背景图像的差值。

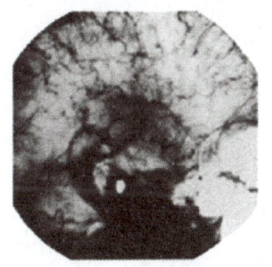

(a) 从病人头顶向下拍摄的X光照片 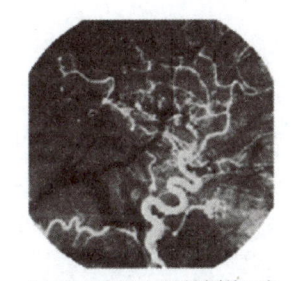　　(b) 碘元素注入后拍摄的X光照片与背景图像的差值

图 2-3 图像减法运算在医学上的应用

3. 乘除法运算

图像的乘(或除)法运算能够改变图像的灰度级。乘法运算记为 $C(x,y)=A(x,y)\times B(x,y)$;除法运算记为 $C(x,y)=A(x,y)\div B(x,y)$。

图像相乘(或相除)的一种重要应用是阴影校正。假设一个成像传感器产生可由 $f(x,y)$ 表示的完美图像与阴影函数 $h(x,y)$ 的乘积来建模的图像,即 $g(x,y)=f(x,y)h(x,y)$。若 $h(x,y)$ 已知,那么可以使用 $h(x,y)$ 的反函数[即 $g(x,y)/h(x,y)$]乘以感测图像的方法得到 $f(x,y)$。若 $h(x,y)$ 未知,但图像系统可以访问,则可以通过对具有恒定灰度的目标成像得到一个近似的阴影函数。图 2-4 显示了阴影校正的一个例子。其中,图 2-4(a)是一幅阴影图像,图 2-4(b)是阴影模式,图 2-4(c)是阴影图像乘以阴影模式倒数的结果。

图像乘法的另一种典型应用是图像的局部显示,也称为模板运算或感兴趣区域(ROI)操作。假定模板图像的感兴趣区域中的像素为 1,其他区域为 0,则将模板图像与一幅给定的图像相乘,得到的处理结果如图 2-5 所示。实际应用中,模板图像中的感兴趣区域可能不止一个,且感兴趣区域的形状可以是任意的,但通常在复杂的场景中,为了易于操作,感兴趣区域设定为矩形框。

(a) 阴影图像　　　　　(b) 阴影模式　　　　　(c) 阴影图像乘以
　　　　　　　　　　　　　　　　　　　　阴影模式倒数的结果

图 2-4　图像阴影校正示例

图 2-5　模板运算结果

2.1.3　逻辑运算

逻辑运算只适用于二值图像,是指将两幅或多幅图像通过对应像素之间的与、或、非逻辑运算得到输出图像的方法。基本的逻辑运算包括:

(1) 与(AND):记为 p AND q(也可写为 $p \cdot q$)。

(2) 或(OR):记为 p OR q(也可以为 $p+q$)。

(3) 补(COMPLEMENT):记为 NOT q(也可以写为 $\bar{q}$)。

通过组合以上基本逻辑运算,包括利用一些逻辑运算的定理,可以进一步构成所有其他各种组合的逻辑运算。常见的逻辑运算如下。

(1) 异或:记为 p XOR q,也可以写为 $p \oplus q$,当 p 和 q 均为 1 时结果为 0。

(2) 与非:记为 NOT(pq),也可以写为 $\overline{pq}$。

(3) 或非:记为 NOT($p+q$),也可以写为 $\overline{p+q}$。

(4) 异或非:记为 NOT($p \oplus q$),也可以写为 $\overline{p \oplus q}$。

图 2-6 展示了图像的基本逻辑运算。AND、OR 和 NOT 这 3 个算子是功能完备的,其他任何逻辑运算都可以仅用这 3 个基本函数执行。逻辑运算在图像理解与分析领域比较有用。这种方法可以为图像提供模板,与其他运算方法结合起来可以获得某种特殊的效果。

2.1.4　几何运算

图像几何运算也称为空间坐标变换或几何坐标变换,是一种位置映射操作,涉及的是图像空间里各个坐标位置间的转换及方式。图像中的每个像素有一定的空间位置,可借助坐标变换改变其位置,从而使图像改观。对整幅图像的坐标变换是通过对每个像素进行坐标变换实现的。

在数字图像处理中,几何运算由两个基本操作组成:①坐标的空间变换;②灰度内插,即对空间变换后的像素赋予灰度值。从变换性质来分,几何变换可以分为图像的位置变换(平

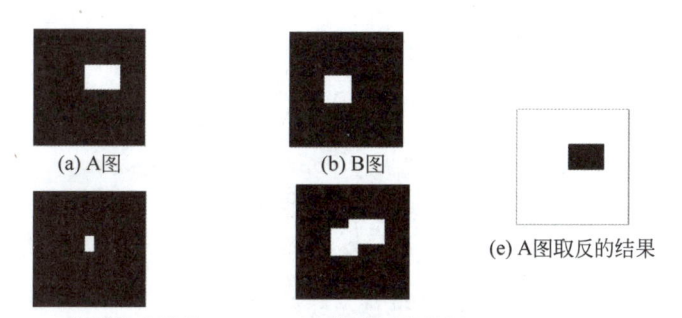

(a) A图
(b) B图
(c) A、B两图相与的结果
(d) A、B两图相或的结果
(e) A图取反的结果

图 2-6　图像的基本逻辑运算

移、镜像、旋转)、形状变换(放大、缩小)以及图像的复合变换等。图像几何运算的一般定义为

$$g(x,y)=f(u,v)=f(p(x,y),q(x,y)) \tag{2-6}$$

其中，$u=p(x,y)$、$v=q(x,y)$唯一地描述了空间变换，即将输入图像 $f(u,v)$ 从 $u-v$ 坐标系变换为 $x-y$ 坐标系的输出图像 $g(x,y)$。

1. 基本坐标变换

图像平面上一个像素的坐标可记为(x,y)，如果用齐次坐标，则记为$(x,y,1)$。坐标变换可借助矩阵写为

$$\boldsymbol{v}'=\boldsymbol{A}\boldsymbol{v} \tag{2-7}$$

其中，$\boldsymbol{v}$ 和 $\boldsymbol{v}'$ 分别是变换前后的坐标向量。

$$\boldsymbol{v}=(x,y,1)^{\mathrm{T}} \tag{2-8}$$

$$\boldsymbol{v}'=(x',y',1)^{\mathrm{T}} \tag{2-9}$$

而 $\boldsymbol{A}$ 是一个如下形式的 3×3 变换矩阵：

$$\boldsymbol{A}=\begin{pmatrix} a_{11} & a_{12} & a_{13} \\ a_{21} & a_{22} & a_{23} \\ a_{31} & a_{32} & a_{33} \end{pmatrix} \tag{2-10}$$

对不同的变换，其变换矩阵唯一地确定了变换的结果。

上面讨论的是对单个像素的坐标变换，如果有一组 m 个像素，可让 $v_1,v_2,\cdots,v_m$ 代表 m 个像素的坐标。对一个其列由这些列向量组成的 $3\times m$ 的矩阵 $\boldsymbol{V}$，仍可用上述 3×3 的矩阵 $\boldsymbol{A}$ 同时变换所有像素，即

$$\boldsymbol{V}'=\boldsymbol{A}\boldsymbol{V} \tag{2-11}$$

输出矩阵 $\boldsymbol{V}'$ 仍是一个 $3\times m$ 的矩阵，它的第 i 列 v'_i 包括对应于 v_i 的变换后像素坐标。

2. 图像的平移

图像的平移变换是指对数字图像的位置进行调整。图 2-7 展示了像素的平移过程，图像像素点由(x_0,y_0)平移到(x_1,y_1)。

平移后，像素点之间存在如下关系：

$$\begin{cases} x_1=x_0+\Delta x \\ y_1=y_0+\Delta y \end{cases} \tag{2-12}$$

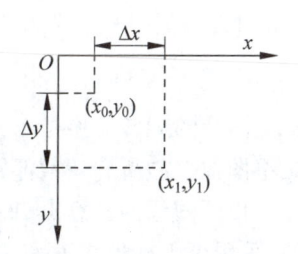

图 2-7　像素的平移过程

用矩阵形式表示平移前后的像素关系：

$$\begin{pmatrix} x_1 \\ y_1 \\ 1 \end{pmatrix} = \begin{pmatrix} 1 & 0 & \Delta x \\ 0 & 1 & \Delta y \\ 0 & 0 & 1 \end{pmatrix} \begin{pmatrix} x_0 \\ y_0 \\ 1 \end{pmatrix} \tag{2-13}$$

换句话说,图像平移变换矩阵可写为

$$\boldsymbol{T} = \begin{pmatrix} 1 & 0 & t_x \\ 0 & 1 & t_y \\ 0 & 0 & 1 \end{pmatrix} \tag{2-14}$$

其中,平移量(t_x, t_y)将具有坐标为(x_0, y_0)的点平移到新的位置(x_1, y_1)。在图 2-8 展示了图像平移的效果。其中图 2-8(a)是原图像,图 2-8(b)是向下平移后的图像。

(a) 原图像　　　　　　(b) 向下平移后的图像

图 2-8　图像平移的效果

3. 图像的镜像

图像的镜像是指原图像相对于某一参照面旋转 180°的图像。设原图像的宽为w,高为h,原图像中的点为(x_0, y_0),对称变换后的点为(x_1, y_1),镜像操作有如下两种情况。

(1) 水平镜像。

水平镜像的变换公式为

$$\begin{pmatrix} x_1 \\ y_1 \\ 1 \end{pmatrix} = \begin{pmatrix} -1 & 0 & w \\ 0 & 1 & 0 \\ 0 & 0 & 1 \end{pmatrix} \begin{pmatrix} x_0 \\ y_0 \\ 1 \end{pmatrix} \tag{2-15}$$

(2) 垂直镜像。

垂直镜像的变换公式为

$$\begin{pmatrix} x_1 \\ y_1 \\ 1 \end{pmatrix} = \begin{pmatrix} 1 & 0 & 0 \\ 0 & -1 & h \\ 0 & 0 & 1 \end{pmatrix} \begin{pmatrix} x_0 \\ y_0 \\ 1 \end{pmatrix} \tag{2-16}$$

图 2-9 和图 2-10 分别展示了图像水平镜像和垂直镜像的效果。其中图 2-9(a)和图 2-10(a)均为变换前的原图像,图 2-9(b)为水平镜像后的图像,图 2-10(b)为垂直镜像后的图像。

4. 图像的旋转

图像的旋转变换是以图像的中心为原点,以顺时针或逆时针方向旋转一定的角度,也就是将图像上的所有像素都旋转相同的角度。

设原图像的任意点$A_0(x_0, y_0)$,经旋转角度β以后,到新的位置$A(x, y)$,为表示方便,采用极坐标形式表示,原始点的角度为α,如图 2-11 所示。

(a) 变换前的原图像　　　　　(b) 水平镜像后的图像

图 2-9　水平镜像的效果

(a) 变换前的原图像　　　　　(b) 垂直镜像后的图像

图 2-10　垂直镜像的效果

图 2-11　图像的坐标点和旋转角度之间的关系

原图像点 $A_0(x_0, y_0)$ 的坐标如下：

$$\begin{cases} x_0 = r\cos\alpha \\ y_0 = r\sin\alpha \end{cases} \tag{2-17}$$

旋转到新位置以后，点 $A(x, y)$ 的坐标如下：

$$\begin{cases} x = r\cos(\alpha - \beta) = r\cos\alpha\cos\beta + r\sin\alpha\sin\beta \\ y = r\sin(\alpha - \beta) = r\sin\alpha\cos\beta - r\cos\alpha\sin\beta \end{cases} \tag{2-18}$$

$$\begin{cases} x = x_0\cos\beta + y_0\sin\beta \\ y = -x_0\sin\beta + y_0\cos\beta \end{cases} \tag{2-19}$$

如果规定逆时针旋转为正，其变换公式表示为

$$\begin{pmatrix} x \\ y \\ 1 \end{pmatrix} = \begin{pmatrix} \cos\beta & \sin\beta & 0 \\ -\sin\beta & \cos\beta & 0 \\ 0 & 0 & 1 \end{pmatrix} \begin{pmatrix} x_0 \\ y_0 \\ 1 \end{pmatrix} \tag{2-20}$$

则旋转变换矩阵 $\boldsymbol{R}$ 为

$$\boldsymbol{R} = \begin{pmatrix} \cos\beta & \sin\beta & 0 \\ -\sin\beta & \cos\beta & 0 \\ 0 & 0 & 1 \end{pmatrix} \tag{2-21}$$

其中，β 为旋转的角度，旋转矩阵的模为 1。图像经过旋转变换后，尺寸一般会改变。这时既可以采用把转出显示区域的图像截去的方法来显示旋转后的结果（见图 2-12(b)），也可以采用扩大图像的显示区域的方法来显示完整图像（见图 2-12(c)）。

(a) 原图像　　　　　　　(b) 旋转时仅保留显示区域　　　　　　(c) 旋转时扩大显示区域

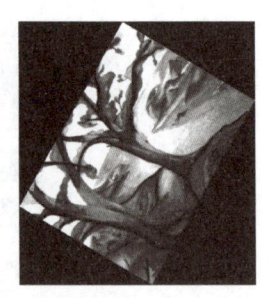

图 2-12　图像旋转的效果

需要注意的是,在数字图像中,像素的移动方向是其 8-邻域确定的方向,最小间隔角度是 45°。如果旋转角度是任意的,则一定会在像素级别上存在旋转角度偏差的问题。由于坐标值必须是整数,旋转后的图像在某些位置上没有与之对应的原图像像素点,就会出现"空穴"现象。

例如,当图像旋转角 $\beta=45°$ 时,有如下变换关系:

$$\begin{cases} x = 0.707x_0 + 0.707y_0 \\ y = -0.707x_0 + 0.707y_0 \end{cases} \quad (2\text{-}22)$$

以原图像的点(1,1)为例,旋转以后均为小数,经四舍五入之后为(1,0),产生了位置误差。所以,图像旋转后会出现一些空白点,需要对这些空白点进行灰度级的插值处理,否则影响旋转后的图像质量。

上述的旋转是绕坐标轴原点(0,0)进行的,如果是绕某一个指定点(a,b)旋转,则先要将坐标系平移到该点,再进行旋转,然后将旋转后的图像平移回原坐标系。

利用公式进行图像旋转正变换时需要注意如下两点。

(1) 为了避免图像信息的丢失,图像旋转后必须进行平移变换。

(2) 图像旋转之后,会出现许多"空穴"点,必须对这些"空穴"点进行填充处理,否则图像旋转后的效果不好,一般也称这种操作为插值处理,可采用各种插值方法。图 2-13 展示了图像旋转及插值处理的效果,其中图 2-13(a)是旋转前的图像,图 2-13(b)是旋转 15°并插值处理后的图像。

(a) 旋转前的图像　　　　　　(b) 旋转15°并进行插值处理的图像

图 2-13　图像旋转及插值处理的效果

5. 图像的缩放

图像的缩放变换是指对数字图像的大小进行调整的过程。缩小图像(也称为下采样或降采样)的主要目的是使图像符合显示区域的大小,生成对应图像的缩略图。放大图像(也称为上采样)的主要目的是放大原图像,从而更好地查看图像局部区域或在更高分辨率的显示设备上显示。图像的缩放操作并不会增加图像的信息,因此对图像进行缩放变换将不可避免地影响图像的质量。

缩放变换改变点间的距离,对物体来说则是改变了物体的尺度,所以缩放变换也称为尺度变换。缩放变换一般是沿坐标轴方向进行的。用 S_x 和 S_y 分别表示沿 x 方向和 y 方向的缩放因子,缩放变换公式表示为

$$\begin{pmatrix} x_1 \\ y_1 \\ 1 \end{pmatrix} = \begin{pmatrix} S_x & 0 & 0 \\ 0 & S_y & 0 \\ 0 & 0 & 1 \end{pmatrix} \begin{pmatrix} x_0 \\ y_0 \\ 1 \end{pmatrix} \tag{2-23}$$

其中,缩放因子 S_x 和 S_y 大于 1 表示放大,小于 1 表示缩小。

缩放变换矩阵可写为

$$\boldsymbol{S} = \begin{pmatrix} S_x & 0 & 0 \\ 0 & S_y & 0 \\ 0 & 0 & 1 \end{pmatrix} \tag{2-24}$$

需要注意的是,在数字图像中,由于灰度值都处于采样栅格的整数坐标处。当 S_x 和 S_y 不为整数时,原图像中的部分像素经过比例变换后,其坐标值可能不为整数,此时需要进行取整或插值操作。

数字图像的全比例缩放是指将给定的图像在 x 方向和 y 方向按相同的比例 a 缩放,从而获得一幅新的图像。缩放前后两点 $A_0(x_0,y_0)$、$A_1(x_1,y_1)$ 之间的关系可以用矩阵表示为

$$\begin{pmatrix} x_1 \\ y_1 \\ 1 \end{pmatrix} = \begin{pmatrix} a & 0 & 0 \\ 0 & a & 0 \\ 0 & 0 & 1 \end{pmatrix} \begin{pmatrix} x_0 \\ y_0 \\ 1 \end{pmatrix} \tag{2-25}$$

(1) 图像的减半缩小。

将一幅 $2M \times 2N$ 的图像缩小为 $M \times N$ 大小的图像称为图像的减半缩小。其处理方法是取图像矩阵的偶(奇)数行和偶(奇)数列构成新的图像。以一个简单的二维矩阵为例,如图 2-14 所示。

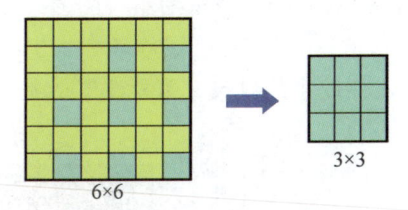

图 2-14 图像减半缩小示意

(2) 图像的依比例缩小。

图像的依比例缩小就是保持前后图像高宽比不变。若原图像 F 大小为 $M \times N$,缩小后的图像 I 大小为 $L \times S$,缩放前后图像高宽比保持不变,即 $M/N=L/S=k$,k 为常数。

例如,将一幅 4×8 大小的图像依比例缩小为 3×6 大小的图像,其中高宽比 $M/N=L/S=4/8=3/6=1/2$。依比例缩小的实现过程如下:首先,计算缩小的倍数,$c=L/M=3/4$;然后,计

算缩小后的目标图像中(图 2-15(b))每个像素和原图像中(见图 2-15(a))像素的对应关系。

$$F(x,y) = I(\text{int}(c*x), \text{int}(c*y)) \tag{2-26}$$

以图 2-15(a)中一个像素点 $F(2,4)$ 为例,其对应到目标图的像素点为

$$F(2,4) = I(\text{int}(3/4*2), \text{int}(3/4*4)) = I(\text{int}(1.5), \text{int}(3)) = I(1,3) \tag{2-27}$$

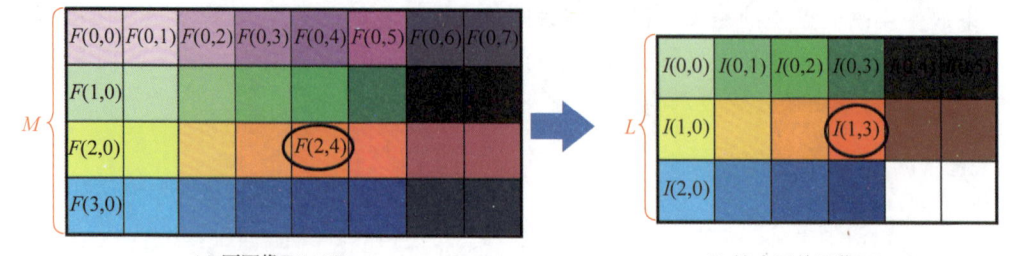

(a) 原图像 F(4×8)　　　　　　　　　　(b) 缩小后的图像 I(3×6)

图 2-15　依比例缩小的效果

图 2-16 展示了图像依比例缩小的效果。

图 2-16　图像依比例缩小的效果

(3) 图像不依比例缩小。

图像不依比例缩小就是缩小前后图像高宽比发生变化。如图 2-17 所示,将一幅 4×6 大小的图像缩小为 2×4 大小,实现过程如下。

首先,计算高的缩小倍数:$c_1 = L/M = 1/2$,宽的缩小倍数:$c_2 = S/N = 2/3$;然后,根据式(2-28)计算缩小后的图像 I 中的每个像素与原图像 F 中每个像素的对应关系:

$$I(\text{int}(c_1*x), \text{int}(c_2*y)) = F(x,y) \tag{2-28}$$

例如,原图像 F 中右下角位置 $F(3,5)$ 处对应于缩小后的图像 I 的位置计算过程为

$$I(\text{int}(1/2*3), \text{int}(2/3*5)) = I(\text{int}(1.5), \text{int}(3.3)) = I(1,3) = F(3,5) \tag{2-29}$$

图 2-18 展示了图像不依比例缩小的效果。值得注意的是,这种操作一定会带来图像的几何畸变。

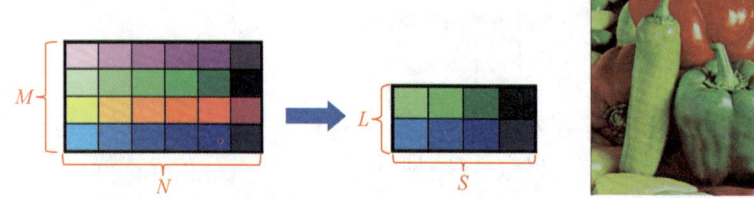

图 2-17　图像不依比例缩小的过程　　　　　图 2-18　图像不依比例缩小的效果

(4) 图像的放大。

图像的缩小是从现有的信息里如何挑选所需要的有用信息。图像的放大则需要对尺寸放大后所多出来的空格填入适当的值,这是信息的估计问题。因此比图像的缩小要难一些。

对于图像的成倍放大,以图 2-19 为例,常用的方法是原来的一个点的值填到一个 2×2 的小块中去。图 2-20 展示了图像成倍放大的效果。

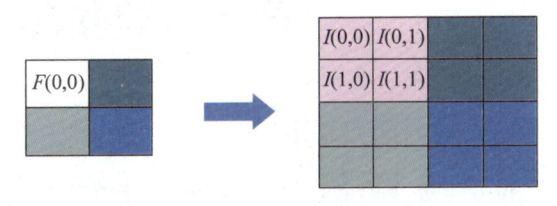

图 2-19　图像成倍放大示例

图 2-20　图像成倍放大的效果

图像的依比例放大就是放大前后图像高宽比保持不变。如图 2-21 所示,其实现过程如下。

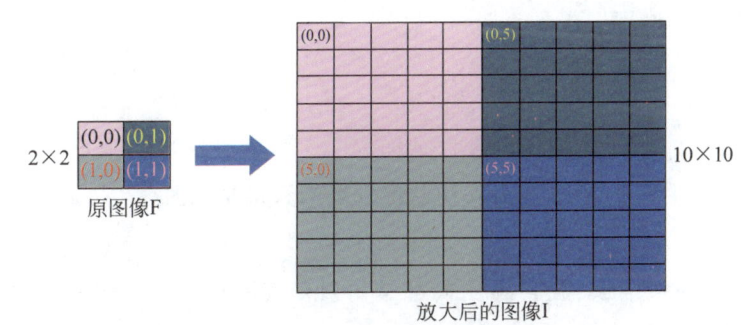

图 2-21　图像依比例放大示例

首先,计算放大的倍数:$c=L/M=5$;然后计算放大后的图像 I 中的每个像素与原图像 F 中每个像素的对应关系,例如:

$$I(\text{int}(5*0),\text{int}(5*0))=F(0,0), \quad I(0,0)=F(0,0) \tag{2-30}$$

$$I(\text{int}(5*0),\text{int}(5*1))=F(0,1), \quad I(0,5)=F(0,1) \tag{2-31}$$

$$I(\text{int}(5*1),\text{int}(5*0))=F(1,0), \quad I(5,0)=F(1,0) \tag{2-32}$$

$$I(\text{int}(5*1),\text{int}(5*1))=F(1,1), \quad I(5,5)=F(1,1) \tag{2-33}$$

图 2-22 展示了图像依比例放大 10 倍的效果。可以发现,放大的比例太大,会出现马赛克效应,这是因为图像放大没有新增视觉信息。

在图像放大的正变换中,出现了很多空格,如图 2-23 所示。因此,需要对这些空格填入适当的像素值。一般采用最近邻插值和线性插值法。

图 2-22　图像依比例放大 10 倍的效果

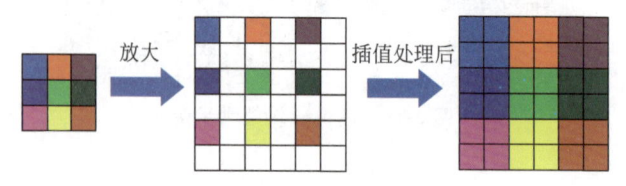

图 2-23　图像插值示意

6. 图像的反变换

图像的几何坐标变换也可以反向进行，这就是反变换，也称逆变换。各个坐标变换矩阵都有对应的执行反变换的逆矩阵，它们也能很容易地推出。例如，平移变换的逆矩阵为

$$\boldsymbol{T}^{-1} = \begin{pmatrix} 1 & 0 & -\Delta x \\ 0 & 1 & -\Delta y \\ 0 & 0 & 1 \end{pmatrix} \tag{2-34}$$

放缩变换的逆矩阵为

$$\boldsymbol{S}^{-1} = \begin{pmatrix} 1/S_x & 0 & 0 \\ 0 & 1/S_y & 0 \\ 0 & 0 & 1 \end{pmatrix} \tag{2-35}$$

对于更复杂的变换矩阵，通常需要用数值计算来获得反变换。

7. 仿射变换

图像的平移、比例缩放、旋转等变换都是仿射变换的扩展。一般地，仿射变换矩阵可写为

$$\begin{pmatrix} x_1 \\ y_1 \\ 1 \end{pmatrix} = \begin{pmatrix} a & b & t_x \\ c & d & t_y \\ 0 & 0 & 1 \end{pmatrix} \begin{pmatrix} x_0 \\ y_0 \\ 1 \end{pmatrix} \tag{2-36}$$

仿射变换具有以下性质。

(1) 仿射变换有 6 个自由度，除了有 2 个平移自由度，还多了 4 个自由度。经过仿射变换后，图像中的直线依然是直线，平行线依然是平行线，三角形依然是三角形。但是四边形以上的多边形仿射不能保证为等边的多边形。

(2) 仿射变换的乘积和逆变换仍为仿射变换。

(3) 仿射变换包括旋转、平移、伸缩。如果希望保持二维图形的"平直线"和"平行性"，则可以通过一系列仿射变换的复合来实现。

欧氏变换是仿射变换的一种特例，欧氏变换的矩阵表达为（θ 为旋转角）

$$\begin{pmatrix} x_1 \\ y_1 \\ 1 \end{pmatrix} = \begin{pmatrix} \cos\theta & \sin\theta & t_x \\ -\sin\theta & \cos\theta & t_y \\ 0 & 0 & 1 \end{pmatrix} \begin{pmatrix} x_0 \\ y_0 \\ 1 \end{pmatrix} \tag{2-37}$$

欧氏变换是先旋转变换后平移变换的组合。平面的欧氏变换只有 3 个自由度。图 2-24 展示了分别用 $\theta=-90°$ 和 $t=(2,0)^T$、$\theta=90°$ 和 $t=(2,4)^T$、$\theta=0°$ 和 $t=(4,6)^T$ 定义的欧氏变换对左边的多边形进行欧氏变换的结果。

如果对欧氏变换矩阵中的旋转变换矩阵乘以一个大于 0 的各向同性的放缩系数 s，则得到相似变换矩阵为

$$\begin{pmatrix} x_1 \\ y_1 \\ 1 \end{pmatrix} = \begin{pmatrix} s\cos\theta & s\sin\theta & t_x \\ -s\sin\theta & s\cos\theta & t_y \\ 0 & 0 & 1 \end{pmatrix} \begin{pmatrix} x_0 \\ y_0 \\ 1 \end{pmatrix} \tag{2-38}$$

相似变换也是仿射变换的一种特例，但有 4 个自由度，比欧氏变换更一般化。图 2-25 所示分别是用 $s=1.5$、$\theta=-90°$ 和 $t=(1,0)^T$，$s=1$、$\theta=180°$ 和 $t=(4,8)^T$，$s=0.5$、$\theta=0°$ 和 $t=(5,7)^T$ 定义的相似变换对左边的多边形图形进行相似变换得到的 3 个结果。

图 2-24　多边形欧氏变换的结果 　　　图 2-25　对多边形进行相似变换的结果

2.2　图像插值

数字图像中像素的灰度值仅在整数坐标位置处有定义。如果要估计图像未定义位置的灰度值，这就需要图像插值来实现。其实质是用已知数据来估计未知位置的数值。图像插值主要分为线性插值和非线性插值。常见的插值算法有最近邻插值、双线性插值、双平方插值、双立方插值以及其他高阶方法。

如果一个输出像素映射到 4 个输入像素之间，则其灰度值由灰度插值算法决定，如图 2-26 所示，其中，x'、y' 是非整型，x、y 是整型。

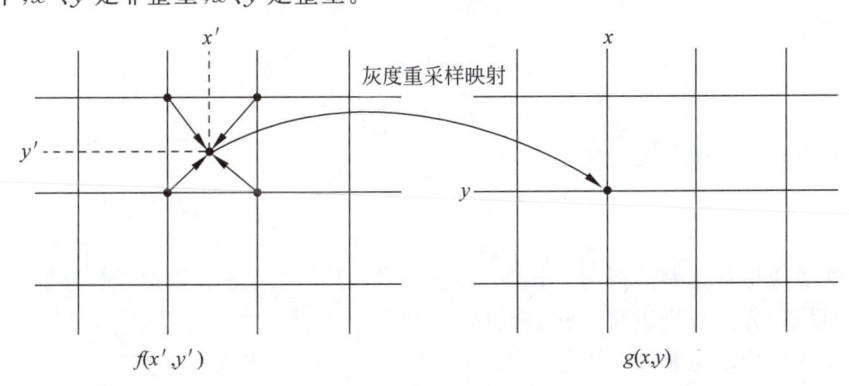

图 2-26　灰度插值示意

2.2.1 最近邻插值

最近邻插值是最简单的图像插值算法,又称零阶插值。这种方法无须计算,将距离待求像素最近的邻域像素的灰度值赋给待求像素。这种方法计算量小,但当图像包含边缘、纹理等结构信息时,会在图像中产生明显的灰度非平滑过渡痕迹,如锯齿形的边缘等。

图 2-27 是最近邻插值示意图,最近邻插值是将 (u_0,v_0) 点最近的整数坐标 (u,v) 点的灰度值取为 (u_0,v_0) 点的灰度值。在 (u_0,v_0) 点各相邻像素间灰度变化较小时,这种方法是一种简单快捷的方法;相邻像素间灰度差很大时,会产生较大的误差。

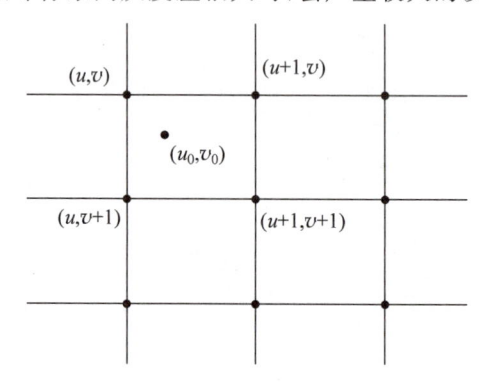

图 2-27 最近邻插值示意

2.2.2 双线性插值

线性插值的插值函数为一次多项式,其在插值结点上的插值误差为零。线性插值的几何意义为:利用过 A 点和 B 点的直线来近似表示原函数,也可以用来计算得到查表过程中表中没有的数值。

如图 2-28 所示,设函数 $y=f(x)$ 在点 x_0 和 x_1 的值分别为 y_0 和 y_1,求多项式 $y=L(x)=a_0+a_1x$,使其满足 $L(x_0)=y_0, L(x_1)=y_1$,即得到方程组:

$$\begin{cases} a_0+a_1x_0=y_0 \\ a_0+a_1x_1=y_1 \end{cases} \quad (2\text{-}39)$$

由解析几何可知:

$$y=L(x)=\frac{x-x_1}{x_0-x_1}y_0+\frac{x-x_1}{x_1-x_0}y_1 \quad (2\text{-}40)$$

则线性插值点的估计函数为

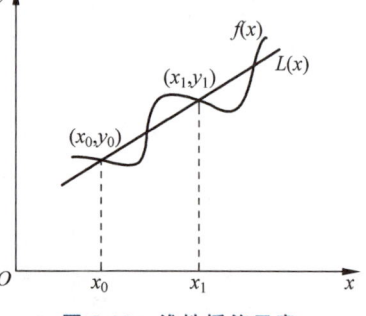

图 2-28 线性插值示意

$$f(x)=\frac{x-x_1}{x_0-x_1}f(x_0)+\frac{x-x_1}{x_1-x_0}f(x_1) \quad (2\text{-}41)$$

双线性插值也称为一阶插值。该方法的核心思想是利用待求像素 4 个邻近像素的灰度值在水平(垂直)方向分别进行一次线性插值,然后沿垂直(水平)方向对插值结果再进行一次线性插值获得待求像素的灰度值。图 2-29 是双线性插值代数表示方法示意。

首先,在 x 轴方向进行线性插值,确定坐标为 $(x+u,y)$、$(x+u,y+1)$ 两点的像素值。根据线性插值公式,x 轴方向插值后图像中点 $(x+u,y)$ 的像素值计算公式为

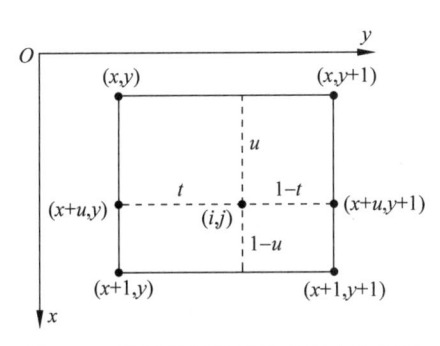

图 2-29 双线性插值代数表示方法示意

$$f(x+u,y) = \frac{(x+u)-(x+1)}{x-(x+1)}f(x,y) + \frac{(x+u)-x}{(x+1)-x}f(x+1,y) \quad (2\text{-}42)$$

即

$$f(x+u,y) = (1-u)f(x,y+1) + uf(x+1,y) \quad (2\text{-}43)$$

同理,像素点 $(x+u,y+1)$ 的像素值为

$$f(x+u,y+1) = (1-u)f(x,y+1) + uf(x+1,y+1) \quad (2\text{-}44)$$

在 y 方向进行线性插值,点 $(x+u,y+t)$ 的像素值计算公式为

$$f(x+u,y+t) = \frac{(y+t)-(y+1)}{y-(y+1)}f(x+u,y) + \frac{(y+t)-y}{(y+1)-y}f(x+u,y+1) \quad (2\text{-}45)$$

整理后,可以得到点 (i,j) 的计算公式为

$$f(i,j) = (1-t)(1-u)f(x,y) + u(1-t)f(x+1,y) + t(1-u)f(x,y+1) + utf(x,y) \quad (2\text{-}46)$$

此外,双线性插值也可以用几何方法表示,如图 2-30 所示。

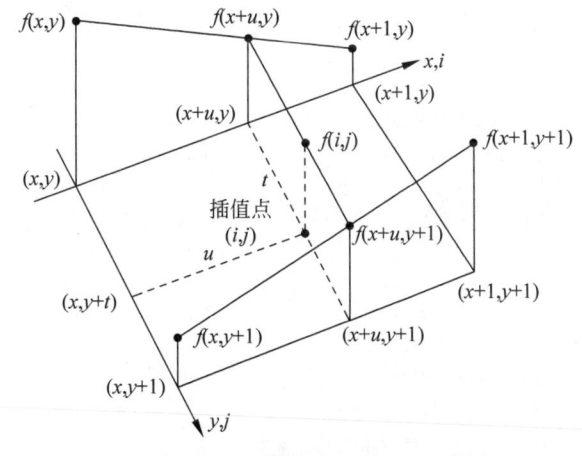

图 2-30 双线性插值几何表示方法示意

首先,在 x 方向上的截面如图 2-31 所示,分别有

$$\frac{f(x+u,y)-f(x,y)}{f(x+1,y)-f(x,y)} = u, \quad \frac{f(x+u,y+1)-f(x,y+1)}{f(x+1,y+1)-f(x,y+1)} = u \quad (2\text{-}47)$$

即
$$f(x+u,y) = uf(x+1,y) + (1-u)f(x,y) \tag{2-48}$$
$$f(x+u,y+1) = uf(x+1,y+1) + (1-u)f(x,y+1) \tag{2-49}$$

在 y 方向上的截面如图 2-32 所示,有
$$\frac{f(x+u,y+t) - f(x+u,y)}{f(x+1,y+1) - f(x+u,y)} = t \tag{2-50}$$

即
$$f(x+u,y+t) = tf(x+u,y+1) + (1-t)f(x+u,y) \tag{2-51}$$

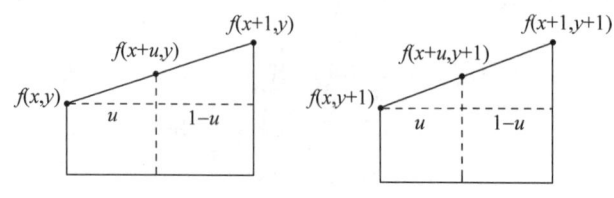

图 2-31 x 方向上的截面

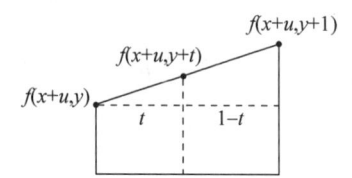

图 2-32 y 方向上的截面

最后,双线性插值公式为
$$\begin{aligned} f(i,j) = &(1-t)(1-u)f(x,y) + u(1-t)f(x+1,y) + \\ &t(1-u)f(x,y+1) + utf(x,y) \end{aligned} \tag{2-52}$$

双线性插值算法是一种比较好的图像缩放算法,它充分利用了原图中虚拟点四周的 4 个真实存在的像素值来共同决定目标图中的一个像素值。用 C++ 语言编制的双线性插值程序如下:

```
void Interp_linear(double ** OrgImg, double ** InterpImg, DWORD srcH, DWORD srcW, DWORD desH, DWORD desW)
{ DWORD i, j, i1, j1;
    double stpx, stpy;
    double t = 0, u = 0, temp = 0.0;
    double * srcBuf = new double[srcW * srcH];
    double * desBuf = new double[desW * desH];
    for(i = 0; i < srcH; i++)
    for(j = 0; j < srcW; j++){
    srcBuf [i * srcW + j] = OrgImg [i][j];}
    for(i = 0;i < desH; i++)
    for(j = 0;j < desW;j++) {
      stpy = 1.0 * (srcW-1)/(desW-1) * j;
      stpx = 1.0 * (srcH-1)/(desH-1) * i;
      i1 = (int)stpx; j1 = (int)stpy;
      u = stpx - i1; t = stpy - j1;
      if ((i1+1)>(srcH-1)) i1 = srcH-2;
      if ((j1+1)>(srcW-1)) j1 = srcW-2;
      temp = (1-t) * (1-u) * srcBuf [i1 * srcW + j1] + (1-t) * u * srcBuf [(i1+1) * srcW + j1] +
          t * (1-u) * srcBuf [i1 * srcW + j1+1] + t * u * srcBuf [(i1+1) * srcW + j1+1];
      desBuf [i * desW + j] = (int) temp; }
    for(i = 0;i < desH;i++)
    for(j = 0;j < desW;j++){
      InterpImg[i][j] = desBuf[i * desW + j];}
```

```
        delete[ ] srcBuf;
        delete[ ] desBuf;
}
```

2.2.3　Chebyshev 正交多项式插值

设 $f(r,c)$ 是分辨像元 (r,c) 上的灰度值。$f(r,c)$ 是关于 r 和 c 的多项式方程。如果用 r 和 c 的多项式去近似每个维度上的灰度函数,明显要面临两个问题:①选用什么样的基函数;②如何确定所选的多项式函数中各系数。为不失一般性,我们选择坐标系统 $R \times C$ 使其中心为 $(0,0)$,由其对称性,可以导出

$$\sum_R r = \sum_C c = 0 \tag{2-53}$$

当区域 $R \times C$ 和窗口尺寸不同时,系数也不相同,若选用 3×3 窗口,即 $R:\{-1,0,1\}$,$C:\{-1,0,1\}$。

先讨论一维情况,$\hat{f}(r)$ 用多项式形式表示为

$$\hat{f}(r) = \sum_{n=0}^{N-1} a_n P_n(r) \tag{2-54}$$

$\hat{f}(r)$ 为 $r \in R$ 域内的观察值,$P_n(r)$ 为所选的多项式基函数,a_n 为对应基函数的系数,选用 Chebyshev 正交多项式作为基函数。

设离散索引集 R 是对称的,即 $r \in R, -r \in R$,设 $p_n(r)$ 为第 n 阶多项式,令 $P_0(r)=1$,则

$$P_n(r) = r^n + b_{n-1}r^{n-1} + \cdots + b_1 r + b_0 \tag{2-55}$$

$P_n(r)$ 必须与除自身以外的其他基函数正交,故有以下方程:

$$\sum_{r \in R} P_k(r)(r^n + b_{n-1}r^{n-1} + \cdots + b_1 r + b_0) = 0, \quad k = 0,1,\cdots,n-1 \tag{2-56}$$

这些方程有未知数 $b_0, b_1, \cdots, b_{n-1}$,可以通过标准技术解之。前 3 个多项式函数为

$$P_0(r) = 1, P_1(r) = r, P_2(r) = r^2 - \mu_2/\mu_0 \tag{2-57}$$

其中,$\mu_k = \sum_{k \in R} s^k$。

可见多项式与域 R 有关。设 R 是 $\{-1,0,1\}$,可以作二阶近似 $P_k(r)$ 如下:

$$P_0(r) = 1, P_1(r) = r, P_2(r) = r^2 - 2/3 \tag{2-58}$$

多项式基函数集为 $\{1, r, r^2 - 2/3\}$。现推广到二维情况 $R \times C$,R 和 C 都是对称的。设 $\{P_0(r), \cdots, P_N(r)\}$ 是 R 上的离散多项式集,$\{Q_0(c), \cdots, Q_N(c)\}$ 是 C 上的离散多项式集,则上两集之互积 $R \times C:\{P_0(r)Q_0(c), \cdots, P_0(r)Q_M(c), \cdots, P_N(r)Q_N(c)\}$ 为 $R \times C$ 上离散多项式集。可以证明它也是正交多项式集:

$$R:\{-1,0,1\} \rightarrow \left\{1, r, r^2 - \frac{2}{3}\right\}, C:\{-1,0,1\} \rightarrow \left\{1, c, c^2 - \frac{2}{3}\right\} \tag{2-59}$$

$R \times C:\{-1,0,1\} \times \{-1,0,1\}$,可得离散正交多项式集 $P_k(r,c)$ 为

$$\left\{1, r, c, r^2 - \frac{2}{3}, rc, r\left(c^2 - \frac{2}{3}\right), c\left(r^2 - \frac{2}{3}\right), \left(r^2 - \frac{2}{3}\right)\left(c^2 - \frac{2}{3}\right)\right\} \tag{2-60}$$

现在来确定各基函数的系数,仍然是通过对方差公式求极值,确定系数 a_k,此时均方差

公式为

$$\varepsilon^2(r,c) = \sum_R \sum_C \left[\sum_{k=0}^{M \times N - 1} a_k P_k(r,c) - f(r,c) \right]^2 \quad (2\text{-}61)$$

用最小均方近似技术，用 ε^2 对 a_k 求偏导并令其为 0，a_k 可通过以下方程推导：

$$a_k = \sum_R \sum_C P_k(r,c) f(r,c) / \sum_R \sum_C P_k^2(r,c) \quad k = 0,1,\cdots,M \times N - 1 \quad (2\text{-}62)$$

这表明 $R \times C$ 中各 $f(r,c)$ 要加权 $P_k(r,c) / \sum_R \sum_C P_k^2(r,c)$，用以确定系数 a_k。当区域 $R \times C$ 确定时，通过 $P_k(r,c) / \sum_R \sum_C P_k^2(r,c)$ 可确定各基函数对应的系数模板。图 2-33 为 3×3 窗口下（即 $R \times C$：$\{-1,0,1\} \times \{-1,0,1\}$）各多项式函数对应的系数模板。

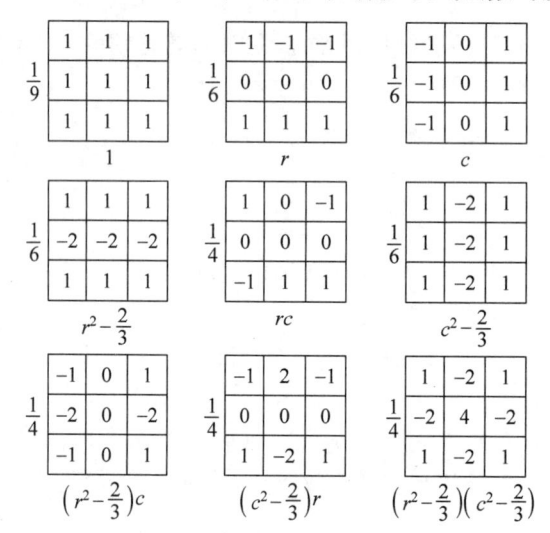

图 2-33 3×3 模板系数

基函数对应系数 a_k 可通过以上模板和 $f(r,c)$ 卷积计算。一旦确定 a_k，对于任意 (r,c) 区域 $R \times C$ 上的像素值，可通过以下差值方程式得到：

$$\hat{f}(r,c) = \sum_{k=0}^{8} a_k P_k(r,c) \quad (2\text{-}63)$$

以下是用 C++ 语言实现的 Chebyshev 正交多项式插值程序：

```
void Interp_Chebyshev(double ** OrgImg, double ** InterpImg, DWORD srcH , DWORD srcW, DWORD desH, DWORD desW)
{   int i,j,i1,j1;
    double x1,y1, kr = 0,kc = 0,temp = 0.0;
    double temp_com[9][9] = {1.0/9, 1.0/9, 1.0/9, 1.0/9, 1.0/9, 1.0/9, 1.0/9, 1.0/9, 1.0/9,
        -1.0/6, -1.0/6, -1.0/6, 0.0, 0.0, 0.0, 1.0/6, 1.0/6, 1.0/6,
        -1.0/6, 0.0, 1.0/6, -1.0/6, 0.0, 1.0/6, -1.0/6, 0.0, 1.0/6,
        1.0/6,1.0/6,1.0/6, -2.0/6, -2.0/6, -2.0/6,1.0/6,1.0/6,1.0/6,
        1.0/4,0.0, -1.0/4,0.0,0.0,0.0, -1.0/4,0.0,1.0/4,
        1/6, -2/6,1/6,1/6, -2/6,1/6,1/6, -2/6,1/6,
        -1.0/4,0.0,1.0/4,2.0/4,0.0, -2.0/4, -1.0/4,0.0,1.0/4,
        -1.0/4,2.0/4, -1.0/4,0.0,0.0,0.0,1.0/4, -2.0/4,1.0/4,
        1.0/4, -2.0/4,1.0/4, -2.0/4,4.0/4, -2.0/4,1.0/4, -2.0/4,1.0/4    };
```

```
double ** template_data = (double **)fspace_2d(9,9,sizeof(double));
double * an = new double [9];
int m = 0,n = 0,m1 = 0,n1 = 0,k = 0, temprow = 3, tempcol = 3;
double ** image33 = (double **)fspace_2d(temprow,tempcol,sizeof(double));
for(k = 0;k < 9;k++)
{an[k] = 0;  }
for(i = 0;i < temprow;i++)
for(j = 0;j < tempcol;j++)  {
image33[i][j] = 0;}
for(i = 0;i < desH;i++)
for(j = 0;j < desW;j++){
x1 = 1.0 * (srcW - 1)/(desW - 1) * j;
y1 = 1.0 * (srcH - 1)/(desH - 1) * i;
i1 = (int)y1; j1 = (int)x1;
kr = y1 - i1; kc = x1 - j1;
for(m = 0;m < 3;m++)
for(n = 0;n < 3;n++)   {
m1 = i1 + m - 1; n1 = j1 + n - 1;
if(m1 < 0) m1 = 0;
if(n1 < 0) n1 = 0;
if(m1 > srcH - 1) m1 = srcH - 1;
if(n1 > srcW - 1) n1 = srcW - 1;
image33[m][n] = OrgImg[m1][n1]; }
for(k = 0;k < 9;k++)     {
 an[k] = 0.0;
for(m = 0;m < temprow;m++)  {
 for(n = 0;n < tempcol;n++) {
 an[k] = an[k] + image33[m][n] * temp_com[k][m * 3 + n]; }
}  }
temp = an[0] + an[1] * kr + an[2] * kc + an[3] * (kr * kr - 2/3) + an[4] * kr * kc + an[5] * (kc
* kc - 2/3) + an[6] * kc * (kr * kr - 2/3) + an[7] * kr * (kc * kc - 2/3) + an[8] * (kr * kr - 2/3) *
(kc * kc - 2/3);
temp = temp + 0.5;
if(temp < 0) temp = 0;
else if(temp > 255.0) temp = 255.0;
InterpImg[i][j] = int(temp);
}
delete[] an;
ffree_2d((void **)image33,3);
}
```

2.3 图像变换

图像变换是将二维平面中的图像以某种形式变换到另外一个空间,利用在变换空间的特有性质进行一些处理,最后反变换回图像空间得到所需要的效果。图像变换的目的主要有以下3点:①使图像处理问题简化;②有利于图像特征提取;③有助于从概念或者物理上增强对图像信息的理解。

2.3.1 卷积与相关

空间滤波广泛应用在图像处理中。在空间域中,利用像素本身及其邻域的灰度关系进行增强的方法称为滤波。滤波来源于信号的频率域处理,是指将信号中特定频率分量滤除的操作。空间滤波是把每个像素的值替换为该像素及其邻域的函数值来修改图像。线性空间滤波器在图像和滤波器核之间执行乘积之和运算。核的大小定义了计算邻域,核的系数决定滤波器的性质。滤波器也可以称为模板或窗。

对于一个 $m \times n$ 大小的核,假设 $m=2a+1, n=2b+1$,a 和 b 均为非负整数,在 $M \times N$ 大小的图像上的空间滤波可以表示为

$$g(x,y) = \sum_{s=-a}^{a} \sum_{t=-b}^{b} w(s,t) f(x+s, y+t) \tag{2-64}$$

图 2-34 说明了使用 3×3 卷积核进行线性空间滤波的原理,同时也以图形方式说明空间相关。空间相关的运算过程如下:在图像上移动核的中心,并且在每个位置计算乘积之和。空间卷积的原理与其相同,只是把相关运算的核旋转 180°。显然,当核的值关于中心对称时,相关和卷积的结果是相同的。

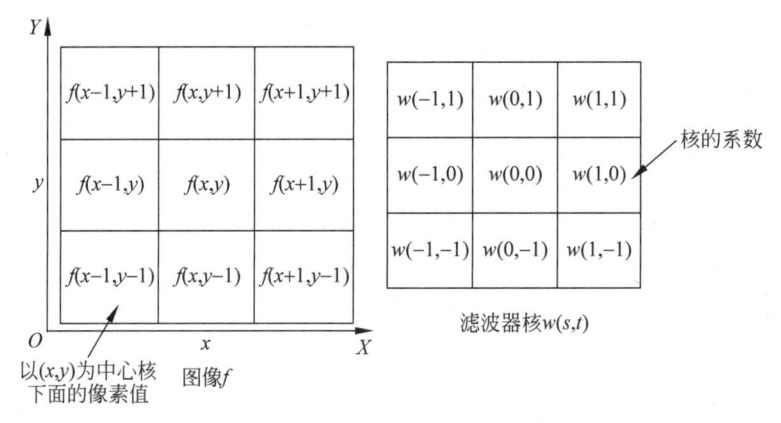

图 2-34 线性空间滤波原理示意

以一维函数为例,此时,式(2-64)变为

$$g(x) = \sum_{s=-a}^{a} w(s) f(x+s) \tag{2-65}$$

图 2-35(a)显示了一个一维函数 f 和一个核 w。核大小为 1×5,此时有 $a=0, b=2$。图 2-35(b)显示了用于执行相关运算的起始位置,其中 w 的中心系数要与 f 的原点重合。

由于 w 的一部分在 f 之外,求和在这个区域未定义,因此解决方案是在函数 f 的两侧补足够多的 0。一般来说,如果核的大小为 $1 \times m$,那么为了处理 w 相对于 f 的起始结构和结束结构,f 的两侧都需要补 $(m-1)/2$ 个 0。图 2-35(c)显示了一个已正确填充 0 的函数。在这个起始结构中,核的所有系数都与有效值重叠。

第一个相关值是这个起始位置的乘积之和,它是用式(2-65)计算的,其中 $x=0$。

$$g(0) = \sum_{s=-2}^{2} w(s) f(s+0) = 0 \tag{2-66}$$

这个值位于图 2-35(f)所示的相关结果的最左侧位置。

为了得到相关的第二个值,将 w 和 f 的相对位置右移 1 像素(即 $x=1$),如图 2-35(d)所示,并且再次计算乘积之和,结果是 $g(1)=8$,如图 2-35(f)所示,以此类推。采用这种方式每次将 x 移动 1 像素,就构建了图 2-35(f)中的相关结果。注意,为了使 w 的中心系数访问 f 中的每个像素,x 取了 8 个值,以便 w 完全移过 f,如图 2-35(e)所示。若需要让 w 的每个元素访问 f 的每个像素,必须从 w 的最右侧元素与 f 的原点重合开始,以 w 的最左侧元素与 f 的最后一个元素重合(需要填充 0)结束。图 2-35(g)显示了这种展开或完全相关的结果。如图 2-35(f)所示,可以裁剪图 2-35(g)中的完全相关来得到"标准"相关。图 2-35(h)~图 2-35(n)展示了一维卷积的计算过程。

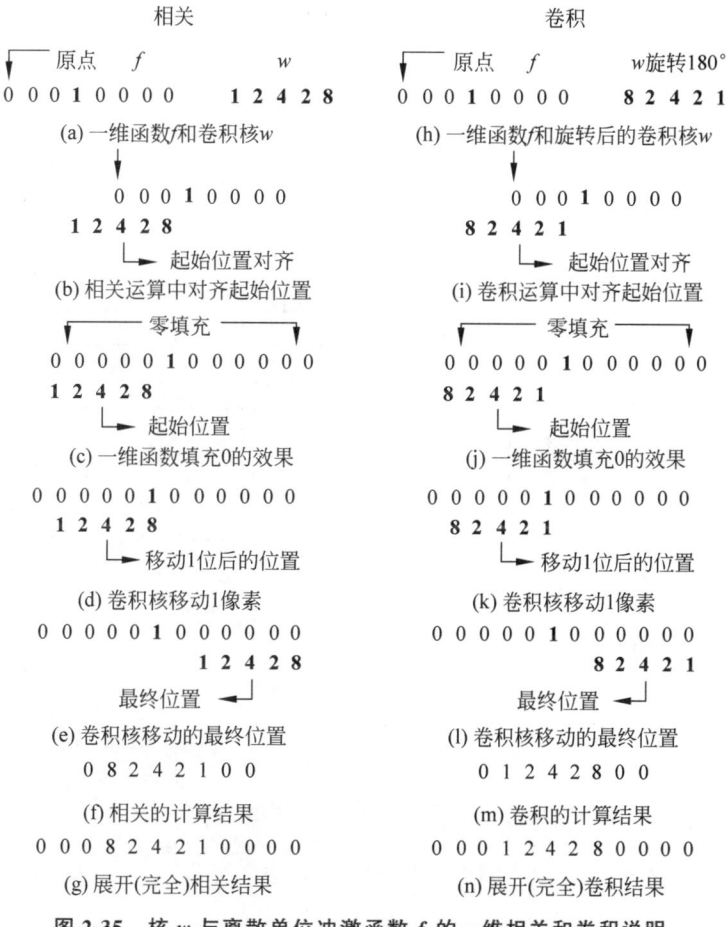

相关	卷积
↓原点　f　　　　　w 0 0 0 1 0 0 0 0　　**1 2 4 2 8** (a) 一维函数f和卷积核w	↓原点　f　　　　　w旋转180° 0 0 0 1 0 0 0 0　　**8 2 4 2 1** (h) 一维函数f和旋转后的卷积核w
0 0 0 1 0 0 0 0 **1 2 4 2 8** 　　　↳ 起始位置对齐 (b) 相关运算中对齐起始位置	0 0 0 1 0 0 0 0 **8 2 4 2 1** 　　　↳ 起始位置对齐 (i) 卷积运算中对齐起始位置
↓─零填充─↓ 0 0 0 0 0 1 0 0 0 0 0 0 **1 2 4 2 8** 　　↳ 起始位置 (c) 一维函数填充0的效果	↓─零填充─↓ 0 0 0 0 0 1 0 0 0 0 0 0 **8 2 4 2 1** 　　↳ 起始位置 (j) 一维函数填充0的效果
0 0 0 0 0 1 0 0 0 0 0 0 　　**1 2 4 2 8** 　　　　↳ 移动1位后的位置 (d) 卷积核移动1像素	0 0 0 0 0 1 0 0 0 0 0 0 　　**8 2 4 2 1** 　　　　↳ 移动1位后的位置 (k) 卷积核移动1像素
0 0 0 0 0 1 0 0 0 0 0 0 　　　　　　　**1 2 4 2 8** 最终位置 ↲ (e) 卷积核移动的最终位置	0 0 0 0 0 1 0 0 0 0 0 0 　　　　　　　**8 2 4 2 1** 最终位置 ↲ (l) 卷积核移动的最终位置
0 8 2 4 2 1 0 0 (f) 相关的计算结果	0 1 2 4 2 8 0 0 (m) 卷积的计算结果
0 0 0 8 2 4 2 1 0 0 0 0 (g) 展开(完全)相关结果	0 0 0 1 2 4 2 8 0 0 0 0 (n) 展开(完全)卷积结果

图 2-35　核 w 与离散单位冲激函数 f 的一维相关和卷积说明

在前面的讨论中,有两点需要注意。

(1) 相关是滤波器核相对于图像位移的函数。

(2) 核与一个离散单位冲激函数(1 个元素为 1,其他元素是 0)相关时,会在这个冲激的位置产生核的旋转版本。

将讨论的一维概念很容易推广到图像,对于大小为 $m\times n$ 的核,在图像的顶部和底部分别至少补 $(m-1)/2$ 行 0,在图像的左侧和右侧分别至少补 $(n-1)/2$ 列 0。如图 2-36(a)所示,m 和 n 都等于 3,所以在顶部和底部各补 1 行 0,在左侧和右侧分别补 1 列 0,如图 2-36(b)所示。图 2-36(c)显示了执行相关运算时核的初始位置,图 2-36(d)显示了 w 的中心访问 f

中的每个像素后,在每个位置计算乘积之和的结果。结果仍是核旋转180°后的一个副本。

对于卷积,照例预先旋转核,并像刚才解释的那样滑动并求乘积之和。图 2-36(a)~图 2-36(c)为过程,图 2-36(d)~图 2-36(h)显示了结果。再次看到,函数与冲激的卷积把函数复制到了冲激所在的位置。如前所述,若核的值关于核的中心对称,则相关和卷积的结果相同。

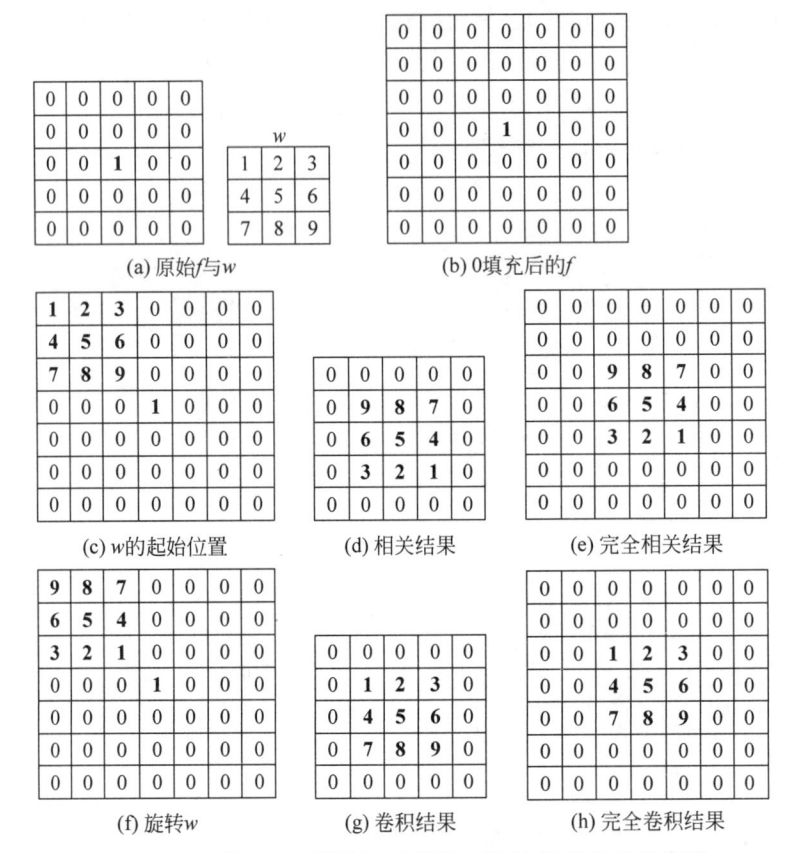

图 2-36 二维核与一幅图像(由离散冲激组成)的相关和卷积

总结前面的内容,大小 $m \times n$ 的核 w 与图像 $f(x,y)$ 的相关数学表示为

$$(w \star f)(x,y) = \sum_{s=-a}^{a} \sum_{t=-b}^{b} w(s,t) f(x+s, y+t) \tag{2-67}$$

类似地,大小 $m \times n$ 的核 w 与图像 $f(x,y)$ 的卷积表示为

$$(w \star f)(x,y) = \sum_{s=-a}^{a} \sum_{t=-b}^{b} w(s,t) f(x-s, y-t) \tag{2-68}$$

式中,当一个函数旋转180°后,减号对齐了 f 和 w 的坐标,实现了前面提到的乘积之和处理。线性空间滤波和空间卷积是同义的。

卷积的基本性质有交换律、结合律和分配律,而相关的性质只有分配律。通常情况下,空间滤波算法是基于相关的。在文献中卷积模板或卷积核等术语代表空间滤波器核,不一定表示使用卷积。"核与图像卷积"通常表示前面讨论的滑动并求卷积之和的过程,不一定会区分相关和卷积两种运算。

2.3.2 傅里叶变换

傅里叶变换是一种在数字信号处理中常用的变换技巧,能够得到信号在频率域中的信息。离散傅里叶变换(Discrete Fourier Transform,DFT)是指傅里叶变换在时间域和频率域上都呈离散的形式,将信号的时间域采样变换为其 DFT 的频率域采样。

对一个连续函数 $f(x)$,进行等间隔采样可得到一个离散序列。设采样了 N 个数据,则这个离散序列表示为

$$\{f(0), f(1), \cdots, f(N-1)\} \tag{2-69}$$

令 x 为离散实变量,u 为离散频率变量,则函数 $f(x)$ 的一维离散傅里叶变换由下式定义:

$$F\{f(x)\} = F(u) = \sum_{x=0}^{N-1} f(x) e^{\frac{-j2\pi ux}{N}}, u = 0, 1, \cdots, N-1 \tag{2-70}$$

$F(u)$ 的傅里叶逆变换定义为

$$F^{-1}\{F(u)\} = f(x) = \frac{1}{N} \sum_{u=0}^{N-1} F(u) e^{j2\pi ux/N}, x = 0, 1, \cdots, N-1 \tag{2-71}$$

离散序列 $f(x)$ 和 $F(u)$ 被称为一个离散傅里叶变换对,其总是存在的;对于任一离散序列 $f(x)$,其傅里叶变换 $F(u)$ 是唯一的。$f(x)$ 是实函数,$F(u)$ 通常是复函数,可以表示为

$$F(u) = R(u) + jI(u) = |F(u)| e^{j\varphi(u)} \tag{2-72}$$

其中,$|F(u)|$ 为傅里叶频谱,$\varphi(u)$ 为相位谱,$P(u)$ 为功率谱(能量谱)。

$$|F(u)| = \sqrt{R^2(u) + I^2(u)} \tag{2-73}$$

$$\varphi(u) = \arctan \frac{I(u)}{R(u)} \tag{2-74}$$

$$P(u) = |F(u)|^2 = R^2(u) + I^2(u) \tag{2-75}$$

推广到二维上,令 $f(x,y)$ 为一个二维离散信号,其二维离散傅里叶变换及相应的逆变换可以分别定义为

$$F(u,v) = \sum_{x=0}^{M-1} \sum_{y=0}^{N-1} f(x,y) e^{-j2\pi \left(\frac{ux}{M} + \frac{vy}{N}\right)},$$

$$u, x = 0, 1, \cdots, M-1; \quad v, y = 0, 1, \cdots, N-1 \tag{2-76}$$

$$f(x,y) = \frac{1}{MN} \sum_{u=0}^{M-1} \sum_{v=0}^{N-1} F(u,v) e^{j2\pi \left(\frac{ux}{M} + \frac{vy}{N}\right)},$$

$$u, x = 0, 1, \cdots, M-1; \quad v, y = 0, 1, \cdots, N-1 \tag{2-77}$$

式中,u,v 为频率域变量,$F(u,v)$ 为变换后的频谱,与 $f(x,y)$ 互为二维离散傅里叶变换对。

二维离散傅里叶变换的频谱、相位谱和功率谱为

$$|F(u,v)| = \sqrt{R(u,v)^2 + I(u,v)^2} \tag{2-78}$$

$$f(u,v) = \arctan I(u,v)/R(u,v) \tag{2-79}$$

$$E(u,v)=|F(u,v)|^2=R(u,v)^2+I(u,v)^2 \tag{2-80}$$

图 2-37 中展示了二维图像及其傅里叶变换的效果。可以发现在图像的频谱图中,图像的大部分能量集中在低频和中频中,高频部分的能量很弱,仅仅体现了图像的某些细节,例如白色斑点、噪声和边界等都会表现为高频部分。因此,利用傅里叶变换将时间域转换为频率域,对频率域图像进行低通滤波处理,除去高频分量。然后逆变换回空间域,就达到了降噪的效果。

(a) 二维图像 (b) 离散傅里叶变换效果

图 2-37 二维图像及其傅里叶变换效果

2.3.3 短时傅里叶变换

如果一个信号的频率并不随着时间变化,那么称它为平稳信号。傅里叶变换对于平稳信号的分析非常有用。在现实生活中,人们研究的很多信号都属于非平稳信号,它们具有随时间变化的特性。而傅里叶变换在将信号从时间域变换到频率域时,丢失了时间信息,用它去分析一个具体信号时,无法获取频率出现或消失的时间点。因此,对于非平稳信号来说,通常采用短时傅里叶变换(STFT)进行频率分析。

如图 2-38 所示,第一行是频率始终不变的平稳信号。下面两行是频率随着时间改变的非平稳信号,同样包含和平稳信号相同频率的 4 个成分。进行 FFT 后,发现这 3 个时间域上有巨大差异的信号,频谱却非常一致。两个非平稳信号无法从频谱上无法区分,因为它们包含 4 个频率相同的信号成分,只是出现的先后顺序不同。可见,傅里叶变换处理非平稳信号有明显的局限性。它只能获取一段信号总体上包含的频率成分,但是对各成分出现的时刻并无所知。

短时傅里叶变换的一个简单可行的方法就是加窗。把整个时间域过程分解成无数个等长的小过程(小窗),信号在每个小窗内近似平稳,再进行傅里叶变换,就能获取不同时间点

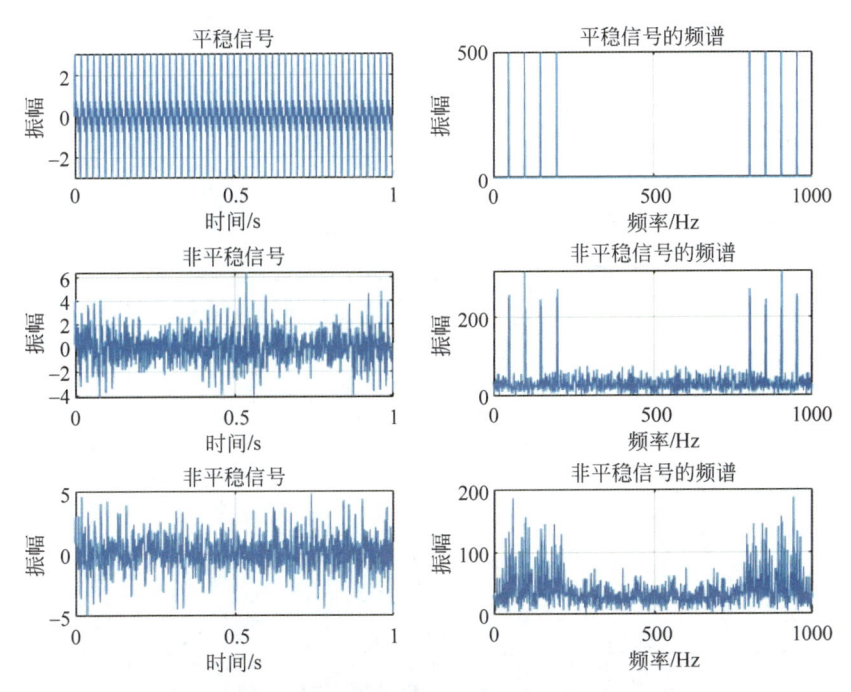

图 2-38　包含相同频率成分的不同信号 FFT 结果

上出现的频率信息,如图 2-39 所示。傅里叶变换解决了频率分析问题,短时傅里叶变换解决了时频分析问题。

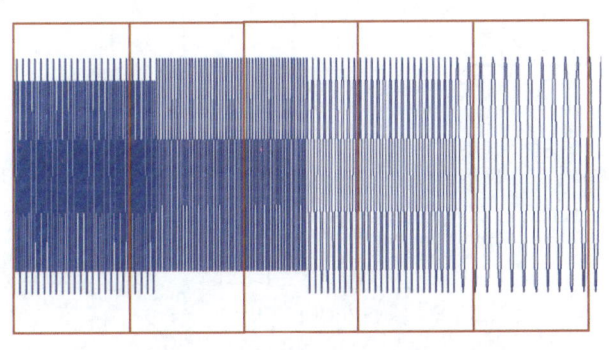

图 2-39　时间域信号加窗示意

2.3.4　小波变换

实际上,虽然可以使用短时傅里叶变换得到时频分析结果,但是短时傅里叶变换仍然有其局限性。例如,应该用多宽的窗函数来将时间域信号划分为一个个平稳信号呢?窗太窄,窗内的信号太短,会导致频率分析不够精准,频率分辨率差;窗太宽,时间域上又不够精细,时间分辨率低。

如图 2-40 所示,对同一个信号(4 个频率成分)采用不同宽度的窗做短时傅里叶变换,结果如图 2-40 右侧所示。用窄窗,时频图在时间轴上分辨率很高,几个峰基本成矩形,而用宽窗则变成了绵延的矮山。但是频率轴上,窄窗明显不如下面两个宽窗精确。

因此窄窗口时间分辨率高、频率分辨率低,宽窗口时间分辨率低、频率分辨率高。对于

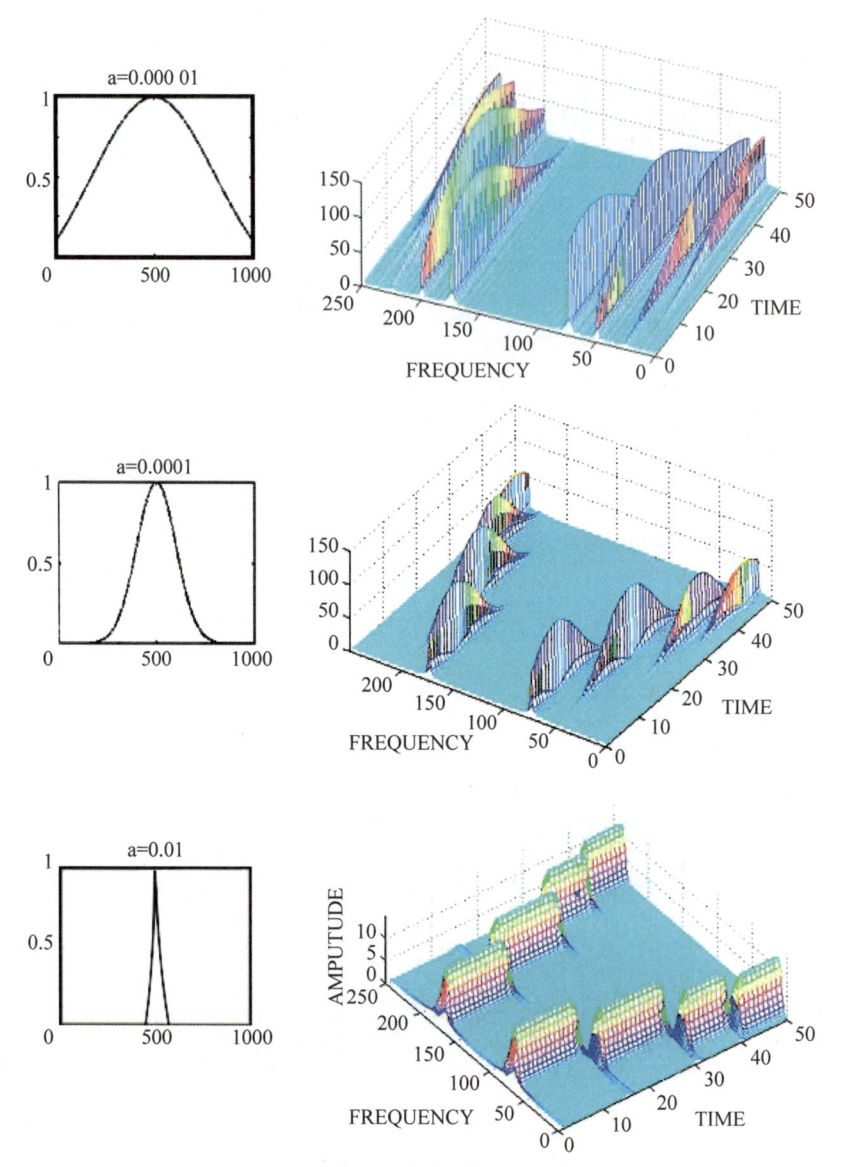

图 2-40 采用不同宽度的窗做短时傅里叶变换

时变的非稳态信号,高频适合小窗口,低频适合大窗口。然而短时傅里叶变换的窗口是固定的,在一次短时傅里叶变换中宽度不会变化,所以短时傅里叶变换还是无法满足非稳态信号变化的频率的需求。

小波变换将傅里叶变换中无限长的三角函数基换成了有限长的会衰减的小波基。这样不仅能够获取频率,还可以定位到时间。

这里简单回顾一下傅里叶变换的过程。傅里叶变换把无限长的三角函数作为基函数:

$$F(\omega) = \int_{-\infty}^{\infty} f(t) * e^{-i\omega t} dt \tag{2-81}$$

如图 2-41 所示,这个基函数会伸缩、平移。缩得窄,对应高频;伸得宽,对应低频。然后这个基函数不断和信号做相乘,某一个尺度(宽窄)下乘出来的结果,就可以理解成信号所包含的当前尺度对应频率成分有多少。于是,基函数会在某些尺度下与信号相乘得到一个很大的值,因为此时二者有一种重合关系。那么就可以知道信号包含该频率的成分的多少。

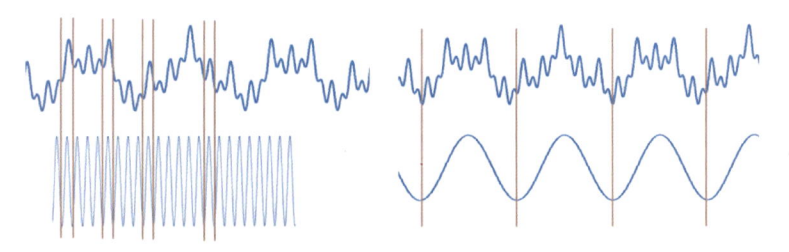

图 2-41　原信号与傅里叶基函数

对比区别小波变换的过程：

$$WT(a,\tau) = \frac{1}{\sqrt{a}} \int_{-\infty}^{\infty} f(t) * \psi\left(\frac{t-\tau}{a}\right) dt \tag{2-82}$$

从图 2-42 的基函数波形上看,其是一个衰减的小波,因此称为小波变换。从式(2-82)可以看出,不同于傅里叶变换公式(2-81),变量只有频率 ω,小波变换有两个变量：尺度 a 和平移量 τ。尺度 a 控制小波函数的伸缩,平移量 τ 控制小波函数的平移。尺度就对应于频率(反比),平移量 τ 就对应于时间。当伸缩、平移到一种重合情况时,也会相乘得到一个大的值。与傅里叶变换不同的是,小波变换可以知道信号的频率成分以及在时间域上存在的具体位置。当在每个尺度下都平移着和信号乘过一遍后,就可以知道信号在每个位置都包含哪些频率成分。

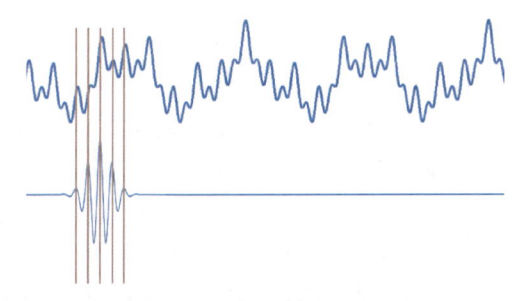

图 2-42　原函数与小波基函数

总的来说,小波变换是空间(时间)和频率的局部变换,克服了窗口大小不随频率变化等缺点,能有效地从信号中提取信息,通过伸缩和平移等运算功能可对函数或信号进行多尺度的细化分析。

2.3.5　离散余弦变换

离散余弦变换简称 DCT(Discrete Cosine Transform),主要用于数据或图像的压缩,其能够将空间域的信号转换到频率域上,具有良好的去相关性。DCT 本身是无损的,但是在图像编码等领域给接下来的量化、哈夫曼编码等创造了很好的条件,同时,由于 DCT 是对称的,因此,可以在量化编码后利用逆 DCT 逆变换,在接收端恢复原始的图像信息。DCT 在当前的图像分析、压缩领域有着极为广泛的用途,常见的 JPEG 以及 MJPEG、MPEG 等标准中都使用了 DCT。

1. 变换定义

离散余弦变换有 4 种定义，可记为 DCT-Ⅰ、DCT-Ⅱ、DCT-Ⅲ、DCT-Ⅳ。下面仅讨论最有代表性的 DCT-Ⅱ。

一维离散余弦变换和其逆变换由以下两式定义：

$$C(u) = a(u) \sum_{x=0}^{N-1} f(x) \cos\left[\frac{(2x+1)u\pi}{2N}\right], \quad u=0,1,\cdots,N-1 \quad (2\text{-}83)$$

$$f(x) = \sum_{u=0}^{N-1} a(u) C(u) \cos\left[\frac{(2x+1)u\pi}{2N}\right], \quad x=0,1,\cdots,N-1 \quad (2\text{-}84)$$

其中，$a(u)$ 为归一化加权系数，由下式定义：

$$a(u) = \begin{cases} \sqrt{1/N}, & u=0 \\ \sqrt{2/N}, & u=1,2,\cdots,N-1 \end{cases} \quad (2\text{-}85)$$

二维的 DCT 对由下面两式定义：

$$C(u,v) = a(u)a(v) \sum_{x=0}^{N-1}\sum_{y=0}^{N-1} f(x,y) \cos\left[\frac{(2x+1)u\pi}{2N}\right] \cos\left[\frac{(2y+1)v\pi}{2N}\right] \quad (2\text{-}86)$$

其中，u、$v=0,1,\cdots,N-1$。

$$f(x,y) = \sum_{u=0}^{N-1}\sum_{v=0}^{N-1} a(u)a(v) C(u,v) \cos\left[\frac{(2x+1)u\pi}{2N}\right] \cos\left[\frac{(2y+1)v\pi}{2N}\right] \quad (2\text{-}87)$$

其中，x、$y=0,1,\cdots,N-1$。

2. 变换计算

由上面离散余弦变换的定义可见，对离散余弦变换的计算可借助离散傅里叶变换的实部计算来进行。以一维为例，可以写出（F 代表傅里叶变换）：

$$C(u) = a(u)\{\exp[-\mathrm{j}\pi u/(2N)] F[g(x)]\}, \quad u=0,1,\cdots,N-1 \quad (2\text{-}88)$$

其中，$g(x)$ 表示对 $f(x)$ 进行如下重排：

$$g(x) = \begin{cases} f(2x), & x=0,1,\cdots,N/2-1 \\ f[2(N-1-x)+1], & x=N/2, N/2+1,\cdots,N-1 \end{cases} \quad (2\text{-}89)$$

可见，$g(x)$ 的前半部分是 $f(x)$ 的偶数项，$g(x)$ 的后半部分是 $f(x)$ 的奇数项的逆排。式(2-88)将对 N 点离散余弦变换的计算转换为对 N 点的离散傅里叶变换计算。因为后者有快速算法 FFT，所以利用 N 点的快速傅里叶变换就可快速计算离散余弦变换所有 N 个系数。不过直接使用 FFT 来计算 DCT 浪费了其中与 DCT 无关的复数运算，所以也可直接设计快速 DCT 算法。直接计算一个一维的 N 点 DCT 需要 N^2 次乘法和 $N(N-1)$ 次加法，将 1 个 $N \times N$ 的图像块用一维形式计算需要 $2N^3$ 次乘法和 $2N^2(N-1)$ 次加法。

余弦函数是偶函数，所以 N 点的离散余弦变换中隐含了 2N 点的周期性。与隐含 N 点周期性的傅里叶变换不同，余弦变换可以减少在图像分块边界处的间断（所产生的高频分量），这是它在图像压缩中，特别是 JPEG 标准中得到应用的重要原因之一。离散余弦变换的基本函数与傅里叶变换的基本函数类似，都是定义在整个空间的，在计算任意一个变换域中点的变换时都需要用到所有原始数据点的信息，所以也常被认为具有全局的本质特性或被称为全局基本函数。

2.3.6 K-L 变换

1. K-L 变换的概念

在图像处理中,降维是一个重要的问题。如果能减少特征空间的维数,则能降低计算复杂度,提高运算效率。K-L 变换是基于图像统计特性的变换,可以简化大维数的数据集合,它的协方差矩阵除对角线以外的元素都是 0,消除了数据之间的相关性,从而在信息压缩、分类、特征选择等方面起着重要作用。

2. K-L 变换的原理

K-L 变换的目的是寻找任意统计分布的数据集合主要分量的子集。基向量满足相互正交性,使得原始数据集合变换到主分量空间,使单一数据样本的互相关性降低到最低点。

例如,对某 n 个波段的多光谱图像实行线性变换,即对该多光谱图像组成的光谱空间 X 乘以一个线性变换矩阵 A,产生一个新的光谱空间 Y,即产生一幅新的 n 个波段的多光谱图像。其表达式为

$$Y = AX \tag{2-90}$$

式中,X 为变换前多光谱空间的像元向量;Y 为变换后多光谱空间的像元向量;A 为一个 $n \times n$ 的线性变换矩阵。

对于 K-L 变换中的矩阵 A,必须满足以下要求。

(1) A 为 $n \times n$ 正交矩阵,$A = (\varphi_1, \varphi_2, \cdots, \varphi_n)$。

(2) 对正交矩阵 A 来说,取 φ_i 为 X 的协方差矩阵 $\sum X$ 的特征向量,协方差矩阵除对角线以外的元素都是 0。

变换 $Y = A'X$ 与逆变换 $X = AY$ 即为 K-L 变换的变换公式。

$$A = \begin{pmatrix} \phi_{11} & \cdots & \phi_{1n} \\ \vdots & & \vdots \\ \phi_{n1} & \cdots & \phi_{nn} \end{pmatrix} \tag{2-91}$$

当 $n = 3$ 时,有

$$\begin{aligned} y_1 &= \phi_{11} x_1 + \phi_{12} x_2 + \phi_{13} x_3 \\ y_2 &= \phi_{21} x_1 + \phi_{22} x_2 + \phi_{23} x_3 \\ y_3 &= \phi_{31} x_1 + \phi_{32} x_2 + \phi_{33} x_3 \end{aligned} \tag{2-92}$$

从上式可以看出,A 的作用实际上是对各分量加一个权重系数,实现线性变换。Y 的各分量信息的线性组合综合了原有各分量的信息,而不是简单的取舍,使得新的 n 维随机向量 Y 能够较好地反映事物的本质特征。

变换后的向量 Y 的协方差矩阵 $\sum Y$ 是对角矩阵,且作为 Y 的各分量 y_i 的方差的对角元素就是 $\sum X$ 的特征值,即

$$\sum Y = \begin{pmatrix} \lambda_1 & 0 & \cdots & 0 \\ 0 & \lambda_2 & \cdots & 0 \\ \vdots & \vdots & & \vdots \\ 0 & 0 & \cdots & \lambda_n \end{pmatrix} \tag{2-93}$$

这里 λ 按由小到大的顺序排列。K-L 变换后新的坐标轴的 $y_1, y_2, \cdots, y_n$ 为 n 个特征向量的方向。由上式表明这实际上是选择分布的主要分量作为新的坐标轴，对角化表明了新的分量彼此之间是互不相关的，即变换后的图像 Y 的各分量之间的信息是相互独立的。

3. K-L 变换的性质

K-L 变换有很多重要的性质。这些性质主要有：

（1）K-L 变换是信号的最佳压缩表示，用 d 维 K-L 变换特征代表原始样本所带来的误差在所有 d 维正交坐标变换中最小。

（2）K-L 变换的新特征是互不相关的，新特征向量的二阶矩阵是对角阵，对角线元素就是 K-L 变换中的本征值。

（3）用 K-L 坐标系来表示原数据，表示熵最小，即这种坐标系统下，样本的方差信息最大限度地集中在较少的维数上。

（4）如果用本征值最小的 K-L 变换坐标来表示原数据，则总体熵最小，即在这些坐标上的均值能够最好地代表样本集。

4. K-L 变换的优缺点

K-L 变换的优点主要集中在以下 3 方面。

（1）可以完全去除原始信号中的相关性。

（2）在进行数据压缩时，将 Y 截短所得的均方误差最小，该最小均方误差等于所有舍去的特征值之和。

（3）K-L 变换最大程度上保留了原始信号的能量。

正因为这些特性，K-L 变换被称为最佳变换。遗憾的是，因为变换后的基向量依赖协方差矩阵，而协方差矩阵又是利用输入信号得到，所以 K-L 变换缺乏快速算法。

2.4 图像的形态学算法

图像形态学是以数学形态学为工具从图像中提取出能够有效表达和描绘区域形状的图像分量，如边界、骨架和凸壳等。常用的形态学技术包括形态学滤波、细化和修剪等。

2.4.1 膨胀和腐蚀

膨胀和腐蚀是形态学中最基本的运算，许多形态学算法都是以这两个基本运算为基础的。

1. 膨胀

膨胀运算符记为 $\oplus$，A 用 B 膨胀写作 $A \oplus B$，其定义为

$$A \oplus B = \{x \mid [(\hat{B})_x \cap A] \neq \varnothing\} \qquad (2\text{-}94)$$

上式表明，用 B 膨胀 A 的过程是：先对 B 做关于原点的映射，再将其映像平移 x，这里 A 与 B 映像的交集不为空集。换句话说，用 B 膨胀 A 得到的集合是 $\hat{B}$ 的位移与 A 中至少有一个非 0 元素相交时 B 的原点位置集合。根据这个解释，式(2-94)可写为

$$A \oplus B = \{x \mid [(\hat{B})_x \cap A] \subseteq A\} \qquad (2\text{-}95)$$

上式可以帮助人们借助卷积概念来理解膨胀操作。如果将 B 看作一个卷积模板,膨胀就是先对 B 做关于原点的映射,再将映像连续地在 A 上移动实现的。

图 2-43 所示是膨胀运算的一个示例,其中图 2-43(a)中阴影部分为集合 A,图 2-43(b)中阴影部分为结构元素 B(标有+处为原点),它的映像见图 2-43(c),而图 2-43(d)中的两种阴影部分(其中深色为扩大的部分)合起来为集合 $A \oplus B$。由图可见膨胀将图像区域扩张大了。

(a) 集合A　　　(b) 结构元素B　　　(c) B的映像　　　(d) 集合$A \oplus B$

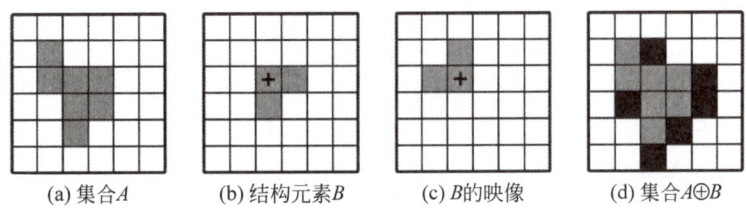

图 2-43　膨胀运算示例

2. 腐蚀

腐蚀运算符记为 $\ominus$,A 用 B 来腐蚀写作 $A \ominus B$,其定义为

$$A \ominus B = \{x \mid (B)_x \subseteq A\} \tag{2-96}$$

上式表明 A 用 B 腐蚀的结果是所有 x 的集合。其中,B 平移 x 后仍在 A 中。换句话说,用 B 来腐蚀 A 得到的集合是 B 完全包括在 A 中时 B 的原点位置的集合。

图 2-44 所示是腐蚀运算的一个简单示例。其中图 2-44(a)中的集合 A 和图 2-44(b)中的结构元素 B 都与图 2-43 中相同,而图 2-44(c)中深色阴影部分所示是 $A \ominus B$(浅色为原属于 A 现腐蚀掉的部分)。由图可见腐蚀将图像区域缩小了。

(a) 集合A　　　(b) 结构元素B　　　(c) 集合$A \ominus B$

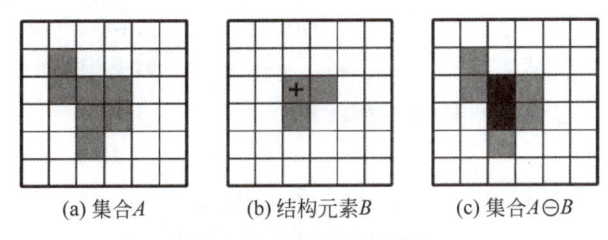

图 2-44　腐蚀运算示例

3. 用向量运算实现膨胀和腐蚀

膨胀和腐蚀除前述比较直观的定义外,还有一些等价的定义。这些定义各有其特点,如膨胀和腐蚀操作都可以通过向量运算来实现,而且在实际用计算机完成膨胀和腐蚀运算时更为方便。

如果将 A、B 均看作向量集合,则膨胀和腐蚀可分别表示为

$$A \oplus B = \{x \mid x = a + b, 对某些 a \in A 和 b \in B\} \tag{2-97}$$

$$A \ominus B = \{x \mid (x + b) \in A, 对每一个 b \in B\} \tag{2-98}$$

4. 膨胀和腐蚀的对偶性

膨胀和腐蚀这两种运算是紧密联系在一起的,一个运算对图像目标的操作相当于另一个运算对图像背景的操作。借助集合补集和映像的定义,可把膨胀和腐蚀的对偶性表示为

$$(A \oplus B)^c = A^c \ominus \hat{B} \tag{2-99}$$

$$(A \ominus B)^c = A^c \oplus \hat{B} \tag{2-100}$$

5. 开运算与闭运算

膨胀和腐蚀并不是互为逆运算,所以它们可以结合使用。例如,可先对图像进行腐蚀然后膨胀其结果,或先对图像进行膨胀然后腐蚀其结果(这里使用同一个结构元素)。前一种运算称为开运算,后一种运算称为闭运算。它们也是数学形态学中的重要运算。

开运算的算符为。,A 用 B 来开启写作 $A \circ B$,其定义为

$$A \circ B = (A \ominus B) \oplus B \tag{2-101}$$

闭运算的运算符为 • ,A 用 B 来闭合写作 $A \cdot B$,其定义为

$$A \cdot B = (A \oplus B) \ominus B \tag{2-102}$$

开运算和闭运算不受原点是否在结构元素之中的影响。

2.4.2 形态学中的细化算法

在有些操作(如求骨架)中,希望能腐蚀目标区域但不要将其分裂成多个子区域。这里需要先检测出在目标区域边缘处的一些像素,如果将它们除去并不会将区域分裂成多个子区域。这个工作可用细化操作来完成。用结构元素 B 来细化集合 A 记作 $A \otimes B$,$A \otimes B$ 可借助击中-击不中变换,定义如下:

$$A \otimes B = A - (A \sharp B) = A \cap (A \sharp B)^c \tag{2-103}$$

其中,$\sharp$ 表示击中-击不中变换。击中-击不中变换用来确定应细化掉的像素,然后从原始集合 A 中除去。实际应用中一般使用一系列小尺寸的模板。如果定义一个结构元素系列 $\{B\} = \{\boldsymbol{B}_1, \boldsymbol{B}_2, \cdots, \boldsymbol{B}_n\}$,其中 $\boldsymbol{B}_i$ 代表旋转的结果,则细化也可定义为

$$A \otimes \{B\} = A - ((\cdots((A \otimes \boldsymbol{B}_1) \otimes \boldsymbol{B}_2) \cdots) \otimes \boldsymbol{B}_n) \tag{2-104}$$

换句话说,这个过程是先用 $\boldsymbol{B}_1$ 细化一遍,再用 $\boldsymbol{B}_2$ 对前面结果细化一遍,如此继续直到用 $\boldsymbol{B}_n$ 细化一遍。整个过程可再重复进行直到没有变化产生为止。每次细化均使用式(2-103)来执行。

下面一组 4 个结构元素(击中-击不中模板)可用来进行细化(x 表示取值不重要)。

$$\boldsymbol{B}_1 = \begin{pmatrix} 0 & 0 & 0 \\ x & 1 & x \\ 1 & 1 & 1 \end{pmatrix}, \boldsymbol{B}_2 = \begin{pmatrix} 0 & x & 1 \\ 0 & 1 & 1 \\ 0 & x & 1 \end{pmatrix}, \boldsymbol{B}_3 = \begin{pmatrix} 1 & 1 & 1 \\ x & 1 & x \\ 0 & 0 & 0 \end{pmatrix}, \boldsymbol{B}_4 = \begin{pmatrix} 1 & x & 0 \\ 1 & 1 & 0 \\ 1 & x & 0 \end{pmatrix} \tag{2-105}$$

图 2-45 所示是一组结构元素和一个细化示例。图 2-45(a)中 $\boldsymbol{B}_1 \sim \boldsymbol{B}_8$ 是一组常用于细化的结构元素,各元素的原点都在其中心,x 表示所在像素的值可为任意,白色和灰色像素分别取值 0 和 1。如果将用结构元素 $\boldsymbol{B}_1$ 检测出来的点从目标中减去,目标将被从上部得到细化,如果将用结构元素 $\boldsymbol{B}_2$ 检测出来的点从目标中减去,目标将被从右上角得到细化,以此类推。图 2-45(b)所示是原始需细化的集合,其原点设在左上角。图 2-45(c)~图 2-45(k)所示是分别用各个结构元素依次细化的结果。当用 $\boldsymbol{B}_4$ 进行第二次细化后得到的收敛结果如图 2-45(l)所示,最后细化的结果如图 2-45(m)所示。在许多应用(如求取骨架)中,需要腐蚀目标但不将其分解成几部分。为此,首先需要检测出在目标轮廓上的一些点,这些点要满足在去除后不会使得目标被分成两部分。使用上面的击中-击不中模板就能满足这个条件。

(a) 一组细化结构元素的图像表示

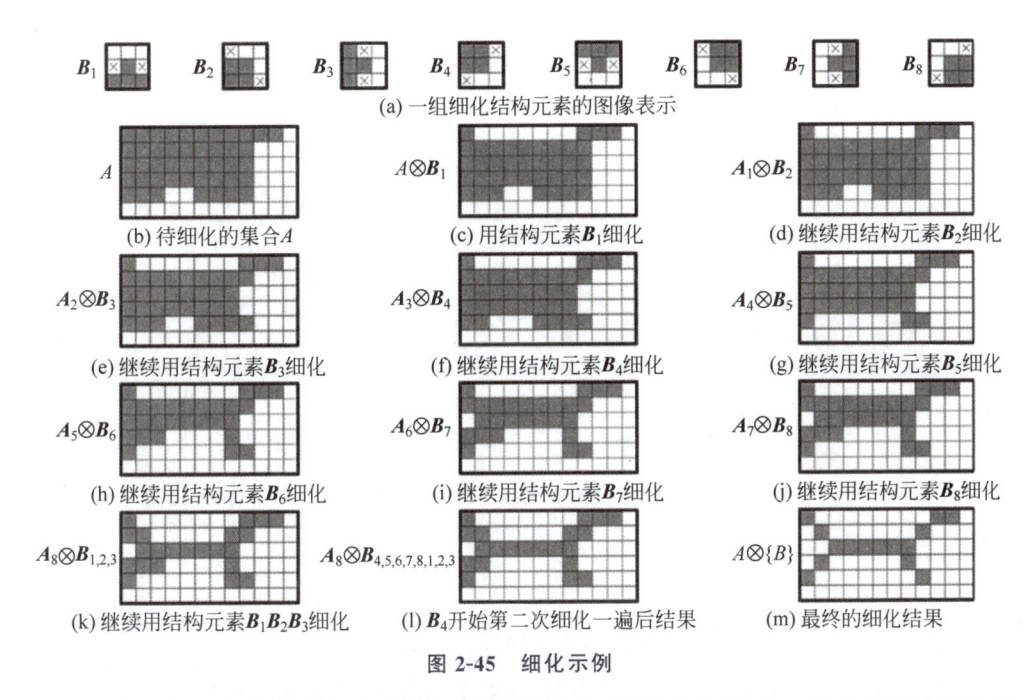

(b) 待细化的集合A
(c) 用结构元素B_1细化
(d) 继续用结构元素B_2细化
(e) 继续用结构元素B_3细化
(f) 继续用结构元素B_4细化
(g) 继续用结构元素B_5细化
(h) 继续用结构元素B_6细化
(i) 继续用结构元素B_7细化
(j) 继续用结构元素B_8细化
(k) 继续用结构元素$B_1B_2B_3$细化
(l) B_4开始第二次细化一遍后结果
(m) 最终的细化结果

图 2-45　细化示例

由前面的讨论可见,用模板细化是一种局部操作,可以并行实现。具有位移不变性和非外延性的并行细化的结果可表示为

$$A \otimes \bigcup_i \boldsymbol{B}_i = A - (\bigcup_i A \# \boldsymbol{B}_i) \tag{2-106}$$

在式(2-106)中,结构元素 $\boldsymbol{B}_i$ 检测需从图像中除掉的像素,而并集操作给出所有需要除掉的像素的集合。

2.4.3　二维图像细化

图像细化一般作为一种图像预处理技术出现,目的是提取原图像的骨架,即将原图像中线条宽度大于一个像素的线条细化成只有一个像素宽,形成骨架,形成骨架后能比较容易地分析图像,如提取图像的特征。

用一个形象的比喻来说明骨架的含义。把图像看成一块地,假定在同一时刻在地上各边界上的每一点同时点火,则图像的边界上即立即出现两堵火墙,并向图像的内部蔓延。再设火墙蔓延速度为常数,则在同一时刻点燃起的火经过一段时间后将蔓延,直至两堵火墙相遇的地点,这些点所连成的线便构成了图像的骨架。通过以上形象的说明还可以看到,在细化一幅图像的过程中,应当使图像的连通性质保持不变。

细化分成串行细化和并行细化两种。串行细化即一边检测满足细化条件的点一边删除细化点,并行细化即检测细化点时不进行点的删除只进行标记,而在检测完整幅图像后一次性去除要细化的点。细化的基本思想是"层层剥夺",即从线条边缘开始一层一层向里剥夺,直到线条剩下一个像素为止。

进行细化算法前要先对图像进行二值化,即图像中只包含"黑"和"白"两种颜色。

检测时在图像中取检测点的 8-邻域如图 2-46 所示(由于是并行细化,有些模板要扩展为 12-邻域),其中 o 为检测点,x 为

x	x	x
x	o	x
x	x	x

图 2-46　检测点的 8-邻域

其相邻点。

以下用 255 代表白点,用 0 代表黑点,用 x 代表任意灰度值的点(既可为白点也可为黑点),要剥夺(删除)的点应满足图 2-47 中 8 个模板之一。

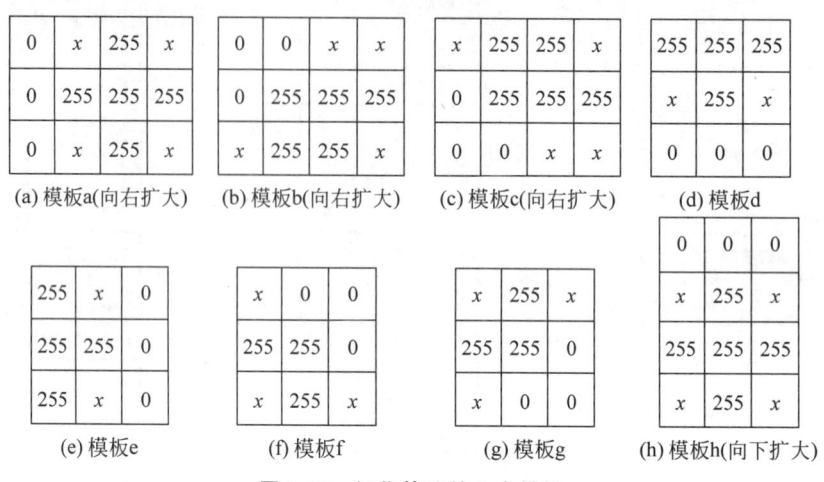

0	x	255	x
0	255	255	255
0	x	255	x

(a) 模板a(向右扩大)

0	0	x	x
0	255	255	255
x	255	255	x

(b) 模板b(向右扩大)

x	255	255	x
0	255	255	255
0	0	x	x

(c) 模板c(向右扩大)

255	255	255
x	255	x
0	0	0

(d) 模板d

255	x	0
255	255	0
255	x	0

(e) 模板e

x	0	0
255	255	0
x	255	x

(f) 模板f

x	255	x
255	255	0
x	0	0

(g) 模板g

0	0	0
x	255	x
255	255	255
x	255	x

(h) 模板h(向下扩大)

图 2-47 细化算法的 8 个模板

符合以上 8 个模板的点为要剥夺的点,因为符合这 8 个模板的点可以确认为线条边沿上的点。而事实上经过这 8 个模板并行细化后还有图 2-48 中的两种特殊边沿点保留了下来,造成这两种特殊点的原因是扩充后的模板 a 和扩充后的模板 h,扩充模板的本意是防止偶数列(行)的线条被完全消去(并行细化是必然的)。

解决方法是在并行细化后再进行一次串行细化,选取图 2-49 中缩小后的模板 a 和模板 h。

0	0	0
0	255	0
255	255	255

(a) 特殊边沿点1

0	0	255
0	255	255
0	0	255

(b) 特殊边沿点2

图 2-48 特殊边沿点

0	x	255
0	255	255
0	x	255

(a) 缩小后的模板a

0	0	0
x	255	x
255	255	255

(b) 缩小后的模板h

图 2-49 缩小后的模板

其中缩小后的模板 a 解决了特殊情况 1,缩小后的模板 h 解决了特殊情况 2,注意这次是串行细化了。细化是常用的图像预处理技术,目前也有很多图像细化算法,细化后能更好地分析图像。现在很多图像进行特征提取,特征分析算法是基于细化后的图像的。图 2-50 和图 2-51 分别为文字和裂缝的细化结果。图 2-52(a)为枫叶,图 2-52(b)为枫叶细化结果。

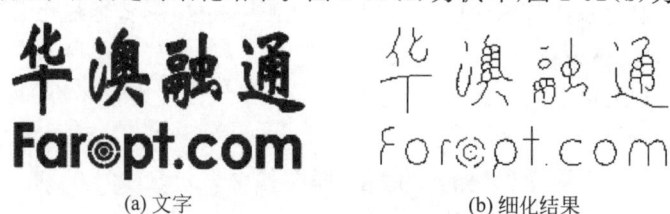

(a) 文字　　　　　　　　　　(b) 细化结果

图 2-50 文字的细化

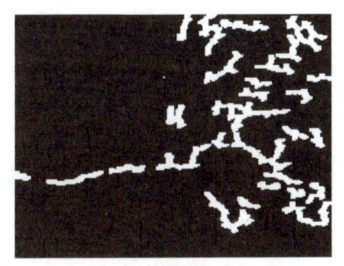

(a) 裂缝　　　　　　　　(b) 细化结果

图 2-51　裂缝的细化

(a) 枫叶　　　　　　　　(b) 细化结果

图 2-52　枫叶的细化

参考文献

[1] 章毓晋.图像处理与分析教程[M].2版.北京：人民邮电出版社,2016.
[2] 洪汉玉.现代图像图形处理与分析[M].北京：中国地质大学出版社,2011.
[3] 刘军.基于 MATLAB 图像加法运算降噪的研究[J].现代计算机,2019,(33)：52-54.
[4] 陈强,郑钰辉,孙权森,等.片相似性各项异性扩散图像去噪[J].计算机研究与发展,2010,47(1)：33-42.
[5] 成喜春,全燕鸣.基于 HSI 模型的彩色图像背景减法[J].计算机应用,2009,29(B6)：231-232,235.
[6] 霍富功,江茂军,王诗琴,等.基于对称差分的背景减法运动目标检测[J].传感器世界,2012,18(2)：10-13.
[7] 周彩霞,匡纲要,宋海娜,等.基于差影法粗分割与多模板匹配的人脸检测[J].计算机工程与设计,2004,25(10)：1648-1650.
[8] 李晓飞,马大玮,粘永健,等.图像腐蚀和膨胀的算法研究[J].影像技术,2005,(1)：37-39.
[9] 龚时华,朱国力,陈士金,等.二值图像轮廓化处理中几个关键技术的研究[J].华中科技大学学报(自然科学版),2000,28(2)：48-50.
[10] 徐鹏飞.插值算法在图像旋转的应用[J].电脑知识与技术：学术版,2015,11(34)：160-161.
[11] 袁凤刚,刘建成.不同插值方法实现数字图像旋转研究[J].软件导刊,2010,9(4)：187-189.
[12] 陈芳.图像的旋转插值算法和基于链码技术计算图像几何矩的算法研究[D].上海：华东师范大学,2006.
[13] 胡敏,张佑生.Newton-Thiele 插值方法在图像放大中的应用研究[J].计算机辅助设计与图形学学报,2003,15(8)：1004-1007.
[14] 李军成,赵东标,陆永华.利用 Hilbert 扫描与弹性模型的图像缩放新算法[J].中国图象图形学报,2011,16(10)：1779-1783.

［15］ 邵文泽,韦志辉.局部几何结构驱动的图像插值放大及超分辨率复原[J].中国图象图形学报,2008,(7):1235-1243.

［16］ 陈涛,粟毅,蒋咏梅,等.利用仿射几何特性提取图像中的仿射不变特征[J].中国图象图形学报,2007,(9):1633-1641.

［17］ 符祥,郭宝龙.图像插值技术综述[J].计算机工程与设计,2009,30(1):141-144,193.

［18］ 钟宝江,陆志芳,季家欢.图像插值技术综述[J].数据采集与处理,2016,31(6):1083-1096.

［19］ 王森,杨克俭.基于双线性插值的图像缩放算法的研究与实现[J].自动化技术与应用,2008(7):44-45,35.

［20］ 应启珩.离散时间信号分析和处理[M].北京:清华大学出版社,2001.

［21］ 阮秋琦.数字图像处理学.[M].3版.北京:电子工业出版社,2013.

［22］ 曹奕,张荣,刘政凯.H.264标准中基于DCT的视频加密研究[J].中国图象图形学报,2005,10(8):5.

［23］ 王家隆,郭成安.一种改进的图像模板细化算法[J].中国图象图形学报A辑,2004,(3):43-47.

［24］ CHEN Q,XU J,KOLTUN V. Fast image processing with fully-convolutional networks［C］. Proceedings of the IEEE International Conference on Computer Vision,2017:2497-2506.

［25］ HE K,SUN J,TANG X. Guided image filtering［J］. IEEE transactions on pattern analysis and machine intelligence,2012,35(6):1397-1409.

［26］ CHIKKERUR S,CARTWRIGHT A N,GOVINDARAJU V. Fingerprint enhancement using STFT analysis［J］. Pattern recognition,2007,40(1):198-211.

［27］ PEI S C,HUANG S G. STFT with adaptive window width based on the chirp rate［J］. IEEE Transactions on Signal Processing,2012,60(8):4065-4080.

［28］ ZHANG D. Fundamentals of image data mining:Analysis,Features,Classification and Retrieval［M］. Berlin:Spring International Publishing,2019.

［29］ RAO K R,YIP P. Discrete cosine transform:algorithms,advantages,applications［M］. New York:Academic Press,2014.

［30］ GASTPAR M,DRAGOTTI P L,VETTERLI M. The distributed karhunen - loeve transform［J］. IEEE Transactions on Information Theory,2006,52(12):5177-5196.

［31］ GONZALEZ R C,WOODS R E. Digital Image Processing［M］. 3rd ed. London:Pearson Education,2008.

［32］ SAEED K,TABEDZKI M,RYBNIK M,et al. K3M:A universal algorithm for image skeletonization and a review of thinning techniques［J］. International Journal of Applied Mathematics and Computer Science,2010,20(2):317-335.

第3章 图像增强

图像增强是数字图像处理的基本内容之一。图像增强通过突出图像中感兴趣的信息，抑制无用信息，以提高图像的实用价值。由于视觉效果有一定的主观性，也由于具体应用目的和要求的不同，因此并没有图像增强的通用标准，观察者是某种增强技术优劣的最终判断者。目前常用的增强技术根据其所处理的空间不同，可分为基于空间域的图像增强方法和基于频率域的图像增强方法。

3.1 空间域图像增强

基于空间域的图像增强方法可分为点运算和邻域运算两大类，其中点运算包括灰度变换、直方图处理等，邻域运算包括图像平滑和图像锐化等。

3.1.1 灰度变换

在图像空间所进行的灰度变换是通过对原图像中每个像素赋予一个新的灰度值来增强图像。根据增强的目的设计某种映射规则，并用相应的映射函数来表示。对原图像中的每个像素都用这个映射函数将其原来的灰度值转换为另一灰度值输出。

如图3-1所示，它将输入图像中每个像素(x,y)的灰度值$f(x,y)$，通过映射函数$T(\cdot)$变换为输出图像中对应像素的灰度值$g(x,y)$，表达式为

$$g(x,y)=T[f(x,y)] \tag{3-1}$$

根据映射函数$T(\cdot)$的性质，灰度变换可分为线性灰度变换、分段线性灰度变换和非线性灰度变换。

1. 线性灰度变换

线性点运算的灰度变换函数可以采用线性方程描述，假设原图像$f(x,y)$的灰度范围为$[a,b]$，希望变换后的图像$g(x,y)$的灰度范围扩展至$[c,d]$，则线性方程表达式为

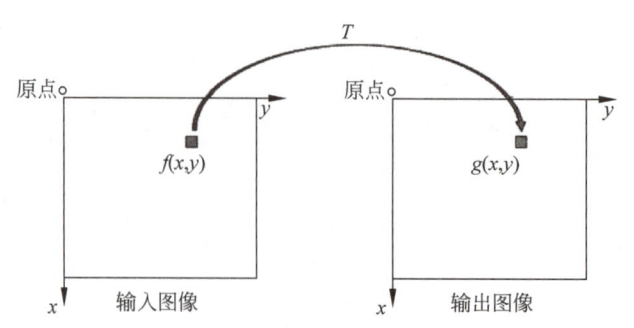

图 3-1 图像灰度映射示意

$$g(x,y)=\frac{d-c}{b-a}[f(x,y)-a]+c \tag{3-2}$$

此关系式可用图 3-2 表示。

讨论：

(1) $d-c=b-a$，图像对比度不变。$c=a$，没有变换。$c\neq a$，灰度调整。

(2) $d-c>b-a$，线性变换的结果会使图像灰度取值的动态范围变大（即图像的灰度扩展），对比度增强，如图 3-3(d)所示。

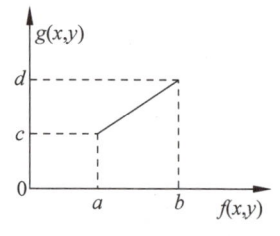

图 3-2 线性变换

(3) $d-c<b-a$，线性变换的结果是会使图像灰度取值的动态范围变窄（即图像的灰度压缩），如图 3-3(e)所示。

(4) $\frac{d-c}{b-a}<0$，则线性变换的结果是会使灰度值反转，图像的暗区域将会变亮，亮区域将变暗，如图 3-3(f)所示。

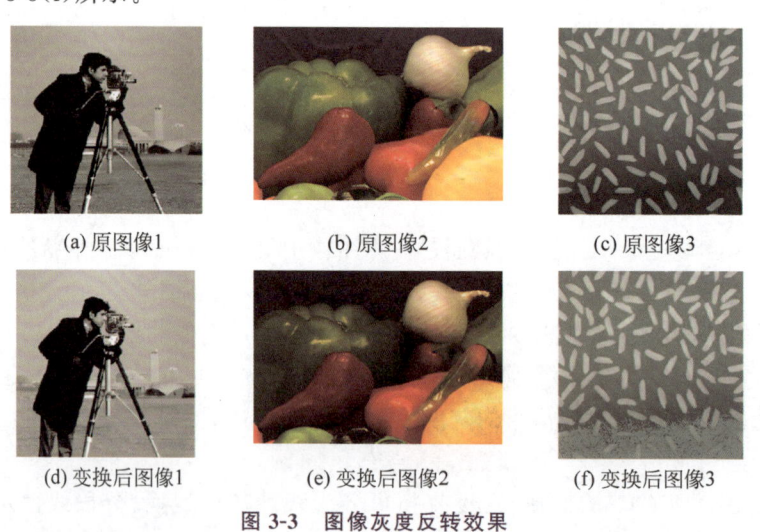

(a) 原图像1　　(b) 原图像2　　(c) 原图像3

(d) 变换后图像1　　(e) 变换后图像2　　(f) 变换后图像3

图 3-3 图像灰度反转效果

2. 分段线性灰度变换

在实际应用中，为了突出图像中感兴趣的目标或灰度区间，相对抑制那些不感兴趣的灰度区间，常采用分段线性法。常用的是三段线性变换法，其数学表达式为

$$g(x,y)=\begin{cases}\dfrac{M_g-d}{M_f-b}[f(x,y)-b]+d, & b\leqslant f(x,y)\leqslant M_f\\[2mm] \dfrac{d-c}{b-a}[f(x,y)-a]+c, & a\leqslant f(x,y)<b\\[2mm] \dfrac{c}{a}f(x,y), & 0\leqslant f(x,y)<a\end{cases} \quad (3\text{-}3)$$

式(3-3)可用图 3-4(a)所示,横轴表示输入灰度级,纵轴表示输出的灰度级。该图对$[a,b]$进行了线性变换,而灰度区间$[0,a]$和$[b,M_f]$受到了压缩。通过调整折线拐点的位置及控制分段直线的斜率,可对任一灰度区间进行扩展或压缩。

采用分段线性变换实例如图 3-4(b)、图 3-4(c)所示。图 3-4(b)显示了一幅 8 位低对比度图像,图 3-4(c)显示了对比度拉伸后的效果。

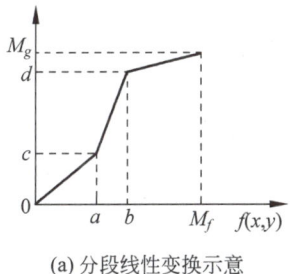

(a) 分段线性变换示意　　　　(b) 8 位低对比度图像　　　　(c) 对比度拉伸后的效果

图 3-4　分段线性变换示意

3. 非线性灰度变换

一些非线性函数也能用于图像的灰度变换,如指数函数、对数函数等。非线性灰度变换是在整个灰度范围内采用一个变换函数,并利用变换函数的数学性质实现对灰度值拓展和压缩。下面介绍两种常用的非线性灰度变换。

1) 对数变换

对数变换的一般表达式为

$$s=c\log(r+1) \quad (3\text{-}4)$$

其中,c 为尺度比例系数,用来调节变换后灰度值的动态范围。对数变换可以拓展图像低灰度值的动态范围,同时压缩高灰度值范围,使图像灰度值分布均匀,更加适应人的视觉特性,其函数曲线如图 3-5(a)所示。

对数变换尤其适用于曝光不足、整体画面亮度过低的图像。图 3-5(b)和图 3-5(c)展示了使用了对数变换进行灰度变换效果,低灰度区扩展,高灰度区压缩。

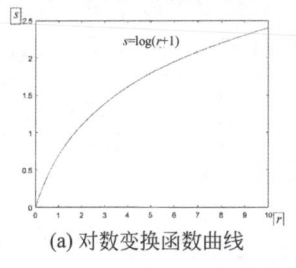

(a) 对数变换函数曲线　　　　(b) 原图像　　　　(c) 变换后图像

图 3-5　对数变换效果示意

2) 伽马校正

伽马校正是一种借助了指数变换的映射增强技术,其一般形式为

$$s = cr^\gamma \tag{3-5}$$

其中,参数 c 和 γ 为常数。c 可以改变指数变换曲线的变换速率;γ 为伽马系数,$\gamma<1$ 时,其作用与对数变换相似,图像低灰度范围被拉伸;$\gamma>1$ 时,图像高灰度范围被拉伸。不同 γ 的指数变换曲线如图 3-6 所示。

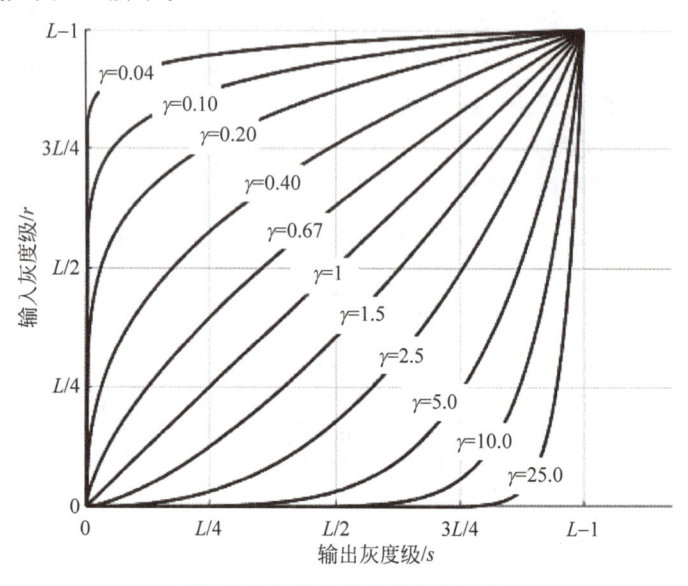

图 3-6 不同 γ 的指数变换曲线

采用伽马校正示例如图 3-7 所示。图 3-7(b)显示了经 $\gamma=1.5$ 的校正图像,低灰度值区域的动态范围扩大;图 3-7(d)显示了经 $\gamma=0.2$ 的校正图像,高灰度值区域的动态范围扩大。

(a) 原图像　　　　(b) $\gamma=1.5$　　　　(c) $\gamma=0.2$

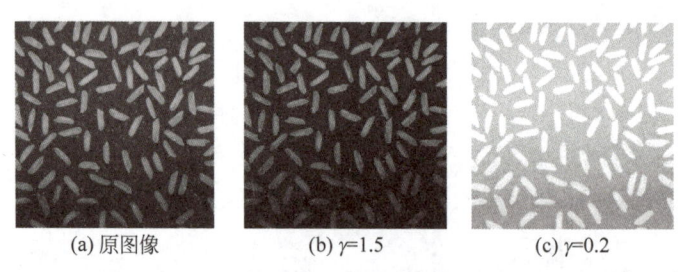

图 3-7 伽马校正示例

伽马校正有助计算机屏幕上精确显示图像。试图精确再现彩色也需要伽马校正的一些知识,因为改变 γ 值不仅会改变亮度,而且会改变彩色图像中红、绿、蓝的比率。

3.1.2 直方图处理

使用直方图变换的方法进行图像增强的基础是概率论。直方图变换是通过改变图像的直方图改变图像中各像素的灰度来达到图像增强的目的。

图 3-8 是 4 种基本图像类型及其对应直方图。每幅图的下面显示了对应的直方图。每个直方图反映了该图像中不同灰度级出现的统计情况,其水平轴对应于灰度值 r_k,垂直轴

对应于值 $h(r_k)=n_k$ 或归一化后的值 $p(r_k)=n_k/MN$。这样,直方图就可以简单地视为 $h(r_k)=n_k$ 对应于 r_k 或 $p(r_k)=n_k/MN$ 对应于 r_k 的图形。

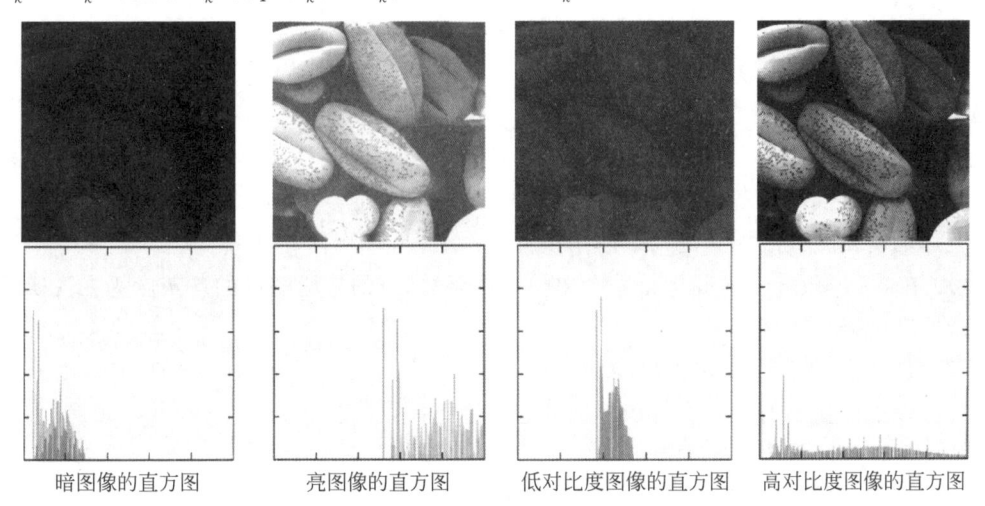

图 3-8　4 种基本图像类型及其对应直方图

一个灰度级在 $[0, L-1]$ 的数字图像的直方图是一个离散函数,可写为

$$h(k)=n_k, k=0,1,\cdots,L-1 \tag{3-6}$$

其中,n_k 表示图像中具有灰度值 k 的像素个数。直方图提供了一幅图像所有灰度值的整体描述。直方图的均值和方差也是图像灰度的均值和方差。

图像的灰度直方图具有以下性质:①灰度直方图只能反映图像的灰度分布情况,而不能反映图像像素的位置。②一幅图像的灰度直方图是唯一确定的,不同的图像可对应相同的灰度直方图。图 3-9 展示了 3 幅具有相同直方图的图像。③将一幅图像分割成多个区域,多个区域的直方图之和即为原图像的直方图。

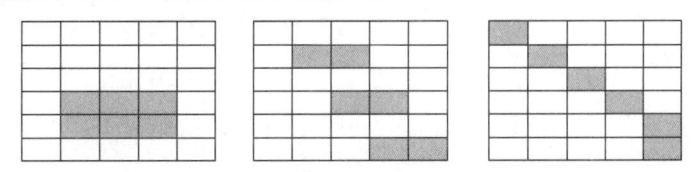

图 3-9　3 幅具有相同直方图的图像

图像的灰度累积直方图代表图像组成成分在灰度级的累积概率分布情况,每一个概率值代表小于或等于此灰度值的概率。其表达式可写为

$$H(k)=\sum_{i=0}^{k} n_i, k=0,1,\cdots,L-1 \tag{3-7}$$

在累积直方图中,列 k 的高度表示图像中灰度值小于或等于 k 的像素总个数。

在图 3-8 中,可看出暗图像直方图的分量集中在灰度级的低端;亮图像直方图的分量则倾向于灰度级的高端;低对比度图像具有较窄的直方图,且集中于灰度级的中部;高对比度图像直方图的分量覆盖了很宽的灰度级范围,且像素的分布比较均匀。可以得出结论:若一幅图像的像素倾向于占据整个可能的灰度级并且分布均匀,即当直方图分布最均匀时,则该图像最清晰,具有高对比度。依靠输入图像直方图中的可用信息就可开发出一个变换函数来自动地实现直方图均衡化,以平衡不同灰度级的像素数量。

直方图均衡化是一种简单有效的图像增强技术，主要用于增强动态范围偏小的图像的对比度。其基本思想是把原图像的直方图变换为在整个灰度范围内均匀分布的形式，增加像素灰度值的动态范围，从而达到增强图像整体对比度的效果。

设 r 和 s 分别表示原图像灰度级和经直方图均衡化后的图像灰度级，则灰度值区间为 $[0,L-1]$ 的图像可由下式进行均衡化：

$$s = T(r) \tag{3-8}$$

通过选择变换函数 $T(r)$，使目标图像的直方图具有期望的形状。

上述均衡化变换式需满足以下两个条件。

(1) 在 $0 \leqslant r \leqslant L-1$ 区间上是一个单值单增函数，目的是原图像的各灰度级在变换后仍然保持原来的排列顺序。

(2) 如果设均衡化后的图像灰度级为 s，则对 $0 \leqslant r \leqslant L-1$ 应该有 $0 \leqslant T(r) \leqslant L-1$，这个条件可以保证变换前后图像的灰度值动态范围是一致的。

从 s 到 r 的逆变换用下式表示：

$$r = T^{-1}(s) \tag{3-9}$$

假设 r 的概率密度为 $P_r(r)$，则 s 的概率密度可由 $P_r(r)$ 求出：

$$P_s(s) = \left(P_r(r) \frac{\mathrm{d}r}{\mathrm{d}s}\right)\bigg|_{r=T^{-1}(s)} \tag{3-10}$$

假设变换函数为

$$s = T(r) = (L-1)\int_0^r p_r(\omega)\mathrm{d}\omega \tag{3-11}$$

式中，ω 为积分变量，$(L-1)\int_0^r p_r(\omega)\mathrm{d}\omega$ 为 r 的累积分布函数。对式中的 r 求导：

$$\frac{\mathrm{d}s}{\mathrm{d}r} = \frac{\mathrm{d}T(r)}{\mathrm{d}r} = (L-1)P_r(r) \tag{3-12}$$

将上式代入式(3-11)可得

$$P_s(s) = \left[P_r(r) \cdot \frac{1}{\mathrm{d}s/\mathrm{d}r}\right]_{r=T^{-1}(s)} = \left[P_r(r) \cdot \frac{1}{(L-1)P_r(r)}\right]_{r=T^{-1}(s)} = \frac{1}{L-1} \tag{3-13}$$

由此可见，变换后的变量 s 在其定义域内的概率密度是均匀分布的。因此，用 r 的累积分布函数作为变换函数，可实现直方图均衡化。直方图均衡化处理就是以累积分布函数变换法为基础的直方图修正法。

由于一个灰度级在 $[0,L-1]$ 的数字图像的直方图是一个离散函数，可将灰度直方图函数式改写为更一般的概率表达形式：

$$p(r_k) = \frac{n_k}{N}, k=0,1,\cdots,L-1 \tag{3-14}$$

式中，r_k 表示图像的灰度级，n_k 是表示灰度值为 k 的像素个数，N 表示图像中像素的总个数，L 为图像灰度级的数量。通过用图像中像素的总个数进行归一化，所得到的直方图各列表达了各灰度值像素在图像中所占比例。

式(3-11)中变换的离散形式的累积分布函数为

$$s_k = T(r_k) = \frac{(L-1)}{MN} \sum_{i=0}^{k} \frac{n_k}{N}, k = 0, 1, \cdots, L-1 \tag{3-15}$$

上式表明，均衡后各像素的灰度值 s_k 可直接由原图像的直方图算出。这个变换称为直方图均衡或直方图线性变换。对图像进行直方图变换的基本步骤如下。

（1）统计原图像各灰度级的像素个数，并计算原图像各灰度级的分布概率。

（2）计算原图像的累积分布概率。

（3）利用灰度变换函数计算均衡化后图像的灰度级 s，即

$$s = \text{int}[(L-1)P(r) + 0.5], \quad r = 0, 1, \cdots, L-1 (\text{int 为取整函数}) \tag{3-16}$$

（4）按照确定的映射关系 $r \to s$，得到均衡化处理图像。

综上所述，直方图均衡化的实质是找到一种灰度非线性变换，使像素灰度分布更均匀。同时，直方图均衡化也保证了灰度范围与原来一致，以保持图像原有的强度特征，避免整体变亮或变暗，使图像更清晰。

图 3-10 展示了 4 种基本类型的图像执行直方图均衡后的结果以及均衡后的图像直方图。尽管这些直方图不同，但图像有相同的内容，直方图均衡化实现的对比度增强足以补偿图像在视觉上难以区分灰度级的差别，因此均衡后的图像在视觉上非常相似。

(a) 暗图像　　(b) 亮图像　　(c) 低对比度图像　　(d) 高对比度图像

(e) 均衡后的图像1　(f) 均衡后的图像2　(g) 均衡后的图像3　(h) 均衡后的图像4

(i) 均衡后的直方图1　(j) 均衡后的直方图2　(k) 均衡后的直方图3　(l) 均衡后的直方图4

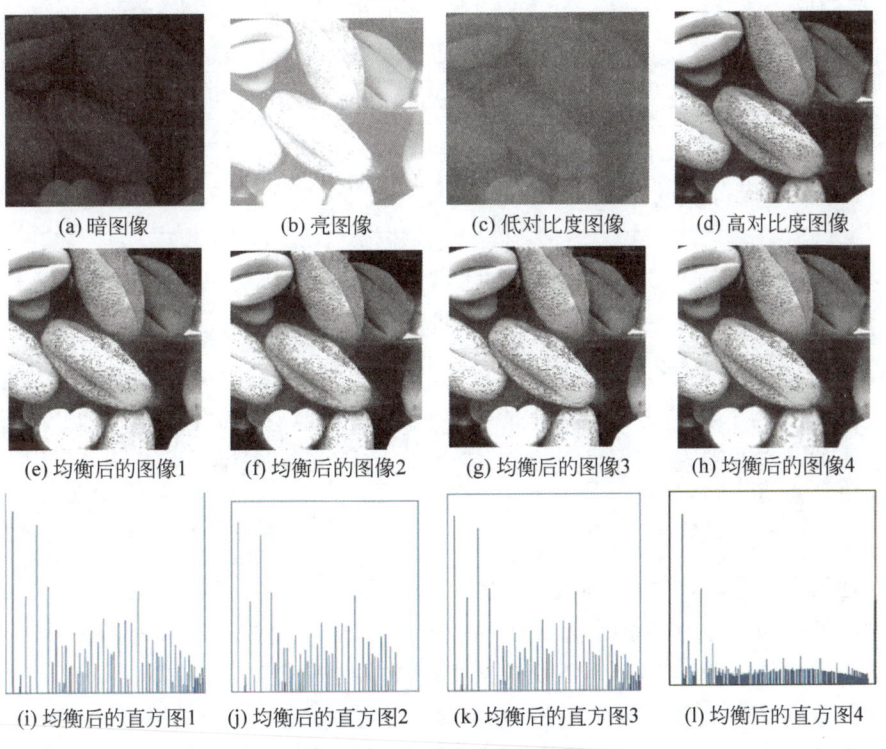

图 3-10　直方图均衡化示例

在均衡化得到的直方图中，许多直方条之间有间隙，表明图像中没有这些灰度的像素。这是因为均衡化过程中，只能将原来的直方条移动到另外的位置上，不可能将原来相同的灰度值映射为不同的灰度值。所以在均衡化得到的直方图中直方条的数目只可能等于或少于原始直方图中的直方条的数目。这样一来，均衡化得到的直方图中直方条分布在更宽的范围上，互相之间就会有间隙。

假定有一幅总像素为 $N=64×64$ 的图像，灰度级数为 8，各灰度级分布列于表 3-1 中，对其均衡化计算过程及结果如下。

表 3-1　图像直方图处理过程

r_k	n_k	$P_r(r_k)$	s_k	取成整数	均衡后
0	790	0.19	0.19	1(1.33)	0.19
1	1023	0.25	0.44	3(3.08)	0.25
2	850	0.21	0.65	5(4.55)	0.21
3	656	0.16	0.81	6(5.67)	0.16+0.08=0.24
4	329	0.08	0.89	6(6.23)	
5	245	0.06	0.95	7(6.65)	0.06+0.03+0.02=0.11
6	122	0.03	0.98	7(6.86)	
7	81	0.02	1.00	7(7.00)	

图 3-11 展示了均衡化处理后的结果。

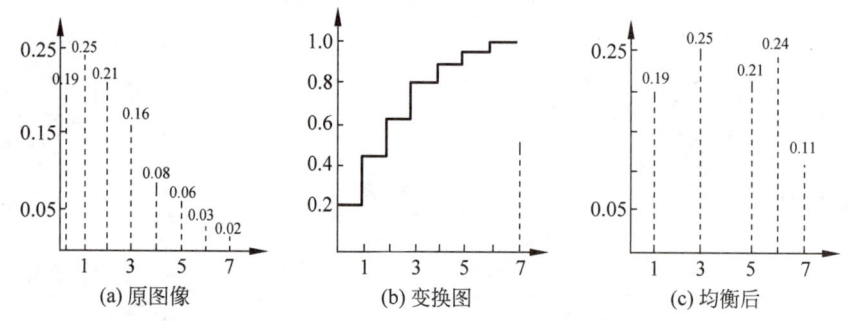

图 3-11　均衡化处理后的结果

可以看到，均衡后的直方图仅存 5 个灰级，宏观上拉平，但微观上不可能平，层次减少，对比度提高。由此可见，直方图均衡化是一种非线性变换，它以牺牲图像等级为代价，增加像素灰度值的动态范围，提高图像对比度。

3.1.3　图像平滑

在处理数字图像时，平滑或滤波技术的目标是降低或最小化噪声的影响，从而提升图像质量。这种处理通常称为模糊处理，是图像预处理中的一个重要步骤，例如在（大）目标提取之前去除图像中的一些琐碎细节，以及连接直线或曲线的缝隙。

数字图像的噪声主要来源于图像的获取和传输过程，由于噪声的影响，图像的灰度会发生变化。常见的噪声有高斯噪声、均匀噪声、脉冲（椒盐）噪声。

1. 线性平滑滤波

线性平滑滤波器的输出（响应）是包含在滤波器模板邻域内的像素的简单平均值。即使用滤波器模板确定的邻域内像素的平均灰度值来代替图像中每个像素的值，降低图像灰度的"尖锐"变化。

由于典型的随机噪声由灰度级的急剧变化组成，因此，常见的平滑处理应用就是降低噪声。然而,由于图像边缘也是由图像灰度尖锐变化带来的特性,因此均值滤波处理存在着边缘模糊的负面效应。线性滤波器通过模板卷积实现,线性平滑滤波器所使用卷积模板的系数均为正值。下面介绍几种典型的线性平滑方法。

1) 均值滤波

均值滤波为最简单的平滑滤波,采用的主要方法为邻域平均法。其基本原理是用均值代替原图像中的各个像素值,即对待处理的当前像素点(x,y),选择一个模板,该模板由其近邻的若干像素组成,求模板中所有像素的均值,再把该均值赋予当前像素点(x,y),作为处理后图像在该点上的灰度$g(x,y)$。其表达式为

$$g(x,y) = \frac{1}{n^2} \sum_{(s,t) \in N(x,y)} f(s,t) \tag{3-17}$$

其中,$N(x,y)$对应$f(x,y)$中(x,y)的$n \times n$邻域,与模板所覆盖的范围对应,此时滤波器所有模板系数都取1。图3-12是一个3×3的均值滤波模板示例。

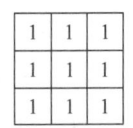

1	1	1
1	1	1
1	1	1

图 3-12　3×3的均值滤波模板示例

图3-13展示了一幅图像用$M=3$、11和21的均值滤波器处理后的平滑效果。M为滤波模板大小。可以发现,随着M的增大,图像的模糊程度也逐渐增大。

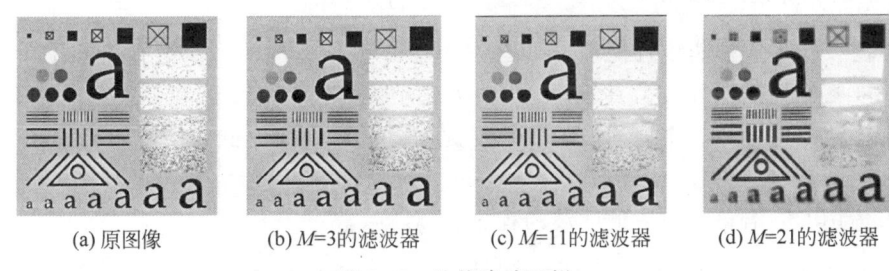

(a) 原图像　　(b) $M=3$的滤波器　　(c) $M=11$的滤波器　　(d) $M=21$的滤波器

图 3-13　均值滤波示例

2) 加权平均滤波

采用模板进行滤波时,模板中心周围的像素也参与滤波。一般认为离中心近的像素应对滤波结果有较大的贡献,所以可将接近模板中心的系数取得比模板周边的系数大,这相当于对邻域平均进行了加权。加权平均滤波的一般表达式为

$$g(x,y) = \frac{\sum_{(s,t) \in N(x,y)} w(s,t) f(s,t)}{\sum_{(s,t) \in N(x,y)} w(s,t)} \tag{3-18}$$

实际中,为保证各模板系数均为整数以减少计算量,常取模板周边最小的系数为1,而模板内部的系数成比例增加,直到中心系数取得最大值。图3-14是一个加权平均模板示例。

$1/16 \times$
1	2	1
2	4	2
1	2	1

图 3-14　加权平均模板示例

在加权平均中,除了对同一尺寸模板中的不同位置采用不同系数外,还可以选取不同尺寸的模板。此外,高斯平均使用

高斯分布来确定各模板系数。

在使用均值滤波器时,特别容易在图像边缘和细节处出现模糊。邻域越大,模糊程度越严重。采用阈值法可减少这种效应,阈值法根据下列准则形成平滑图像:

$$g(x,y)=\begin{cases}\dfrac{1}{M}\sum_{(s,t)\in N(x,y)}f(s,t),&\left|f(x,y)-\dfrac{1}{M}\sum_{(s,t)\in N(x,y)}f(s,t)\right|>T\\ f(s,t),&\text{其他}\end{cases} \quad (3\text{-}19)$$

其中,T 是一个规定的非负阈值。当一些点和它们邻域平均值的差值不超过规定的阈值 T 时,仍保留这些点原始的像素灰度值。

2. 非线性平滑滤波

线性平滑滤波器在消除图像噪声的同时也会模糊图像中的细节。利用非线性平滑滤波器可在消除图像中噪声的同时比较好地保持图像中的细节。最常用的非线性平滑滤波是中值滤波。

1) 中值滤波

中值滤波是一种非线性滤波方式,其依靠模板来实现。设窗口长度为 M(M 为奇数),给定信号序列 $\{f_i\},i=1,2,\cdots,N$,对此序列进行中值滤波,就是从序列中相继抽出 M 个数,按数值大小排列,取中间点作为滤波输出,则中值滤波数学表达式为

$$g_i = \text{median}[f_{i-v},\cdots,f_{i-1},f_i,f_{i+1},\cdots,f_{i+v}] \quad (3\text{-}20)$$

其中,f_i 为窗口中心值,$v=\dfrac{M-1}{2}$。

中值滤波作为一种非线性滤波,可以克服线性滤波所造成的图像细节模糊,而且对滤除脉冲干扰及图像扫描噪声最为有效。但对一些细节多,特别是点、线和尖顶细节多的图像不宜采用中值滤波的方法。中值滤波的效果要比邻域平均处理的低通滤波效果好,其主要特点是滤波后图像中的轮廓比较清晰。

以下为用 C++ 语言实现中值滤波的程序。

```
void medianFilter1 (unsigned char * corrupted, unsigned char * smooth, int size, int windowSize) {
    int halfWindowSize = windowSize / 2;
    int * window = new int[windowSize];
    for (int i = 0; i < size; i++) {
        int start = i - halfWindowSize;
        int end = i + halfWindowSize;
        if (start < 0) {
            start = 0;
        }
        if (end >= size) {
            end = size - 1;
        }
        int windowIndex = 0;
        for (int j = start; j <= end; j++) {
            window[windowIndex] = corrupted[j];
            windowIndex++;
        }
        int windowLength = end - start + 1;
        sort(window, window + windowLength);
```

```
            smooth[i] = window[windowLength/2];
        }
        delete[] window;}
```

图 3-15(a)是一幅被椒盐噪声污染的电路板 X 射线图像。对该图像分别用 3×3 的均值滤波和 3×3 的中值滤波进行处理,从图 3-15(b)和图 3.15(c)可以看出均值滤波模糊了图像,而且噪声去除效果很差,而中值滤波的去噪效果更好。通常,中值滤波要比均值滤波更适合去除椒盐噪声。

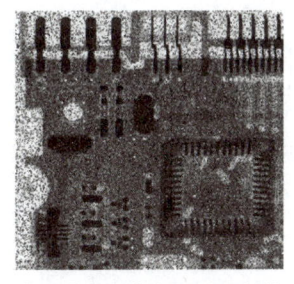

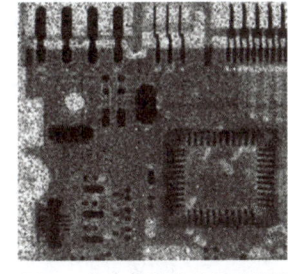

(a) 被椒盐噪声污染的电路板X射线图像　　(b) 用3×3的均值滤波处理后的图像　　(c) 用3×3的中值滤波处理后的图像

图 3-15　对被椒盐噪声污染的电路板 X 射线图像进行了不同滤波处理后的结果

2) 百分比滤波

中值滤波是百分比滤波的一个特例。百分比滤波均基于对模板覆盖灰度值的排序,又称为排序统计滤波。最大值滤波是选取序列中位于最大值(100%)位置的像素;最小值滤波是选取序列中位于最小值(0%)位置的像素。它们可分别表示为

$$g_{\max}(x,y) = \max_{(s,t)\in N(x,y)} [f(s,t)] \tag{3-21}$$

$$g_{\min}(x,y) = \min_{(s,t)\in N(x,y)} [f(s,t)] \tag{3-22}$$

中值滤波、最大值滤波和最小值滤波都适合消除椒盐噪声。最大值滤波器可用来检测图像中最亮的点,减弱暗(低取值)的椒盐噪声;而最小值滤波器可用来检测图像中最暗的点,减弱亮(高取值)的椒盐噪声。

3.1.4　图像锐化

锐化处理的主要目的是突出灰度的过渡部分。均值处理可以平滑图像,而均值处理与积分类似。反过来利用对应的微分算法可以锐化图像。本节将讨论由数字微分来定义和实现锐化算子的各种方法。基本上,微分算子的响应强度与图像在用算子操作的这一点的突变程度成正比,这样,图像微分会增强边缘和其他突变(如噪声),削弱灰度变化缓慢的区域。

下面分别介绍基于一阶和二阶微分的锐化滤波器。在讨论具体滤波器之前,首先集中讨论一阶微分的性质。我们关注于图像中恒定灰度区域、突变的起点与终点(台阶和斜坡突变)及沿着灰度斜坡处的微分性质。这些类型的灰度突变可以用来对图像中的噪声点、线与边缘建模。

对于一阶微分的任何定义都必须保证以下几点:①在恒定灰度区域的微分值为零;②在灰度台阶或斜坡处微分值非零;③沿着斜坡的微分值非零。类似地,任何二阶微分的定义必须保证以下几点:①在恒定区域微分值为零;②在灰度台阶或斜坡的起点处微分值非零;③沿着斜坡的微分值非零。

因为处理的是数字量，其值是有限的，故最大灰度级的变化也是有限的，并且变化发生的最短距离是在两相邻像素之间。对于一维函数 $f(x)$，一阶微分的基本定义为

$$\frac{\partial f}{\partial x} = f(x+1) - f(x) \tag{3-23}$$

其中，为了与二维图像函数 $f(x,y)$ 的微分保持一致，这里使用了偏导数符号。对于二维函数，将沿着两个空间轴处理偏微分。显然，当函数中只有一个变量时，$\dfrac{\partial f}{\partial x} = \dfrac{\mathrm{d}f}{\mathrm{d}x}$；对于二阶微分，这同样也成立。二阶微分的定义为如下差分：

$$\frac{\partial^2 f}{\partial x^2} = f(x+1) + f(x-1) - 2f(x) \tag{3-24}$$

很容易验证这两个定义满足前面所说的条件。为了解这一点，并考查数字函数一阶微分和二阶微分间的异同点，考虑图 3-16 中的例子。

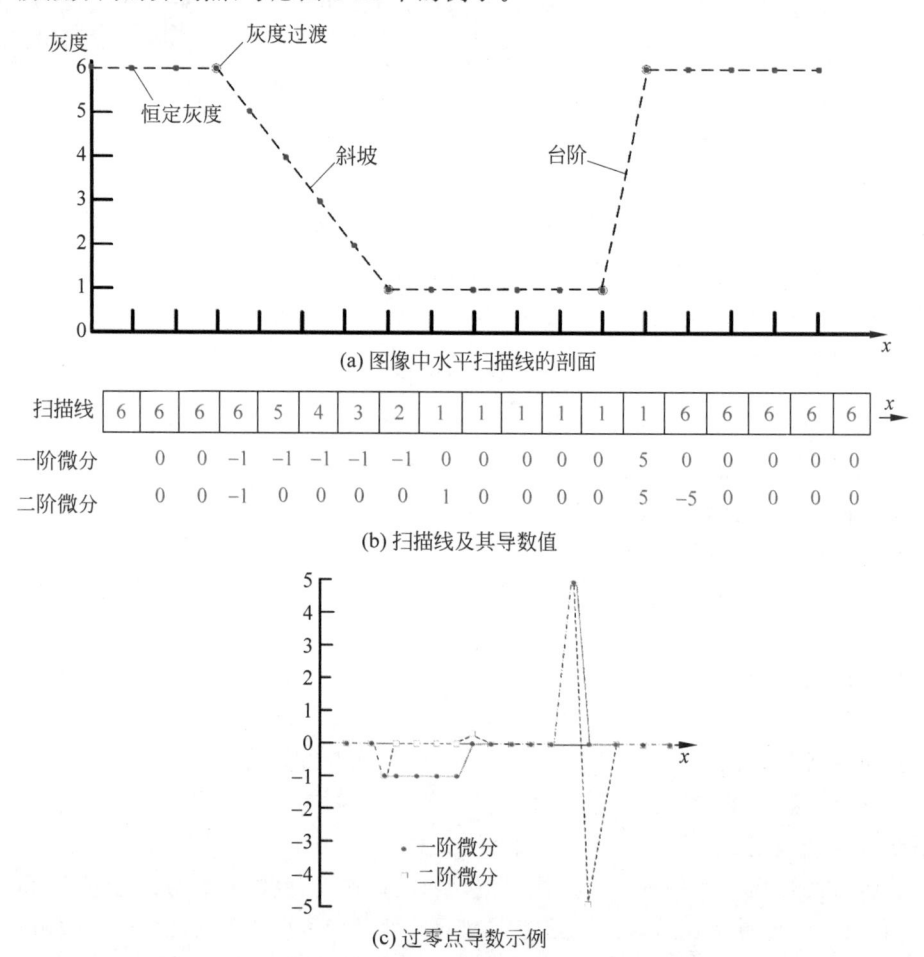

图 3-16　一幅图像中一段水平剖面的一维数字函数的一阶微分和二阶微分的说明

图 3-16(b) 显示了一段扫描线。小方块中的数值是扫描线中的灰度值，它们作为点画在上方的图 3-16(a) 中，用虚线连接这些点是为了帮助我们看得更清楚。如图 3-16(a) 所示，扫描线包含一个灰度斜坡、三个恒定灰度段和一个灰度台阶。圆圈指出了灰度变化的起点和终点。

用前面两个定义计算出的图 3-16(b)中扫描线的一阶微分和二阶微分画在图 3-16(c)中。计算点 x 处的一阶微分时,用下一个点的函数值减去该点的函数值。类似地,要在 x 点计算二阶微分,计算中要使用前一个点和下一个点。为避免前一个点和下一个点处于扫描线之外的情况,在图 3-16(c)中显示了从序列中第二个点到倒数第二个点的微分计算。

从左到右横贯剖面图,首先遇到的是如图 3-16(b)和图 3-16(c)所示的恒定灰度区域,其一阶微分和二阶微分都是零,因此两者都满足条件①。接着遇到紧随台阶的一个灰度斜坡,并注意到在斜坡起点和台阶处的一阶微分不为零,类似地,在斜坡和台阶的起点和终点的二阶微分也不为零;因此,两个微分特性都满足条件②。最后看到,两个微分特性也都满足条件③,因为对于斜坡来说一阶微分不是零,二阶微分是零。注意斜坡或台阶的起点和终点处二阶微分的符号变化。事实上,在图 3-16(c)中看到,在一个台阶的过渡部分,连接这两个值的线段在两个端点的中间与水平轴相交。

在图像中灰度值变化的地方,一阶、二阶微分的值都不为零;在灰度恒定的地方,微分值都为零。不论是使用一阶微分还是二阶微分都可以得到图像灰度的变化位置。对于图像边缘处的灰度值来说,通常有两种突变形式:①边缘两边图像灰度差异较大,形成了灰度台阶;②边缘两边图像灰度变化不那么剧烈,形成了灰度斜坡,在斜坡的起点和终点一阶、二阶微分的值都不为零,但是沿着斜坡一阶微分的值不为零,而二阶微分的值为零。

数字图像中的边缘在灰度上常常类似于斜坡过渡,一阶微分在斜坡处的值不为零,导致图像的一阶微分产生较粗的边缘,而二阶微分在斜坡处的值为零,但在斜坡两端值不为零,且值的符号不一样,二阶微分产生由零分开的一个像素宽的双边缘。因此,二阶微分在增强细节方面要比一阶微分好得多,这是一个适合锐化图像的理想特性。

1. 一阶微分的锐化滤波器

图像处理中最常用的微分方法是利用梯度(基于一阶微分)。对一个连续函数 $f(x,y)$,其梯度就是一个向量,由分别沿 X 和 Y 方向的两个偏导数分量组成:

$$\nabla f = \left(\frac{\partial f}{\partial x} \quad \frac{\partial f}{\partial y}\right)^{\mathrm{T}} = (G_X \quad G_Y)^{\mathrm{T}} \tag{3-25}$$

在离散空间中,微分用差分实现,两个常用的差分卷积模板见图 3-17(未标系数可取 0),分别计算沿 X 和 Y 两个方向的差分。

2. 二阶微分的锐化滤波器

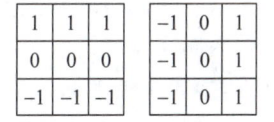

1	1	1
0	0	0
-1	-1	-1

-1	0	1
-1	0	1
-1	0	1

图 3-17 两个差分模板

二阶微分的应用是先定义一个二阶微分的离散公式,然后根据公式构造一个滤波器模板。这里将重点介绍一种各向同性滤波器,这种滤波器的响应与滤波器作用的图像的突变方向无关。即各向同性滤波器是旋转不变的,将原图像旋转后进行滤波处理给出的结果与先对图像滤波然后再旋转的结果相同。

拉普拉斯算子是一种各向同性的二阶微分算子,常用于线性锐化滤波。其数学定义为

$$\nabla^2 f = \frac{\partial^2 f}{\partial x^2} + \frac{\partial^2 f}{\partial y^2} \tag{3-26}$$

两个分别沿 X 和 Y 方向的二阶偏导数均可借助差分计算：

$$\frac{\partial^2 f}{\partial x^2} = 2f(x,y) - f(x+1,y) - f(x-1,y) \quad (3-27)$$

$$\frac{\partial^2 f}{\partial y^2} = 2f(x,y) - f(x,y+1) - f(x,y-1) \quad (3-28)$$

将式(3-27)和式(3-28)代入式(3-26)得到

$$\nabla^2 f = 4f(x,y) - f(x+1,y) - f(x-1,y) - f(x,y+1) - f(x,y-1) \quad (3-29)$$

据此得到的模板如图 3-18(a)所示，仅考虑了中心像素的 4-邻域。类似地，如果仅考虑 8-邻域，会得到如图 3-18(b)所示的模板，这相当于取 $k_0 = 8$，而取其余系数为 −1。锐化模板系数的取值应中心为正而周围远离中心处为负。

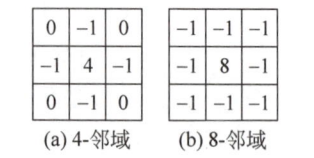

0	−1	0
−1	4	−1
0	−1	0

−1	−1	−1
−1	8	−1
−1	−1	−1

(a) 4-邻域　　(b) 8-邻域

图 3-18　两种拉普拉斯算子模板

以上两种模板的所有系数之和均为 0，这是为了使经过模板运算所得结果图像的均值不变。当这样的模板放在图像中灰度值是常数或变化很小的区域时，其卷积输出为 0 或很小。使用这样的模板会将输出图的平均灰度值变为 0，这样图中就会有一部分像素灰度值小于 0。在图像处理中，一般只考虑大于或等于 0 的灰度值，所以还需将输出图灰度值范围通过变换变回到 $[0, L-1]$ 区间才能正确显示出来。拉普拉斯算子增强了图像中的灰度不连续边缘，而减弱了对应图像中灰度值缓慢变化区域的对比度，将这样的结果叠加到原图像上，就可以得到锐化后的图像。

由于拉普拉斯算子是一种微分算子，因此其应用着重于图像中的灰度突变区域。这将产生暗色背景中叠加有浅灰色边线和突变点的图像。将原图像和拉普拉斯图像叠加在一起，可以复原背景特性并保持拉普拉斯锐化处理的效果。

3.2　频率域图像增强

图像从空间域转换到频率域上更加有利于计算机对图像进行处理和分析，频率域是指从函数的频率角度出发分析函数，和频率域相对的是时间域。从时间域分析信号时，时间是横坐标，振幅是纵坐标。从频率域分析时，频率是横坐标，振幅是纵坐标。

3.2.1　空间域与频率域的关系

空间域和频率域两者可以相互转换，通过傅里叶变换，可以将图像由空间域变换到频率域，同样地，通过傅里叶逆变换可以将图像频谱变换为空间域上的图像。由此变换关系，图像可以通过这个过程在频率域上对图像进行滤波，从而达到图像增强的目的。图像频谱与图像中的亮度变化具有一定联系，频谱中的高频成分表示图像中灰度变化较快的部分，例如图像中物体的边缘细节、噪声颗粒等，而低频成分一般表示灰度变换较缓慢的部分，如图像中背景区域，另外的一些直流分量则表示图像的平均灰度。频率域滤波通常可以对这些成分根据需求进行一定的处理。

在图像处理领域，滤波与卷积机理相似。对于具有连续变量的两个连续函数 $f(t)$ 和

$h(t)$,可以用积分的方式表示卷积,可定义为

$$f(t) * h(t) = \int_{-\infty}^{\infty} f(\tau)h(t-\tau)\tau \mathrm{d}\tau \tag{3-30}$$

其中,负号表示信号的翻转,τ 是积分变量,整体意味着将一个函数关于原点旋转 $180°$,并在另一个函数上面滑动,将其转换到频率域上,定义为

$$\mathcal{F}(f(t) * h(t)) = \int_{-\infty}^{\infty} f(\tau) \left[\int_{-\infty}^{\infty} h(t-\tau) \mathrm{e}^{-\mathrm{j}2\pi\mu t} \right] \mathrm{d}\tau = H(\mu)F(\mu) \tag{3-31}$$

其中,$h(t-\tau)$ 可表示为 $H(\mu)$,$H(\mu)$ 是 $h(t)$ 的傅里叶变换。

t 所在的域叫作空间域,而 μ 所在的域叫作频率域,同样可以将其扩展到二维上。对于两个二维离散函数,可以得到如下卷积形式:

$$f(x,y) * h(x,y) = \sum_{a=0}^{M-1} \sum_{b=0}^{N-1} f(a,b)h(x-a,y-b) \tag{3-32}$$

其中,$x = 0,1,2,\cdots,M-1$,$y = 0,1,2,\cdots,N-1$。

类似地,一维函数以及二维离散函数同样具有卷积定理。空间域中两个函数卷积的傅里叶变换等同于在频率域上两个函数的傅里叶变换之间的乘积。因此,对于二维图像,同样可视为两个二维函数在空间上的卷积,等同于它们相对应的傅里叶变换结果的乘积,可表示为

$$f(x,y) * h(x,y) \leftrightarrow F(u,v)H(u,v) \tag{3-33}$$

反之,同样可得

$$f(x,y)h(x,y) \leftrightarrow F(u,v) * H(u,v) \tag{3-34}$$

其中,$F(u,v)$ 和 $H(u,v)$ 分别为 $f(x,y)$ 和 $h(x,y)$ 的傅里叶逆变换。

因此,图像在频率域中的滤波需要先改变图像的傅里叶变换,将图像的傅里叶变换结果与滤波函数进行相乘,滤波结果是否成功也取决于滤波函数,这个函数也称为滤波器或者滤波器的传递函数 $H(u,v)$。

经过滤波处理后的图像与原图像大小相同,滤波器的基本工作原理是使特定的频率成分允许通过且不受影响,但会抑制或者减弱其他频率成分通过。图像中灰度变化快慢的部分与图像频谱中高频和低频部分有一定联系,因此,使用允许通过较低频率成分的滤波器,会抑制图像的高频成分,使图像变模糊,这样的滤波器叫作低通滤波器。相反地,采用允许通过较高频率的滤波器即为高通滤波器,其保留图像高频成分,过滤低频成分,能增强图像中如物体边缘的细节。

频率域图像处理利用频率成分和图像之间的对应关系,使得在空间域中表述困难的增强任务变得简单。频率域滤波更直观,它可以解释空间域滤波的某些性质,可以在频率域指定滤波器,做逆变换后在空间域应用,同时用于指导空间域滤波器的设计。因此,了解频率域滤波对图像处理具有重要意义。

在频率域中进行滤波的主要步骤可以描述为:

(1) 给定一幅大小为 $M \times N$ 的图像,对图像的 DFT 进行内容填充处理,一般可认为填充大小为 $P = 2M,Q = 2N$。

(2) 若需要精细的滤波处理,则对填充部分添加 0,得到大小为 $P \times Q$ 的填充图像。

(3) 将其频率为 0 的点移动至频谱中心,得到结果 $F(u,v)$。

(4) 选择滤波器,计算传递函数 $H(u,v)$ 与 $F(u,v)$ 之间的乘积 $G(u,v)$。

(5) 将 $G(u,v)$ 的零频率点重新移动回原来位置,并通过傅里叶逆变换计算得到滤波后的结果,并且通常取其实部得到最终的输出图像 $g(x,y)$,这里取其左上象限的 $M\times N$ 区域。

频率域的图像滤波可由图 3-19 进行描述。

$f(x,y)$ → 傅里叶变换 $\xrightarrow{F[f(x,y)]}$ $F(u,v)$ → 滤波器处理 $\xrightarrow{H(u,v)}$ $G(u,v)$ → 傅里叶逆变换 $\xrightarrow{F^{-1}[G(u,v)]}$ $g(x,y)$

图 3-19　频率域滤波流程

3.2.2　低通滤波

低通滤波的主要目的是保留图像中低频部分而阻止高频部分通过,在频率域中对图像进行平滑处理。常用的低通滤波器有理想低通滤波器、巴特沃斯低通滤波器以及高斯低通滤波器,下面将逐一介绍。

1. 理想低通滤波器

理想低通滤波器(ILPF)是一种理想的滤波器,表现为以半径为 D_0 的圆形滤波器,使得在圆内的所有频率分量无衰减地完全通过,而处于圆外的所有频率分量被完全"切断"。其传递函数用分段函数表示为

$$H(u,v) = \begin{cases} 1, & D(u,v) \leqslant D_0 \\ 0, & D(u,v) > D_0 \end{cases} \quad (3\text{-}35)$$

其中,D_0 规定为非负值,表示理想低通滤波器的截止频率。频率小于或等于 D_0 的分量允许通过滤波器,而频率高于 D_0 的分量则被阻止通过;$D(u,v)$ 定义为频率平面上点 (u,v) 到原点的距离,计算公式为 $D(u,v) = \sqrt{u^2+v^2}$。

图 3-20 展示了理想低通滤波器传递函数 $H(u,v)$ 的不同表达方式。其中,图 3-20(a) 为截止频率 D_0 为 10 时理想低通滤波器传递函数的透视图,图 3-20(b) 显示了以二维图像表示的滤波器,图 3-20(c) 为理想低通滤波器传递函数的径向截面图,其中截止频率 D_0 表示 $H(u,v)=1$ 与 $H(u,v)=0$ 之间的跳跃间断点。理想低通滤波器可通过计算机仿真模拟得到,当截止频率设置合适时可以简单实现平滑效果,但是不能用电子器件实现其陡峭的截止频率。另外,理想低通滤波器会滤除高频分量,会导致大量边缘信息丢失,发生明显的"振铃"现象。

(a) 理想低通滤波器传递函数的透视图

(b) 理想低通滤波器传递函数的二维图像

(c) 理想低通滤波器传递函数的径向截面图

图 3-20　理想低通滤波器传递函数的不同表达方式

图 3-21 显示了理想低通滤波器对大小为 256×256 的彩色图像滤波后的结果,选取截止频率分别为 5、15、35、55、95,当 $D_0=5$ 时,图像滤波后表现为严重模糊,图像中的所有尖锐细节均被滤除,即原图像绝大部分的边缘信息被滤除。随着理想低通滤波器的截止频率不断增大,导致的模糊程度也越来越轻。当 $D_0=35$ 和 55 时,原图像中被滤除的高频细节越来越少,但在结果图像中的蝴蝶翅膀部分产生了明显的"振铃"现象。随着 D_0 不断增大,"振铃"现象会逐渐减小。当 $D_0=95$ 时,滤波结果非常接近于原图像,仅有较少部分的尖锐边缘信息被滤除。

(a) 原图像 (b) $D_0=5$ 的滤波图像 (c) $D_0=15$ 的滤波图像
(d) $D_0=35$ 的滤波图像 (e) $D_0=55$ 的滤波图像 (f) $D_0=95$ 的滤波图像

图 3-21 理想低通滤波器在截止频率 D_0 不同情况下的滤波结果

2. 巴特沃斯低通滤波器

巴特沃斯低通滤波器(BLPF)是一种通过设置不同的阶数来控制传递函数的衰减速度的低通滤波方法,其在允许通过频率部分和滤除频率部分的截止频率之间没有发生明显的陡峭不连续性,可以通过硬件来实现。截止频率为 D_0 的 n 阶巴特沃斯低通滤波器的传递函数定义为

$$H(u,v) = \frac{1}{1+\left[\dfrac{D(u,v)}{D_0}\right]^{2n}} \tag{3-36}$$

其中,n 为巴特沃斯低通滤波器的阶数,$D(u,v)$ 是点 (u,v) 与中心原点的距离,且当 $D(u,v)=D_0$ 时,传递函数的值将下降到最大值的 50%。

图 3-22 显示了巴特沃斯低通滤波器传递函数的透视图、二维图像以及径向截面图。其中,图 3-22(a) 和图 3-22(b) 分别为截止频率 D_0 为 10 的巴特沃斯低通滤波器函数的表示,图 3-22(c) 为不同阶数($n=1、2、3、4、5$)的巴特沃斯低通滤波器传递函数的径向截面图,可以看出其是连续不断下降的曲线,下降速度由阶数决定。

图 3-23 显示了图像使用截止频率分别为 5、15、35、55 以及 95 时的一阶巴特沃斯低通滤波器对清晰图像滤波后的结果。可以明显看出,当截止频率过小时,滤波后图像模糊严重;而当截止频率增大时,模糊程度逐渐减小,直到图像清晰。由于连续下降的特性,巴特

(a) 巴特沃斯低通滤波器传递函数的透视图　　(b) 巴特沃斯低通滤波器传递函数的二维图像　　(c) 巴特沃斯低通滤波器传递函数的径向截面图

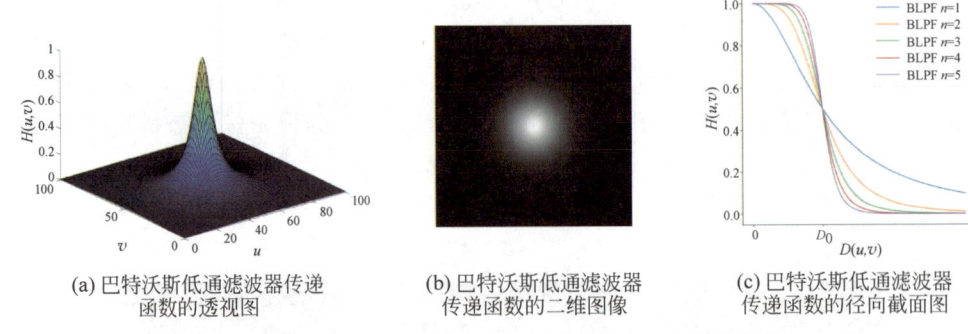

图 3-22　巴特沃斯低通滤波器传递函数的不同表达方式

(a) 清晰图像　　(b) $D_0=5$ 的滤波图像　　(c) $D_0=15$ 的滤波图像

(d) $D_0=35$ 的滤波图像　　(e) $D_0=55$ 的滤波图像　　(f) $D_0=95$ 的滤波图像

图 3-23　巴特沃斯低通滤波器在截止频率 D_0 不同情况下的滤波结果

沃斯低通滤波器与理想低通滤波器不同的是,随着截止频率的增大,处理后的图像并没有产生明显的"振铃"现象。但是,如图 3-22(c)所示,一阶巴特沃斯低通滤波器的函数曲线在截止频率前后的下降趋势相较于其他阶数情况并不剧烈,因此还需要考虑更高阶数下巴特沃斯低通滤波器的滤波结果。

图 3-24 显示了巴特沃斯低通滤波器在截止频率设置为 50,不同阶数下的滤波结果。可以看出高阶的巴特沃斯低通滤波器的滤波结果会导致可见的"振铃"现象。图 3-25 为巴特沃斯低通滤波器在空间域上的三维表达。可以看出,阶数为 1 的巴特沃斯低通滤波器没有波动震荡,不会产生"振铃"现象,但随着阶数变大,高阶巴特沃斯低通滤波器滤波结果出现明显的波动,"振铃"现象也更加明显。

3. 高斯低通滤波器

高斯低通滤波器(GLPF)同样作为一种低通滤波的方法,目的是保留低频分量而抑制高频分量,是一种线性平滑滤波。其传递函数的二维形式表示为

$$H(u,v) = e^{-D^2(u,v)/2D_0^2} \tag{3-37}$$

(a) n=1   (b) n=2   (c) n=3

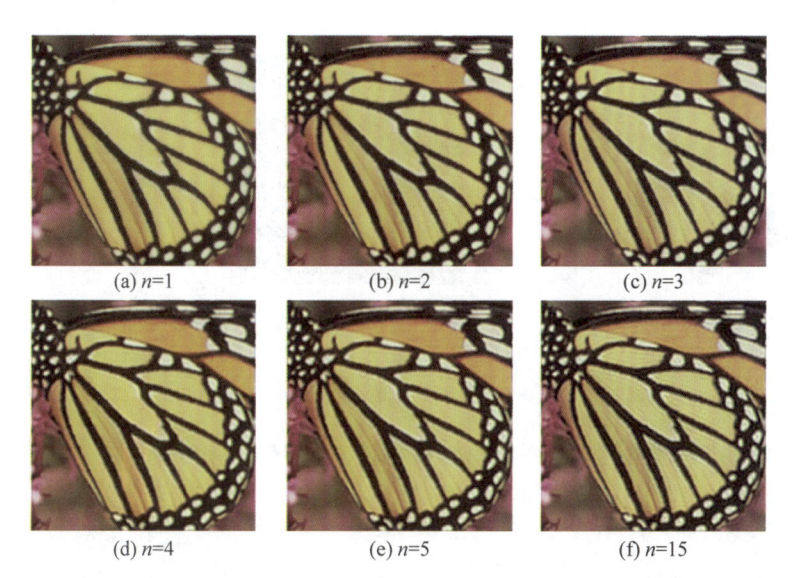

(d) n=4   (e) n=5   (f) n=15

图 3-24　截止频率为 50 时不同阶数的巴特沃斯低通滤波器的滤波结果

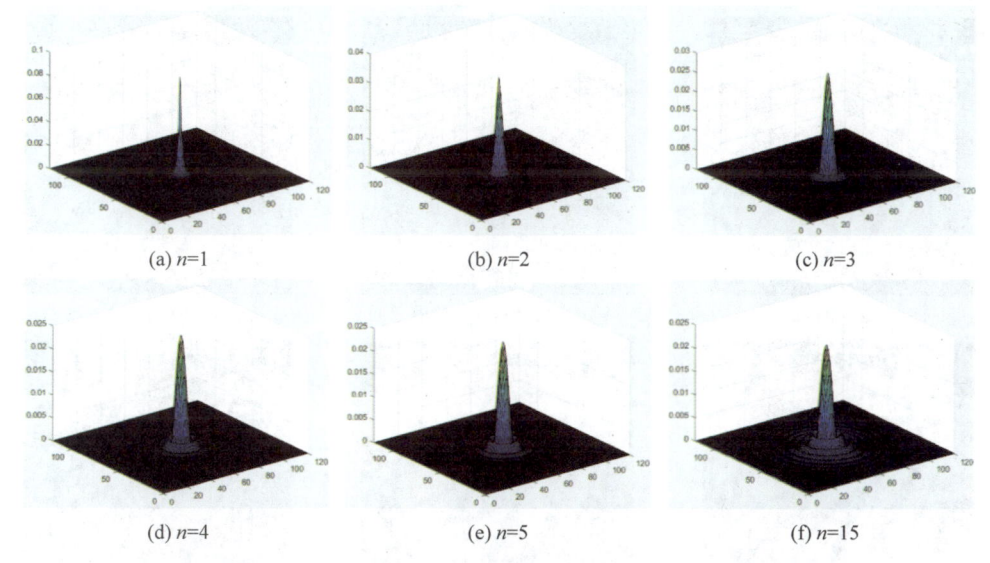

(a) n=1   (b) n=2   (c) n=3

(d) n=4   (e) n=5   (f) n=15

图 3-25　不同阶数的巴特沃斯低通滤波器在空间域上的三维表达

其中，D_0 为截止频率，决定了高斯低通滤波器的扩散速度，即平滑程度，通过调节截止频率大小能够实现不同的效果，且数值越大，滤波器的平滑程度越好；$D(u,v)$ 是矩阵中任意一点 (u,v) 与频率矩阵中心之间的距离，且当 $D(u,v)=D_0$ 时，传递函数 $H(u,v)$ 下降至其最大值 1.0 的 0.607 处。

图 3-26 所示分别为高斯低通滤波传递函数的透视图、图像表示以及径向截面图。图 3-26(a)显示了截止频率 D_0 为 10 时的高斯低通滤波器的透视图，截止频率越大，则图中的柱状体部分越宽，表示通过的频率分量越多。图 3-26(b)为截止频率 $D_0=30$ 时的二维图像平面图，表现为以中心扩展的形式。图 3-26(c)为高斯低通滤波器在不同截止频率（$D_0=10、20、40、80$ 和 120）时传递函数的径向截面图。

(a) 高斯低通滤波器传递
函数的透视图

(b) 高斯低通滤波器
传递函数的二维图像

(c) 高斯低通滤波器
传递函数的径向截面图

图 3-26 高斯低通滤波器传递函数的不同表达方式

图 3-27 展示了清晰图像通过不同的截止频率的高斯低通滤波器后的滤波效果，截止频率分别为 5、15、35、55 和 95。从图 3-27 可以看出，当截止频率过低时，滤波后的图像会导致严重模糊不清，过于平滑，图像中的所有内容基本上全被滤除；当截止频率逐渐增高，滤波的结果图像变得比较清晰，但同时高斯低通滤波器也会滤除掉图像中的细节信息，丢失较少部分细节。

(a) 清晰图像

(b) $D_0=5$ 的滤波图像

(c) $D_0=15$ 的滤波图像

(d) $D_0=35$ 的滤波图像

(e) $D_0=55$ 的滤波图像

(f) $D_0=95$ 的滤波图像

图 3-27 高斯低通滤波器在截止频率 D_0 不同情况下的滤波结果

与理想低通滤波器相比较，在同样的截止频率下，高斯低通滤波器的滤波结果更加清晰，并且几乎不会产生"振铃"现象，这是因为高斯低通滤波器的傅里叶逆变换结果仍然是高斯函数。

图 3-28 显示了高斯低通滤波器的去噪结果，图 3-28(b)为添加了方差为 0.01 的高斯噪声图像，图 3-28(c)为使用截止频率为 30 的高斯低通滤波器进行滤波处理后的结果。可以看出，高斯低通滤波器能够滤除一定的噪声信息，达到平滑图像的效果，但同时也会滤除图像中的少量尖锐的边缘细节。

(a) 清晰图像　　　　　　　(b) 噪声图像　　　　　　　(c) 滤波图像

图 3-28　高斯低通滤波器的去噪结果

3.2.3　高通滤波

高通滤波的目的是在频率域上"切断"低频信息,而使高频信息无衰减地通过,如图像边缘这类灰度变化较快的部分,实现高频成分相关的图像锐化作用。本节主要介绍理想高通滤波器、巴特沃斯高通滤波器和高斯高通滤波器3类高通滤波器。

1. 理想高通滤波器

理想高通滤波器(IHPF)与理想低通滤波器作用刚好相反,表现为将在圆内的所有频率分量全部切断,而处于圆外的频率分量无衰减通过。其传递函数可以表示为

$$H(u,v)=\begin{cases}0, & D(u,v)\leqslant D_0 \\ 1, & D(u,v)>D_0\end{cases} \quad (3-38)$$

其中,D_0 为理想高通滤波器的截止频率;$D(u,v)$ 定义为频率域上的点(u,v) 到原点的距离,可计算为 $D(u,v)=\sqrt{u^2+v^2}$。

图 3-29 分别展示了理想高通滤波器传递函数的透视图、二维图像以及径向截面图,其形状与前面介绍的理想低通滤波器正好相反。但与理想低通滤波器相同,理想高通滤波器同样无法用电子器件来实现,并且同样具有明显的"振铃"现象。

(a) 理想高通滤波器　　　　　(b) 理想高通滤波器　　　　　(c) 理想高通滤波器
　　传递函数的透视图　　　　　　　传递函数的二维图像　　　　　　传递函数的径向截面图

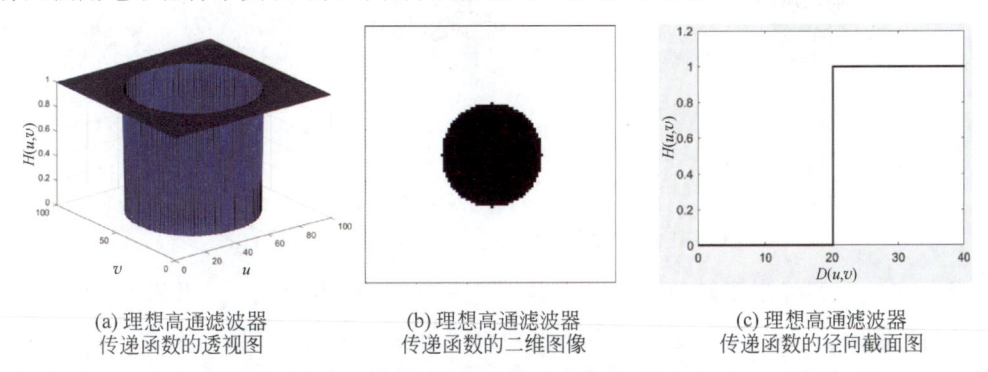

图 3-29　理想高通滤波器传递函数的不同表达方式

图 3-30 给出了一幅原始的清晰图像经过截止频率为 5、10 和 15 的理想高通滤波器滤波后的结果图像。可以看出,当截止频率越来越大时,原图像中颜色变化较小的区域(如背景部分)逐渐被滤除,同时保留的高频信息也越来越少;当截止频率过大时,图像中的信息将全部滤除。除此之外,可以从图 3-30(c)中明显看出,滤波图像存在严重的"振铃"现象,蝴

蝶翅膀的边缘部分明显出现失真。

(a) 原图像　　(b) $D_0=5$的滤波图像　　(c) $D_0=10$的滤波图像　　(d) $D_0=15$的滤波图像

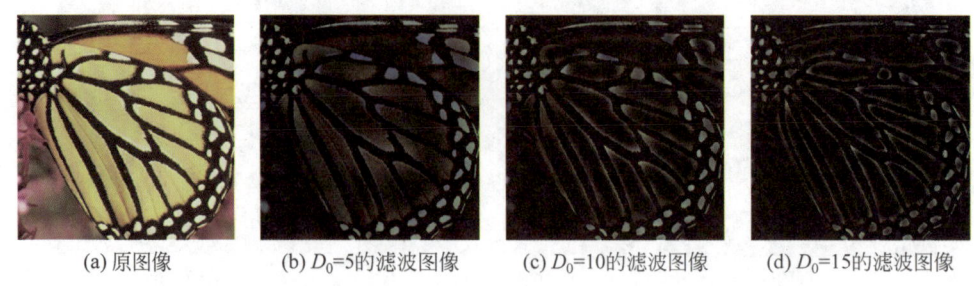

图 3-30　理想高通滤波器在截止频率 D_0 不同情况下的滤波结果

2. 巴特沃斯高通滤波器

巴特沃斯高通滤波器(BHPF)允许高于截止频率的分量通过,可用于截断较低频率的分量,通过滤波器不同的阶数来控制传递函数的衰减幅度,且可以通过硬件来实现。截止频率为 D_0 的 n 阶 BHPF 的传递函数定义为

$$H(u,v)=\frac{1}{1+\left[\dfrac{D_0}{D(u,v)}\right]^{2n}} \tag{3-39}$$

其中,n 为阶数参数,$D(u,v)$ 是点 (u,v) 与中心原点的距离。

图 3-31 显示了巴特沃斯高通滤波器传递函数的透视图、二维图像以及径向截面图。其中,图 3-31(a)和图 3-31(b)分别为截止频率 D_0 为 20 的巴特沃斯高通滤波器函数的表示,图 3-31(c)为不同阶数($n=1、2、3、4、5$)的巴特沃斯高通滤波器传递函数的径向截面图,可以看出其是连续上升的曲线,由阶数决定曲线的陡峭幅度。

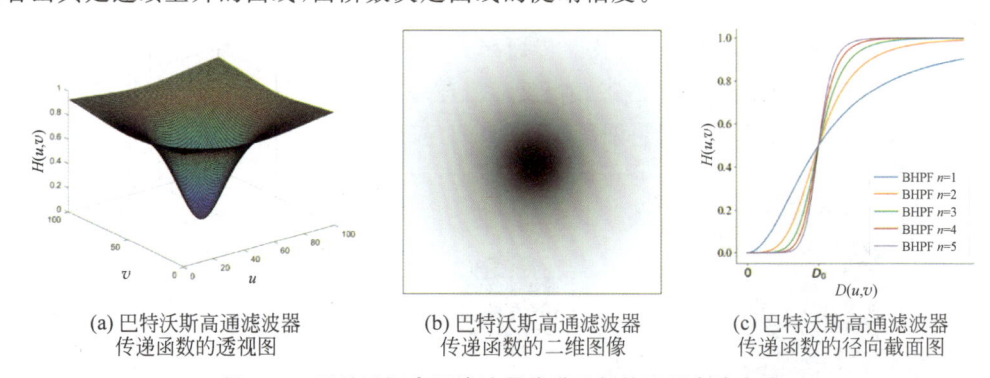

(a) 巴特沃斯高通滤波器
传递函数的透视图　　(b) 巴特沃斯高通滤波器
传递函数的二维图像　　(c) 巴特沃斯高通滤波器
传递函数的径向截面图

图 3-31　巴特沃斯高通滤波器传递函数的不同表达方式

图 3-32 显示了清晰图像经过截止频率分别为 5、10 和 15 时的一阶巴特沃斯高通滤波器滤波后的结果。可以看出,滤波后的图像变得锐化,图像中平坦区域可以被滤除。当截止频率过小时,滤波后图像出现严重的失真;当截止频率增大时,原图像中的低频成分被逐渐滤除,而边缘较强的部分更加突出。同样地,与巴特沃斯低通滤波器的滤波结果相似,巴特沃斯高通滤波也会出现"振铃"现象。

在图 3-33 中,通过在图像上使用不同阶数的巴特沃斯高通滤波器,可以明显看出更高阶的巴特沃斯高通滤波器的滤波结果存在着"振铃"现象。

(a) 原图像　　　(b) $D_0=5$的滤波图像　　　(c) $D_0=10$的滤波图像　　　(d) $D_0=15$的滤波图像

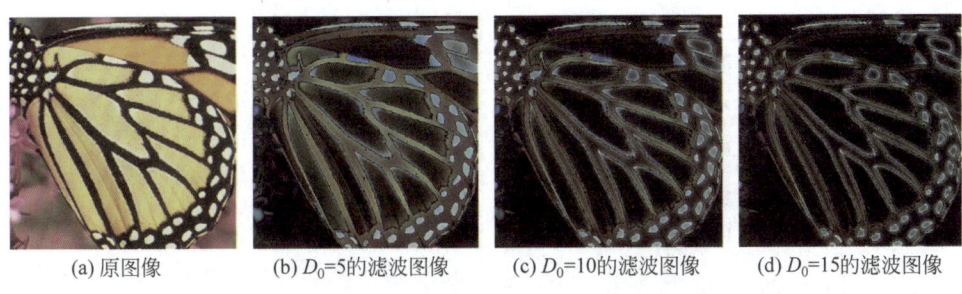

图 3-32　巴特沃斯高通滤波器在截止频率 D_0 不同情况下的滤波结果

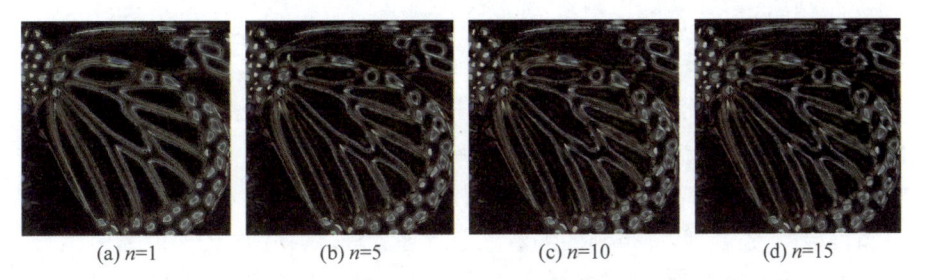

(a) $n=1$　　　(b) $n=5$　　　(c) $n=10$　　　(d) $n=15$

图 3-33　截止频率为 15 时不同阶数的巴特沃斯高通滤波器的滤波结果

3. 高斯高通滤波器

高斯高通滤波器(GHPF)的传递函数可由高斯高通滤波器推导得到,表示为

$$H(u,v)=1-e^{-D^2(u,v)/(2D_0^2)} \tag{3-40}$$

其中,D_0 为高斯高通滤波器的截止频率;$D(u,v)$ 是频率域中点 (u,v) 与中心之间的距离。

图 3-34 分别为高斯高通滤波器传递函数的透视图、二维图像以及径向截面图。其中截面图选取了不同截止频率(10、30、50、70 和 140)下的传递函数,可以看出,越小截止频率情况下的传递函数过渡越陡峭。

(a) 高斯高通滤波器传递函数的透视图　　　(b) 高斯高通滤波器传递函数的二维图像　　　(c) 高斯高通滤波器传递函数的径向截面图

图 3-34　高斯高通滤波器传递函数的不同表达方式

图 3-35 展示了使用不同的截止频率的高斯高通滤波器对两幅原始清晰图像进行滤波后的结果,选择的截止频率分别为 5、10 和 15。如图 3-35 所示,高斯高通滤波器能够抑制图像中低频部分,而保留高频部分,选择适当的截止频率进行滤波,可以达到较好的图像锐化作用,对图像中的细线条也可以较好地增强显示,并且相较于理想高通滤波器和巴特沃斯高通滤波器两类滤波器,高斯高通滤波器并不会产生"振铃"现象。

(a) 原图像　　　　(b) D_0=5的滤波图像　　　　(c) D_0=10的滤波图像　　　　(d) D_0=15的滤波图像

图 3-35　高斯高通滤波器在截止频率 D_0 不同情况下的滤波结果

3.3　图像去噪

无论是 20 世纪 60 年代的均值滤波去噪方法，还是当前最火热的基于深度网络的图像去噪模型，其宗旨都是为了获得理想清晰图像而为校正模型引入各种各样的先验知识。引入的先验知识越多、越合理，则得到的解就越逼近理想解。均值滤波仅仅使用了噪声和图像内容在空间上的相关性差异，而深度网络则通过挖掘隐藏在海量数据中的流形先验知识来实现图像噪声的去除。

噪声的类型有很多种，其在图像上的表现形式也多种多样，但只要能够充分分析出其与图像内容之间的差异性并使用合适的模型和数学工具对其进行表达，就能够有效地完成特定的图像处理任务中的去噪工作。

本节主要讲解广泛存在于卫星遥感图像中的条带噪声和随机噪声及其去除。首先对条带噪声的形成机理进行阐述，接着对条带噪声的像面特征进行分析，然后介绍两种条带噪声去除方法。它们分别使用了不同的先验知识，从而达到不同的条带/随机噪声去除效果。这些先验知识要么与噪声的特征直接相关，要么与图像内容特征直接相关，总之是要抓住噪声与图像内容间的主要差异，最大限度地区分噪声和图像内容，从而实现噪声的去除。

3.3.1　遥感成像中的两种常见噪声

随机噪声和条带噪声经常出现在基于卫星多传感器和单传感器光谱仪成像的图像中，其主要形成原因在于传感器光电器件成像过程中，由于传感器响应不均匀、信号传递和量化过程中的电差异以及光电转换和信号传递过程中的噪声等。其中，随机噪声在二维分布上是随机的、无结构化信息的，而条带噪声在某一方向上具有明显的结构特征，而在另一正交方向上具有明显的随机性。噪声掩盖了图像中真实的辐射信息，降低了图像质量。因此，在遥感成像处理应用中去噪排在首位。

噪声水平通常与信号本身没有直接关系，大部分的随机噪声和条带噪声都被建模成一个加性过程。遥感成像的退化过程可以用下式表示：

$$f(x,y) = u(x,y) + n(x,y) + s(x,y) \tag{3-41}$$

其中，$f(x,y)$ 表示成像设备形成的退化图像（条带图像），(x,y) 表示像素的坐标位置，$u(x,y)$ 是要恢复的潜在清晰图像，$n(x,y)$ 表示随机噪声，$s(x,y)$ 表示条带噪声。

遥感成像中同时存在随机噪声与条带噪声，使得去噪问题更加复杂，因为算法在处理过程中需要区分 3 类对象（图像场景、条带噪声、随机噪声），如图 3-36 所示。

(a) 随机噪声
(AVIRIS数据条带噪声等级为103)

(b) MODIS图像
(条带噪声等级为34)

(c) 随机噪声和条带噪声
(MODIS 1B条带噪声等级为36)

图 3-36　广泛存在于各类遥感成像系统的随机噪声和条带噪声

3.3.2　条带噪声形成机理

为了实现对地高光谱遥感,卫星上通常搭载覆盖一定波谱范围的成像光谱仪。根据扫描成像方式和光电探测器种类的不同,成像光谱仪可划分为两大类:掸扫式成像光谱仪和推扫式成像光谱仪。图 3-37 给出了高光谱成像光谱仪的基本工作原理。

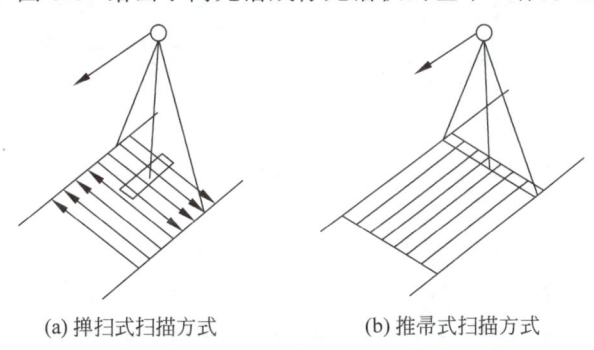

(a) 掸扫式扫描方式　　　　(b) 推扫式扫描方式

图 3-37　高光谱成像光谱仪的两种扫描方式工作原理示意

图 3-37(a)说明了掸扫式成像光谱仪原理。这种成像光谱仪主要包括机械扫描成像和分光探测两部分。对于地面瞬时视场内的辐射能被分色,它们各色的强度以与线阵列相同元件数的光谱通道数记录下来。随着传感器平台的向前推进,逐个像元逐行成像,就导致了具有多个连续光谱的窄波段的图像产生。图 3-37(a)中左右方向摆动一次,得到的是一行数据,但数据具有多个谱段,各个谱段对应的是线阵列上的不同位置。

图 3-37(b)说明推扫式成像光谱仪的工作原理。对于图中的二维面阵列,一维可用作光谱仪,另一维则为一线性阵列,以推扫的形式,图像一次建立一行而不需要移动元件。像元中各光谱波段的辐射,按特定光谱宽度和顺序在列方向分布。推扫式成像光谱仪采用 $m \times n$ 元焦平面阵列探测器件,行方向探测器元数 m 即成像一行地面的像元数,列方向探测器元数 n 即分光光谱波段的数目。

掸扫式相机中条带噪声垂直于扫描方向,对应探测像元数成周期性分布;而推扫式遥感相机中条带噪声沿扫描方向分布,不具有周期性。条带噪声的产生主要归咎于多个 CCD 探测单元间响应由于多方面的原因而导致的不一致性。

3.3.3 条带噪声的像面特征

遥感成像中条带噪声的常见特征有 5 种,如表 3-2 所示。这些退化模式经过组合后,会形成更多的模式,使得在图像上区分条带和图像场景信息的复杂性和难度大大增加。

表 3-2 条带噪声在图像上的多样性表现使得条带噪声提取的复杂性大大增加

特征	退化程度	周期性	持久性	空间分布	模 式
每种特征下的进一步分类	热扫描	周期	持久	局部	宽度为1像素
	死扫描	非周期	间断	全局/全幅面	宽度为多像素

3.3.4 遥感成像中随机噪声的建模

遥感成像过程中由于相机处于大气层外,易受空间粒子的干扰,再加上成像系统本身由于设计、老化等多种不确定因素,造成了在像面上会产生一些干扰,这些干扰在时间和空间上的分布具有高度不确定性,因此在图像处理中,常常将这些由多种因素噪声的干扰统一建模为随机噪声。典型的随机噪声处理模型有高斯模型、混合高斯模型、基于深度学习网络的噪声分布学习等。在遥感应用中,由于需要将其与其他多种退化现象一起处理,一般将其视为加性高斯白噪声(Additive Gaussian White Noise,AGWN)。

3.3.5 随机/条带噪声去除方法

1. 基于变分的去条带噪声方法:UV 模型

UV 模型是变分方法应用于去条带问题的代表性模型。在该模型中,假设条带方向是横向的(从左到右的)认为图像中沿着 y 轴的变化被认为主要是由于条带所引起的,由此建立以下模型:

$$E(u) = \text{TV}_x(u-f) + \lambda \text{TV}_y(u) \tag{3-42}$$

其中,$\text{TV}_x(u) = \left|\dfrac{\partial u}{\partial x}\right|$,$\text{TV}_y(u) = \left|\dfrac{\partial u}{\partial y}\right|$。$\text{TV}_x(u-f)$ 保持数据某种特征在最优化过程中尽可能小的改变。惩罚项 $\text{TV}_y(u)$ 表示图像 u 在垂直方向上的变化程度,在最优化过程不断减小。

该模型的主要问题是当图像中存在多种强弱不同的条带噪声时,模型不能对每种条带都得到很好的去除效果而往往会有残留条带,或是对细节的过度模糊。当图像中同时存在条带噪声和较强的随机噪声时,校正的结果也不能令人满意。

2. 基于分析和加权联合稀疏先验的 JAWS 模型

在图像处理中,合成稀疏表示(Synthesis Sparse Representation,SSR)是一类非常有效的图像分解方式,其核心思想是将图像用字典矩阵 $\boldsymbol{D}$ 来表示:$f=\boldsymbol{D}\alpha$,其中 α 是稀疏表示系数,而 $\boldsymbol{D}$ 则是高度冗余的空间基。

我们认为,遥感退化图像中,图像层(即清晰图像)主要由 SSR 中的非零系数来描述,而条带层(即条带噪声),特别是条带的梯度层,主要由分析稀疏表示(Analysis Sparse Representation,ASR)中的零指数来表征。为了利用 ASR 和 SSR 的互补表示机制,我们提出了一种加权 SSR(WSSR)正则化器来寻找潜在的清晰图像。同时对遥感图像中的条带进行像面特征分析,将其非局部自相似性、梯度稀疏性和局部连续性等作为约束正则项引入模型中,从而得到了一种基于分析和加权联合稀疏先验的(Joint Analysis and Weighted Synthesis sparsity,JAWS)模型,该模型可以同时兼顾随机噪声和条带噪声的去除。

JAWS 模型如下:

$$\min_{\alpha,s} \frac{1}{2} \| o - \boldsymbol{D}\alpha - s \|_2^2 + R_s(\alpha) + R_A(s) \tag{3-43}$$

其中,$R_s(\alpha)$ 表示 SSR 正则化器,而 $R_A(s)$ 表示 ASR 正则化器。

$R_s(\alpha)$ 具体建模如下:

$$R_s(\alpha) = \| \boldsymbol{\omega}^{\mathrm{T}}\alpha \|_1, \quad \omega_i = \frac{\sqrt{2}b\sigma^2}{\lambda_i + \zeta} \tag{3-44}$$

$(\lambda_1,\cdots,\lambda_l)^{\mathrm{T}}$ 是矩阵 $\boldsymbol{D}$ 的特征值。SSR 可以很好地表示图像的精细尺度纹理,在本模型中用于从噪声图像中提取清晰图像成分,并通过非零系数来表征。

$R_A(s)$ 建模如下:

$$R_A(s) = \gamma_1 R_1(s) + \gamma_2 R_2(s) + \gamma_3 R_3(s) \tag{3-45}$$

其中,$R_1(s) = \| \nabla_{\boldsymbol{\omega}} s \|_1 = \| (s(x)-s(y))^2 \omega(x,y) \|_1$,$R_2(s) = \| \nabla_x s \|_0$,$R_3(s) = \| \nabla_y(f-s) \|_1$。式中的 3 个部分分别描述了条带噪声的 3 种特性。$R_1(s)$ 描述了条带区域内部灰度分布的平稳性特征,$R_2(s)$ 描述了条带在其正交方向上所产生的梯度变化的稀疏性特征,$R_3(s)$ 描述了条带与原清晰图像在条带方向上变化率的一致性特征。

JAWS 模型无法直接求解,需要使用交替最小化方法来对其求解。式(3-45)可以转换为如下两个子问题求解:

$$\hat{\alpha} = \min_{\alpha} \frac{1}{2} \| o - \boldsymbol{D}\alpha - s \|_2^2 + R_s(\alpha) \tag{3-46}$$

$$\hat{s} = \min_{s} \frac{1}{2} \| o - \boldsymbol{D}\alpha - s \|_2^2 + R_A(s) \tag{3-47}$$

在交替求解过程中,第二个子问题的解在第一个子问题中用作数据保真度项,该数据保真度将结果强制为实际解的近似值。JAWS 模型的去除条带和去除随机噪声的整体框架如图 3-38 所示。

下面直接给出子问题中式(3-46)的未知量 α 和子问题中式(3-47)的未知量 s 的迭代估计公式。

$$\alpha^{(k+1)} = \mathrm{sgn}(\boldsymbol{D}^{\mathrm{T}} z^{(k)}) \cdot \max(|\boldsymbol{D}^{\mathrm{T}} z^{(k)}| - \omega^{(k)}) \tag{3-48}$$

$$s^{(k+1)} = F^{-1}\left(\frac{\Gamma + \beta_1 F(\mathrm{div}_{\boldsymbol{\omega}}(b_1^k + q_1^k)) + \Psi}{1 + 2\beta_1 F(\Delta_{\boldsymbol{\omega}}) + \beta_2 F^*(\nabla_x) F(\nabla_x) + \beta_3 F^*(\nabla_y) F(\nabla_y)}\right) \tag{3-49}$$

求解子问题中式(3-49)时,使用 split-Bregman 方法。

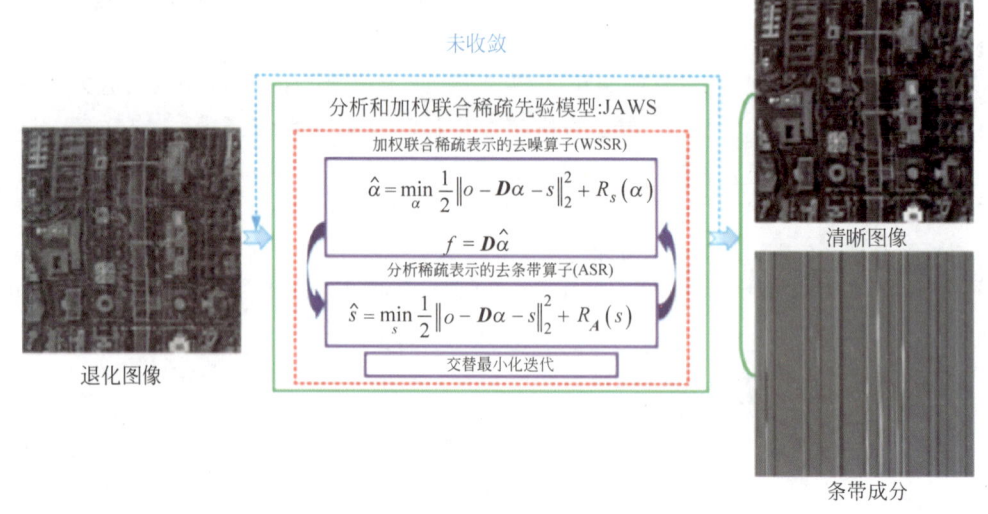

图 3-38　JAWS 模型的去除条带和去除随机噪声的整体框架

下面给出该模型的一些处理结果和相比其他同类算法的优势(见图 3-39、图 3-40 和表 3-3)。

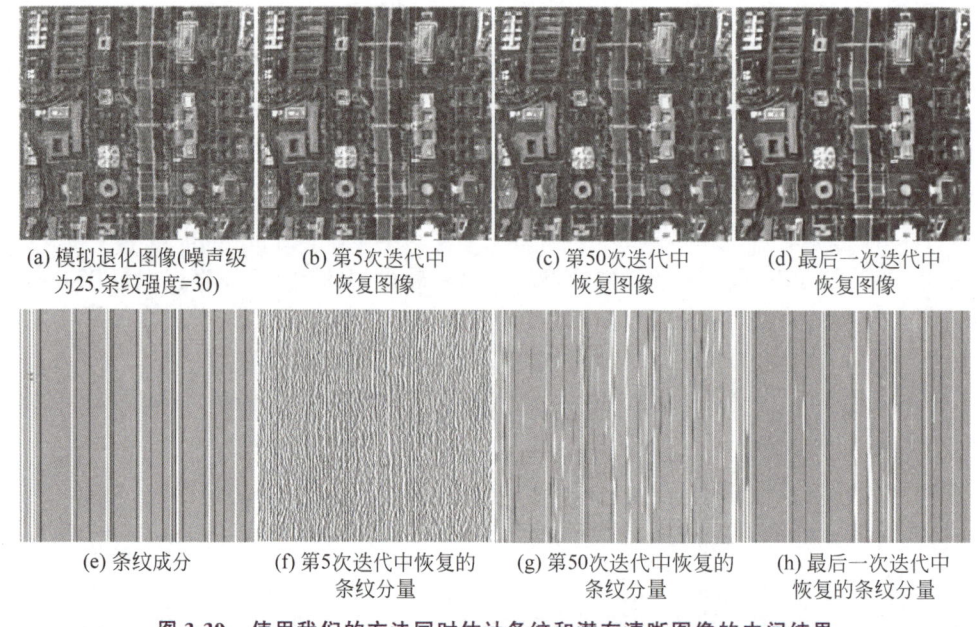

(a) 模拟退化图像(噪声级为25,条纹强度=30)
(b) 第5次迭代中恢复图像
(c) 第50次迭代中恢复图像
(d) 最后一次迭代中恢复图像

(e) 条纹成分
(f) 第5次迭代中恢复的条纹分量
(g) 第50次迭代中恢复的条纹分量
(h) 最后一次迭代中恢复的条纹分量

图 3-39　使用我们的方法同时估计条纹和潜在清晰图像的中间结果

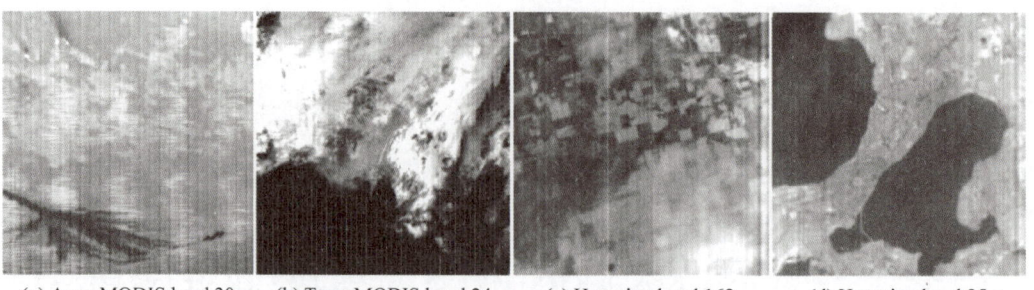

(a) Aqua MODIS band 30
(b) Terra MODIS band 24
(c) Hyperion band 162
(d) Hyperion band 95

图 3-40　受条纹噪声污染的真实测试数据

表 3-3　真实条带遥感成像上应用各种去条带方法产生的 MICV、MMRD 和 NIQE 值的定量比较

图像	指标	WAFT	UV	HUTV	L0-sparsity	LRSID	WDSUV	JAWS
图 3-40(a)	MICV	22.02	22.48	23.65	23.8	24.03	24.82	25.85
	MMRD	0.93	0.89	0.84	0.77	0.59	0.46	0.24
	NIQE	7.14	6.14	6.11	5.89	5.77	5.71	5.48
图 3-40(b)	MICV	7.74	8.49	10.14	11.33	11.74	12.27	13.02
	MMRD	0.17	0.1	0.09	0.08	0.07	0.05	0.02
	NIQE	5.21	4.95	4.68	4.52	4.23	4.11	3.87
图 3-40(c)	MICV	9.15	9.24	9.51	9.66	9.68	10.8	11.45
	MMRD	0.53	0.42	0.36	0.24	0.21	0.07	0.04
	NIQE	5.56	4.88	4.64	3.79	3.78	3.64	3.46
图 3-40(d)	MICV	15.46	16.07	16.09	16.27	16.99	17.48	17.73
	MMRD	9.69	4.53	2.62	0.46	0.41	0.38	0.31
	NIQE	5.59	5.39	4.85	4.27	4.26	4.04	3.82

从表 3-3 中可以看出，WAFT 方法为每个真实图像产生最低的平均逆变异系数 (MICV)，这说明了 WAFT 方法估计的每个潜在清晰图像中残留了最多的条带噪声。JAWS 方法为每个图像产生最低的对多个测量结果求平均的平均相对偏差（MMRD）和最低的自然图像质量评估值（NIQE），验证了所提出的方法在保持清晰边缘和提高图像质量方面优于其他方法（见图 3-41 和图 3-42）。

(a) 随机噪声等级25，非周期条纹噪声强度30

(b) UTVSR方法产生的视觉结果及其相应的局部放大区域

(c) FFDNet+WDSUV方法产生的视觉结果及其相应的局部放大区域

(d) WSSR+ASR方法产生的视觉结果及其相应的局部放大区域

(e) JAWS方法产生的视觉结果及其相应的局部放大区域

(f) 通过JAWS方法估计的条纹分量

图 3-41　WDCM Hyper 数据的实验结果

从图 3-41 和图 3-42 可以看出：第一，UTVSR 方法恢复的结果中的精细结构由于其简

(a) 随机噪声等级30，周期性条纹噪声强度50
(b) UTVSR方法产生的视觉结果及其相应的局部放大区域
(c) FFDNet+WDSUV方法产生的视觉结果及其相应的局部放大区域
(d) WSSR+ASR方法产生的视觉结果及其相应的局部放大区域
(e) JAWS方法产生的视觉结果及其相应的局部放大区域
(f) 通过JAWS方法估计的条纹分量

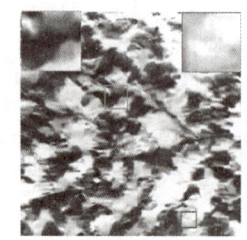

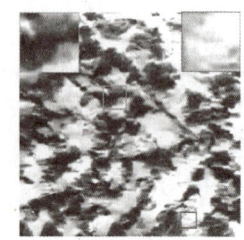

图 3-42　A-MODIS-1 数据的实验结果

单的组合和条带的过于简化而最为平滑。第二，两种组合方法（FFDNet＋WDSUV 和 WSSR＋ASR）产生的视觉结果优于 UTVSR 方法，但它们仍然过度平滑了一些令人愉悦的细节，并产生了边缘模糊的结果；其原因可能是，首先用去噪方法对精细细节和边缘进行平滑，然后用去条带方法进行平滑，这导致了不满意的结果。第三，JAWS 方法可以从比较中保存比其他方法更有用的细节，特别是从放大区域的比较中。

3.4　图像去雾

有雾天气是一种较为常见的气象状况，在这种状况下采集得到的图像会因为空气中的微尘粒子使得物体的反射光线不能直接到达成像接收设备参与成像，此时使得光学传感器接收到的光强不仅包括场景反射光，还包括光线经过空气中微尘颗粒发生散射产生的散射光线，会使得图像的颜色对比度一定程度地降低，图像边缘细节丢失，色彩之间的差异减小，从而造成图像信息的损耗，影响人们从图像中获取有用的信息，最终给工业生产、人们的生活等各方面产生较大的困扰。对雾天状况下获取的图像进行快速而有效的去雾处理与颜色校正，是视觉系统能够在恶劣天气下稳定、有效工作的保证，是提升视觉系统应用价值的关键技术。

图像去雾技术是通过图像处理、图像增强与成像建模等手段去除图像中雾对图像信息的干扰，提高图像细节，增大辨识率，还原物体的本征色彩，复原得到清晰的图像，以便从清晰图像中获取有用的信息。为了分析各种因素对图像成像的干扰，需通过物理与数学上的建模来研究光线的传播与空气中介质的相互关系，估计成像过程中各种因素产生的作用与影响。

3.4.1　雾天图像的大气散射模型

在雾天情况下，视觉系统所捕获的图像的对比度、颜色及分辨率等特征明显衰减。造成这一问题的主要原因在于反射光线通过物体表面的反射,传播进入成像设备,从而在成像的过程中,反射光线与悬浮于大气中的复杂粒子产生各种不同的相互作用,使得反射光线的亮度和颜色等发生复杂的变化。相互作用主要包括散射、吸收和辐射,其中后两者对图像产生退化的影响相比散射作用较弱,在图像退化过程中起到主导因素的相互作用是散射现象。

在雾天条件下,由于空气中的复杂粒子造成反射光线的散射影响,反射光线在传播过程中由于散射而部分衰减,使成像接收装置获得的光强降低,并随着传播距离(景深)的增大而发生指数衰减。同时空气中的悬浮颗粒的散射作用还来自大气光。大气光在成像过程中类似光源,传播路径越长,影响越大。入射光衰减模型和大气光成像模型组成了图像退化的大气散射模型,其表达式如下:

$$E(d,\lambda) = E_0 e^{-\beta(\lambda)d} + E_\infty \lambda(1 - e^{-\beta(\lambda)d}) \tag{3-50}$$

其中,$E_0 e^{-\beta(\lambda)d}$ 表示衰减模型,$E_\infty \lambda(1 - e^{-\beta(\lambda)d})$ 表示大气光模型。该模型的特征是随着传播距离的增加,衰减模型将呈指数衰减,而大气光模型会逐渐增加。

1. 入射光衰减模型

入射光衰减模型描述的是反射光线从目标物体处传播到成像接收设备过程中由于大气散射作用从而产生了衰减的现象,如图 3-43 所示。

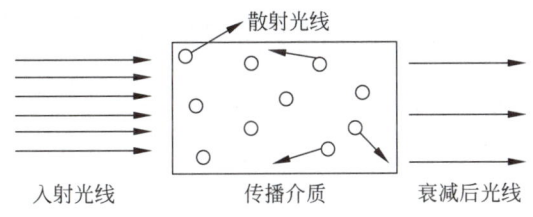

图 3-43 入射光衰减模型

由于传播介质的散射作用,入射光被散射到各个方向,仅剩一部分光线到达成像设备。其中,散射与散射介质类型、大小、分布、光的波长等都有十分密切的关系。光线经过一个厚度为 d 的薄片,用 $E_0(d,\lambda)$ 表示入射光的光强,$E_d(d,\lambda)$ 表示衰减后的光强,则衰减模型的表达式如下:

$$E_d(d,\lambda) = E_0(d,\lambda) e^{-\beta(\lambda)d} \tag{3-51}$$

其中,λ 为波长,$\beta(\lambda)$ 为大气散射系数,用于表示空气中悬浮的复杂粒子作为传播介质造成传播光线向随机方向产生散射的影响因子。当目标物体与成像接收设备距离相近,也就是景深 d 较小时,可假定大气均匀一致,入射光衰减模型可简化为

$$E_d(d,\lambda) = E_0(\lambda) e^{-\beta(\lambda)d} \tag{3-52}$$

2. 大气光模型

大气光(也叫环境光)包括太阳直射光、空气中的散射光、地面反射光等。因为大气中的粒子不仅会散射从目标物体到成像设备的反射光,还会将一部分大气光散射进入成像设备,构成了大气光成像现象。随着传播距离的增加,参与成像的大气光也会逐渐增加。这使得大气光就像光源,传播距离越远,大气光对目标物体成像的影响越大,直到成像物体一片灰蒙模糊。大气光成像模型如图 3-44 所示。

假设角度为 $d\omega$,把景深为 d 的物体视为大气光源,则在距离接收装置 x 处的体积微元 dV 为

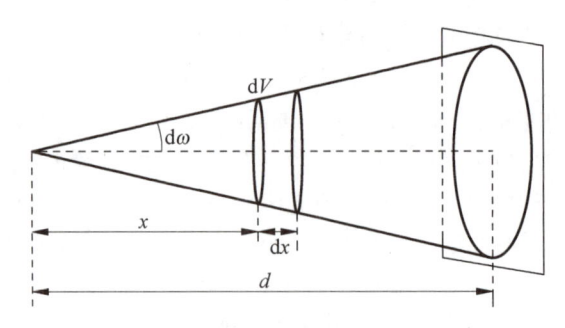

图 3-44　大气光成像模型

$$dV = d\omega x^2 dx \tag{3-53}$$

则在此部分体积的光强与光源面积之比的微元为

$$dI(x,\lambda) = dVk\beta(\lambda) \tag{3-54}$$

其中，k 是一个系数，表示在成像过程中光线传播的光轴方向上，环境光的成像作用是一个与位置有关的不变量。将式(3-54)代入得

$$dI(x,\lambda) = d\omega x^2 dx k\beta(\lambda) \tag{3-55}$$

dV 是亮度微元 $dI(x,\lambda)$，辐射度可表示为

$$dE(x,\lambda) = \frac{dI(x,\lambda)e^{-\beta(\lambda)x}}{x^2} \tag{3-56}$$

由 dV 的辐射度可以得到光强为

$$dL(x,\lambda) = \frac{dE(x,\lambda)}{d\omega} \tag{3-57}$$

将上式化简得

$$dL(x,\lambda) = k\beta(\lambda)e^{-\beta(\lambda)x} \tag{3-58}$$

由式(3-58)两边同时进行积分运算，可以得到

$$L(d,\lambda) = k(1 - e^{-\beta(\lambda)d}) \tag{3-59}$$

式(3-59)中等式左边是传播光路上的总发光光强。当目标物体在无穷远处时，用 k 来表示大气光强，即

$$k = L(d,\lambda) = L_\infty \lambda \tag{3-60}$$

则距离接收装置为 d 的位置的光照强度为

$$L(d,\lambda) = L_\infty \lambda (1 - e^{-\beta(\lambda)d}) = k(1 - e^{-\beta(\lambda)d}) \tag{3-61}$$

因此，到达接收装置的立体光辐射量为

$$E(d,\lambda) = E_\infty \lambda (1 - e^{-\beta(\lambda)d}) \tag{3-62}$$

式(3-62)即为大气光成像模型，是大气散射模型的第二部分。

3.4.2　基于暗通道先验的图像去雾

通道是图像一个很重要的内容，通道中的像素颜色通过一组原色的亮度值组成。何明凯等通过大量的户外雾天图像的信息统计提出：在不包含天空的图像的局部区域中，3 个通道中的最小值是个很小的数。用数学定义表示为

$$J^{\text{dark}}(x) = \min_{y \in \Omega(x)} (\min_{C \in \{R,G,B\}} J^C(y)) \tag{3-63}$$

其中，x 是图像的像素点；J 是输入图像，即有雾图像，J^C 表示输入图像的 3 个通道；$\Omega(x)$ 表示以点 x 为中心的窗口。

图 3-45 为不包含天空区域的户外无雾图像及其对应的暗通道图像。由图 3-46 可知，无雾图像的暗通道像素值趋于 0。何凯明等搜索了 5000 张随机的户外照片，剪裁掉其中的天空区域，然后求取其暗通道。其统计结果表明无雾场景下的图像基本符合，$J^{dark} \to 0$，说明暗通道先验的正确性与普遍性。

(a) 户外无雾图像　　　　　　(b) 对应的暗通道图像

图 3-45　户外无雾图像与其对应的暗通道图像

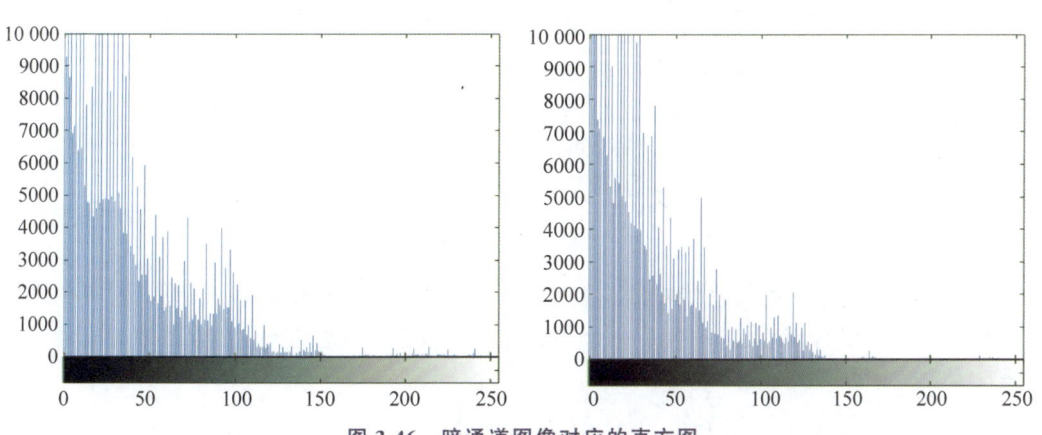

图 3-46　暗通道图像对应的直方图

在有雾的天气里获得的图像会由于雾气的干扰，使得经过物体表面的光线在成像中产生了衰减。并且由于空气中粒子的影响，大气光产生散射，一部分光线进入接收装置，最终导致有雾天气中获得的图像的整体亮度较大，影响暗通道图像的灰度值概率分布。将图 3-47 中户外有雾图像与图 3-45 中无雾图像作对比，可发现在暗通道图像的某处亮度值与该处雾气的厚度近似，因此可以根据暗通道的灰白程度来判断雾的浓度，获得场景深度图。

结合大气散射模型，根据光在雾天传输的物理特性，可得到雾天图像成像模型：

$$I(x) = J(x)t(x) + A(1-t(x)) \tag{3-64}$$

其中，x 为图像上点的坐标；$I(x)$ 为经过物体表面的光线经过散射后到达接收装置的光强，

图 3-47 户外有雾图像与其对应的暗通道图像

即为有雾图像;$t(x)$是光线的传播率,也叫透射率,其值越大,表面反射的光线到达成像设备的数量越多;$J(x)$表示经过物体的反射光线强度,即所需要求解的无雾图像;A表示无穷远处的光照强度,也称为全局大气光参量,是一个全局常量。

图像去雾就是根据有雾图像$I(x)$,来估计出透射率$t(x)$和大气光参量A,从而获得清晰的无雾图像$J(x)$。而依据单幅图像来获取3个未知量是一个病态问题,需要增加一些约束条件。暗通道先验就是求解此问题的关键和约束条件,基于暗通道先验的图像去雾方法的过程如图3-48所示。

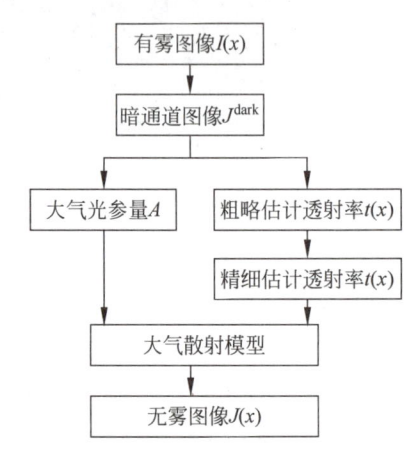

图 3-48 基于暗通道先验的图像去雾方法的过程

1. 透射率的估计

透射率反映了光在大气中传输的主要特性,在接收装置获取图像时,假设其所处的环境中大气是均匀分布的,即散射系数是一个定值。根据暗通道先验理论,无雾图像的暗通道图像表现为黑色小方块,其值接近于0,即有

$$J^{\text{dark}}(x) = \min\left(\min_{y \in \Omega(x)} J^C(y)\right) \to 0 \tag{3-65}$$

假设大气光参量A已知(大气光参量可以分解为3个通道的分量),利用大气光参量对雾天图像退化模型每个通道进行归一化有

$$\min\left(\min_{y \in \Omega(x)}\left(\frac{I^C(y)}{A^C}\right)\right) = t(x)\min\left(\min_{y \in \Omega(x)}\left(\frac{J^C(y)}{A^C}\right)\right) + (1 - t(x)) \tag{3-66}$$

将式(3-65)代入式(3-66),得

$$\tilde{t}(x) = 1 - \min\left(\min_{y \in \Omega(x)}\left(\frac{I^C(y)}{A^C}\right)\right) \tag{3-67}$$

$\min\left(\min_{y \in \Omega(x)}\left(\frac{I^C(y)}{A^C}\right)\right)$是归一化后的有雾图像的暗原色图,也就是$\frac{I^C(y)}{A^C}$的暗通道图像

的像素灰度值。通过上式可以直接估计出透射率$t(x)$的粗略估计分布图$\tilde{t}(x)$。考虑实际情况下在晴朗无雾的场景空气中仍然存在许多气溶胶颗粒,在观察远处的景物时会让人感觉存在稀薄的雾。因此,在上式中引进一个常数$\omega(0<\omega<1)$来控制去雾的程度,保留一小部分雾的存在。ω 的取值根据雾气浓度、光强等环境情况而定,一般雾浓度越大,ω 的取值相对越大。因此,式(3-67)可修正为

$$\tilde{t}(x) = 1 - \omega \min\left(\min_{y \in \Omega(x)} \left(\frac{I^C(y)}{A^C}\right)\right) \tag{3-68}$$

2. 大气光参量的估计

在一个特定的场景,可以将大气光视为光源且值是固定的。A 从定义上是 E_∞,即距离成像设备无限远处的大气亮度值。通过求取的暗通道图像来估量场景的环境光参量,具体做法是首先获取图像的暗通道图像,然后把暗通道图像依据像素点的明暗度进行重新排放,取亮度最大的 0.1% 处点的亮度当成环境光的参数,这时 A 的值不一定是整幅图像中最亮的像素值。

根据上述步骤得到透射率和大气光参量后,可以获得清晰的去雾图像。

将透射率 $t(x)$ 和大气光参量 A 代入雾天图像成像模型,即可得到去雾复原结果:

$$J(x) = \frac{I(x) - A}{\tilde{t}(x)} \tag{3-69}$$

在式(3-68)中,将每个通道的数据进行归一化,每个数据除以相应的大气光值。当透射率 $t(x)$ 的值很小时,会导致 $J(x)$ 的值偏大,整幅图呈现较大的灰度级。因此还需要设置一阈值 t_0,当透射率 $t(x)$ 小于 t_0 时,令 $t(x) = t_0$。因此,改进后的雾天图像复原结果为

$$J(x) = \frac{I(x) - A}{\max(\tilde{t}(x), t_0)} \tag{3-70}$$

图 3-49 为图像去雾处理的结果,从去雾结果看出复原图辨识度较高,去雾效果较好,但色调不太自然,需要进一步的研究。

图 3-49 基于暗通道先验的图像去雾结果

3.4.3 基于直方图均衡化的去雾图像偏色校正

对于存在偏色的图像,需要对其进行校正。传统的方法有灰度世界法、完美反射法等。灰度世界法假设图像 3 个通道统计的平均值相等,对 3 个通道求取平均值,然后保持一个通道分量不变,以另外两个通道的分量均值作为颜色校正依据。完美反射法认为物体为白色,则表明所有的光都被反射。这种方法把白色物体或者区域称为完美反射体,认为其颜色是

标准白色,它的 R、G、B 皆为极大值,以此为基准校正其他区域的颜色。上述两种校正方法思路简单,运算耗时较短,在某些场合能够取得良好的效果,但当要求较高时,可能不会取得满意的结果。

偏色图像至少有一个通道的直方图存在溢出,见图 3-50。当直方图向 0 值方向溢出时,该通道的颜色缺失;当向 255 值方向溢出时,该通道颜色过饱和。

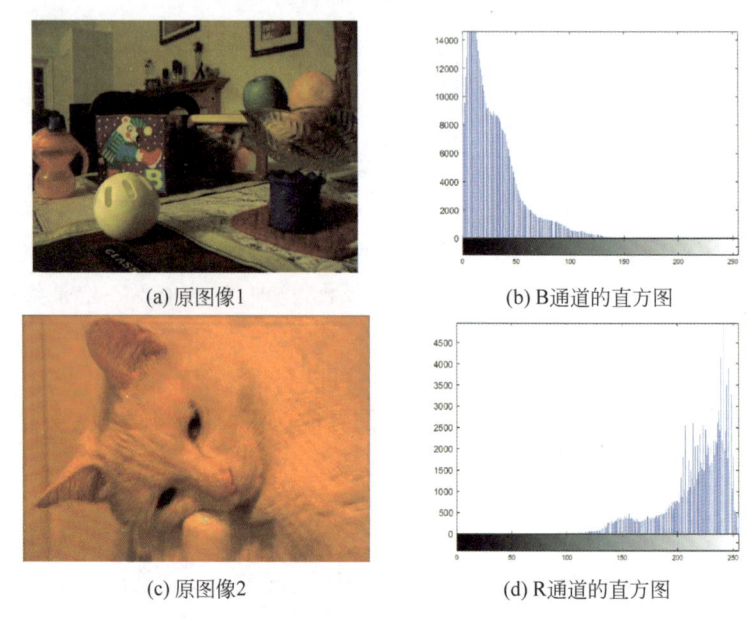

(a) 原图像1　　　　　　　　　(b) B通道的直方图

(c) 原图像2　　　　　　　　　(d) R通道的直方图

图 3-50　偏色图像与其非正常通道的直方图

这种偏向一端溢出的通道进行直方图均衡化或者灰度世界法等并不会对校正过程产生作用,反而会产生负面影响,造成偏色校正效果较差,甚至产生更严重的偏色现象。

根据现有方法的理论,可在灰度世界法的基础上应用直方图均衡化调整,对该类偏色较严重的图像进行复原校正(见图 3-51)。具体流程是:

(1) 求取 3 通道的平均值和方差,通过自适应阈值来确定是否某一通道的直方图存在向一侧溢出的情况。

(2) 把平均值和方差相对正常的通道赋给值极高或者极低的通道。

(3) 把每个通道灰度值升序排列,获得处于第 10% 和第 90% 亮度的灰度值。

(4) 将各通道按两个取得的值进行非线性拉伸,从而获得校正后的图像。

图 3-51　偏色图像校正

参考文献

[1] LIU X, SHEN H, YUAN Q, et al. A universal destriping framework combining 1-D and 2-D variational optimization methods[J]. IEEE Transactions on Geoscience and Remote Sensing, 2018, 56(2): 808-822.

[2] CHANG Y, YAN L, FANG H, et al. Simultaneous destriping and denoising for remote sensing images with unidirectional total variation and sparse representation[J]. IEEE Geoscience Remote Sensing Letters, 2014, 11(6): 1051-1055.

[3] BOUALI M, LADJAL S. Toward optimal destriping of MODIS data using a unidirectional variational model[J]. IEEE Transactions on Geoscience and Remote Sensing, 2011, 49(8): 2924-2935.

[4] ELAD M, AHARON M. Image denoising via sparse and redundant representations over learned dictionaries[J]. IEEE Transaction Image Processing, 2006, 15(12): 3736-3745.

[5] MAIRAL J, ELAD M, SAPIRO G. Sparse representation for color image restoration[J]. IEEE Transaction Image Processing, 2008, 17(1): 53-69.

[6] MAIRAL J, BACH F, PONCE J, et al. Non-local sparse models for image restoration[C]//2009 IEEE 12th International Conference on Computer Vision. IEEE, 2009: 2272-2279.

[7] FUKUSHIMA M. Application of the alternating direction method of multipliers to separable convex programming problems[J]. Computational Optimization and Applications, 1992, 1(1): 93-111.

[8] HUANG Z, ZHANG Y, LI Q, et al. Joint analysis and weighted synthesis sparsity priors for simultaneous denoising and destriping optical remote sensing images[J]. IEEE Transactions on Geoscience and Remote Sensing, 2020, (99): 1-25.

[9] HE K, SUN J, TANG X. Single image haze removal using dark channel prior[J]. IEEE Transactions on Pattern Analysis and Machine Intelligence, 2010, 33(12): 2341-2353.

[10] 洪可. 基于暗通道先验的视频图像去雾实时性研究[D]. 武汉: 武汉工程大学, 2017.

第4章

图 像 分 割

4.1 概述

图像分割是由图像处理到图像分析的关键步骤,它是指把图像分成各具特性的区域并提取出感兴趣目标的技术和过程。在对图像的研究和应用中,人们往往仅对一幅图像中的某些部分感兴趣(或更关注)。这些部分常称为目标或前景(其他部分则称为背景),这些感兴趣的部分一般对应图像中特定的、具有独特性质的区域。为了辨识和分析目标,需要将这些有关区域分离、提取出来,在此基础上才有可能对目标进一步利用。

图像分割把图像阵列分解成若干互不交叠的区域,每个区域内部的某种特性或特征相同或接近,而不同区域间的图像特征则有明显差别,即同一区域内部特性变化平缓,相对一致,而区域边界处则特性变化比较剧烈。在分割中,划分的准则可以基于区域本身独有的特点,也可以基于区域之间的区别。从策略上讲,既可以逐像素依次进行,也可以对同类像素同时进行。

图像分割常用集合的概念来定义。令集合 R 代表整个图像区域,对 R 的图像分割可以视为将 R 分成 N 个满足以下条件的非空子集 $R_1,R_2,\cdots,R_N$:

(1) $\bigcup_{i=1}^{N} R_i = R$。

(2) 对所有的 i 和 j,$i \neq j$,有 $R_i \cap R_j = \varnothing$。

(3) 对 $i = 1,2,\cdots,N$,有 $P(R_i) = \text{TRUE}$。

(4) 对 $i \neq j$,有 $P(R_i \cup R_j) = \text{FALSE}$。

(5) 对 $i = 1,2,\cdots,N$,R_i 是连通的区域。

其中,$P(R_i)$ 代表所有在集合 R_i 中元素的某种性质,$\varnothing$ 代表空集。条件(1)指出分割所得到的全部子区域的总和(并集)应能包括图像中所有像素,或者说分割应将图像中的每个像素都分进某一个子区域中。条件(2)指出各个子区域是互相不重叠的,或者说1像素不能同时属于两个区域。条件(3)指出在分割后得到的属于同一个区域中的像素应该具有某些相同特性。条件(4)指出在分割后得到的属于不同区域中的像素应该具有一些不同的特性。条件(5)要求同一个子区域内的像素应当是连通的(自然图像常满足这个条件)。对图像的分割总是根据一些分割的准则进行的。条件(1)与条件(2)说明分割准则应可适用于所有区域和所有像素,而条件(3)与条件(4)说明分割准则应能帮助确定各区域像素有代表性的特性。

图像分割算法一般是基于图像在像素上的两个性质:不连续性和相似性。即属于同一目标的区域一般具有相似性,而不同的区域在边界表现出不连续性。根据分割过程中处理策略的不同,图像分割算法又可分为并行算法和串行算法。在并行算法中,所有判断和决策都可独立或同时做出;而在串行算法中,早期处理的结果可被其后的处理过程所利用。一般串行算法所需计算时间常比并行算法要长,但抗噪声能力也常较强。根据以上定义和讨论,可将图像分割算法分成 4 类(见表 4-1):①并行边界类;②串行边界类;③并行区域类;④串行区域类。

表 4-1 图像分割算法分类

分　　类	边界(不连续性)	区域(相似性)
并行处理	并行边界类(边缘检测等)	并行区域类(阈值分割、聚类等)
串行处理	串行边界类(边缘跟踪等)	串行区域类(区域生长、分裂合并等)

值得说明的是,对于图像而言,没有唯一的标准的分割算法。许多不同种类的图像或景物都可作为待分割的图像数据,不同类型的图像应该采用不同的分割算法对其分割,同时,某些分割算法也只是适合于某些特殊类型的图像分割;分割结果的好坏需要根据具体的场合及要求进行衡量。

4.2 阈值分割

4.2.1 阈值分割算法

阈值分割算法是一种区域分割技术,它通过提取目标物体与背景在灰度上的差异,把图像分为具有不同灰度级的目标区域和背景区域的组合。阈值分割算法对物体和背景对比较强的景物分割有着很强的优势,计算较为简单,并且可以用封闭和连通的边界定义不交叠的区域,是图像分割中常用的技术之一。

阈值分割算法的原理可以描述如下:设(x,y)是二维数字图像的平面坐标,图像灰度级的取值范围为:$G=\{0,1,2,\cdots,L-1\}$(习惯上 0 表示最暗的灰度级,$L-1$ 表示最亮的灰度级),位于坐标(x,y)上的像素点的灰度值以$f(x,y)$表示。假设分割阈值T属于G,则图像$f(x,y)$在阈值T下的分割可定义为

$$g(x,y)=\begin{cases}0, & f(x,y)<T \\ 255, & f(x,y)\geqslant T\end{cases} \quad (4-1)$$

可以看出,阈值的选取是图像分割效果好坏的关键,因此基于阈值的分割算法实质上是寻找最佳阈值的过程。阈值一般可写成

$$T=T[x,y,f(x,y),q(x,y)] \quad (4-2)$$

其中，$f(x,y)$ 是在像素点 (x,y) 处的灰度值；$q(x,y)$ 是该点邻域的某种局部性质。换句话说，T 在一般情况下可以是 (x,y)、$f(x,y)$ 和 $q(x,y)$ 的函数。根据式（4-2）可以得到对应的阈值有以下 3 类。

（1）全局阈值：仅根据各个像素的本身性质 $f(x,y)$ 来选取得到的阈值。

（2）局部阈值：根据像素本身性质 $f(x,y)$ 和像素周围局部性质 $q(x,y)$ 来选取得到的阈值。

（3）动态阈值：根据像素本身性质 $f(x,y)$、像素周围局部性质 $q(x,y)$ 和像素位置坐标 (x,y) 来选取得到的阈值。

4.2.2 全局阈值分割算法

在全局阈值分割算法中，假定图像背景的灰度值在整个图像中可合理地看作恒定值，而且所有物体与背景都具有几乎相同的对比度。那么，只要选择了正确的阈值，使用一个固定的全局阈值一般会有较好的效果。全局阈值算法可分为人工选择法、直方图技术选择法、迭代式阈值选择法和最大类间方差阈值选择法等。

1. 基本的全局阈值分割算法

人工选择法是通过人眼的观察，应用人对图像的知识，在分析图像直方图的基础上，人工选出合适的阈值；也可在选出阈值后，根据分割效果，不断交互操作，选择出最佳的阈值。这种算法依赖于人们的先验知识或经验，对背景和目标清晰的图像分割效果好且速度快，但对背景干扰严重、模糊不清的图像分割会有很大偏差。

直方图技术选择法是依据一幅背景与物体有明显对比的图像，其灰度直方图包含双峰。此时，通常使用直方图来确定灰度阈值。阈值常选取灰度直方图中双峰之间的谷底。选取的原因是直方图的两个尖峰对应于物体内部和外部较多数目的点，两峰间的谷对应于物体边缘附近相对较少数目的点。

迭代式阈值选择法是在开始时选择一个阈值作为初始估计值，再按某种策略不断地改进这一估计值，直到满足给定的准则为止。下面的算法可实现该目的。

（1）选择图像灰度的中值作为初始阈值 T_0。

（2）利用阈值 T_i 将图像分割成两个区域 R_1 和 R_2，用下式计算区域 R_1 和 R_2 的灰度均值 μ_1 和 μ_2。

$$\mu_1 = \frac{\sum_{i=0}^{T_i} iP_i}{\sum_{i=0}^{T_i} P_i}, \quad \mu_2 = \frac{\sum_{i=T_i}^{L-1} iP_i}{\sum_{i=T_i}^{L-1} P_i} \tag{4-3}$$

其中，L 是图像的灰度级总数，P_i 是第 i 个灰度级在图像中出现的次数。

（3）计算出 μ_1 和 μ_2 后，用下式计算出新的阈值 T_{i+1}。

$$T_{i+1} = \frac{1}{2}(\mu_1 + \mu_2) \tag{4-4}$$

（4）重复步骤（2）和（3），直到 T_{i+1} 和 T_i 的差小于某个给定值。

2. 最大类间方差阈值选择法

最大类间方差阈值选择法（OTSU 算法）最先是由日本学者大津展之（OTSU）于 1979 年

提出的一种阈值选取算法，是一种自适应最佳阈值的分割算法。它的基本思想是根据图像的灰度特性（直方图）将图像分为目标和背景（C_0 和 C_1）两个部分。当分割的两组数据的类间方差最大时，得到最佳分割阈值。

假设一幅图像有 L 个灰度级$[1,2,\cdots,L-1]$。灰度级为 i 的像素点的个数为 n_i，那么总的像素点个数就应该为 $N=n_1+n_2+n_3+\cdots+n_L$。使用归一化的灰度级直方图，并且视为这幅图像的概率分布，由此有

$$p_i = \frac{n_i}{N} \tag{4-5}$$

其中，$p_i \geq 0, \sum_{i=1}^{L} p_i = 1$。

用一个灰度级为 k 的门限将这些像素点划分为两类：C_0 和 C_1（背景和目标）；C_0 表示灰度级为$[1,2,\cdots,k]$的像素点，C_1 表示灰度级为$[k+1,\cdots,L]$的像素点。那么，每一类出现的概率以及各类的平均灰度级分别由下面的式子给出：

$$\omega_0 = P_r(C_0) = \sum_{i=1}^{k} p_i = \omega(k) \tag{4-6}$$

$$\omega_1 = P_r(C_1) = \sum_{i=k+1}^{L} p_i = 1 - \omega(k) \tag{4-7}$$

$$\mu_0 = \sum_{i=1}^{k} i P_r(i \mid C_0) = \sum_{i=1}^{k} \frac{i p_i}{\omega_0} = \frac{\mu(k)}{\omega(k)} \tag{4-8}$$

$$\mu_1 = \sum_{i=k+1}^{L} i P_r(i \mid C_1) = \sum_{i=k+1}^{L} \frac{i p_i}{\omega_1} = \frac{\mu_T - \mu(k)}{1 - \omega(k)} \tag{4-9}$$

其中，$\omega(k) = \sum_{i=1}^{k} p_i, \mu(k) = \sum_{i=1}^{k} i p_i$。

图像总的平均灰度值 $\mu_T = \mu(L) = \sum_{i=1}^{L} i p_i$，由此可得出 $\omega_0 \mu_0 + \omega_1 \mu_1 = \mu_T, \omega_0 + \omega_1 = 1$。$C_0$ 和 C_1 两类的方差为

$$\sigma_0^2 = \sum_{i=1}^{k} (i - \mu_0)^2 P(i \mid C_0) = \sum_{i=1}^{k} (i - \mu_0)^2 p_i / \omega_0 \tag{4-10}$$

$$\sigma_1^2 = \sum_{i=k+1}^{L} (i - \mu_1)^2 P(i \mid C_1) = \sum_{i=k+1}^{L} (i - \mu_1)^2 p_i / \omega_1 \tag{4-11}$$

类内方差为

$$\sigma_W^2 = \omega_0 \sigma_0^2 + \omega_1 \sigma_1^2$$

类间方差为

$$\sigma_B^2 = \omega_0 (\mu_0 - \mu_T)^2 + \omega_1 (\mu_1 - \mu_T)^2 \tag{4-12}$$

总体方差 $\sigma_T^2 = \sum_{i=1}^{L} (i - \mu_T)^2 p_i$，且有 $\sigma_T^2 = \sigma_W^2 + \sigma_B^2$。

显然，为了便于分类，类内方差越小越好，类间方差越大越好，则可构造如下 3 个关于门限 k 的准则函数：

$$\lambda = \sigma_B^2/\sigma_W^2, k = \sigma_T^2/\sigma_W^2, \eta = \sigma_B^2/\sigma_T^2 \tag{4-13}$$

问题就简化为寻找一个最佳门限 k^*，使上式中给出的 3 个等价的判别准则函数达到最大值。其中，$\sigma_B^2(k)$ 和 $\sigma_W^2(k)$ 是关于 k 的函数，而 σ_T^2 与 k 无关，且注意到 $\sigma_W^2(k)$ 是基于二阶统计（类方差），而 $\sigma_B^2(k)$ 是基于一阶统计（类均值）的。因此，选择 η 作为判别 k 的最简单的测量标准。

使用下面的公式选择不同的 k 值顺序搜索，寻找最佳门限 k^* 使得 η 取得最大值，或者等价于使 $\sigma_B^2(k)$ 达到最大值。

$$\eta(k) = \sigma_B^2(k)/\sigma_T^2 \tag{4-14}$$

$$\sigma_B^2(k) = \frac{[\mu_T \omega(k) - \mu(k)]^2}{\omega(k)[1-\omega(k)]} \tag{4-15}$$

最佳门限 k^* 为

$$\sigma_B^2(k^*) = \max_{1 \leqslant k \leqslant L} \sigma_B^2(k) \tag{4-16}$$

在 OTSU 算法中所采用的衡量差别的标准就是较为常见的最大类间方差。如果前景和背景之间的类间方差越大，就说明构成图像的两个部分之间的差别越大，当部分目标被错分为背景或部分背景被错分为目标时，都会导致两部分差别变小，当所取阈值的分割使类间方差最大时就意味着错分概率最小。

OTSU 算法的优点是简单，当目标与背景的面积相差不大时，能够有效地对图像进行分割。但是，当图像中的目标与背景的面积相差很大时，表现为直方图没有明显的双峰，或者两个峰的大小相差很大，分割效果不佳，或者目标与背景的灰度有较大的重叠时也不能准确地将目标与背景分开。导致这种现象出现的原因是该算法忽略了图像的空间信息，同时该算法将图像的灰度分布作为分割图像的依据，因而对噪声也相当敏感。所以，在实际应用中，总是将其与其他算法结合起来使用。

在本书的钢坯端面字符识别中，采用了最大类间方差的分割算法对钢坯端面图像（见图 4-1）进行了分割，其效果满意度高而且分割速度快。由于钢坯端面图像在采集的过程中受到高温高热、光照不均、油污等恶劣环境影响以及复杂电磁的干扰导致图像出现对比度低、信噪比下降等问题，根据 OTSU 算法的基本思想在背景与钢坯字符的连接处其灰度变化较大，此时的灰度值为阈值。但单一的 OTSU 算法还不足以将端面字符完全分割出来，我们采用了多次 OTSU 算法。图 4-1(a) 为钢坯原图像，图 4-1(b) 为 OTSU 算法分割后的结果。

(a) 钢坯原图像　　　　(b) OTSU算法分割结果

图 4-1　钢坯端面图像的 OTSU 算法分割结果

4.2.3 局部阈值分割算法

对于复杂图像,在很多情况下对整幅图像使用单一阈值不能给出良好的分割效果。一种方法是将原图像划分成较小的图像,并对每个子图像选取相应的阈值。对于只含物体或背景的子图像,是无法直接找到阈值的,此时可以由附近的像块求得局部阈值或者用内插法给此像块指定一个阈值。局部阈值分割算法常用于照度不均或灰度连续变化的图像分割,又称为自适应阈值分割法。

这类算法对采用全局阈值不容易分割的图像有较好的效果,抗噪声能力也比较强。但是需要每幅子图像的尺寸不能太小,否则统计结果没有意义。由于每幅图像的分割是任意的,假如有一幅子图像正好落在目标区域或背景区域,而根据统计结果对其进行分割,也许会产生更差的结果。这类算法对每一幅子图像都要进行统计,时间和空间复杂度比较大。

4.3 边缘检测

4.3.1 边缘和边缘检测

图像边缘是图像灰度在空间发生突变或者在梯度方向上发生突变的像素的集合,是图像局部特征不连续而造成的后果。例如,物体的几何特征、不同景物灰度值的突变、纹理特征等。数字图像的边缘检测是图像分析、目标识别的重要基础,它试图通过检测包含不同区域的边缘来解决图像分割问题,只有提取了边缘才能将目标和背景区分开,这是一种重要的图像分割方法。

边缘检测是所有基于边界的图像分割方法的第一步。两个具有不同灰度值的相邻区域之间总存在边缘。边缘是灰度值不连续的结果,图像中相邻的不同区域间存在的边缘通常采用一阶导数的极值或二阶导数的过零点来进行判断。梯度对应一阶导数,对于图像内部平滑的区域由于灰度变化不大,因而其梯度幅值较小甚至为0;而在边缘的区域因为灰度变化剧烈,所以其梯度幅值较大。因此,可用一阶导数的幅值来判断图像中是否有边缘以及边缘的位置,而二阶导数可用来判断边缘像素在亮的一侧还是在暗的一侧,其过零点就是边缘所在的位置。

边缘模型根据它们的灰度剖面来分类。台阶边缘是指在1像素的距离上发生两个灰度级间理想的过渡。图4-2(a)显示了一个垂直台阶边缘的一部分和通过该边缘的一个水平剖面。例如,用于诸如物体建模和动画领域出现在由计算机生成的图像中的台阶边缘。这些清晰、理想的边缘可出现在1像素的距离上,不需要提供任何使它们看上去"很真实"的附加处理(如平滑)。

实际中,数字图像都存在被模糊且带有噪声的边缘,模糊的程度主要取决于聚焦机理(如光学成像中的镜头)中的限制,而噪声水平主要取决于成像系统的电子元件。在这种情况下,边缘被建模为一个更接近灰度斜坡的剖面,如图4-2(b)中的边缘。斜坡的斜度与边缘的模糊程度成反比。在这一模型中,不再存在一条细的(1像素宽)轨迹。相反,一个边缘点现在是斜坡中包含的任何点,而一条边缘线段将是一组已连接起来的这样的点。

边缘的第三种模型是所谓的"屋顶"边缘,这种边缘具有图4-2(c)所示的特性。屋顶边缘是通过一个区域的线的模型,屋顶边缘的基底(宽度)由该线的宽度和尖锐度决定。在极

(a) 垂直台阶边缘的灰度剖面　　　(b) 斜坡的灰度剖面　　　(c) 屋顶边缘的灰度剖面

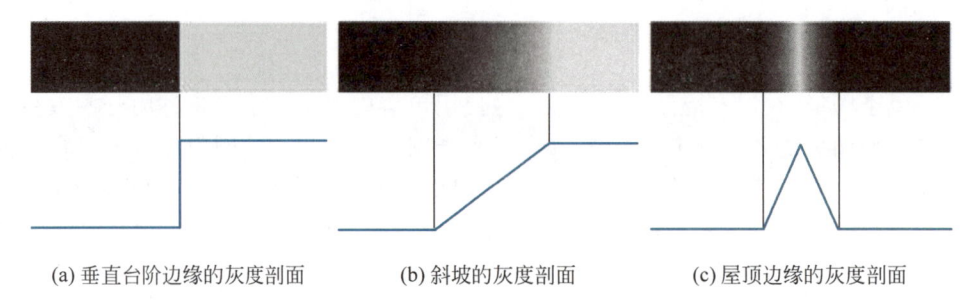

图 4-2　3 种边缘模型以及相应灰度剖面

限情形下,当其基底为 1 像素宽时,屋顶边缘只不过是一条穿过图像中一个区域的一条 1 像素宽的线。例如,在深度成像中,当细物体(如管子)比它的等距离的背景(如墙)更接近传感器时,出现屋顶边缘。管道更亮,因而产生了一幅类似于图 4-2(c)中模型的图像。如先前提及的那样,经常出现屋顶边缘的其他领域是在数字化的线条图和卫星图像中,此时如道路这样的较细特征可由这种类型的边缘建模。

包含所有 3 种类型边缘的图像并不罕见。虽然模糊和噪声会导致与理想形状的偏差,但图像中有适当锐度和适中的噪声的边缘确实存在类似于图 4-2 中边缘模型的特性,如图 4-3 中的剖面。图 4-3 展示了在一幅图像中经过放大后的实际斜坡(左下)、台阶(右上)和屋顶边缘剖面,在由小圆所示短线段指出的区域中,剖面由暗变亮。图 4-2 中的模型允许在图像处理算法的开发中写出边缘的数学表达式。这些算法的性能将取决于实际边缘和在算法开发中所用模型之间的差别。

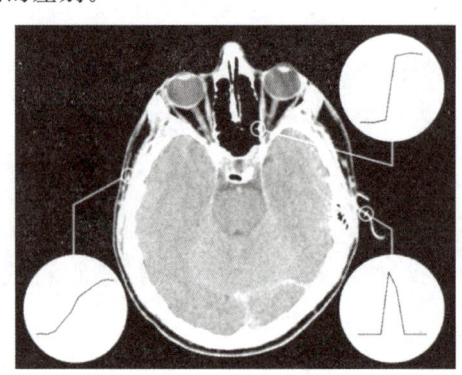

图 4-3　一幅图像放大后的实际斜坡、台阶和屋顶边缘剖面

4.3.2　边缘检测算子

边缘检测的算法就是检出符合边缘特性的边缘像素的数学算子。通常对于边缘的检测就是采用不同的微分算子与图像卷积的方法得到的。所谓的卷积就是将模板的中心在图像中逐像素地移动,每到一个位置就把模板的值与其对应位置的像素值进行乘积运算并作和,把和作为模板中心位置的像素值输出。

图像中的边缘可以通过求导数确定,而导数可利用微分算子计算。对于数字图像处理而言,通常利用差分近似微分。常用的边缘检测算子可以分为两类:一类属于一阶微分算子,如 Roberts 算子、Sobel 算子、Prewitt 算子、Kirsch 算子等;另一类属于二阶微分算子,如 Laplacian 算子、LoG 算子等。

1. 图像梯度

如果一个像素落在图像中某一个物体的边界上,那么它的邻域将成为一个灰度级变化的带。对这种变化最有用的两个特征是灰度的变化率和方向,它们分别用梯度向量的幅度值和方向来表示。

梯度是一个向量,表示某一函数在该点处的方向导数沿着该方向取得最大值,即函数在该点处沿着该梯度的方向变化最快,即变化率最大,最大值为该梯度的模。

对于连续的图像函数 $f(x,y)$,它具有一阶连续偏导数 $g_x(x,y)$ 和 $g_y(x,y)$,则它在点 (i,j) 处的梯度定义为

$$\text{grad } f(x,y) \equiv \nabla f(x,y) = \begin{pmatrix} g_x(x,y) \\ g_y(x,y) \end{pmatrix} = \begin{pmatrix} \dfrac{\partial f(i,j)}{\partial x} \\ \dfrac{\partial f(i,j)}{\partial y} \end{pmatrix} \tag{4-17}$$

其中,$\dfrac{\partial f}{\partial x}$ 是沿 x 方向的梯度,$\dfrac{\partial f}{\partial y}$ 是沿 y 方向的梯度,梯度的幅度(梯度的模)和方向角可由下面公式得到:

$$\text{mag}(\nabla f) = \|\nabla f_{(2)}\| = (g_x^2 + g_y^2)^{1/2} \tag{4-18}$$

$$\varphi(x,y) = \arctan \dfrac{g_y}{g_x} \tag{4-19}$$

梯度的方向就是函数 $f(x,y)$ 最大变化率的方向,其数值就是在这个最大变化率方向上单位距离所增加的量。

由于梯度模的计算通常是以 2 范数来计算的,涉及平方和开方运算,因此计算量较大。在实际中为了计算简便,常采用 1 范数(对应城区距离),即

$$\nabla f(x,y) = |g_x| + |g_y| \tag{4-20}$$

或者也可以采用∞范数(对应棋盘距离),即

$$\nabla f(x,y) = \max\{g_x, g_y\} \tag{4-21}$$

这些近似值仍然具有导数性质;也就是说,它们在不变亮度区中的值为 0,且它们的值与像素值在可变区域中的亮度变化的程度成比例。通常将梯度的幅度值或近似值称为"梯度"。

对于数字图像而言,其数值是离散的,故梯度可以由差分来实现:

$$|\nabla f(x,y)| = \{[f(i,j) - f(i+1,j)]^2 + [f(i,j) - f(i,j+1)]^2\}^{1/2} \tag{4-22}$$

同理,可以简化为

$$|\nabla f(x,y)| = |f(i,j) - f(i+1,j)| + |f(i,j) - f(i,j+1)| \tag{4-23}$$

有时也可以由在 x 方向或者 y 方向梯度的较大值来简化:

$$|\nabla f(x,y)| = \max\{|f(i,j) - f(i+1,j)|, |f(i,j) - f(i,j+1)|\} \tag{4-24}$$

由于数字图像是离散的,计算偏导数 g_x 和 g_y 时,常用差分来代替微分。为了计算方便,常用小区域模板和图像卷积来近似计算梯度值。采用不同的模板计算 g_x 和 g_y 会产生不同的边缘检测算子。

2. 一阶微分算子

1) Roberts 算子

Roberts 算子又称为交叉微分算法，是一种利用局部差分算子寻找边缘的算子，在 2×2 邻域上交叉地进行差分计算，也被称为 Roberts 交叉算子。其差分求导公式为

$$|\nabla f(x,y)|=\{[f(i,j+1)-f(i+1,j)]^2+[f(i+1,j+1)-f(i,j)]^2\}^{1/2} \quad (4\text{-}25)$$

在实际的应用过程中，可利用梯度函数的绝对值进行近似计算：

$$|\nabla f(x,y)|=|f(i,j+1)-f(i+1,j)|+|f(i+1,j+1)-f(i,j)| \quad (4\text{-}26)$$

另外，也可用梯度绝对值的最大值来计算：

$$|\nabla f(x,y)|=\max\{|f(i,j+1)-f(i+1,j)|,|f(i+1,j+1)-f(i,j)|\} \quad (4\text{-}27)$$

从以上可以看出，由绝对值的最大值来近似计算梯度值会比利用交叉计算的梯度值较小。Roberts 算子的模板如下所示：

$$\begin{pmatrix}1 & 0\\ 0 & -1\end{pmatrix}\begin{pmatrix}0 & 1\\ -1 & 0\end{pmatrix} \quad (4\text{-}28)$$

Roberts 算子是用式 (4-28) 所示的两个 2×2 模板来近似计算图像函数 $f(x,y)$ 在点 (i,j) 对 x 和 y 的偏导数。采用的是对角方向相邻的两个像素之差。从图像处理的实际效果来看，检测垂直边缘的效果好于斜向边缘，边缘定位较准，对噪声敏感，适用于边缘明显且噪声较少的图像分割，当图像边缘接近于 45°或-45°时，该算法处理效果更理想。但是 Roberts 算子图像处理后结果边缘不是很平滑，如图 4-4 所示，Roberts 算子通常会在图像边缘附近的区域内产生较宽的响应，故采用上述算子检测的边缘图像常需做细化处理。

(a) 钢坯原图像　　　　　(b) Roberts 算子边缘检测

图 4-4　Roberts 算子边缘检测效果

2) Prewitt 算子

Prewitt 算子是一种用于边缘检测的一阶微分算子，利用像素点上、下、左、右邻点的灰度差，在边缘处达到极值检测边缘，去掉部分伪边缘，对噪声具有平滑作用。其原理是在图像空间利用两个方向模板与图像进行邻域卷积，这两个方向模板中一个检测水平边缘，一个检测垂直边缘。运算结果是一幅边缘幅度图。其梯度定义如下：

$$\left|\frac{\partial f}{\partial x}\right|=|f(i-1,j-1)+f(i-1,j)+f(i-1,j+1)-$$
$$f(i+1,j-1)-f(i+1,j)-f(i+1,j+1)| \quad (4\text{-}29)$$

$$\left|\frac{\partial f}{\partial y}\right| = |\, f(i-1,j-1) + f(i,j-1) + f(i+1,j-1) -$$
$$f(i-1,j+1) - f(i,j+1) - f(i+1,j+1)\,| \tag{4-30}$$

输出的梯度为

$$|\nabla f(x,y)| = \max\left\{\left|\frac{\partial f}{\partial x}\right|, \left|\frac{\partial f}{\partial y}\right|\right\} \tag{4-31}$$

Prewitt 算子模板如下所示：

$$\begin{pmatrix} 1 & 1 & 1 \\ 0 & 0 & 0 \\ -1 & -1 & -1 \end{pmatrix} \begin{pmatrix} 1 & 0 & -1 \\ 1 & 0 & -1 \\ 1 & 0 & -1 \end{pmatrix} \tag{4-32}$$

Prewitt 算子是用式(4-32)所示的 3×3 模板来近似计算图像函数 $f(x,y)$ 在点 (i,j) 对 x 和 y 的偏导数。这组公式中，第 3 行和第 1 行间的差近似于 x 方向上的导数，第 3 列和第 1 列间的差近似于 y 方向上的导数。

Prewitt 算子对噪声有抑制作用，如图 4-5 所示。抑制噪声的原理是通过像素平均的操作，但是像素平均相当于对图像的低通滤波，所以 Prewitt 算子对边缘的定位不如 Roberts 算子。

(a) 钢坯原图像　　(b) Prewitt 算子边缘检测

图 4-5　Prewitt 算子边缘检测效果

3) Sobel 算子

Sobel 算子是一种用于边缘检测的离散微分算子，它将方向差分运算与局部平均相结合。两个卷积核形成了 Sobel 算子，图像中的每个点都用这两个核作卷积：一个核对垂直边缘响应最大；另一个核对水平边缘响应最大。两个卷积的最大值作为该点的输出值。其运算结果是一幅边缘幅度图像。计算公式如下：

$$|\nabla f(x,y)| = \max\left\{\left|\frac{\partial f}{\partial x}\right|, \left|\frac{\partial f}{\partial y}\right|\right\} \tag{4-33}$$

其中

$$\left|\frac{\partial f}{\partial x}\right| = |\, f(i-1,j-1) + 2f(i-1,j) + f(i-1,j+1) -$$
$$f(i+1,j-1) - 2f(i+1,j) - f(i+1,j+1)\,| \tag{4-34}$$

$$\left|\frac{\partial f}{\partial y}\right| = |\, f(i-1,j-1) + 2f(i,j-1) + f(i+1,j-1) -$$
$$f(i-1,j+1) - 2f(i,j+1) - f(i+1,j+1)\,| \tag{4-35}$$

Sobel 算子与 Prewitt 算子类似，只是在 Prewitt 算子的基础上增加了权重的概念，在中心系数上使用了一个权值 2。Sobel 算子认为相邻点的距离远近对当前像素点的影响是不同的，距离越近的像素点对应当前像素的影响越大，从而实现图像锐化并突出边缘轮廓。

Sobel 边缘检测算子模板如下所示：

$$\begin{pmatrix} 1 & 2 & 1 \\ 0 & 0 & 0 \\ -1 & -2 & -1 \end{pmatrix} \begin{pmatrix} 1 & 0 & -1 \\ 2 & 0 & -2 \\ 1 & 0 & -1 \end{pmatrix} \tag{4-36}$$

Sobel 算子是典型的基于一阶导数的边缘检测算子，由于该算子中引入了类似局部平均的运算，因此对噪声具有平滑作用，能很好地消除噪声的影响，如图 4-6 所示。Sobel 算子对像素的位置的影响做了加权，因此与 Prewitt 算子、Roberts 算子相比，能更准确地检测图像边缘。

(a) 钢坯原图像　　　　　(b) Sobel 算子边缘检测

图 4-6　Sobel 算子边缘检测效果

3. 二阶微分算子

前面的几种算子主要讨论的是一阶微分的应用，然而在利用一阶导数的边缘检测算子进行边缘检测时，有时会出现因检测到的边缘点过多而导致边缘线过粗的情况。通过去除一阶导数中的非局部最大值，就可以检测出更细的边缘。我们知道二阶导数的过零点对应于一阶导数的局部最大值，因此可以通过寻找二阶导数的过零点来确定边缘点。

1) Laplacian 算子

Laplacian(拉普拉斯)算子是最简单的各向同性微分算子，具有旋转不变性。一个二维图像函数的拉普拉斯变换是各向同性的二阶导数。对于连续函数 $f(x,y)$，其拉普拉斯运算可以写为

$$\nabla^2 f = \frac{\partial^2 f}{\partial x^2} + \frac{\partial^2 f}{\partial y^2} \tag{4-37}$$

对于离散的数字图像来讲，$f(x,y)$ 的二阶偏导数可以由差分来计算，公式为

$$\begin{cases} \dfrac{\partial^2 f(x,y)}{\partial x^2} = \nabla_x f(i+1,j) - \nabla_x f(i,j) \\ \qquad\qquad\quad = [f(i+1,j) - f(i,j)] - [f(i,j) - f(i-1,j)] \\ \qquad\qquad\quad = f(i+1,j) + f(i-1,j) - 2f(i,j) \\ \dfrac{\partial^2 f(x,y)}{\partial y^2} = f(i,j+1) + f(i,j-1) - 2f(i,j) \end{cases} \tag{4-38}$$

为此，Laplacian 算子 $\nabla^2 f$ 为

$$\nabla^2 f = \frac{\partial^2 f(i,j)}{\partial x^2} + \frac{\partial^2 f(i,j)}{\partial y^2} \tag{4-39}$$
$$= f(i+1,j) + f(i-1,j) + f(i,j+1) + f(i,j-1) - 4f(i,j)$$

常用的 Laplacian 算子模板如下所示：

$$\begin{pmatrix} 0 & -1 & 0 \\ -1 & 4 & -1 \\ 0 & -1 & 0 \end{pmatrix} \begin{pmatrix} -1 & -1 & -1 \\ -1 & 8 & -1 \\ -1 & -1 & -1 \end{pmatrix} \tag{4-40}$$

Laplacian 算子模板的基本特征是中心位置的系数为正，其余位置的系数为负，且模板的系数之和为 0。它的使用方法是用图中的两个矩阵之一作为卷积核，与原图像进行卷积运算即可。图 4-7 展示了 Laplacian 算子边缘检测的效果。

(a) 钢坯原图像　　　　(b) Laplacian 算子边缘检测

图 4-7　Laplacian 算子边缘检测效果

2) LoG 算子

LoG 算子是把高斯平滑滤波器与 Laplacian 算子结合起来进行边缘检测的一种方法。首先用高斯滤波器对图像进行滤波，然后对滤波后的图像求二阶导数：

$$\nabla^2 [G(x,y) * f(x,y)] \tag{4-41}$$

其中，$G(x,y)$ 为高斯函数，$f(x,y)$ 为原图像函数。上式两个步骤可以合成一个算子，由卷积和微分可交换顺序的性质可以得到：

$$\nabla^2 [G(x,y) * f(x,y)] = \nabla^2 G(x,y) * f(x,y) \tag{4-42}$$

其中，$\nabla^2 G(x,y)$ 称为 LoG 算子，即

$$\nabla^2 G(x,y) = \frac{1}{2\pi\sigma^4}\left(\frac{x^2+y^2}{\sigma^2} - 2\right)\exp\left(-\frac{x^2+y^2}{2\sigma^2}\right) \tag{4-43}$$

在实际的应用过程中，可将 $\nabla^2 G(x,y)$ 简化为

$$\nabla^2 G(x,y) = K\left(2 - \frac{x^2+y^2}{\sigma^2}\right)\exp\left(-\frac{x^2+y^2}{2\sigma^2}\right) \tag{4-44}$$

在卷积过程中，图像的高斯平滑会引起图像的模糊，其模糊量仅取决于 σ。σ 值越大，噪声滤波效果越好，也就是图像趋于平滑；值越小又有可能导致平滑不完全而留有较多噪声，也就是说图像趋向于锐化，如图 4-8 所示。$\nabla^2 G(x,y)$ 用 $N \times N$ 模板算子表示时，一般选择算子尺寸 $N = (3 \sim 4)W$，其中 $W = 2\sqrt{2}\sigma$，并且使模板中各阵元之和为 0。比较经典的 LoG 算子模板有

(a) 钢坯原图像　　　　　　(b) LoG算子边缘检测

图 4-8　LoG算子边缘检测效果

$$\begin{pmatrix} -2 & -4 & -4 & -4 & -2 \\ -4 & 0 & 8 & 0 & -4 \\ -4 & 8 & 24 & 8 & -4 \\ -4 & 0 & 8 & 0 & -4 \\ -2 & -4 & -4 & -4 & -2 \end{pmatrix} \begin{pmatrix} 0 & 0 & -1 & 0 & 0 \\ 0 & -1 & -2 & -1 & 0 \\ -1 & -2 & 16 & -2 & -1 \\ 0 & -1 & -2 & -1 & 0 \\ 0 & 0 & -1 & 0 & 0 \end{pmatrix} \tag{4-45}$$

3) DoG 算子

DoG(Difference of Gaussian)算子是计算机视觉和图像处理领域常用的一种高通滤波器。它可以通过并增强高频信号而过滤掉低频信号。所以,在图像处理中 DoG 算子通常用于线条检测。类似于 LoG 算子,其核为 σ_1 的高斯函数的数学表达式如下:

$$G_1(x,y) = \frac{1}{\sqrt{2\pi\sigma_1^2}} \exp\left(-\frac{x^2+y^2}{2\sigma_1^2}\right) \tag{4-46}$$

把上述高斯函数与图像 $f(x,y)$ 做卷积:$F_1(x,y)=G_1(x,y)*f(x,y)$,其中,$F_1(x,y)$ 较 $f(x,y)$ 平滑。

再把图像 $f(x,y)$ 与另外一个核为 $\sigma_2(\sigma_1 \neq \sigma_2)$ 的高斯函数作卷积:

$$F_2(x,y) = G_2(x,y) * f(x,y) \tag{4-47}$$

那么 DoG 就是两个不同高斯平滑图像之差:

$$\begin{aligned} F_1(x,y) - F_2(x,y) &= G_1(x,y)*f(x,y) - G_2(x,y)*f(x,y) \\ &= (G_1(x,y) - G_2(x,y))*f(x,y) = \text{DoG}*f(x,y) \end{aligned} \tag{4-48}$$

DoG 算子数学表达式如下:

$$\begin{aligned} \text{DoG} &= G_1(x,y) - G_2(x,y) \\ &= \frac{1}{\sqrt{2\pi\sigma_1^2}} \exp\left(-\frac{x^2+y^2}{2\sigma_1^2}\right) - \frac{1}{\sqrt{2\pi\sigma_2^2}} \exp\left(-\frac{x^2+y^2}{2\sigma_2^2}\right) \end{aligned} \tag{4-49}$$

如果模板过大,运算会过慢;但如果模板过小,DoG 算子不能被完整地包含于模板内,会造成计算误差。因此模板大小应当根据方差大小适当选取。选取 $M=6\sqrt{2}\sigma$ 时模板可以包含整个算子。当 DoG 算子模板较小时,卷积结果零点范围较宽;当 DoG 算子模板较大时,出现唯一零点。在图像处理中,图像和 DoG 算子都是离散数据,得到的卷积结果也是离散的,因此零点并不一定为 0,一般是接近 0。

经过 DoG 算子处理后的图像可以检测线条。图 4-9(a)为原图像,图 4-9(b)为用大小为 21×21 的模板、方差为 1 和 3 的 DoG 算子检测的线条结果;图 4-10(a)为原图像,图 4-10(b)为用大小为 35×35 的模板、方差为 3 和 5 的 DoG 算子检测的线条结果。

(a) 原图像　　　　　　　　　　(b) DoG算子检测结果

图 4-9　用模板大小为 21×21、方差为 1 和 3 的 DoG 算子检测的线条结果

(a) 原图像　　　　　　　　　　(b) DoG算子检测结果

图 4-10　用模板大小为 35×35、方差为 3 和 5 的 DoG 算子检测的线条结果

4.3.3　霍夫变换检测

霍夫变换是一种边界跟踪方法,它利用图像的全局特性直接检测目标轮廓。霍夫变换可以从图像中识别几何形状,应用很广泛,也有很多改进算法。最基本的霍夫变换是从黑白图像中检测直线(线段)。在预先知道区域形状的条件下,利用霍夫变换可以方便地将不连续的边缘像素点连接起来得到边界曲线,其主要优点是受噪声和曲线间断的影响较小。

霍夫变换基于点-线的对偶性,即在图像空间(原空间)中同一条直线上的点对应在参数空间(变换空间)中是相交的直线。反过来,在参数空间中相交于同一点的所有直线,在图像空间中都有共线的点与之对应。

设在图像空间 XY 中,已知二值化图像中有一条直线,要求出这条直线所在的位置。由于所有过点 (x,y) 的直线一定都满足斜截式方程:

$$y = ax + b \tag{4-50}$$

其中,a 为斜率,b 为截距,则式(4-50)可写成

$$b = -ax + y \tag{4-51}$$

式(4-51)即直角坐标中对点 (x,y) 的霍夫变换。如果将 x 和 y 视为参数,那么它也代表参数空间 ab 中过点 (a,b) 的一条直线。

图 4-11(a)为存在一条直线的图像空间,图 4-11(b)是对应的参数空间。在图像空间 XY 中过点 (x_i, y_i) 的所有直线方程为 $y_i = ax_i + b$,即点 (x_i, y_i) 确定了一簇直线。它们在参数空间 ab 中也是一条直线 $b = -ax_i + y_i$。同理,通过点 (x_j, y_j) 的直线方程为 $y_j = ax_j + b$,它在参数空间 ab 中是另一条直线。因为 (x_i, y_i) 和 (x_j, y_j) 是同一条直线上的两点,所以它们一定有相同的参数 (a', b'),而这一点正是参数空间 ab 中两条直线 $b = -ax_i + y_i$ 和

$b = -ax_j + y_j$ 的交点。由此可见,图像空间 XY 中过点 (x_i, y_i) 和 (x_i, y_j) 的直线上的每一点,都对应于参数空间中的一条直线,而这些直线必定相交于一点 (a', b'),(a', b') 恰恰就是图像空间 XY 中那条直线方程的参数。这样,通过霍夫变换,可以将图像空间中直线的检测问题转换为参数空间中点的检测问题。而参数空间中点的检测只要进行简单的累加统计就可以完成。

(a) 存在一条直线的图像空间　　(b) 对应的参数空间

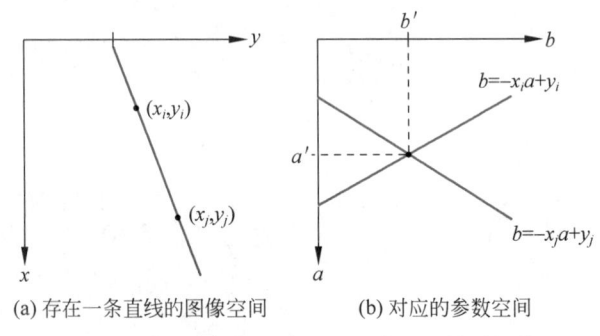

图 4-11　图像空间和参数空间点和线的对偶性

原理上,可以画出对应于 XY 平面中所有点的参数空间直线,并且空间中的主要直线可以在参数空间中通过确定的点来找到,大量的参数空间的线在此点处相交。然而,这种方法的一个实际困难是,当该直线逼近垂直方向时,a(直线的斜率)会趋于无限大。解决该困难的方法之一是使用一条直线的法线表示:

$$\rho = x\cos\theta + y\sin\theta \tag{4-52}$$

图 4-12(a)示例了参数 ρ 和 θ 的几何解释。水平直线有 $\theta = 0°$,ρ 等于正的 x 截距。类似地,垂直直线有 $\theta = 90°$,ρ 等于正的 y 截距;或者有 $\theta = -90°$,ρ 等于负的 y 截距。图 4-12(b) 中的每条正弦曲线表示通过 XY 平面中一个特殊点 (x_k, y_k) 的一簇直线。图 4-12(b)中的交点 (ρ', θ') 对应于图 4-12(a)中通过点 (x_i, y_i) 和点 (x_j, y_j) 的直线。

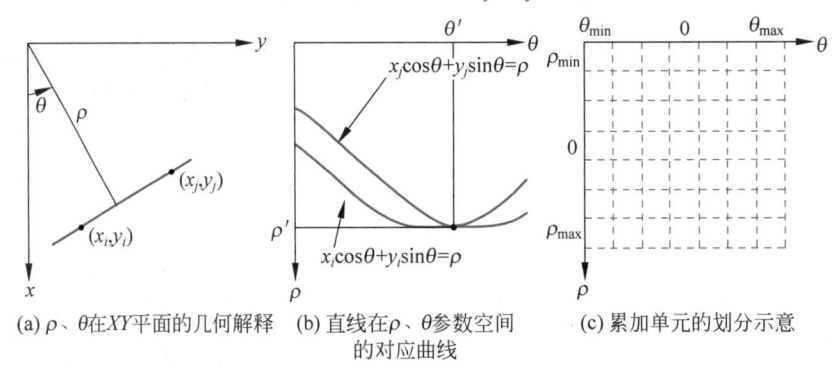

(a) ρ、θ 在 XY 平面的几何解释　　(b) 直线在 ρ、θ 参数空间的对应曲线　　(c) 累加单元的划分示意

图 4-12　直线的极坐标表示以及参数空间对应的曲线

霍夫变换计算的优势在于可将 $\rho\theta$ 参数空间划分为所谓的累加单元,如图 4-12(c) 所说明的那样,其中 $(\rho_{\min}, \rho_{\max})$ 和 $(\theta_{\min}, \theta_{\max})$ 是所期望的参数值范围:$-90° \leqslant \theta \leqslant 90°$ 和 $-D \leqslant \rho \leqslant D$,其中 D 是图像中对角之间的最大距离。位于坐标 (i, j) 处的单元具有累加值 $A(i, j)$,它对应于与参数空间坐标 (ρ_i, θ_j) 相关联的正方形。最初,将这些单元置为 0;然后,对于 XY 平面中的每个非背景点 (x_k, y_k),令 θ 等于 θ 轴上每个允许的细分值,同时使用方程 $\rho = x_k \cos\theta + y_k \sin\theta$ 解出对应的 ρ;对得到的 ρ 值进行四舍五入,得到沿 ρ 轴的最接近的

允许单元值。如果选择的一个 θ_p 值得到解 ρ_q，则令 $A(p,q)=A(p,q)+1$。在这一过程结束后，$A(i,j)$ 中的值 P 将意味着 XY 平面中有 P 个点位于直线 $x\cos\theta_j+y\sin\theta_j=\rho_i$ 上。$\rho\theta$ 平面中的细分数量决定了这些点的共线性的精确度。可以证明刚刚讨论的这种方法的计算次数与 XY 平面中非背景点的数量 n 呈线性关系。

作为霍夫变换的推广，可看到如下一些结果。例如，有一曲线方程为

$$Ax^2+By^2=C \tag{4-53}$$

显然，椭圆上的每一点都满足式(4-53)。在此式中 x、y 是变量，A、B、C 是系数。如果把式(4-53)改写，有

$$x^2A+y^2B=C \tag{4-54}$$

这里把 A、B、C 看成变量，x^2、y^2 看成系数，那么在 (x,y) 域中任何一点将对应于变换域中的一个曲面。(x,y) 域中椭圆上的 n 点将对应于变换域中 n 个共同焦点的 n 个曲面。这一推广可用于圆的检测。

4.4 语义分割

人类是如何描述场景的？我们可能会说"窗户下有一张桌子"，或者"沙发右边有一盏灯"，这都源自人类对图像的理解。在数字图像处理领域，图像理解的关键在于将一个整体场景分解成若干有意义的实体，并让计算机像人类一样能正确"辨认"出这些实体。

4.4.1 语义分割概述

语义分割(semantic segmentation)是一种像素级别的分类任务。它将图像按照其语义分割成为不同的图像块。语义是图像所表达出的意思，可以狭义地理解为图像中事物的类别，分割则是将图像按照类别划分为不同的块。语义分割就是将一张图片表达成机器能够读懂的语言。那么就需要对图像进行操作，将不同类型的事物分割。语义分割作为计算机视觉中的一个高级任务，可以看作目标检测和识别问题的延伸，实现了图像像素级的分类。语义分割广泛应用于自然场景图像、医疗图像、卫星图像等图像理解与分析任务中。

语义分割是预测像素级标签的任务，输入一幅图像，如图 4-13(a)所示，对每个像素用标签进行预测，得到其语义分割的输出图像。标签可以是天空、大海、人、山和桥等。在语义分割中，将标签分配给每个像素，而不是分配给整幅图像。语义分割独立地标记像素，将属于不同类别的像素点分别标记。可以注意到图 4-13(b)中不同的类别以各自的方式被标记出来，从而将图像中不同类别的事物分割成为不同的图像块。

4.4.2 语义分割的方法

通常，传统基于图划分的语义分割方法都是将图像抽象为图(graph)的形式 $G=(V,E)$（V 为图结点，E 为图的边），然后借助图理论(graph theory)和其算法进行图像的语义分割。常用的方法为经典的最小割算法(min-cut algorithm)。不过，在边的权重计算时，经典最小割算法只考虑了局部信息。而 N-cut 算法则提出了一种考虑全局信息的方法来进行图划分(graph partitioning)，不仅可以处理二类语义分割，而且将二分图扩展为 K 路图划分即可完成多语义的图像语义分割。

(a) 原图像　　　　　　　　(b) 语义分割后的效果

图 4-13　语义分割效果示例

Grab-cut 算法是微软剑桥研究院于 2004 年提出的著名交互式图像语义分割方法。与 N-cut 算法一样，Grab-cut 算法同样也是基于图划分，不过 Grab-cut 算法是其改进版本，可以看作迭代式的语义分割算法。Grab-cut 算法利用了图像中的纹理（颜色）信息和边界（反差）信息，只要少量的用户交互操作即可得到比较好的前景与背景分割结果。Grab-cut 算法虽效果优良，但缺点也非常明显：一是仅能处理二类语义分割问题；二是需要人为干预而不能做到完全自动化。Grab-cut 算法主要运用于计算机视觉中的前景与背景分割、立体视觉和抠图等。该算法利用了图像中的纹理（颜色）信息和边界（反差）信息，只要少量的用户交互操作即可得到比较好的分割结果。

Grab-cut 算法的实现步骤，如图 4-14 所示。

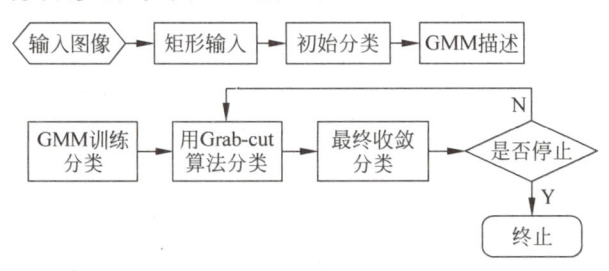

图 4-14　Grab-cut 算法进行语义分割流程

在图像中定义（一个或者多个）包含物体的矩形。矩形外的区域被自动认为是背景。对于用户定义的矩形区域，可用背景中的数据来区分它里面的前景和背景区域。用高斯混合模型（GMM）来对背景和前景建模，并将未定义的像素标记为可能的前景或者背景。

图像中的每个像素被看作通过虚拟边与周围像素相连接，而每条边都有一个属于前景或者背景的概率，这是基于它与周边像素颜色上的相似性。每个像素（即算法中的结点）会与一个前景或背景结点连接。在结点完成连接后（可能与背景或前景连接），若结点之间的边属于不同终端（即一个结点属于前景，另一个结点属于背景），则会切断它们之间的边，这就能将图像各部分分割出来。

主动轮廓线模型的分割方法主要指的是活动轮廓模型（active contour model）以及在其基础上发展出来的算法，其基本思想是使用连续曲线来表达目标边缘，并定义一个能量泛函使得其自变量包括边缘曲线，因此分割过程就转换为求解能量泛函的最小值的过程，一般可通过求解函数对应的欧拉（Euler）方程来实现，能量达到最小时的曲线位置就是目标的轮廓所在。

主动轮廓线模型是一个自顶向下定位图像特征的机制,用户或其他自动处理过程通过事先在感兴趣目标附近放置一个初始轮廓线,在内部能量(内力)和外部能量(外力)的作用下变形外部能量吸引活动轮廓朝物体边缘运动,而内部能量保持活动轮廓的光滑性和拓扑性,当能量达到最小时,活动轮廓收敛到所要检测的物体边缘,不同类型的曲线演化过程如图 4-15 所示。

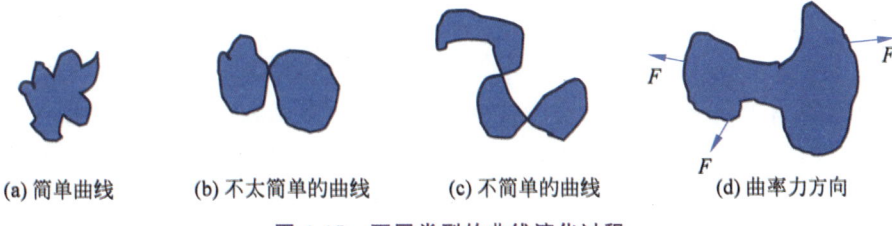

(a) 简单曲线　　(b) 不太简单的曲线　　(c) 不简单的曲线　　(d) 曲率力方向

图 4-15　不同类型的曲线演化过程

根据曲线演化理论,在水平集和主动轮廓线模型的分割方法中,曲线可以简单地分为以下几种。

(1) 显式曲线(explicit curve)。显式曲线是通过参数方程直接表示的曲线。这种表示方法直接描述了曲线上的点的位置,通过参数化的形式(如多边形、样条曲线等)表示。显式曲线方法计算效率高,但在处理拓扑变化(如分裂和合并)时较为复杂。

(2) 隐式曲线(implicit curve)。隐式曲线是通过隐函数来表示的曲线,例如利用水平集方法。水平集方法利用一个高维函数的零水平集来表示曲线(或面)。这种方法可以自然地处理曲线的拓扑变化,如分裂和合并,且在数值计算上具有较好的稳定性。

曲线存在曲率,曲率有正有负,于是在法向曲率力的推动下,曲线的运动方向之间有所不同:有些部分朝外扩展,而有些部分则朝内运动。简单曲线在曲率力(也就是曲线的二次导数)的驱动下演化所具有的一种非常特殊的数学性质是:一切简单曲线,无论被扭曲得多么严重,只要还是一种简单曲线,那么在曲率力的推动下最终将退化成一个圆,然后消逝(可以想象下,圆的所有点的曲率力都向着圆心,所以它将慢慢缩小,以致最后消失)。

描述曲线几何特征的两个重要参数是单位法矢和曲率,单位法矢描述曲线的方向,曲率则表述曲线弯曲的程度。曲线演化理论就是仅利用曲线的单位法矢和曲率等几何参数来研究曲线随时间的变形。曲线的演变过程可以认为是表示曲线在作用力的驱动下,朝法线方向以速度 v 演化。而速度是有正负之分的,所以如果速度 v 的符号为负,则表示活动轮廓演化过程是朝外部方向的,如果为正,则表示朝内部方向演化,活动曲线是单方向演化的,不可能同时往两个方向演化。所以,曲线的演变过程就是不同力在曲线上的作用过程,力也可以表达为能量。在图像分割里面,目标是把目标的轮廓找到,目标的轮廓的能量是最小的,那么曲线在图像任何一个地方,都可以因为力朝着这个能量最小的轮廓演变,当演变到目标的轮廓时,因为能量最小,力达到平衡,速度为 0,目标被分割完成。

近年来,基于曲线特征衍生出了很多基于主动轮廓线模型的分割方法。主要形成了两大主流方法:假设轮廓是由参数表示的,那么该方法为参数活动轮廓模型(parametric active contour model),例如 Snakes 模型;假设轮廓是几何表示的,那么就是几何活动轮廓模型(geometric active contour model),即水平集方法(level set),它是把二维的轮廓嵌入三维的曲面的零水平面来表达的(可以理解为一座山峰的等高线,某个等高线把山峰切了,这个高度山峰的水平形状就出来了,也就是轮廓了),所以低维的演化曲线或曲面,表达为高维函数曲面的零水平集的间接表达形式(这个轮廓的变化,直观上可以通过调整山峰的形状或者调整登高线的高度来得到)。

Kass 提出 Snakes 模型以来,各种基于主动轮廓线的图像分割理解和识别方法如雨后春笋般蓬勃发展起来。Snakes 模型的基本思想是以构成一定形状的一些控制点为模板(轮廓线),通过模板自身的弹性形变,与图像局部特征相匹配达到调和,即某种能量函数极小化,完成对图像的分割。再通过对模板的进一步分析而实现图像的理解和识别。简单地来讲,Snakes 模型就是一条可变形的参数曲线及相应的能量函数,以最小化能量目标函数为目标,控制参数曲线变形,具有最小能量的闭合曲线就是目标轮廓。

构造 Snakes 模型的目的是调和上层知识和底层图像特征这一对矛盾。无论是亮度、梯度、角点、纹理还是光流,所有的图像特征都是局部的。所谓局部性就是指图像上某一点的特征只取决于这一点所在的邻域,而与物体的形状无关。但是人们对物体的认识主要来自其外形轮廓。如何将两者有效地融合在一起正是 Snakes 模型的长处。Snakes 模型的轮廓线承载了上层知识,而轮廓线与图像的匹配又融合了底层特征。这两项分别表示为 Snakes 模型中能量函数的内部力和图像力。

模型的形变受到同时作用在模型上的许多不同的力控制,每一种力产生一部分能量,这部分能量表示为活动轮廓模型的能量函数的一个独立的能量项。

Snakes 模型首先需要在感兴趣区域附近给出一条初始曲线,接下来最小化能量泛函,让曲线在图像中发生变形并不断逼近目标轮廓。原始 Snakes 模型由一组控制点:$v(s) = [x(s), y(s)], s \in [0,1]$ 组成,这些点首尾以直线相连构成轮廓线。其中,$x(s)$ 和 $y(s)$ 分别表示每个控制点在图像中的坐标位置。s 是以傅里叶变换形式描述边界的自变量。在 Snakes 模型的控制点上定义能量函数(反映能量与轮廓之间的关系):

$$E = \int_x \left(\alpha \left| \frac{\partial v}{\partial s} \right| + \beta \left| \frac{\partial^2 v}{\partial s^2} \right| + E_{\text{Ext}}(v) \right) ds \tag{4-55}$$

其中,第 1 项称为弹性能量是 v 的一阶导数的模;第 2 项称为弯曲能量,是 v 的二阶导数的模;第 3 项是外部能量(外部力)。在基本 Snakes 模型中一般只取控制点或连线所在位置的图像局部特征,例如梯度,也称图像力(当轮廓 C 靠近目标图像边缘,那么 C 的灰度的梯度将会增大,那么式(4-55)的能量最小,由曲线演变公式知道该点的速度将变为 0,则运动停止。这样,C 就停在图像的边缘位置了,也就完成了分割。那么这个前提就是目标在图像中的边缘比较明显,否则很容易就越过边缘)。

弹性能量和弯曲能量合称内部能量(内部力),用于控制轮廓线的弹性形变,起到保持轮廓连续性和平滑性的作用。而第 3 项代表外部能量,也被称为图像能量,表示变形曲线与图像局部特征吻合的情况。内部能量跟 Snakes 模型的形状有关,而跟图像数据无关;而外部能量跟图像数据有关。在某一点的 α 和 β 的值决定曲线可以在这一点伸展和弯曲的程度。最终对图像的分割转换为求解能量函数 $E_{total}(v)$ 极小化(最小化轮廓的能量)。在能量函数极小化过程中,弹性能量迅速把轮廓线压缩成一个光滑的圆,弯曲能量驱使轮廓线成为光滑曲线或直线,而图像力则使轮廓线向图像的高梯度位置靠拢。因为图像上的点都是离散的,所以用来优化能量函数的算法都必须在离散域中定义。所以求解能量函数 $E_{total}(v)$ 极小化是一个典型的变分问题(微分运算中,自变量一般是坐标等变量,因变量是函数;变分运算中,自变量是函数,因变量是函数的函数,即数学上所谓的泛函。对泛函求极值的问题,数学上称为变分法)。

在离散化条件(数字图像)下,由欧拉方程可知最终问题的答案等价于求解一组差分方程。欧拉方程是泛函极值条件的微分表达式。求解泛函的欧拉方程,即可得到使泛函取极值的驻函数,将变分问题转换为微分问题。

$$0 - \alpha'' - (\alpha - \beta'')^{-n} + 2\beta'' + \beta^m + \beta''' = -PP\left(\frac{1}{v}\right)^0 \tag{4-56}$$

记外部力 $F = -\nabla P$,Kass 等将式(4-56)离散化后,对 $x(s)$ 和 $y(s)$ 分别构造两个五对角阵的线性方程组,通过迭代计算进行求解。在实际应用中一般先在物体周围手动点出控制点作为 Snakes 模型的起始位置,然后对能量函数迭代求解。

4.4.3 语义分割的应用

1. 语义分割在三维重建场景中的应用

随着计算机视觉技术的不断发展,人们对使用计算机模拟现实世界的三维场景越来越感兴趣,对三维重建技术的要求越来越高。基于单幅图像的三维重建是三维重建中一个重要的研究方向,重建过程中的主要困难是信息的不充分性,但由于其重建效率高、成本低廉,在虚拟现实、大型场景重建、城市数字化和文物恢复等领域得到了广泛应用。对真实城市场景的还原效果如图 4-16 所示。

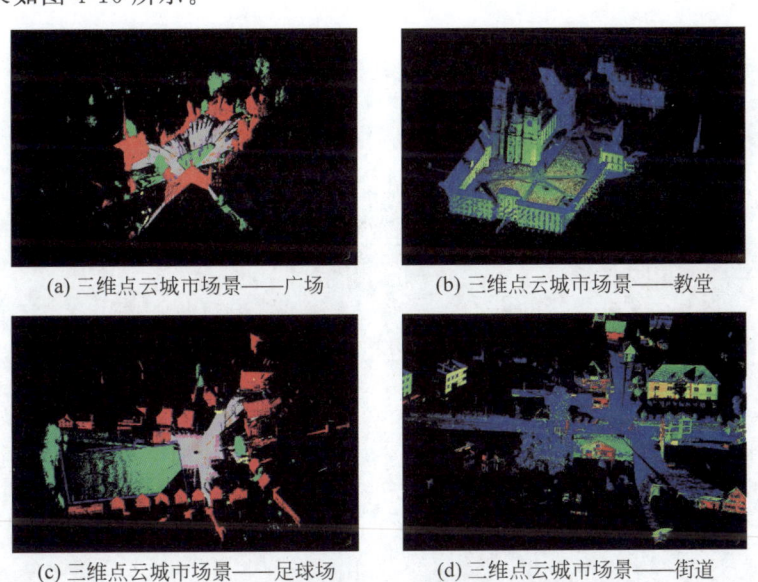

(a) 三维点云城市场景——广场　　(b) 三维点云城市场景——教堂

(c) 三维点云城市场景——足球场　　(d) 三维点云城市场景——街道

图 4-16　对真实城市场景的还原效果

三维重建的步骤如下,其流程如图 4-17 所示。

(1) 三维点云获取(三维点云=三维空间中散点,没有结构;属性:颜色+法向量+空间坐标,能够反映场景大致结构;散乱点云没有结构数据冗余,存储量要求大)。

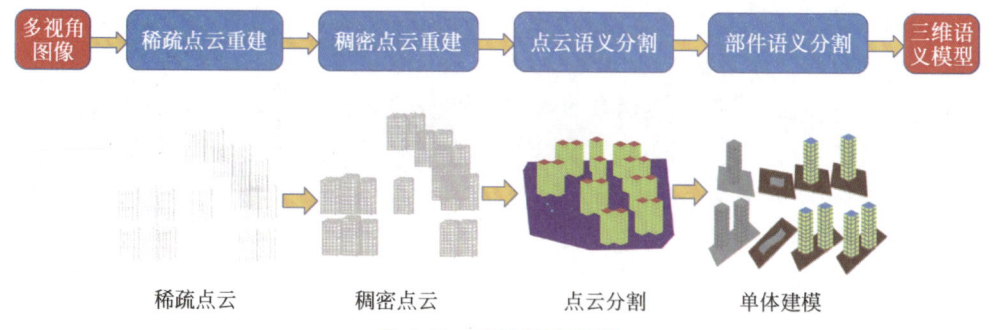

图 4-17　三维重建流程

(2) 几何结构恢复(图形学方法,拓扑结构,点云→网格的表面重建,减少数据存储量,提升渲染逼真度)。

(3) 场景绘制(渲染过程,知道相机参数,自动添加纹理,网格贴上纹理)。

2. 语义分割在道路场景中的应用

近些年,语义分割技术已经深入无人驾驶领域,对于场景的理解和环境的感知是其中一个十分重要的课题。车载摄像头获取到车辆周围的环境图像后,由车辆的智能感知系统深度解析图像信息,获取对环境的可靠描述,以保障车辆的安全行驶。语义分割作为场景理解和环境感知的重要一环,是自动驾驶领域的关键核心技术之一。

道路场景语义分割系统所期望的效果如图 4-18 所示。针对道路场景的图片,能够对图像中的物体进行基于像素级别的分割,在实现图像语义分割的基础之上,对视频帧进行离散化的处理,从而达到处理视频的效果,从而为无人驾驶或智能辅助驾驶提供基础数据的支持。

图 4-18　道路场景语义分割系统所期望的效果

在自动驾驶过程中,不仅需要对路面上的物体进行检测,同时也要实时地对路面情况进行检测。例如,确定路面是沥青路面、鹅卵石路面,还是未铺砌的污垢道路,不同的路面语义分割结果如图 4-19 所示。出于对驾驶员的安全或车辆的保护,甚至为了车内人员的舒适性,需要实时调整车辆的行驶方式。

图 4-19　不同的路面语义分割结果

参考文献

[1] OTSU N. A threshold selection method from gray-level histograms[J]. IEEE Transactions on Systems,Man,and Cybernetics,1979,9(1):62-66.
[2] RIDLER T W,CALVARD S. Picture thresholding using an iterative selection method[J]. IEEE Transactions on Systems,Man,and Cybernetics,1978,8(8):630-632.
[3] SAHOO P K,SOLTANI S,WONG A K C. A survey of thresholding techniques[J]. Computer Vision,Graphics,and Image Processing,1988,41(2):233-260.
[4] NIBLACK W. An introduction to digital image processing[M]. Denmark:Strandberg Publishing Company,1985.
[5] SZELISKI R. Computer vision:algorithms and applications[M]. Berlin:Springer Nature,2022.
[6] DAVIS L S. A survey of edge detection techniques[J]. Computer Graphics and Image Processing,1975,4(3):248-270.
[7] VIOLA P,JONES M. Rapid object detection using a boosted cascade of simple features[C]. CVPR 2001. IEEE,2001,1:1.
[8] BEKKERMAN I,TABRIKIAN J. Target detection and localization using MIMO radars and sonars [J]. IEEE Transactions on Signal Processing,2006,54(10):3873-3883.
[9] ROBERTS L G. Machine perception of three-dimensional solids[D]. Cambridge:Massachusetts Institute of Technology,1963.
[10] PREWITT J M S. Object enhancement and extraction[J]. Picture Processing and Psychopictorics,1970,10(1):15-19.
[11] SOBEL I,FELDMAN G. An isotropic 3×3 image gradient operator for image processing[J]. Machine Vision for Three-Dimensional Scenes,1968,6(1):376-379.
[12] KIRSCH R A. Computer determination of the constituent structure of biological images[J].

Computers and Biomedical Research,1971,4(3):315-328.

[13] MARR D,HILDRETH E. Theory of edge detection[J]. Proceedings of the Royal Society of London: Series B. Biological Sciences,1980,207(1167):187-217.

[14] LOWE D G. Object recognition from local scale-invariant features[C]. ICCV 1999,2:1150-1157.

[15] HOUGH P V C. Method and means for recognizing complex patterns:3069654[P]. 1962-12-18.

[16] LONG J,SHELHAMER E,DARRELL T. Fully convolutional networks for semantic segmentation[C]. CVPR 2015:3431-3440.

[17] HE K,GKIOXARI G,DOLLÁR P,et al. Mask r-cnn[C]. ICCV 2017:2961-2969.

[18] RONNEBERGER O,FISCHER P,BROX T. U-net:convolutional networks for biomedical image segmentation[C]. MICCAI 2015:18th International Conference,Munich,Germany,October 5-9,2015,Proceedings,Part Ⅲ 18. Springer International Publishing,2015:234-241.

[19] CHEN L C,ZHU Y,PAPANDREOU G,et al. Encoder-decoder with atrous separable convolution for semantic image segmentation[C]. ECCV 2018:801-818.

[20] KARGER D R. Global min-cuts in RNC,and other ramifications of a simple min-cut algorithm[C]//Soda. 1993,93:21-30.

[21] ROTHER C,KOLMOGOROV V,BLAKE A. GrabCut interactive foreground extraction using iterated graph cuts[J]. ACM Transactions on Graphics (TOG),2004,23(3):309-314.

[22] KASS M,WTKIN A,TERZOPOULOS D. Snakes:active contour models[J]. International Journal of Computer Vision,1987:321-331.

第5章 特征提取

在图像技术领域的许多应用中,人们总是希望从分割出的区域中分辨出地物类别,例如分辨农田、森林、湖泊、沙滩等;或是希望从分割出的区域中识别出物体,例如在河流中识别舰船、在道路上识别汽车等。分辨地物类别和物体识别的关键前提是物体的特征提取,其好坏直接决定了后续分类和识别任务的效果。

图像特征是用于区分一个图像内部特征的最基本的属性,可分为自然特征和人工特征两大类。自然特征是指图像固有的特征,如图像中的形状、颜色、纹理、角点和边缘等。人工特征是指人们为了便于对图像进行处理和分析而人为认定的图像特征,如图像直方图、图像频谱和图像的各种统计特征(图像的均值、图像的方差、图像的标准差、图像的熵)等。

5.1 图像的特征提取

图像特征提取可以视为广义上的图像变换,即将图像从原始属性空间转换到特征属性空间。该过程是指对图像包含的信息进行处理和分析,并将其中不易受随机因素干扰的信息作为图像的特征提取出来,进而实现将图像的原始特征表示为一组具有明显的物理意义或统计意义的特征。图像特征提取之后,通常还会伴随图像特征的选择。图像特征选择过程是去除冗余信息的过程,其具有提高识别精度、减少运算量、提高运算速度等作用。

图像特征提取根据其相对尺度可分为全局特征提取和局部特征提取。全局特征提取关注图像的整体表征。常见的全局特征包括颜色特征、纹理特征、形状特征、空间位置关系特征等。与全局特征提取过程相比,局部特征提取过程首先需确定要描述的兴趣区域,再对兴趣区域进行特征描述。

5.2　形状特征提取

图像中目标的形状特征包括几何特征和拓扑特征,可由其几何属性(如长短、距离、面积、周长、形状、凸凹等)、统计属性(如不变矩等)、拓扑属性(如孔、连通、欧拉数)等来描述。不同于颜色、纹理等底层特征,对形状特征的描述必须以对图像中的物体或区域对象的分割为前提。

1. 矩形度

目标的矩形度是指目标区域的面积与其最小外接矩形面积之比,反映了目标对其外接矩形的充满程度。矩形度的定义如下:

$$R = \frac{A_0}{A_{\text{MER}}} \tag{5-1}$$

其中,A_{MER} 是最小外接矩形(Minimum External Rectangle,MER)的面积;A_0 是目标区域的面积,可通过对属于该目标区域的像素个数进行统计得到,也即有:

$$A_0 = \sum_{(x,y) \in R} 1 \tag{5-2}$$

分析可知 R 的取值范围为 $0 < R \leqslant 1$,当目标为矩形时,R 取最大值 1;圆形的目标 R 取 $\pi/4$。

2. 圆形度

圆形度是描述一个物体表面的圆形程度、几何形状与理想圆形的接近程度的度量,可用来刻画物体边界的复杂程度,圆形度越小,表示物体的表面越接近于理想的圆形。常见的圆形度测度包括圆形性和致密度。

目标圆形性是指用目标区域 R 的所有边界点定义的特征量,其定义为

$$C = \frac{\mu_R}{\sigma_R} \tag{5-3}$$

其中,若设 (x_i, y_y) 为图像边界点坐标,$(\bar{x}, \bar{y})$ 为图像的重心坐标,则,μ_R 是从区域重心 $(\bar{x}, \bar{y})$ 到边界点的平均距离,定义为

$$\mu_R = \frac{1}{K} \sum_{i=0}^{K-1} |(x_i, y_i) - (\bar{x}, \bar{y})| \tag{5-4}$$

σ_R 是从区域重心到边界点的距离的均方差,定义为

$$\sigma_R = \frac{1}{K} \sum_{i=0}^{K-1} [|(x_i, y_i) - (\bar{x}, \bar{y})| - \mu_R]^2 \tag{5-5}$$

灰度图像的目标区域的重心定义为

$$\bar{x} = \frac{\sum_{j=0}^{N-1} \sum_{i=0}^{M-1} x_i I(x_i, y_j)}{\sum_{i=0}^{M-1} \sum_{j=0}^{N-1} I(x_i, y_j)} \tag{5-6}$$

$$\bar{y} = \frac{\sum_{i=0}^{M-1}\sum_{j=0}^{N-1} y_i I(x_i, y_j)}{\sum_{i=0}^{M-1}\sum_{j=0}^{N-1} I(x_i, y_j)} \tag{5-7}$$

在某些特定情况下,可能会将区域的致密度与圆形度联系起来。例如,在图像处理或计算机视觉中,如果要分析一个区域的圆形度,可以考虑使用像素密度或者轮廓的紧密程度作为指标之一。然而,这种方法可能与传统的圆形度的度量方法略有不同,因为传统上圆形度更倾向于使用几何特征来描述一个区域的形状。致密度 C 通常表示为区域的周长(P)的平方与面积(A)之比:

$$C = \frac{P^2}{A} \tag{5-8}$$

它的另一种表示是区域的形状参数 F,它也是由区域的周长的平方与面积之比得到:

$$F = \frac{P^2}{4\pi A} \tag{5-9}$$

当一个区域为圆形时,F 为 1,当区域为其他形状时,$F>1$,即当区域为圆形时 F 的值达到最小。形状参数在一定程度上描述了区域的紧凑性,它没有量纲,所以,它对尺度变化不敏感。除掉由于离散区域旋转带来的误差,它对旋转也不敏感。

3. 球状性

球状性是一个用来描述物体或者区域形状的概念,指的是物体或区域与球体的相似程度。在不同的领域,球状性可能会以不同的方式进行度量和评估,但通常都与物体的圆形度和几何形状有关。目标的球状性(sphericity)定义为

$$S = \frac{r_i}{r_e} \tag{5-10}$$

该式既可以描述二维目标,也可以描述三维目标。在描述二维目标时,r_i 表示目标区域内切圆的半径,r_e 表示目标区域外接圆的半径,两个圆的圆心都在区域的重心上,如图 5-1 所示。分析可知,S 的取值范围为 $0<S\leqslant 1$。当目标区域为圆形时,目标的球状性值 S 达到最大值 1,而当目标区域为其他形状时,则有 $S<1$。显然,S 不受区域平移、旋转和尺度变化的影响。

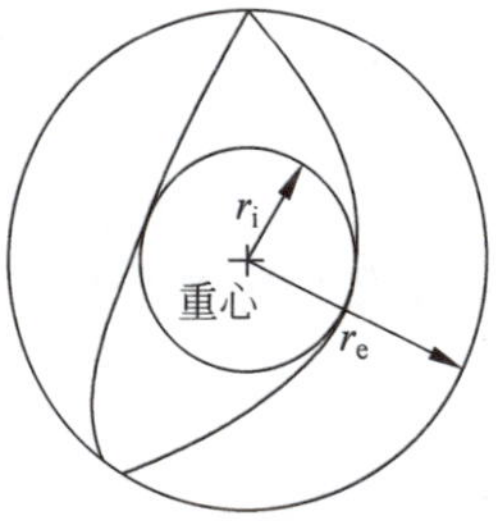

图 5-1 球状性示意

4. 偏心度

区域的偏心度(eccentricity)e 在一定程度上描述了区域的紧凑性。偏心度 e 有多种计算公式,一种简单方法是用区域主轴(长轴)长度与和辅轴(短轴)长度的比值,但是这种计算受物体形状和噪声影响较大。另一种方法是计算惯性主轴比,它基于边界线或整个区域来计算质量。Tenenbaum 提出了计算任意点集 R 偏心度的近似公式。

计算平均量:

$$x_0 = \frac{1}{n}\sum_{x\in R} x, \quad y_0 = \frac{1}{n}\sum_{y\in R} y \tag{5-11}$$

计算 ij 矩:

$$m_{ij} = \sum_{(x,y) \in R} (x - x_0)^i (y - y_0)^i \tag{5-12}$$

计算方向角：

$$\theta = \frac{1}{2} \arctan\left(\frac{2m_{11}}{m_{20} - m_{02}}\right) + n\left(\frac{\pi}{2}\right) \tag{5-13}$$

计算偏心度的近似值：

$$e = \frac{(m_{20} - m_{02})^2 + 4m_{11}}{S}, \quad S \text{ 为面积} \tag{5-14}$$

5.3 颜色特征提取

颜色特征是一种全局特征，描述了图像或图像区域所对应的景物的表面性质。一般颜色特征是基于像素点的特征，所有属于图像或图像区域的像素都有各自的贡献。颜色特征是图像检索和识别中应用最为广泛的视觉特征，与其他视觉特征相比，它对图像的尺寸、方向、视角的依赖性较弱，即相对于图像的尺寸、方向、视角变化具有较好的健壮性。因此，具有较高的稳定性。但颜色特征不能很好地刻画图像对象的局部特征。

目前主要提取的颜色特征包括灰度特征、颜色直方图、颜色矩、颜色集和颜色聚合向量等。

1. 灰度特征

图像灰度特征可以在图像的某些特定的像素点上或其邻域内测定，也可以在某个区域内测定。以 (i,j) 为中心的 $(2M+1) \times (2N+1)$ 邻域内的平均灰度为

$$\bar{f}(i,j) = \frac{1}{(2M+1)(2N+1)} \sum_{x=-M}^{M} \sum_{y=-N}^{N} f(i+x, j+y) \tag{5-15}$$

除了平均灰度外，在有些情况下，还可能要用到区域中的灰度最大值、最小值、中值、顺序值及方差等。

2. 颜色直方图

设图像 f 的像素总数为 n，灰度等级为 L，灰度为 k 的像素全图共有 n_k 个，那么，$h_k = \frac{n_k}{n}, k = 0, 1, \cdots, L-1$，称为 f 的灰度直方图。彩色图像可以定义它的各个颜色分量的直方图。如果是 RGB 模型，可以分别计算 R、G、B 分量的直方图；如果是 HIS 模型，可以分别计算 H、S、I 分量的直方图。其他颜色模型下也可以进行类似操作。图像灰度直方图可以认为是图像灰度概率密度的估计，可以由直方图产生下列特征。

平均值：

$$\bar{f} = \sum_{k=0}^{L-1} k h_k \tag{5-16}$$

方差：

$$\sigma_f^2 = \sum_{k=0}^{L-1} (k - \bar{f})^2 h_k \tag{5-17}$$

能量：

$$f_N = \sum_{k=0}^{L-1} (h_k)^2 \tag{5-18}$$

熵：
$$f_E = -\sum_{k=0}^{L-1} h_k \text{lb} h_k \tag{5-19}$$

根据灰度直方图，可以类似地得到彩色图像的各个分量直方图的相关特征。

3. 颜色矩

矩是一种重要的统计量，用于表征数据分布的特点。在统计学中，一阶矩表示数据分布的均值，二阶矩表示数据分布的方差，三阶矩表示数据分布的偏移度。

图像的颜色矩用于对图像内的颜色分布进行表征，是比较重要的一种全局图像特征表示。可以通过计算颜色矩来描述颜色的分布，图像中任何颜色的分布均可以用它的矩来表示，颜色矩可以直接在RGB空间计算。由于颜色分布信息主要集中在低阶矩，因此，仅采用颜色的一阶矩、二阶矩和三阶矩就足以表达图像的颜色分布。数字图像中颜色分布的统计信息主要集中在低阶矩中。对于数字图像P，其一阶颜色矩的定义为

$$\mu_i = \frac{1}{n}\sum_{j=1}^{n} p_{ij} \tag{5-20}$$

二阶颜色矩的定义为

$$\sigma_i = \left(\frac{1}{n}\sum_{j=1}^{n}(p_{ij}-\mu_i)^2\right)^{\frac{1}{2}} \tag{5-21}$$

三阶颜色矩的定义为

$$s_i = \left(\frac{1}{n}\sum_{j=1}^{N}(p_{ij}-\mu_i)^3\right)^{\frac{1}{3}} \tag{5-22}$$

其中，p_{ij}是第i个颜色分量的第j个像素的值，n是图像的像素点的个数。事实上，一阶矩定义了每个颜色分量的平均值，二阶矩和三阶矩分别定义了颜色分量的方差和偏斜度。针对彩色图像，图像的颜色矩一共有9个分量，每个颜色通道均有3个低阶矩。

4. 颜色集

颜色集又可以称为颜色索引集，是对颜色直方图的一种近似。颜色集的生成步骤是：第一，将图像从RGB图像空间转换到HSV颜色空间等视觉均衡的颜色空间，并将颜色空间量化为若干边长均等的小立方体。第二，使用基于颜色的自动分割技术，将图像划分为若干子区域。第三，使用颜色量化空间中的某个颜色分类索引每个子区域，以将图像表示为一个二进制的颜色索引集。

5. 颜色聚合向量

颜色聚合向量是在颜色直方图上做进一步运算，其核心思想就是将属于颜色直方图的每个颜色量化区间的像素分为两部分，如果该颜色量化区间中的某些像素占据连续区域的面积大于指定阈值，则将该区域内的像素作为聚合像素，否则作为非聚合像素。

颜色聚合向量除了包含颜色频率信息外，还包含颜色的部分空间分布信息，因此其可以获得比颜色直方图更好的效果。颜色聚合向量算法的具体步骤如下。

(1) 量化。颜色聚合向量算法的第一步与求普通的颜色直方图类似，即对图像进行量化处理。一般采用均匀量化方法，量化的目标是使图像中只保留有限个颜色空间。

(2) 连通区域划分。针对重新量化后的像素矩阵，根据像素间的连通性把图像划分为若干连通区域。

(3) 判断聚合性。统计每个连通区域中的像素数目,根据设定的阈值判断该区域中的像素的聚合性,得出每个颜色区间中聚合像素和非聚合像素的总数。

(4) 聚合向量形成。假设 α_i 和 β_i 分别代表重新量化后的第 i 个颜色分量中聚合像素和非聚合像素的总数,则 (α_i, β_i) 称为第 i 个颜色分量的聚合对,图像的颜色聚合向量可以表示为 $((\alpha_1, \beta_1), (\alpha_2, \beta_2), \cdots, (\alpha_N, \beta_N))$。

5.4 统计特征提取

在很多实际问题中,当把图像看成二维随机过程中的一个样本来分析时,就可用图像的统计性质和统计分布规律来描述图像,即图像的统计特征描述方法。根据概率统计知识可知,图像像素的均值等主要反映图像中像素的集中趋势,图像像素的方差和标准差主要反映图像中像素的离中趋势,图像的熵主要反映图像中的平均信息量。

1. 图像的均值

图像的均值也即图像中所有像素的灰度值的平均值。对于一幅 $M \times N$ 的图像,其灰度均值可表示为

$$\bar{f} = \frac{1}{MN} \sum_{x=0}^{M-1} \sum_{y=0}^{N-1} f(x,y) \tag{5-23}$$

一幅图像的灰度平均值还可以用该图像的傅里叶变换系数表示为

$$\bar{f} = \frac{1}{\sqrt{MN}} F(0,0) \tag{5-24}$$

2. 图像的方差

在概率统计中,方差是一组数据中各数值与其算术平均数的离差平方和的平均数,反映的是各观测值之间的离散程度或离中趋势。在图像处理中,图像的方差反映了图像中各像素的离散程度和整个图像中区域(地形)的起伏程度。

对于一幅 $M \times N$ 的图像 f,其方差定义为

$$\sigma_f^2 = \frac{1}{M \times N} \sum_{x=0}^{M-1} \sum_{y=0}^{N-1} [f(x,y) - \bar{f}]^2 \tag{5-25}$$

3. 图像的标准差

图像的标准差反映了图像灰度相对于灰度均值的离散情况。在某种程度上,标准差也可用来评价图像反差的大小。当标准差大时,图像灰度级分布分散,图像的反差大,可以看出更多的信息;当标准差小时,图像反差小,对比度不大,色调单一均匀,看不出太多的信息。

对于一幅 $M \times N$ 的图像 f,标准差是其方差的平方根,并可定义为

$$\sigma_f = \left[\frac{1}{M \times N} \sum_{x=0}^{M-1} \sum_{y=0}^{N-1} [f(x,y) - \bar{f}]^2 \right]^{\frac{1}{2}} \tag{5-26}$$

4. 图像的一维熵

图像的熵反映了图像中平均信息量的多少。图像的一维熵表示图像中灰度分布的聚集

特征所包含的信息量。

对于一幅灰度级为$\{0,1,\cdots,L-1\}$的数字图像,若设每个灰度级出现的概率为$\{p_0, p_1,\cdots,p_{L-1}\}$,则图像的一维信息熵定义为

$$H = -\sum_{i=0}^{L-1} p_i \cdot \ln p_i \tag{5-27}$$

5. 图像的二维熵

设用i表示图像像素的灰度值,用j表示图像的邻域灰度均值,且$0 \leqslant i,j \leqslant L-1$;用图像像素的灰度值和反映图像灰度分布的空间特征量(图像的邻域灰度均值)组成特征二元组(i,j),则反映某像素位置上的灰度值与其周围像素的灰度分布的综合特征可表述为

$$P_{i,j} = N(i,j)/M^2 \tag{5-28}$$

其中,$N(i,j)$为特征二元组出现的频数,M为测量窗口中像素的个数。基于上述条件就可把图像的二维熵定义为

$$H = -\sum_{i=0}^{L-1}\sum_{j=0}^{L-1} P_{i,j} \log P_{i,j} \tag{5-29}$$

5.5 纹理特征提取

纹理是图像描述的重要内容,纹理特征描述的是图像或图像区域所对应景物的表面性质。一般来说,纹理是对图像的像素灰度级在空间上的分布模式的描述,反映物品的质地,如粗糙度、光滑性、颗粒度、随机性和规范性等。

在自然景物中,类似于砖墙那种具有重复性结构的图案可以看作一种纹理。在图像中,由某种模式重复排列所形成的结构可看作纹理。图像纹理反映了物体表面颜色和灰度的某种变化,而这些变化又与物体本身的属性相关。

与颜色特征不同,纹理特征不是基于像素点的特征,它需要在包含多个像素点的区域中进行统计计算。作为一种统计特征,纹理特征一般具有旋转不变性,并且对于噪声有较强的抵抗能力。在计算彩色图像的纹理特征时,一般是将其转换为灰度图像,再计算对应的灰度图像的纹理特征。

5.5.1 纹理特征的分类

从纹理的组成规律角度来说,纹理可以分为确定性纹理和随机性纹理。

(1) 确定性纹理(规则的或结构的):纹理是由纹理基元按某种确定性的规律组成的。确定性纹理实例如图5-2所示。

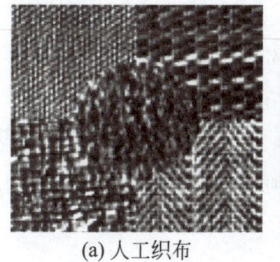

(a) 人工织布　　(b) 人工地砖

图 5-2　确定性纹理实例

（2）随机性纹理（不规则的）：纹理是由纹理基元按某种统计规律组成的。随机性纹理实例如图 5-3 所示。

(a) 堆积的食物　　　　(b) 合成的水浪

图 5-3　随机性纹理实例

从纹理的形成原因角度来说，纹理可以分为人工纹理和自然纹理。

（1）人工纹理：一般由线段、星号、三角形、矩形、圆、字母、数字等符号有规律地排列组成。人工纹理往往是有规则的，属于确定性纹理。人工纹理实例如图 5-4 所示。

(a) 衣服图案　　　　(b) 手工织网

图 5-4　人工纹理实例

（2）自然纹理：自然景物所呈现的部分重复性的结构，例如砖墙、沙滩、草地等。自然纹理往往是无规则的，属于随机性纹理。自然纹理实例如图 5-5 所示。

(a) 草　　　　(b) 花

图 5-5　自然纹理实例

5.5.2　图像纹理的主要特性

对纹理的特征可定性地用以下一种或几种描述来表征：粗糙的、细致的、平滑的、颗粒状的、画线状的、波纹状的、随机的、不规则的等。

纹理是一种有组织的区域现象，其基本特征是移不变性，即对纹理的视觉感知基本与其在图像中的位置无关。这种移不变性可能是确定性的，也可能是随机的，但也可能存在着介于这两者之间的类别。

1. 粗糙度

纹理基元是具有局部灰度特征和结构特征的。纹理的粗糙度与纹理基元的结构及尺寸,以及纹理基元的空间重复周期有关。纹理基元的尺寸大则意味着纹理粗糙,其尺寸小则意味着纹理细致;纹理基元的空间周期长意味着纹理粗糙,周期短则意味着纹理细致。粗糙度是最基本、最重要的纹理特征。

2. 方向性

某个像素点的方向性是指该像素点所在的邻域所具有的方向性。所以,纹理的方向是一个区域上的概念,是在一个大的邻域内呈现出的纹理的方向特性。例如,斜纹织物具有的明显的方向性,就是从一个大的邻域内的统计特性角度表现出的纹理特征的方向性。根据纹理自身的方向性,纹理可分为各向同性纹理和各向异性纹理。

3. 规则性

纹理的规则性是指纹理基元是否按照某种规则(规律)有序地排列。如果纹理图像(或图像区域)是由某种纹理基元按某种确定的规律排列而形成,则称为规则性纹理;如果纹理图像(或图像区域)是由某种纹理基元随机性地排列而形成,则称为非规则性纹理。

5.5.3 图像纹理特征的描述方法

1. 统计分析法

统计分析法又称为基于统计纹理特征的检测方法,根据小区域纹理特征的统计分布情况,通过计算像素的局部特征分析纹理的灰度级的空间分布。统计分析法主要包括灰度直方图法、灰度共生矩阵法、灰度行程长度法、灰度差分统计法、交叉对角矩阵法以及自相关函数法等。

2. 结构分析法

结构分析法认为纹理基元几乎具有规范的关系,因而假设纹理图像的基元可以分离出来,并以基元的特征和排列规则进行纹理分割。

该方法根据图像纹理小区域内的特点和它们之间的空间排列关系,以及偏心度、面积、方向、矩、延伸度、欧拉数、幅度周长等特征分析图像的纹理基元的形状和排列分布特点,目的是获取结构特征和描述排列的规则。结构分析法主要应用于已知基元的情况,对纤维、砖墙这种结构要素和规则都比较明确的图像分析相对有效。

3. 模型分析法

模型分析法根据每个像素和其邻域像素存在的某种相互关系及平均亮度为图像中各个像素点建立模型,然后由不同的模型提取不同的特征量进行参数估计。典型的模型分析法有自回归方法、马尔可夫随机场方法和分形方法等。本方法的研究目前进展比较缓慢。

4. 频谱分析法

频谱分析法又称为信号处理法和滤波方法。该方法是将纹理图像从空间域变换到频率域,然后通过计算峰值处的面积、峰值与原点的距离平方、峰值处的相位、两个峰值间的相角差等,来获得在空间域不易获得的纹理特征,如周期、功率谱信息等。典型的频谱分析法有二维傅里叶(变换)滤波方法、Gabor(变换)滤波方法和小波方法等。

5.5.4 基于灰度共生矩阵的纹理特征提取方法

灰度共生矩阵法也称联合概率矩阵法,是一种基于图像中某一灰度级结构重复出现的概率来描述图像纹理信息的方法。该方法用条件概率提取纹理的特征,通过统计空间上具有某种位置关系(像素间的方向和距离)的一对像素的灰度对出现的概率构造矩阵,然后从该矩阵提取有意义的统计特征来描述纹理。灰度共生矩阵可以得到纹理的空间分布信息。

1. 灰度共生矩阵的概念和定义

设纹理图像特征的大小为 $M \times N$,图像的灰度级为 L。若记 $L_x = \{0,1,\cdots,M-1\}$,$L_y = \{0,1,\cdots,N-1\}$,$G = \{0,1,\cdots,L-1\}$,则可把该图像 f 理解为从 $L_x \times L_y$ 到 G 的一个映射,也即 $L_x \times L_y$ 中的每个像素点对应一个属于该图像 f 的灰度值: $f: L_x \times L_y \to G$。

若设纹理图像的像素灰度值矩阵中任意两不同像素的灰度值分别为 i 和 j,则该图像的灰度共生矩阵定义为:沿 θ 方向、像素间隔距离为 d 的所有像素对中,其灰度值分别为 i 和 j 的像素对出现的次数,记为 $P(i,j,d,\theta)$。$P(i,j,d,\theta)$ 显然是像素间隔距离为 d、方向为 θ 的灰度共生矩阵中第 i 行第 j 列的元素。生成方向 θ 一般取 $0°$、$45°$、$90°$ 和 $135°$ 这 4 个方向的值。

对于不同的 θ,其灰度共生矩阵的元素定义如下:

$$P(i,j,d,0°) = \#((k,l),(m,n)) \in ((L_x \times L_y) \times (L_x \times L_y))$$
$$k-m = 0, |l-n| = d \tag{5-30}$$

其中:

(1) $((k,l),(m,n)) \in ((L_x \times L_y) \times (L_x \times L_y))$ 的含义:一是表示 k 和 m 的取值范围是 L_x,l 和 n 的取值范围是 L_y;二是表示 (k,l) 和 (m,n) 的取值范围是待分析图像的全部像素点左边;三是表示 $f(k,l) = i$,$f(m,n) = j$。

(2) $\#(i,j)$ 表示的是灰度共生矩阵中的一个元素。位于灰度共生矩阵 (i,j) 处的元素 $\#(i,j)$ 的值是待分析图像中,沿 θ 方向、像素间隔距离为 d 的所有像素对中,其起点像素的灰度值为 i、终点像素的灰度值为 j 的像素对的个数。

(3) d 为生成灰度共生矩阵时像素点之间的距离(步长),d 的取值要根据纹理的分布特性进行选取:对于粗糙的纹理,d 的值应选取较小一些(一般取 1 或 2),反之,比较平滑的纹理,d 的值应选取较大一些(一般取 2~5)。通常要根据纹理特征的提取效果实验性地确定步长,一般情况下,d 值取 1。

(4) 相邻像素点的统计为正向统计结果与反向统计结果之和。例如,当取 $d=1$ 和 $\theta = 0°$ 时,图像中每一行有 $2(N-1)$ 个水平相邻像素点对,整个图像总共有 $2M(N-1)$ 个水平相邻像素点对。当取 $d=1$ 和 $\theta = 45°$ 时,整个图像共有 $2(M-1) \times (N-1)$ 个相邻像素点对。同理可计算出 $\theta = 90°$ 和 $135°$ 时的相邻像素点对的数量。

(5) 在 d 值和 θ 值给定的情况下,有时将灰度共生矩阵 $(P(i,j,d,\theta))$ 简写。如 $d=1$ 和 $\theta = 0°$ 时,简写为 $P(1,0°)$。

对于不同的 θ,其灰度共生矩阵的元素定义如下:

$$P(i,j,d,0°) = \#((k,l),(m,n)) \in ((L_x \times L_y) \times (L_x \times L_y))$$
$$k-m = 0, |l-n| = d \tag{5-31}$$

$$P(i,j,d,45°) = \#((k,l),(m,n)) \in ((L_x \times L_y) \times (L_x \times L_y))$$
$$k-m=d, l-n=-d \text{ 或 } k-m=-d, l-n=d \tag{5-32}$$

$$P(i,j,d,90°) = \#((k,l),(m,n)) \in ((L_x \times L_y) \times (L_x \times L_y))$$
$$|k-m|=d, l-n=0 \tag{5-33}$$

$$P(i,j,d,135°) = \#((k,l),(m,n)) \in ((L_x \times L_y) \times (L_x \times L_y))$$
$$k-m=d, l-n=d \text{ 或 } k-m=-d, l-n=-d \tag{5-34}$$

因此,当 $d=1$ 时,4×4 的灰度共生矩阵可形象地理解为如下形式:

$$(P(i,j,1,\theta)) = \begin{bmatrix} \#(0,0) & \#(0,1) & \#(0,2) & \#(0,3) \\ \#(1,0) & \#(1,1) & \#(1,2) & \#(1,3) \\ \#(2,0) & \#(2,1) & \#(2,2) & \#(2,3) \\ \#(3,0) & \#(3,1) & \#(3,2) & \#(3,3) \end{bmatrix} \tag{5-35}$$

2. 灰度共生矩阵的特点

(1) 矩阵大。若图像的灰度级为 L,则灰度共生矩阵大小为 $L \times L$。由于一般的 256 灰度级图像有 $L=2^8$,则对应的灰度共生矩阵的元素就为 2^{16},显然会导致大的计算量。因此,目前的做法是在保证图像纹理特征变化不大的情况下,对图像的灰度级进行归一化处理,也即将 256 灰度级变换到 16 灰度级或 32 灰度级。

(2) 灰度共生矩阵是对称矩阵。矩阵中元素对称于主对角线,也即 $P(i,j,d,\theta) = P(j,i,d,\theta)$。这是因为在每个方向上,实际上包含了一条线的两个方向,也即水平方向包含了 0°方向和 180°方向;45°方向包含了 45°方向和 225°方向。

(3) 分布于主对角线及两侧元素值的大小与纹理粗糙度有关。沿着纹理方向的共生矩阵中,主对角线上的元素的值很大,而其他元素的值全为 0,说明沿着纹理方向上没有灰度变化。如果靠近主对角线的元素值较大,说明纹理方向上灰度变化不大,则图像的纹理较细;如果靠近主对角线的元素值较小,而较大的元素值离开主对角线向外散布,说明纹理方向上灰度变化频繁(变化大),则图像的纹理较粗糙。

(4) 矩阵中元素值的分布与图像信息的丰富程度有关。如果元素相对于主对角线越远,且元素值越大,则元素的离散性越大。这意味着相邻像素间灰度差大的比例较高,说明图像中垂直于主对角线方向的纹理较细;如果相反则说明图像中垂直于主对角线方向的纹理较粗糙。当非主对角线上的元素(归一化)值全为 0 时,矩阵中元素的离散性最小,则图像中主对角线方向上的灰度变化频繁,具有较大的信息量。

3. 灰度共生矩阵的纹理特征参数

灰度共生矩阵并不能直接提供纹理信息。在实际应用中,对纹理图像进行分析的特征参数是基于该图像的灰度共生矩阵计算出的特征量表征的。所以,为了能描述纹理的状况,还需要从灰度共生矩阵中进一步导出能综合表现图像纹理特征的特征参数,也称为二次统计量。

Haralick 等给出了利用灰度共生矩阵描述图像纹理统计量的 14 种特征参数,主要有能量(角二阶矩)、对比度、熵、相关性、均匀性、逆差矩、和平均、和方差、和熵、差方差(变异差异)、差熵、局部平稳性、相关信息测度 1、相关信息测度 2 等。Ulaby 等研究发现,在灰度共生矩阵的 14 个纹理特征参数中,仅有能量、对比度、相关性和逆差矩这 4 个特征参数是不相关的,且其既便于计算又能给出较高的分类精度。对比度、熵和相关性是 3 个分辨力最好的特征参数。

设 $P(i,j,d,\theta)$ 为图像中像素距离为 d、方向为 θ 的灰度共生矩阵的 (i,j) 位置上的元素值,下面给出几种典型的灰度共生矩阵纹理特征参数。

(1) 角二阶矩(能量)。

$$\mathrm{ASM} = \sum_{i=0}^{n-1}\sum_{j=0}^{n-1} P^2(i,j,d,\theta) \tag{5-36}$$

(2) 对比度。

$$\mathrm{CON} = \sum_{i=0}^{n-1}\sum_{j=0}^{n-1} [(i-j)^2 P(i,j,d,\theta)] \tag{5-37}$$

(3) 熵。

$$\mathrm{COR} = \sum_{i=0}^{n-1}\sum_{j=0}^{n-1} [(i-j)P(i,j,d,\theta) - u_x u_y]/(\sigma_x \sigma_y) \tag{5-38}$$

其中

$$u_x = \sum_{i=0}^{n-1} i \sum_{j=0}^{n-1} P(i,j,d,\theta), \quad u_y = \sum_{i=0}^{n-1} j \sum_{j=0}^{n-1} P(i,j,d,\theta)$$

$$\sigma_x = \sum_{i=0}^{n-1}(i-u_x)^2 \sum_{j=0}^{n-1} P(i,j,d,\theta), \quad \sigma_y = \sum_{i=0}^{n-1}(j-u_y)^2 \sum_{j=0}^{n-1} P(i,j,d,\theta)$$

(4) 均匀性。

$$\mathrm{HOM} = \sum_{i=0}^{n-1}\sum_{j=0}^{n-1} \frac{1}{1+|i-j|} P(i,j,d,\theta) \tag{5-39}$$

(5) 逆差矩。

$$\mu_k' = \sum_{i=0}^{n}\sum_{j}^{n} P(i,j,d,\theta)/(i-j)^k, i \neq j \tag{5-40}$$

5.6 过零点特征提取

在图像处理和计算机视觉领域中,过零点是一个常用的概念,它指的是图像的边缘、轮廓等区域的像素点,即像素值从正数变为负数或从负数变为正数的像素位置。过零点可以用于图像边缘检测、特征提取等多种应用场景。

5.6.1 过零点的概念及发展

过零点的概念最初来源于信号处理领域。在处理信号时,过零点通常被用于检测信号中的波形性质。波形上的过零点是指信号穿过水平基线的位置,即信号由正值变为负值或由负值变为正值的位置。

过零点是图像中目标与背景的理论分界点,其特征为过渡区法截面灰度曲线二阶微分为 0。但在数字图像离散条件下,受噪声干扰,过零点的二阶微分并不一定为 0,它的提取十分困难。不同的过零点检测算法会得到不同的过零点图,多数算法都是基于某种卷积核来实现的。在常见的 Sobel、Prewitt、Laplacian 等算法中,通过对图像进行卷积操作,可以得到一组梯度图像。通过对梯度图像进行过零点检测，就能够得到相应的边缘图像。自 20 世纪 80 年代以来，以 Haralick、Huertas 和 Medioni 等为代表的学者对过零点的概念以及其在图像边缘检测领域的应用展开了研究。

5.6.2 过零点不变特性

图像处理领域中，过零点是指图像经过 Laplacian 算子或者 LoG 算子等二阶微分算子处理后，图像灰度值由正变为负或者由负变为正的位置。过零点具有以下特征和规律。

（1）过零点通常出现在图像的边缘或者纹理区域，因为这些区域的灰度变化比较剧烈，容易产生二阶导数的符号变化。

（2）过零点的数量和位置与二阶微分算子的尺度有关，尺度越大，过零点越少，位置越接近图像的主要边缘；尺度越小，过零点越多，位置越分散。

（3）过零点可以用来检测图像的边缘和角点，因为边缘和角点是图像中灰度变化最明显的地方，也是图像的重要特征之一。过零点检测的优点是可以得到细致的边缘和角点信息；缺点是容易受到噪声的影响，需要进行平滑处理。

过零点还具有以下 3 种不变特性：模糊不变性、旋转不变性和尺度不变性。过零点的提取只涉及加、减、判断等运算，没有乘、除运算，计算量小。

过零点的结构如图 5-6 所示。

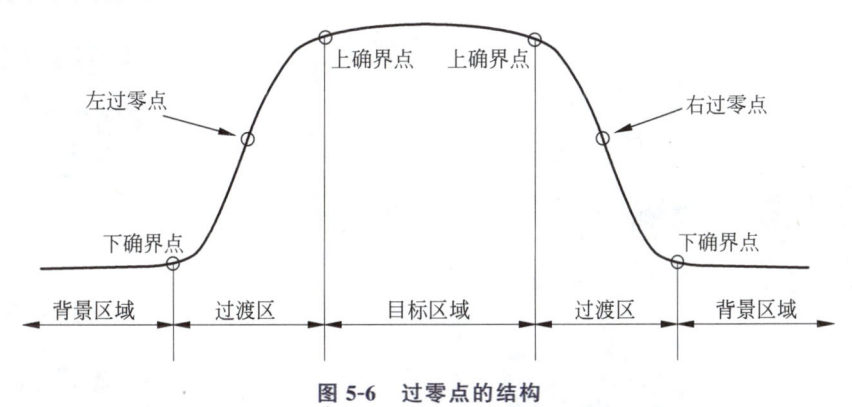

图 5-6 过零点的结构

过零点对：图像目标与背景过渡区的法截面线上，由背景区域过渡到目标区域时称为左过零点，目标区域过渡到背景区域时称为右过零点，左、右过零点组成过零点对。

上、下确界点：以过零点为中心，上确界点为目标与过渡区的交界点，下确界点为背景与过渡区的交界点。

理论边界线：一系列连续的过零点构成了目标与背景的理论边界线。

在数字图像处理中，如果图像灰度变化剧烈，进行一阶微分则会形成一个局部的极值，由数学上的知识可知，对图像进行二阶微分则会形成一个过零点，并且在零点两边产生一个波峰和波谷。对于离散的图像数据，使用差分来计算过零点，将二阶差分改为多阶差分，可以使得算子对于图像的细节信息更加敏感。差分的计算公式为：$D(x_i) = \dfrac{1}{N} \sum\limits_{n=1}^{N} (x_i -$

x_{i+n}），其中，N 为差分阶数。一个三阶的差分曲线如图 5-7 所示，$x_{\min}$ 和 $x_{\max}$ 分别对应过零点对的左过零点和右过零点。

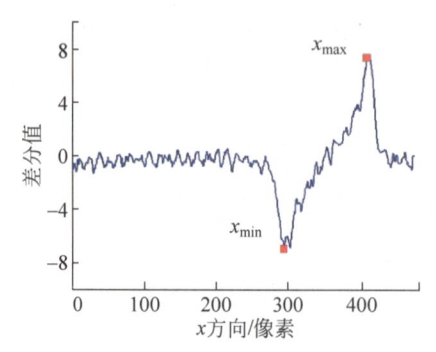

图 5-7　一个三阶的差分曲线

5.6.3　过零点特征在目标检测中的应用

过零点特征广泛应用于统一复原、路面车辙激光线提取、复杂背景下多旋翼无人机的要害部位检测等工程中，能够保证方法的实时性及检测准确性。

利用过零点、过零点连续性、曲率峰值等多维特征，通过反演计算，实现非合作飞行目标要害部位的实时检测与跟踪。例如，一种基于梯度与极值特征的过零点提取方法流程如图 5-8 所示。

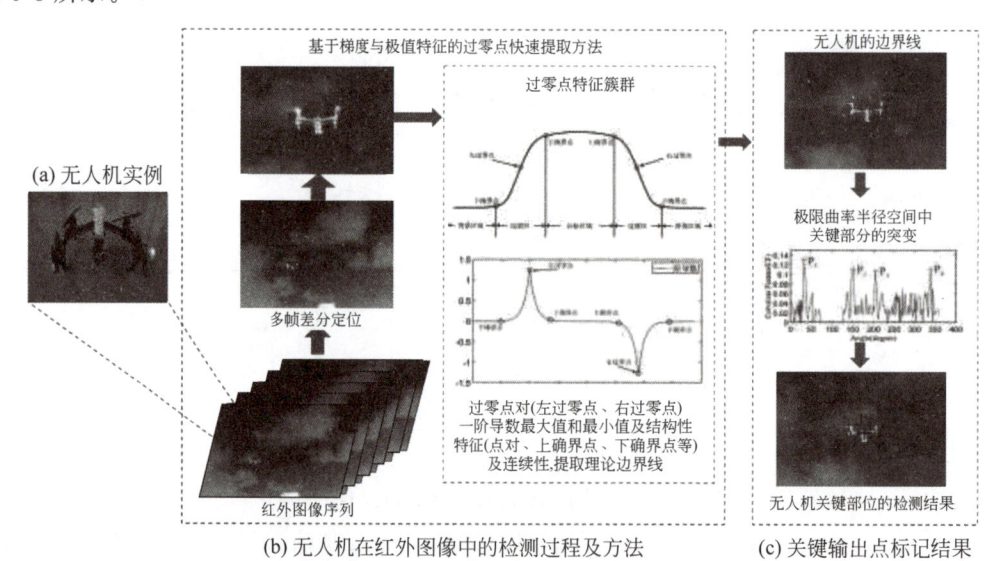

图 5-8　基于梯度与极值特征的过零点提取方法流程

一种非合作无人机的检测实例如图 5-9 所示。

空中非合作目标还包括侦察气球，对侦察气球的检测示例如图 5-10 所示。

(a) 无干扰要害部位检测 　　　　(b) 天空背景下要害部位检测

(c) 低温树木下要害部位检测 　　(d) 高温树木下要害部位检测

图 5-9　非合作无人机在不同条件下的要害部位检测实例

(a) 侦察白气球绳结点检测 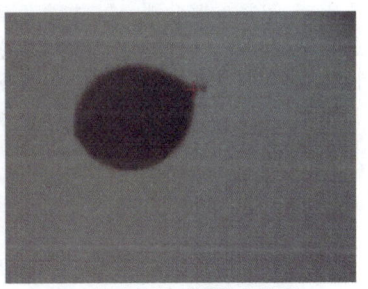　　　(b) 侦察黑气球绳结点检测

(c) 气球过零点边界曲线绳结点检测结果(精准)

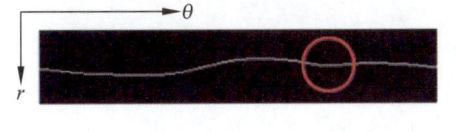

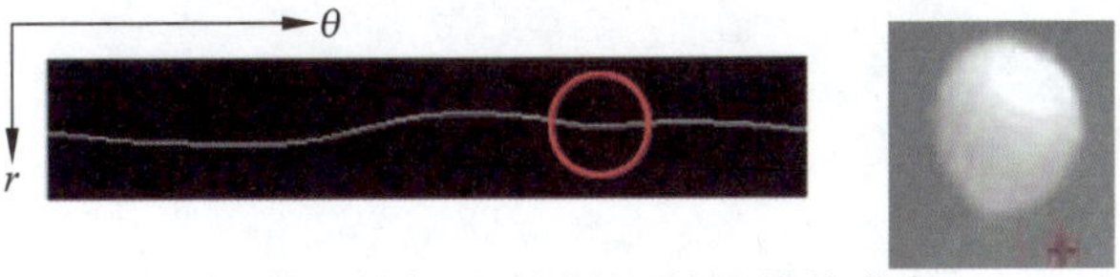

(d) 图像分割法及绳结点检测结果(错误，偏离)

图 5-10　非合作侦察气球检测示例

参考文献

[1]　GONZALEZ R C,WOODS R E.数字图像处理[M].4 版.北京：电子工业出版社,2020.
[2]　章毓晋.图像工程[M].4 版.北京：清华大学出版社,2018.
[3]　洪汉玉.现代图像图形处理与分析[M].北京：中国地质大学出版社,2011.
[4]　阮秋琦.数字图像处理学[M].3 版.北京：电子工业出版社,2013.

[5] 龚声蓉,刘纯平,王强.数字图像处理与分析[M].北京:清华大学出版社,2006.
[6] 陈汗青,万艳玲,王国刚.数字图像处理技术研究进展[J].工业控制计算机,2013,26(1):72-74.
[7] 张铮,徐超,任淑霞,等.数字图像处理与机器视觉[M].北京:人民邮电出版社,2014.
[8] 张德丰.数字图像处理(MATLAB版)[M].北京:人民邮电出版社,2015.
[9] 余成波.数字图像处理及MATLAB实现[M].重庆:重庆大学出版社,2003.
[10] 贾永红.数字图像处理[M].武汉:武汉大学出版社,2006.
[11] 刘直芳,王运琼,朱敏.数字图像处理与分析[M].北京:清华大学出版社,2006.
[12] 黄爱民,安向京,骆力,等.数字图像处理与分析基础[M].北京:中国水利水电出版社,2010.
[13] 陈天华.数字图像处理[M].北京:清华大学出版社,2007.
[14] 邓继忠,张泰岭.数字图像处理技术[M].广州:广东科技出版社,2005.
[15] 章霄,董艳雪,赵文娟,等.数字图像处理技术[M].北京:冶金工业出版社,2005.
[16] 吴国平.数字图像处理原理[M].武汉:中国地质大学出版社,2007.
[17] 沈庭芝,方子文.数字图像处理及模式识别[M].北京:北京理工大学出版社,2007.
[18] 王慧琴.数字图像处理[M].北京:北京邮电大学出版社,2006.
[19] 李子奇,李玉婷,蔡英文.数字图像处理与模式识别[M].北京:清华大学出版社,2004.
[20] 袁韬,黄鹏飞,杨红卫.数字图像处理[M].2版.北京:电子工业出版社,2019.
[21] 陈康华.数字图像处理[M].2版.北京:电子工业出版社,2013.
[22] 何晓军,李洪涛.数字图像处理[M].北京:清华大学出版社,2012.
[23] 曹健林,杨健,刘江.数字图像处理与模式识别[M].北京:清华大学出版社,2018.
[24] 王国胤,陈为.数字图像处理[M].北京:机械工业出版社,2006.
[25] 孙进军,刘小波,封达.数字图像处理技术及MATLAB实现[M].北京:清华大学出版社,2013.
[26] 李炳青,卢宏涛,马世豪.图像处理与计算机视觉[M].北京:清华大学出版社,2015.
[27] HARALICK R M, SHANMUGAM K. Textural features for image classification[J]. IEEE Transactions on Systems Man and Cybernetics,1973,3(6):610-621.
[28] ULABY F T, KOUYATE F, BRISCO B, et al. Textural information in SAR images[J]. IEEE Transactions on Geoscience and Remote Sensing,1986,24(2):235-245.
[29] HARALICK R M. Digital step edges from zero crossing of second directional derivatives[J]. IEEE Transactions on Pattern Analysis and Machine Intelligence,1984,6(1):58-68.
[30] HUERTAS A, MEDIONI G. Detection of intensity changes with subpixel accuracy using Laplacian-Gaussian masks[J]. IEEE Transactions on Pattern Analysis and Machine Intelligence,1986,8(5):651-664.

第6章

图像统一复原

6.1 概述

引起图像退化的原因很多,不同退化方式具有不同的退化模型,目前的退化图像复原方法是寻找各种具体的退化模式和模型,然后进行反卷积复原图像,如散焦图像的恢复、运动模糊图像的恢复、大气湍流退化图像的恢复。到目前为止还没有人提出一个普遍使用的统一的复原方法。实际上,从模糊退化图像中是很难分清图像退化模式的,因此,研究和提出统一复原方法是很有实际意义和实用价值的。

图像的轮廓信息是图像信息的重要载体,当图像被模糊退化后,模糊退化方式及模型信息主要隐藏和表现在退化图像的轮廓区域中,因此提取退化图像的轮廓,利用轮廓周边信息预测清晰图像轮廓周边信息,进而寻找退化模式的统一数学模型是完全可能的。这样可以避开现有图像复原算法的所有缺点,转变思维,走出目前图像复原领域中的困境,实现实时统一复原。

因此,我们研究和提出一种基于图像边缘信息预测图像退化模式的统一复原方法。主要利用高斯差分(DoG)算子的边缘检测算法从模糊图像中提取目标轮廓,并在此基础上预测轮廓附近区域的清晰图像,然后利用预测的局部清晰图像和已知的模糊图像,构造关于点扩散函数的非负最小二乘控件平滑性约束的极小化准则函数,求出点扩散函数,最后进行非线性滤波得到清晰图像。

6.2 图像复原步骤与质量评价

图像的降晰过程实际上是一个卷积过程,相应地,图像复原就是一个图像反卷积过程。以上所介绍的几种方法,都是基于以各种方法估计出成像系统的点扩散函数(PSF)而实现的;另外,在图像复原领域,还有另外一个重要方面——盲反卷积。即在成像系统的点扩散函数或传递函数未知的情况下,依据一个降晰并受噪声污染的观测来估计原来的真实图像。

图像模糊过程可以用下式表示:

$$g = Hf + n \tag{6-1}$$

其中,g 为清晰的图像,f 为原图像,H 是由脉冲点扩散函数(PSF)所确定的线性模糊因子。

盲反卷积就是根据图像的退化模型,估计出 f 和 H。多年来,在反卷积领域,人们提出了多种不同的方法来求解盲反卷积问题,包括迭代支持域限制技术等。造成气动光学图像模糊的原因复杂,因此,应用盲迭代反卷积法能够较好地从模糊图像中恢复出原始的清晰图像。

利用傅里叶变换可以将图像在频率域和时间域之间反复地变换,在变换过程中加进希望的限制信号在两个域中进行反复修改,使得最后产生出希望的图像。这类利用傅里叶变换和傅里叶逆变换反复迭代的方法称为 Gerchberg-Papoulis 算法。对于盲反卷积问题,Ayers 和 Dainty 设计了一个迭代算法,该算法是由 Gerchberg-Papoulis 算法演变而来的,其过程如图 6-1 所示。

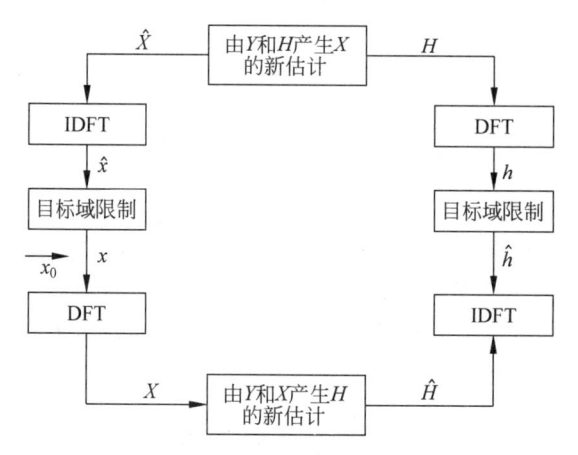

图 6-1 利用傅里叶变换的迭代盲反卷积算法

计算从一个起始预置 x_0 开始,然后交替地使用 DFT 和 IDFT,对目标 x 和卷积核 h 可以施加目标域限制,例如正性限制、支持域限制和其他符合先验知识的限制。估计 X 和 H 的频率域算法经过不断的改进,从原来简单的逆滤波发展到 Winner 滤波,再到现在常用的增量 Winner 滤波。增量 Winner 滤波的频率域估计公式为

$$\hat{x}_{\text{new}}(u,v) = \hat{x}_{\text{old}}(u,v) + \frac{\hat{H}^*(u,v)S(u,v)}{|\hat{H}(u,v)|^2 + \gamma_x} \tag{6-2}$$

$$\hat{H}_{\text{new}}(u,v) = \hat{H}_{\text{old}}(u,v) + \frac{\hat{H}^*(u,v)S(u,v)}{|\hat{H}(u,v)|^2 + \gamma_h} \tag{6-3}$$

其中

$$S(u,v) = \gamma(u,v) - \hat{X}(u,v)\hat{H}(u,v) \tag{6-4}$$

其中,γ_x 和 γ_h 为小常数。

对于 γ_x 和 γ_h,如果信噪比较低,应取较大值,这样可以保证解的平滑性,但改善速度较慢;反之,较小的取值有可能使结果很快接近一个不平滑的逆滤波解。

经验表明：上述算法通常能够得出相对较近的解，并且所需的计算量相对较低，是进行气动光学模糊图像校正的比较有效的方法。但是，该算法也存在收敛性不稳的问题，因此，常用每次迭代循环后的误差 $E = \| y - xh \|^2$ 来作为衡量标准函数。并且，反卷积的求解过程本身就相当困难，具有病态性，很难保证解的唯一性和算法的健壮性，且算法的快速实时性、收敛性和在高速飞行器成像探测系统中的实用性还有待进一步研究。

图像恢复完成以后，需要对图像恢复效果进行评价。令 $f(x,y)$ 为原参考图像，即清晰图像，$g(x,y)$ 为退化图像，$\hat{f}(x,y)$ 为恢复后的图像，图像大小为 $M \times N$，我们采用如下参数对图像复原质量进行评价。

(1) 均方根误差(Root Mean Square Error, RMSE)。

$$\text{RMSE} = \sqrt{\frac{1}{NM} \sum_{x=0}^{N-1} \sum_{y=0}^{M-1} [f(x,y) - K \cdot \hat{f}(x,y)]^2} \qquad (6-5)$$

其中，$K = \dfrac{\sum\limits_{x=0}^{N-1} \sum\limits_{y=0}^{M-1} f(x,y)}{\sum\limits_{x=0}^{N-1} \sum\limits_{y=0}^{M-1} \hat{f}(x,y)}$。均方根误差衡量的是恢复后图像 $\hat{f}(x,y)$ 与原参考图像 $f(x,y)$ 的像素灰度值的均方根误差，是基于像素误差的评价方法。

(2) 归一化均方误差(Normalized Mean Square Error, NMSE)。

$$\text{NMSE} = \frac{\sqrt{\sum\limits_{x=0}^{N-1} \sum\limits_{y=0}^{M-1} [f(x,y) - K \cdot \hat{f}(x,y)]^2}}{\sum\limits_{x=0}^{N-1} \sum\limits_{y=0}^{M-1} f(x,y)} \qquad (6-6)$$

这里归一化均方误差是对 $\hat{f}(x,y)$ 和 $f(x,y)$ 的均方误差进行归一化处理。

(3) 相对平均误差(Relative Mean Error, RME)。

$$\text{RME} = \frac{\sum\limits_{x=0}^{N-1} \sum\limits_{y=0}^{M-1} | f(x,y) - K \cdot \hat{f}(x,y) |}{\sum\limits_{x=0}^{N-1} \sum\limits_{y=0}^{M-1} f(x,y)} \qquad (6-7)$$

相对平均误差与均方根误差、归一化均方误差均为基于像素误差的方法。它们客观评价了恢复后图像与原图像的像素级相似性，误差越小，相似性越大，说明恢复质量越好。

(4) 峰值信噪比(Peak Signal to Noise Ratio, PSNR)。

$$\text{PSNR} = 10 \lg \left(\frac{\text{MAX}^2}{\text{MSE}} \right) \qquad (6-8)$$

其中，$\text{MSE} = \dfrac{1}{NM} \sum\limits_{x=0}^{N-1} \sum\limits_{y=0}^{M-1} [f(x,y) - \hat{f}(x,y)]^2$，MAX 为表示图像像素灰度的最大数值，对于取值范围为 [0,255] 的灰度图像，MAX 值一般取 255。PSNR 是被广泛应用的图像质量评价方法之一。PSNR 的单位为 dB(分贝)，值越大表明图像恢复质量越好。

(5) 改善信噪比(Improvement Signal to Noise Ratio,ISNR)。

$$\mathrm{ISNR} = 10\lg \frac{\sum_{x=0}^{N-1}\sum_{y=0}^{N-1}[f(x,y)-g(x,y)]^2}{\sum_{x=0}^{N-1}\sum_{y=0}^{M-1}[f(x,y)-\hat{f}(x,y)]^2} \tag{6-9}$$

ISNR 衡量的是原图像 $f(x,y)$、退化图像 $g(x,y)$ 和恢复后图像 $\hat{f}(x,y)$ 三者之间的信噪比。ISNR 的单位为 dB,值越大表明图像恢复质量越好。

(6) 结构相似性度量(Structural Similarity Index Measure,SSIM)。

对于待比较的两个图像 $f(x,y)$、$\hat{f}(x,y)$,SSIM 由亮度、对比度和结构度三个评价因子组成,分别用 l、c、s 表示,其计算过程表示如下:

$$l(f,\hat{f}) = \frac{2\mu_f \mu_{\hat{f}} + C_1}{\mu_f^2 + \mu_{\hat{f}}^2 + C_1} \tag{6-10}$$

$$c(f,\hat{f}) = \frac{2\sigma_f \sigma_{\hat{f}} + C_2}{\sigma_f^2 + \sigma_{\hat{f}}^2 + C_2} \tag{6-11}$$

$$s(f,\hat{f}) = \frac{\sigma_{f\hat{f}} + C_3}{\sigma_{f\hat{f}}^2 + C_3} \tag{6-12}$$

其中,μ_f、$\mu_{\hat{f}}$ 和 σ_f、$\sigma_{\hat{f}}$ 分别为 $f(x,y)$ 和 $\hat{f}(x,y)$ 的均值和标准差,$\sigma_{f\hat{f}}$ 为 $f(x,y)$ 和 $\hat{f}(x,y)$ 的协方差,C_1、C_2、C_3 是为了避免分母为零而设置的很小的正常数,一般取 $C_1=(K_1 L)^2$,$C_2=(K_2 L)^2$,$C_3=C_2/2$,其中 K_1、K_2 是非常小的常数,L 为图像像素的灰度范围,一般 $K_1=0.01$、$K_2=0.03$、$L=255$ 时效果较好。两幅图像的 SSIM 模型定义为

$$\mathrm{SSIM}(X,Y) = [l(x,y)]^\alpha [c(x,y)]^\beta [s(x,y)]^\gamma \tag{6-13}$$

其中,$\alpha>0$,$\beta>0$,$\gamma>0$,一般均为 1。因此,把式(6-10)~式(6-12)代入式(6-13)中,得到 SSIM 的简化形式:

$$\mathrm{SSIM}(X,Y) = l(x,y)c(x,y)s(x,y) = \frac{(2\mu_X \mu_Y + C_1)(2\sigma_{XY} + C_2)}{(\mu_X^2 + \mu_Y^2 + C_1)(\sigma_X^2 + \sigma_Y^2 + C_2)} \tag{6-14}$$

结构相似性度量 SSIM 提供了与感知图像退化较为接近的一种客观评价方法,它直接利用参考图像与度量图像之间的局部结构相似性对度量图像的质量进行评价。根据定义,SSIM 的值是 0~1 的实数,当 SSIM 的值接近 1 时,图像的可视化质量最好,而当 SSIM 的值逼近 0 时表明两幅图像有较低的视觉相似性。

(7) 斯特列尔比(Strehl ratio)。

观察点光源时,在无像差光学系统中,光束会在成像位置处集中(聚光)于一点,高斯像面上的像点拥有最大的光强度,而在有像差的光学系统中,光束不聚光,会产生一定的扩散。在有像差情况下的高斯像面像点处的光强除以无像差存在时高斯像点的光强,称为斯特列尔比或斯特列尔强度(Strehl intensity)。斯特列尔比衡量的是退化图像相对于参考图像的点扩散函数与成像系统衍射的点扩散函数的偏离程度。归一化后的斯特列尔比越接近 1,表明图像恢复效果越好。

(8) 图像能量集中度。

在图像复原时,斯特列尔比的计算过程比较复杂,直接采用图像能量集中度来取代斯特列尔比的计算。图像能量集中度分为单点集中度和多点(两点及以上)集中度。单点集中度和多点集中度主要反映图像能量汇聚程度,集中度越大,表明目标能量越集中(见图 6-2)。设 p_o 为原图像指定斑点上的强度峰值,p_b 为退化图像对应斑点上的强度峰值,p_r 为复原后对应斑点上的强度峰值。

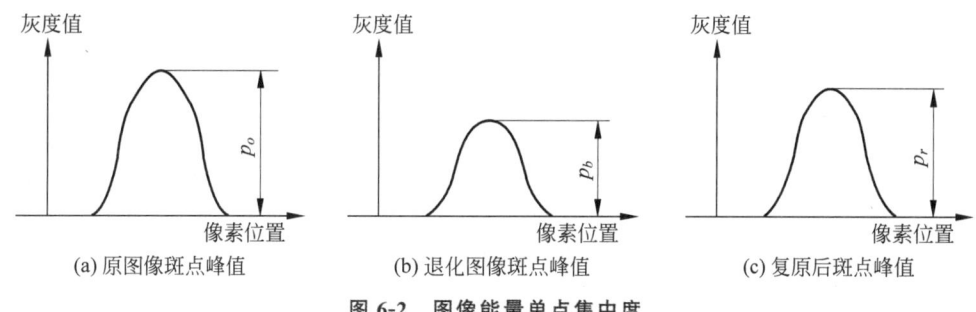

(a) 原图像斑点峰值　(b) 退化图像斑点峰值　(c) 复原后斑点峰值

图 6-2　图像能量单点集中度

单点集中度定义为

$$Y_{mo} = \frac{p_b}{p_o} （退化图像） \qquad (6\text{-}15)$$

$$Y_{ro} = \frac{p_r}{p_o} （复原图像） \qquad (6\text{-}16)$$

Y_{mo} 和 Y_{ro} 的取值范围为 0~1,Y_{mo} 越大表明目标能量越扩散,图像越模糊。Y_{ro} 越大表明能量收集越好,能量越集中,复原效果越好。

多点能量集中度的定义与单点能量集中度相似,依次取图像斑点峰值参与计算,图像能量两点集中度见图 6-3。设 $p_o(n)$ 为原图像指定区域上第 n 个斑点的峰值,$p_b(n)$ 为退化图像对应区域上的第 n 个斑点的峰值,$p_r(n)$ 为复原后的图像对应区域上的第 n 个斑点的峰值。

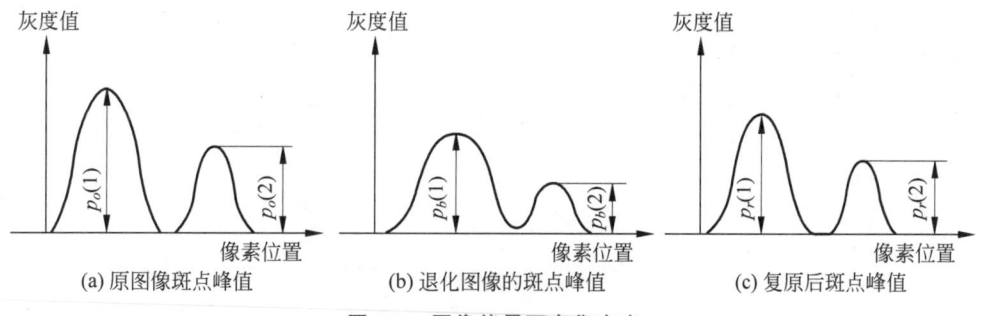

(a) 原图像斑点峰值　(b) 退化图像的斑点峰值　(c) 复原后斑点峰值

图 6-3　图像能量两点集中度

多点集中度的计算公式为

$$Y'_{mo} = \frac{\sum_{n=1}^{K} p_b(n)}{\sum_{n=1}^{K} p_o(n)} （退化图像） \qquad (6\text{-}17)$$

$$Y'_{ro} = \frac{\sum_{n=1}^{K} p_r(n)}{\sum_{n=1}^{K} p_o(n)} \text{(复原图像)} \tag{6-18}$$

Y'_{mo} 和 Y'_{ro} 的取值范围为 0~1,其中 Y'_{mo} 越大表明图像越模糊,Y'_{ro} 越大表明图像越清晰。

6.3 过渡区提取与区域选择

从图像视觉上讲,场景成像可分为目标区、背景区及连接目标和背景的过渡区。虽然不同的光谱及不同的退化模式,图像的模糊程度有所不同,但图像无论是从整体还是从局部内容上一般都能明显地划分为目标区、背景区以及两者之间的过渡区三部分。过渡区是分辨背景和目标的视觉最显著性特征,正因为有过渡区,视觉才会区分目标和背景。无模糊时,一般情况下,依据光学成像原理,从背景到目标的缓冲地段过渡区依然存在,其成像模型如图 6-4(a)所示,不同光谱的图像过渡区轮廓成像模型会有所不同,但它们都是从低灰度值逐步过渡到高灰度值。当图像退化后,图像过渡区就会模糊,过渡区会发生变化,退化过程会全面地反映在图像的过渡区上,见图 6-4(b)。退化越严重,过渡区变化就越大,视觉效果就越模糊。不同的退化模式,其过渡区有不同的变化。从空间分布上来看,背景区像素退化后大部分仍然是背景,目标区像素退化后大部分还是目标,过渡区像素仍为过渡区,但过渡区变化很明显,范围扩宽了,从 W_1 到 W_2,见图 6-4(a)和图 6-4(b)。模糊越厉害,其范围越大,过渡区像素值也发生了明显的变化,前后差异很大。由此可见,退化信息主要彰显在过渡区中。而目标区和背景区的平坦部分对退化过程的反应不显著,见图 6-4(b),这部分信息对寻找退化模式作用不会太大。现有的图像复原方法利用整个图像或一整块区域来求解点扩散函数,目标区和背景区平坦部分大量像素参与了计算,由于目标区和背景区平坦部分包含的退化信息不显著,冗余的信息会对点扩散函数求解带来不确定性,且增加了计算负担。过渡区最能体现图像的各种退化,是我们最感兴趣的视觉最显著性特征区域。我们采用过渡区视觉显著性特征的变化(空间分布、概率模型)来寻找点扩散函数。

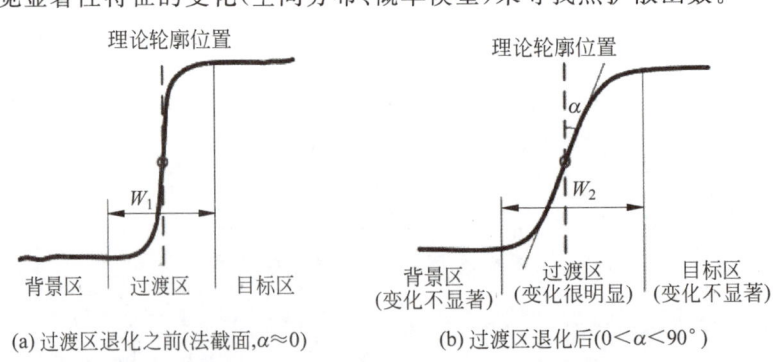

(a) 过渡区退化之前(法截面,$\alpha \approx 0$)　　(b) 过渡区退化后($0 < \alpha < 90°$)

图 6-4　图像退化过程与图像过渡区(垂截面)及其理论轮廓位置(零交叉点特征)

多谱图像的退化信息主要潜伏在图像过渡区中,我们需要提取过渡区来求解点扩散函数。但并不是所有的过渡区都需要参与计算,我们提取视觉最明显的主要的过渡区,过渡区的提取主要依靠寻找存在于过渡区中的理论轮廓位置,见图6-4。多谱图像退化后,理论轮廓的位置一般没有发生变化,只是过渡区理论轮廓处两边像素点的灰度值分布发生了改变。理论轮廓位置可由图像的零交叉点(zero-cross)特征来确定。图像退化使过渡区范围变宽,轮廓变模糊。清晰图像过渡区和模糊图像过渡区可用图6-4(a)和图6-4(b)分别表示,从图中可看出,无论是清晰图像过渡区还是模糊图像过渡区,灰度值在理论轮廓位置附近会出现坡度,而且坡度变化率在理论轮廓位置时达到了高峰。也就是说,轮廓曲线的一阶导数在理论轮廓位置时的值最大,即轮廓曲线的二阶导数值为零,称为零交叉点,即理论轮廓位置。一般来说,图像零交叉点是相对的不动点,具有模糊不变性。由此可知,只需找到连续的系列零交叉点特征就可确定过渡区。

采用 LoG 算子与图像卷积来提取一系列的零交叉点。LoG 算子函数图像见图6-5。清晰图像轮廓与模糊图像轮廓分别与 LoG 算子做卷积,由于模糊轮廓曲线同样在理论轮廓位置的坡度变化率最大,结果都呈现出从波谷到波峰或从波峰到波谷的曲线(断面),因此理论轮廓位置即零交叉点没有发生变化,其二阶导数值为零。据此,可找到一串零交叉点。LoG 算子与图像的卷积是一个二维卷积,运算量大,速度慢,为了更快地找到零交叉点,将 LoG 算子中的二维对称函数分解变形成两个一维函数之积,在卷积计算过程中用一维卷积运算取代二维卷积运算,从而有效地加快卷积运算速度。

(a) 二维LoG算子函数图像　　(b) 一维LoG算子函数图像

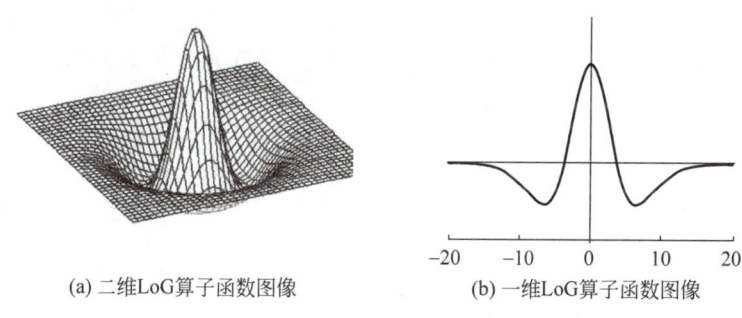

图 6-5　LoG 算子函数图像

6.4　点扩散函数计算模型

图像模糊后,图像过渡区轮廓产生形变,过渡区扩宽,像素灰度值分布发生变化。虽然过渡区产生了形变,但图像零交叉点的相对位置一般不会发生改变,见图6-4。从图6-4中可看出,找到模糊图像的零交叉点位置后,可以预测过渡区原轮廓线上像素灰度值(退化前)。

预测过渡区原轮廓线的一个有效方法是沿着模糊轮廓线每个像素点的垂直方向上寻找上限值和下限值。为了找出上限值,沿轮廓垂直方向向两边搜索,找到上限值,并将搜索过的区域定义为上限值区。同样可以得到下限值和下限值区,见图6-6。搜索完上限值区和下限值区后,上限值区和下限值区组成了我们需要的过渡区。搜索到模糊图像过渡区后,需要对这些区域的原灰度值依据过渡区成像理论模型进行插值处理,得到过渡区原空间像素灰度值的分布,见图6-6。没有退化时,目标区与背景区边界成像清晰可见,图像过渡区轮廓为曲线,坡度较大,轮廓曲线与垂直理论轮廓接近但不重合。图像退化后,图像过渡区范围以零交叉线(点)为界向两边延伸、变宽,轮廓曲线弯曲,越模糊变形越严重,不同退化有不同变形。确定一系列零交叉点位置后,可以把过渡区提取出来。理论上,过渡区曲线上原灰度值都可以预测出。

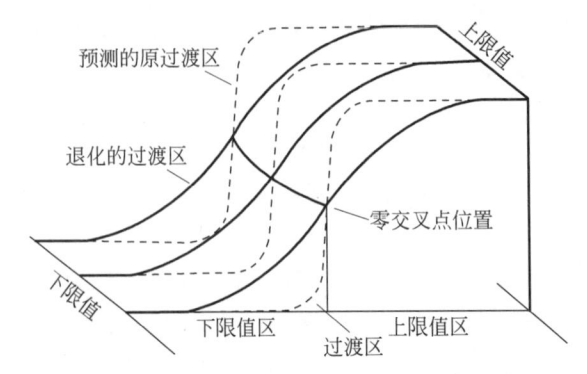

图 6-6 过渡区像素灰度值原空间分布预测

将点扩散函数在有限的激励区范围内进行离散化,只求点扩散函数离散值,不需要点扩散函数参数模型。利用退化图像灰度值和与其对应过渡区的原图像预测值 $\{f_1,f_2,f_3,\cdots,f_K\}$ 来求解点扩散函数(点扩散函数的范围可由过渡区变化自动确定,即 $M=W_2-W_1$,见图 6-5),可以建立三者之间的关系模型。对于退化图像上任一点 $g(i,j)$,可看成由清晰图像上的一小块 f_n(范围为 $M\times M$, $n=1,2,\cdots,K$)与点扩散函数(范围为 $M\times M$)的一次卷积运算而形成,这一卷积用向量形式可表示为

$$f_n \otimes h = g(i,j) \tag{6-19}$$

将上式展开得出

$$(\cdots,f(i-x,j-y),\cdots)_{1\times M^2} \begin{bmatrix} h(0,0) \\ \vdots \\ h(x,y) \\ \vdots \\ h(M-1,M-1) \end{bmatrix}_{M^2\times 1} = g(i,j) \tag{6-20}$$

从上式可知,退化图像上的任意一点都能建立一个关于点扩散函数的方程。现有的图像复原方法都是利用整幅图像(或整块)所有像素点信息来求解点扩散函数,但实际上背景区和目标的平坦区信息对求解点扩散函数是不利的。本章中仅选择退化图像过渡区上的信任点来构建方程组求解点扩散函数,这样不仅可以减少运算量,还能避免其他冗余信息的干扰,并用轮廓强度测度控制主要过渡区的选取,保证了过渡区的信息的有效性和可靠性。我们从主要过渡区中选择可信的点并进行严格筛选,舍弃预测偏差较大的点,挑选预测准确的点。在过渡区位置上再选择 $K(K>M_2)$ 个点,每个点会得到一个方程(见式(6-20)),K 个点将构成方程组,即有

$$Ax = b \tag{6-21}$$

其中,A 中的各行由过渡区上的预测像素灰度值组成,x 是点扩散函数的一维堆积向量,b 是选择的过渡区的退化图像像素点构成的一维向量,$b=(g_1,g_2,\cdots,g_K)^T$,三者关系见图 6-7。

实际图像有噪声干扰,在有噪声的情况下,最小二乘准则所得到的点扩散函数值的误差

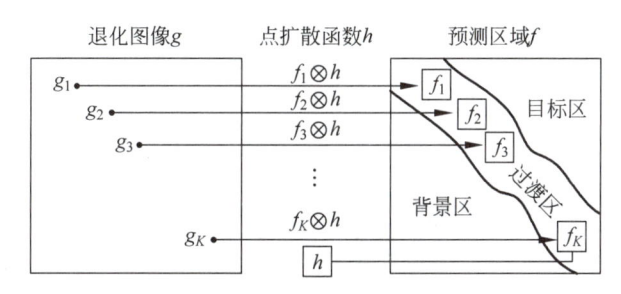

图 6-7 退化图像过渡区上的点与对应预测块及 PSF 三者关系示意

太大,需要加入各种约束条件如非负性约束和空间相关性约束条件等,可以得到如下代价函数:

$$J(\boldsymbol{x}) = \boldsymbol{A}\boldsymbol{x} - \boldsymbol{b}^2 + \lambda_1 \mid \boldsymbol{x} \mid - \boldsymbol{x}^2 + \lambda_2 \Sigma_i [\nabla x_i]^2 \quad (6-22)$$

式(6-22)中第一项为基本数据项,起关键作用,我们所想的算法与现有算法不同之处是对这一项进行了思考和改变,不再采用图像所有像素点的信息而是选择过渡区上一些点的信息来构造基本数据项。后面项为辅助项,可进行扩展,如加上图像过渡区梯度分布概率模型约束,过渡区的梯度分布服从拖尾分布,可以加入拖尾分布约束条件于式(6-23)中,但这些项只是起辅助作用,λ_1 和 λ_2 为常系数。

$$\hat{\boldsymbol{x}}^{(n)} = \underset{\boldsymbol{x}}{\operatorname{argmin}}(J(\boldsymbol{x}^{(n)})) \Rightarrow \frac{\partial J(\boldsymbol{x}^{(n)})}{\partial \boldsymbol{x}^{(n)}}\bigg|_{\boldsymbol{x}^{(n)} = \hat{\boldsymbol{x}}^{(n)}} = 0 \quad (6-23)$$

采用基于松弛滞后迭代极小化方法来求出点扩散函数,可得出

$$\hat{\boldsymbol{x}}^{(n)} = \frac{\boldsymbol{A}^{\mathrm{T}}\boldsymbol{b}}{\boldsymbol{A}^{\mathrm{T}}\boldsymbol{A} + \lambda_1 \boldsymbol{\Lambda}^{(n-1)} + \lambda_2 \boldsymbol{D}^{(n-1)}} \quad (6-24)$$

其中,$\boldsymbol{\Lambda}$ 是对角矩阵,对角元素取值为 1 和 0,由 $\hat{\boldsymbol{x}}$ 的对应元素 x_i 的正负号确定。$\boldsymbol{D}$ 是空间相关性矩阵。由式(6-24)可知,无论退化模式多复杂,都可将图像退化的点扩散函数值快速地求解出来,由此,建立了点扩散函数统一的计算公式。

6.5 空不变模糊图像统一复原

根据以上分析,可快速得到点扩散函数在激励区的离散值。点扩散函数离散值获取后,可以采用非盲去卷积方法恢复图像。但现有的 Richardson-Lucy 等非盲去卷积方法存在一些问题,算法中的某些参数会影响算法的收敛性,同时会将噪声放大。针对这些问题,很多学者对非盲去卷积方法进行了改进,如 Dey 等提出了总变分规整化方法,Levin 等提出了 Laplacian 规整化方法,Yuan 等提出了 bilateral 规整化方法,这些规整化方法虽然在一定程度上克服了噪声的干扰,但由于在所有方向上使用相同的平滑系数,使得细节部分过于光滑。很显然,细节梯度大的差异是需要被保留的。为了克服噪声干扰,同时保护图像细节,提高图像质量,需要采用基于保护细节的图像复原方法。图像邻域灰度值是高度相关的,它们之间的差异极小可以视为图像邻域相关性的约束。这样,可以将保护细节的各向异性规整项加入图像复原的最大似然估计过程中,在去模糊时保护图像细节。对大梯度使用小平滑系数,达到保护细节作用;而对小梯度使用大平滑系数,抑制了背景平坦区域中的噪声。Hanyu Hong 等提出了这种保护细节的去卷积方法,并详细推导这种非线性迭代公式如下:

$$\hat{f}^{(n+1)}(\boldsymbol{x}) = \hat{f}^{(n)}(\boldsymbol{x}) \frac{1}{(1+\eta L(\nabla f^{(n)}))} \sum_{y \in Y} g(\boldsymbol{y}) \frac{h(\boldsymbol{y}-\boldsymbol{x})}{\sum_{z \in X} h(\boldsymbol{y}-\boldsymbol{z}) \hat{f}^{(n)}(\boldsymbol{z})} \qquad (6-25)$$

其中，η 是规整化系数，$L(\nabla f) = \sum_{x'} 2\alpha(\nabla f) \nabla f$ 是各向异性规整项，$\alpha(\nabla f)$ 为规整化权函数，如高斯函数。当 $L(\nabla f^{(n)})$ 小于 0 时，$\hat{f}^{(n+1)}(\boldsymbol{x})$ 将变大，否则，$\hat{f}^{(n+1)}(\boldsymbol{x})$ 将变小，它能平滑邻域和自适应地抑制平滑区域的噪声。对于梯度较大的细节，因为权系数近于零，所以 $L(\nabla f^{(n)})$ 接近于 0，即 $\hat{f}^{(n+1)}(\boldsymbol{x})$ 保持不变，在迭代过程中大梯度即图像细节能被保留下来。

通过式(6-25)的非线性迭代，从而得到复原后清晰的多谱图像，不仅能保护细节，而且能容忍点扩散函数的一些误差，即点扩散函数有些局部变化时也能适应，非常适合于实际图像的复原，在点扩散函数稍有变化的情况下也能够恢复图像，复原效果稳定。

为便于快速处理，式(6-25)的卷积和相关运算采用快速傅里叶变换(FFT)变换来完成。

在图像复原过程中还有一个边界振铃效应这个影响图像质量问题需要研究。边界振铃效应的产生是由于图像边界处的信息大量丢失，灰度值不连续，梯度跳变，边界点不可微。在图像复原过程中，即利用式(6-25)时，采用快速傅里叶变换。对图像进行快速傅里叶变换时，边界处点不可微和梯度跳变使图像复原结果出现边界振铃效应。其典型表现是在图像边界邻域出现类吉布斯分布的振荡，并且难以处理，严重降低了复原图像的质量和清晰度，必须在复原过程中消除。众多学者对抑制振铃效应进行了广泛研究。最典型的方法就是对图像进行边界周期延拓和镜像周期延拓，但这些振铃抑制方法有不足，造成了复原过程中的振铃效应几乎不可避免。通过对最近的数学文献分析可知，如果消除图像周期拓展后在边界处的梯度跳变，保证边界处垂直方向上的梯度为 0，即边界满足微分条件，那么就可以消除边界振铃效应。据此，采用基于计算机图形学中的曲面光顺的自适应消除边界振铃效应方法，该方法可有效消除边界区域振铃效应，同时使边界处细节保留。其主要思想描述如下：首先对图像分别向下和向右进行像素扩展，扩展至大小为 $(m+\exp\_m, n+\exp\_n)$ 的图像，用计算机图形学曲面光顺方法保证边界曲率连续光滑过渡，确保上、下、左、右边界处所有点都是可微的，且图像内容平滑过渡，如图 6-8 所示。对扩展后的图像进行反卷积得到大小为 $(m+\exp\_m, n+\exp\_n)$ 的恢复图像，以恢复图像的左上角 $(0,0)$ 为起点，截取大小为 (m,n) 的图像，即可得到与原图像大小相对应的恢复结果。

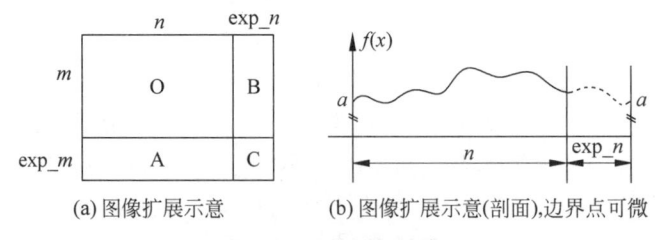

(a) 图像扩展示意　　(b) 图像扩展示意(剖面)，边界点可微

图 6-8　图像扩展示意

扩展区 A、B 和 C 三大块的填充要保证连续光滑过渡。对 A 块的填充方式为：先用 O 的最后一行数据作为 A 的第一行，O 的第一行作为 A 的最后一行，即 $A(1,:) = O(m,:)$，$A(\exp\_m,:) = O(1,:)$，再对 A 中其他行的数据进行填充，$A(i,j)$ 由其上一行即 $(i-1)$ 行中以纵坐标 j 为中心的一定窗口宽的元素与 $(\exp\_m-i+2)$ 行中以纵坐标 j 为中心的一定窗口宽的元素进行加权再取平均值得到。B 块数据的填充与 A 块相同，只是行列发生改

变。C块填充方式为：C的第一行用B块的最后一行数据填充，第一列用A的最后一列数据填充。C的最后一行用B的第一行数据填充，最后一列用A的第一列数据填充，由此得到C的最外一层的数据。分三步计算C中其他坐标位置上元素的值：首先，采用与上述计算A中元素值相同的方法计算C中的每行数据，并保存到临时存储单元；其次，采用与上述计算B中元素值相同的方法计算C中的每列数据，并保存到临时存储单元；最后，合并上面两次计算的临时的行和列的数据，并加权平均，即可得C中需要的填充元素值。这种扩展方法保证了图像上、下、左、右边界处信息平滑过渡，能够满足微分条件，可以抑制边界振铃效应。图6-9是实验结果，显然，有效地消除了实际图像边界振铃效应，确保图像高清晰化复原。诚然，数据填充时的插值方法及计算复杂性问题还需要深入研究。

(a) 模糊图像　　　　　(b) 原周期延拓的复原结果　　　　　(c) 复原结果(边界可微延拓)

图 6-9　边界振铃效应消除方法对比

为验证统一复原方法的有效性及其稳定性，在微机(1.8GHz，512RAM)上进行了一系列复原实验。输入实际退化图像，事先不用知道退化方式，运行算法，输出结果。实验结果表明本章提出的方法能对多波段的目标退化图像恢复，同样也能对其他退化图像，如可见光、毫米波、太赫兹等退化图像进行复原，本章的复原方法不需要知道退化方式，复原效果较好，时间在10s之内，采用高性能DSP计算，则可望用在红外探测过程中。

首先对实际红外长波退化图像进行了复原实验。图6-10(a)是一幅小船的红外长波退化图像，为了验证本章方法的有效性，分别用Fish复原方法、TV复原方法和本章的复原方法复原图6-10(a)，分别得到图6-11(b)、图6-10(c)和图6-10(d)，从复原结果中可以看出，使用本章提出的复原方法后，小船的轮廓变得很清晰，比其他两种方法复原效果更好。

本章对红外中波退化图像进行了复原实验。图6-11(a)是用FLIR T330红外热像仪(波长为7.5~13μm)采集到的红外中波退化图像，用本章复原方法复原后得到图6-11(b)，对比图6-11(a)和图6-11(b)，可以发现图像得到了复原，图中文字变得很清晰。

本章对可见光运动模糊图像进行复原实验。图6-12(a)是一幅运动模糊图像，用本章复原方法复原得到图6-12(b)，从复原结果中可以看到，图中模糊不清的文字变得很清晰。

本章对实际毫米波图像进行复原实验。图6-13(a)是一幅实际的毫米波退化图像。图中船和人的轮廓已经模糊不清。用本章提出的复原方法复原后得到图6-13(b)，比较图6-13(b)和图6-13(a)可以发现本章的复原方法对毫米波图像也有良好的效果。

另外，本章对遥感图像也进行了复原实验。图6-14(a)是一幅遥感退化图像。利用本章提出的方法对图6-14(a)复原得到图6-14(b)，从图中可以看出，遥感图像得到了复原，变得更为清晰。

(a) 实际红外长波退化图像 　　　　(b) Fish方法复原结果

(c) TV方法复原结果 　　　　　　(d) 本章方法复原结果

图 6-10　红外长波退化图像复原

(a) 实际红外中波退化图像 　　　　(b) 本章方法复原结果

图 6-11　红外中波退化图像复原

(a) 可见光运动模糊图像 　　　　(b) 本章方法复原结果

图 6-12　可见光运动模糊图像复原

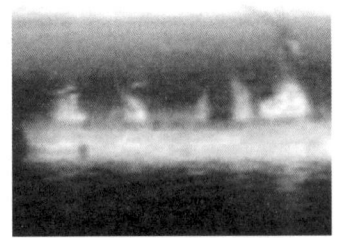

(a) 实际毫米波退化图像　　　　(b) 本章方法复原结果

图 6-13　实际毫米波退化图像复原

(a) 遥感退化图像　　　　(b) 复原图像

图 6-14　遥感图像复原

本章也对太赫兹图像进行了复原实验。图 6-15(a)是皮包的太赫兹图像。用本章提出的复原方法对图 6-15(a)处理后得到复原图 6-15(b)，太赫兹图像得到高清晰化。

(a) 太赫兹图像　　　　(b) 本章方法复原结果

图 6-15　太赫兹图像恢复

对神舟八号与天宫一号对接过程中的太空图像进行了复原实验，图 6-16(a)是一幅对接太空图像，复原后得到图 6-16(b)，显然复原图像更清晰。由此证实本章的统一复原方法对太空图像复原也有效。

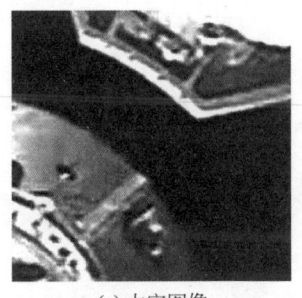

(a) 太空图像　　　　(b) 复原结果

图 6-16　神舟八号与天宫一号对接图像复原

现代图像处理与应用

下面给出一部分实验结果。各种方法对毫米波实际图像复原效果的实验对比见图 6-17,其耗时对比见表 6-1,从中可看出新方法具有优越性。新方法对红外、可见光、毫米波等多谱图像都能恢复,效果明显,具有较广的适应性,实验效果见图 6-18。已获得的深空、深海探测图像的复原均有效,见图 6-19。从以上可看出,该方法是比较可行的。诚然,这些实际的多谱图像的清晰度还需要进一步提高,算法理论上和计算方法上还需要进一步的完善。

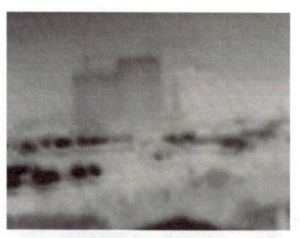

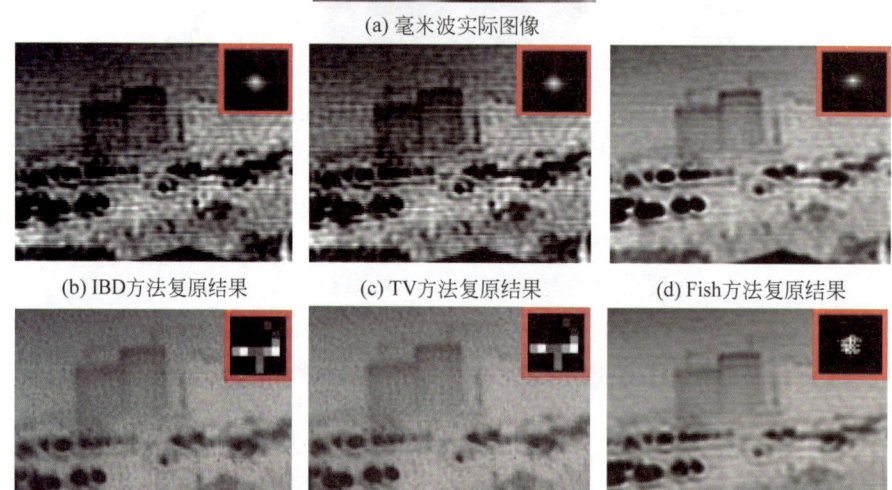

(a) 毫米波实际图像

(b) IBD方法复原结果　　(c) TV方法复原结果　　(d) Fish方法复原结果

(e) Shan方法复原结果　　(f) Fergus方法复原结果　　(g) 本章方法复原结果

图 6-17　不同方法对实际图像复原结果对比,右上角方框内为估计的点扩展函数

表 6-1　不同方法对毫米波实际图像复的耗时对比

复原方法	耗时/s
IBD	69.5184
TV	63.2277
Fish	65.5012
Shan	45.6836
Fergus	127.4086
本章的方法	9.1387

(a) 实际的红外退化(短波)图像　　　　(b) 红外图像(短波)的复原结果

(c) 实际的红外退化(长波)图像　　　　(d) 红外图像(长波)的复原结果

(e) 实际的可见光退化图像(右为方框放大图)　　(f) 可见光图像的复原结果(右为方框放大图)

(g) 实际的亚毫米波退化图像　　　　(h) 亚毫米波图像的复原结果

图 6-18　多谱实际图像的复原结果

146 现代图像处理与应用

(a) M101星系和PTF发现SNIa超新星(来源: NASA)

(b) SNIa超新星的复原结果

(c) 美国公布的漩涡星系M81观测图像(来源: NASA)

(d) 漩涡星系的复原结果

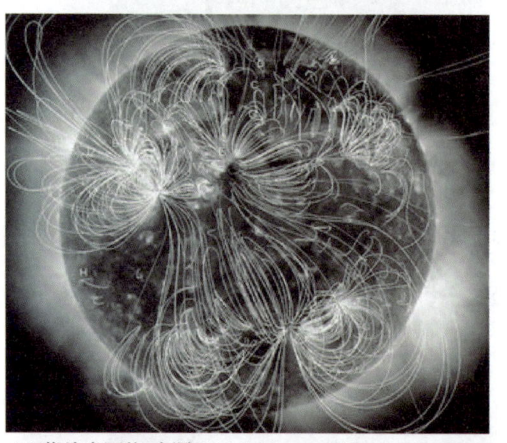

(e) 紫外光图片(来源: K.Schri jver,A.Title,SDO/NASA)

(f) 紫外光图片的恢复

(g) 蛟龙号深海5000m画面图像(央视提供)

(h) 蛟龙号深海5000m画面图像的复原结果

图 6-19　实际的深空深海探测图像的复原结果

(i) 蛟龙号6900多米海底工作采样图像(模糊)　　　　(j) 蛟龙号6900多米海底工作采样图像的复原结果

图 6-19　（续）

6.6　空变模糊图像统一复原

气动光学效应机理研究表明,当视场角宽度小于 5 弧度秒时,所对应的气动光学效应湍流退化图像可视为空不变的,大于 5 弧度秒时为空可变的。如果模糊是空不变的,为节省耗时,则采用空不变去模糊方法。如果模糊是空变的,则采用空变去模糊方法。这需要从图像局部区域中去确定。

对于有两个以上区域的情况,如图 6-20 所示,根据不同区域计算出多个模糊核,对于不同模糊核采用相似性进行计算,计算公式如下:

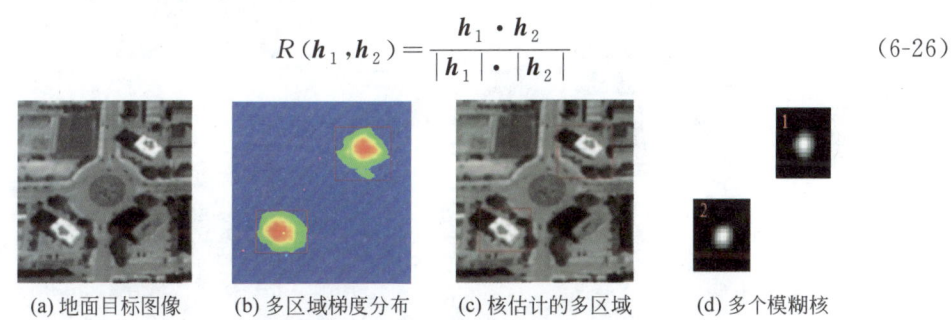

$$R(\boldsymbol{h}_1, \boldsymbol{h}_2) = \frac{\boldsymbol{h}_1 \cdot \boldsymbol{h}_2}{|\boldsymbol{h}_1| \cdot |\boldsymbol{h}_2|} \tag{6-26}$$

(a) 地面目标图像　　(b) 多区域梯度分布　　(c) 核估计的多区域　　(d) 多个模糊核

图 6-20　多个模糊核估计区域

其中,$\boldsymbol{h}_1$ 和 $\boldsymbol{h}_2$ 分别为估计出的模糊核的向量形式,R 的取值范围为 [0,1],越接近 1 表示模糊核的相似度越高。确定一个相关性阈值 T,当 $R \geqslant T$ 时,图像为空不变退化;当 $R < T$ 时,图像为空变退化。

当图像为空变退化时,采用空变图像复原方法,其流程见图 6-21,主要步骤如下。

(1) 计算多尺度梯度:利用多尺度梯度算子求取退化图像的梯度。

(2) 计算梯度分布:先滤除图像部分小梯度结构,然后计算梯度分布。

(3) 确定核估计区域:根据梯度分布在退化图中确定相应的区域。

(4) 估计模糊核:根据不同的核估计区域估计出相应的模糊核。

(5) 图像分块:根据核估计区域将图像进行分块,每一块图像近似为空不变模糊。

(6) 分块复原:对分块图像进行非盲反卷积得到复原图像块。

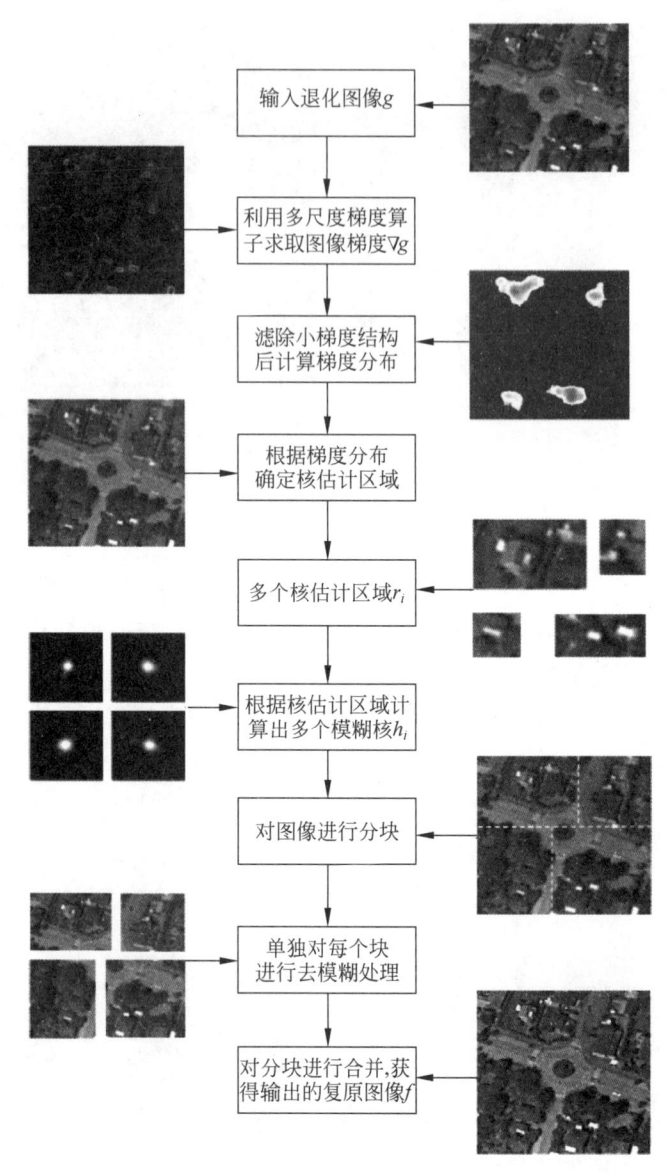

图 6-21　空变图像复原流程

(7) 分块合并：将图像分块合并，对块边界进行灰度融合，确保边界处二阶微分连续。

采用空变模糊图像统一复原对我国嫦娥探月、天问一号探测火星、美国毅力号探测火星等所获取的一些宽视场大尺寸的系列图像（见图 6-22(a)、图 6-22(d)、图 6-22(g)、图 6-22(j)、图 6-22(m)），进行空变去模糊，恢复图像见图 6-22(b)、图 6-22(e)、图 6-22(h)、图 6-22(k)、图 6-22(n)，图像各点的空变模糊核见图 6-22(c)、图 6-22(f)、图 6-22(i)、图 6-22(l)、图 6-22(o)，空变去模糊后的图像轮廓清晰。由实验结果可以看出，空变模糊图像统一复原克服了图像分块空变复原方法的振铃效应，能够解决空变退化图像的去模糊问题，无震荡效应。

第6章 图像统一复原　149

(a) 嫦娥传回月球表面图　(b) 月球表面图的空变复原　(c) 估计的空变模糊核1

(d) 天问一号拍摄的火星表面图　(e) 火星表面图的空变复原1　(f) 估计的空变模糊核2

(g) 毅力号在火星表面探测图　(h) 火星表面图的空变复原2　(i) 估计的空变模糊核3

(j) 毅力号拍摄火星地球图　(k) 火星地面图的空变复原3　(l) 估计的空变模糊核4

(m) 卫星拍摄地面目标图　(n) 地面目标图的空变复原4　(o) 估计的空变模糊核5

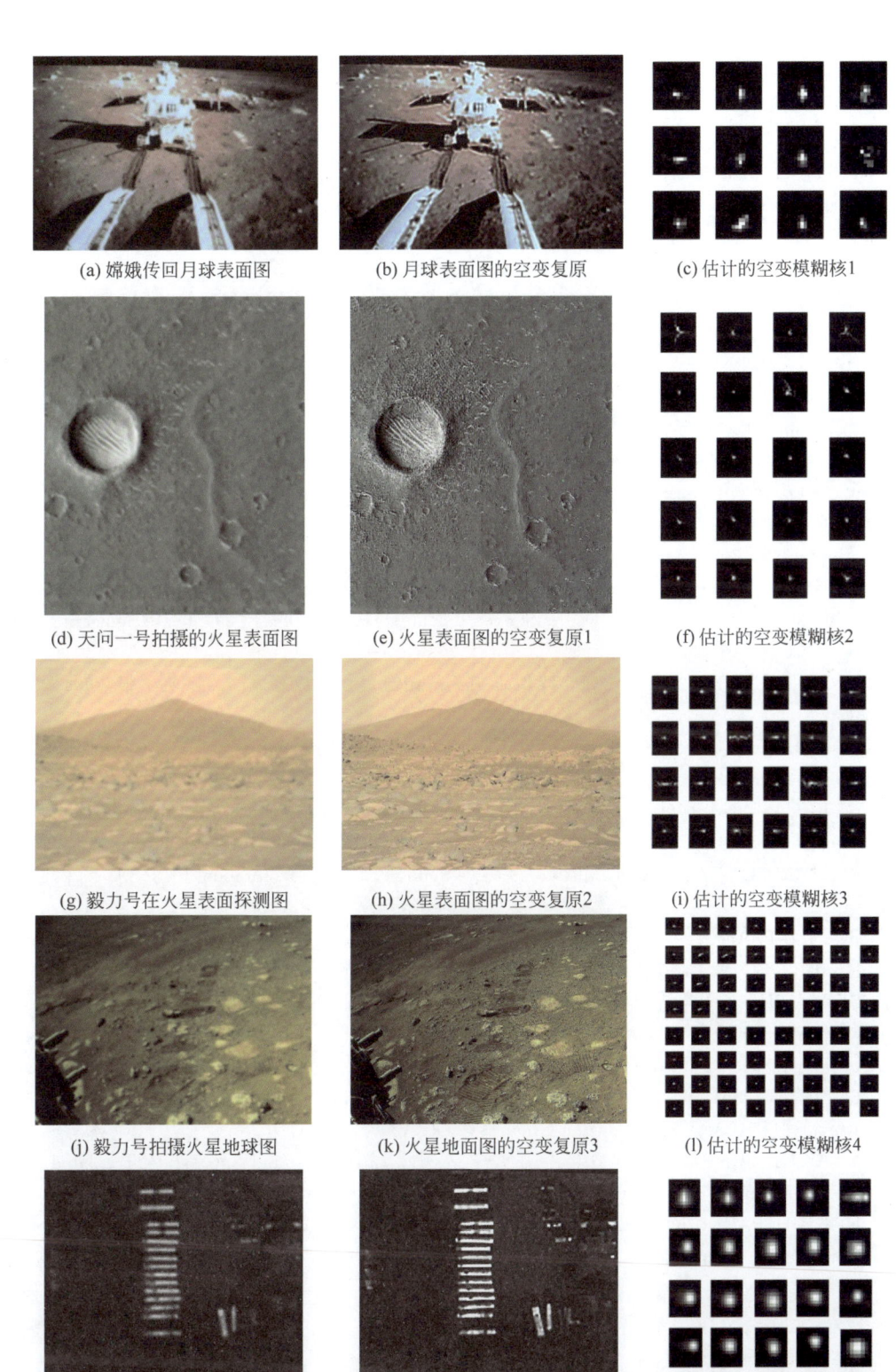

图 6-22　宽视场条件下航天探测实际图像的空变去模糊

参考文献

[1] NAGY J G, PLEMMONS R J, TORGERSEN T C. Iterative image restoration using approximate inverse preconditioning[J]. IEEE Transactions on Image Processing,1996,5(7): 1151-1162.

[2] 洪汉玉,张天序. 基于小波分解的湍流退化图像的快速复原算法[J]. 红外与毫米波学报,2003,22(6): 451-456.

[3] 洪汉玉,张天序. 基于多分辨率盲目去卷积的气动光学效应退化图像复原算法[J]. 计算机学报,2004,27(7): 952-963.

[4] ZHANG T, HONG H, YAN L. Restoration of rotational motion blurred image based on Chebyshev polynomial interpolations[C]//MIPPR 2009: Medical Imaging, Parallel Processing of Images, and Optimization Techniques. SPIE,2009,7497: 132-140.

[5] HONG H, LI L, YAN L, et al. Unified restoration method for different degraded images[C]//2010 International Conference on Optoelectronics and Image Processing. IEEE,2010,2: 714-717.

[6] AYERS G R, DAINTY J C. Iterative blind deconvolution method and its applications[J]. Optics Letters,1988,13(7): 547-549.

[7] ZHANG T, HONG H, SHEN J. Restoration algorithms for turbulence-degraded images based on optimized estimation of discrete values of overall point spread functions[J]. Optical Engineering,2005,44(1): 017005-017005-17.

[8] 洪汉玉,张天序. 基于各向异性和非线性正则化的湍流退化图像复原[J]. 宇航学报,2004,25(1): 5-12.

[9] HONG H, LI L C, PARK I K, et al. Universal deblurring method for real images using transition region[J]. Optical Engineering,2012,51(4): 047006-1-10.

[10] HUERTAS A, MEDIONI G. Detection of intensity changes with subpixel accuracy using Laplacian-Gaussian masks[J]. IEEE Transactions on Pattern Analysis and Machine Intelligence,1986 (5): 651-664.

[11] RICHARDSON W H. Bayesian-based iterative method of image restoration[J]. JoSA,1972,62(1): 55-59.

[12] LUCY L B. An iterative technique for the rectification of observed distributions[J]. Astronomical Journal,1974,79: 745-754.

[13] DEY N, BLANC-FÉRAUD L, ZIMMER C, et al. A deconvolution method for confocal microscopy with total variation regularization[C]//2004 2nd IEEE International Symposium on Biomedical Imaging: Nano to Macro (IEEE Cat No. 04EX821). IEEE,2004: 1223-1226.

[14] LEVIN A, FERGUS R, DURAND F, et al. Image and depth from a conventional camera with a coded aperture[J]. ACM Transactions on Graphics(TOG),2007,26(3): 70.

[15] YUAN L, SUN J, QUAN L, et al. Progressive inter-scale and intra-scale non-blind image deconvolution[J]. ACM Transactions on Graphics (TOG),2008,27(3): 1-10.

[16] HONG H, PARK I K. Single-image motion deblurring using adaptive anisotropic regularization[J]. Optical Engineering,2010,49(9): 097008-1-13.

第7章

图像配准与融合

　　图像融合技术是在兴起于 20 世纪 70 年代末的信息融合技术基础上发展起来的图像处理新技术。由于融合技术可以有效地利用不同输入信道图像信息的互补性和冗余性,因此融合图像比任何单一信道图像具有更丰富的信息量、更高的可靠性,更易于理解和判读,使得图像融合在医学、遥感、计算机视觉、气象预报、军事目标探测与识别等方面得到广泛的应用。作为图像融合的基础,图像的配准有着非常重要的意义,它是图像融合的第一步,配准的精度直接影响着融合的效果。

7.1　图像配准

　　图像配准是图像处理技术的一个基础问题。它源自多个领域的很多实际问题,如不同传感器获得的信息融合;不同时间、条件获得图像的差异监测;成像系统和物体场景变化情况下获得的图像的三维信息获取;图像中的模式或目标识别等。简单来说,图像配准用于将不同时间、不同传感器、不同视角及不同拍摄条件下获取的两幅或多幅图像进行(主要是几何意义上的)匹配。

7.1.1　图像配准的概念

　　配准即对同一景物在不同时间、用不同探测器、从不同视角获得的图像,利用图像中公有的景物,通过比较和匹配,找出图像之间的相对位置关系。图像配准(image registration)是指同一目标的两幅或者两幅以上的图像在空间位置上的对准。更准确地说,图像配准的目标就是找到把一幅图像中的点映射到另一幅图像中对应点的最佳变换。因此,图像配准就是给定两幅待配准图像,对其中一幅图像进行变换使得变换后的图像与另一幅图像的内容在拓扑上相对应并在几何上相对齐。图像配准可以称为广义的图像匹配。狭义的图像匹配是指一幅图像在灰度属性上按像元逼近另一幅图像。

　　图像配准可分为半自动配准和全自动配准。半自动配准是以人机交互的方式提取特征

(如角点等),然后利用计算机对图像进行特征匹配、变换和重采样。全自动配准是直接利用计算机完成图像配准工作,不需要用户参与。全自动配准大致可以分为基于灰度的全自动配准和基于特征的全自动配准。

7.1.2 图像配准的基本理论

1. 图像配准的一般模型

1) 数学模型

图像配准可定义成两相邻图像之间的空间变换和灰度变换,即先将一图像像素的坐标 $X=(x,y)$ 映射到一个新坐标系中的某一坐标 $X'=(x',y')$ 上,再对其像素进行重采样。图像配准要求相邻图像之间有一部分在逻辑上是相同的,即相邻的图像有一部分反映了同一目标区域,这一点是实现图像配准的基本条件。如果确定了相邻图像代表同一场景目标的所有像素之间的坐标关系,采用相应的处理算法,即可实现图像配准。

假设两幅图像 $f:\Omega_f \to Q_f \subset R$ 和 $g:\Omega_g \to Q_g \subset R$,其中 Ω_f 和 Ω_g 是图像 f 和 g 的定义域,Q_f 和 Q_g 是它们的值域。不失一般性,假定图像 f 为参考图像,则图像 f 和 g 之间的配准就变成了 g 经过空间变换和灰度变换与 f 匹配的过程。

如果 S 和 I 分别表示图像的空间变换和灰度变换,g' 表示图像 g 经过变换后的图像,则

$$g'(q) = I[g(S(p, \alpha_S)), \alpha_I] \tag{7-1}$$

其中,$p \in \Omega_g, q \in \Omega_f$ 且 $q = S(p, \alpha_S)$,α_S 和 α_I 分别表示空间变换和灰度变换的参数集合。记 α 为图像变换中所有参数组成的集合,即

$$\alpha = \alpha_S \cup \alpha_I \tag{7-2}$$

设向量 G' 和 F 为

$$G' = (g'(p): p \in \Omega_g)^T \tag{7-3}$$

$$F = (f(q): q \in \Omega_f)^T \tag{7-4}$$

则它们之间的相似度函数 Θ 可以表示为

$$\Theta(\alpha) = \Gamma(G', F) \tag{7-5}$$

其中,$\Gamma(\cdot, \cdot)$ 表示两图像之间的相似性度量(如距离度量)。一般地,空间变换和灰度变换是非线性变换。

图像 f 和 g 的配准问题就是对图像 g 作空间变换和灰度变换,得到图像 g',使得变换后的图像 g 和图像 f 之间的相似度准则 Θ 达到最大或最小。

一般地,空间变换要求两幅图像具有相同的分辨率。一般以高分辨率图像为参考图像,先对高分辨率图像进行抽样,使其分辨率与待配准图像的分辨率保持一致;再进行空间变换和灰度变换;最后对配准后的图像进行插值,使其分辨率与原始参考图像的分辨率保持一致。

2) 几何转换模型

虽然每幅图像中都存在着许多类型的畸变,但是配准前必须确定一种变换模型,这种模型下的某一变换可以有效地校正因为获取方式的差异而产生的图像间的畸变。

在图像配准中,首先根据参考图像与待配准图像对应的点特征,求解两幅图像之间的变换参数;然后对待配准图像做相应的空间变换,使两幅图像处于同一坐标系中;最后通过

灰度变换,对空间变换后的待配准图像的灰度值进行重新赋值,即重采样。

图像变换就是寻求一种坐标变换模型,建立一幅图像坐标(x,y)与另一幅图像坐标(x',y')之间的变换关系。常见的基本变换模型有刚体变换、仿射变换、透射变换、投影变换和非线性变换。如果需要考虑图像内非刚性物体的因素,则模糊变换模型更加适用。在对需配准的图像进行空间变换后,要对变换图像进行重新取样,以取得变换后的像素值。

2. 相似性测度

在图像配准中,由于视角畸变和特征不一致性,从最粗层次匹配到细层次匹配阶段都会出现误匹配,需要剔除这些误匹配。为此,需要选取和确定相应的相似性测度。对相似性测度影响最大的点,很可能是不正确的匹配,首先予以剔除。再用剩下的匹配点计算图像变换参数。常用的相似性测度有距离测度、相似度和概率测度 3 种,其中,距离测度包括均方根误差、差绝对值和误差、兰氏距离和马氏距离。

1) 均方根误差

两图像匹配均方根误差是指灰度向量 x 与向量 y 之差的模平方根。

$$x - y = (x_1 - y_1, x_2 - y_2, \cdots, x_N - y_N)^T \tag{7-6}$$

$$S = \sqrt{|x_1-y_1|^2 + |x_2-y_2|^2 + \cdots + |x_N-y_N|^2} = \sqrt{\sum_{i=1}^{N}|x_i-y_i|^2} \tag{7-7}$$

其中,S 是 N 维空间点 x 和点 y 之间距离的平方根。

2) 差绝对值和

两图像匹配的差绝对值(Absolute Difference)和就是指灰度向量 x 与向量 y 之差各分量的绝对值之和,即

$$S = |x_1-y_1| + |x_2-y_2| + \cdots + |x_N-y_N| = \sum_{i=1}^{N}|x_i-y_i| \tag{7-8}$$

与差绝对值和类似的还有平均差绝对值和:

$$\overline{S} = \frac{1}{N}\sum_{i=1}^{N}|x_i-y_i| \tag{7-9}$$

3) 兰氏距离

兰氏距离定义为

$$S = \frac{1}{N}\sum_{i=1}^{N}\frac{|x_i-y_i|}{|x_i|+|y_i|} \tag{7-10}$$

4) 马氏距离

马氏距离定义为

$$d_M(x,y) = (x-y)^T \sum_{y}^{-1}(x-y) \tag{7-11}$$

其中,假设基准模板 y 是具有协方差矩阵 $\sum_{y}$ 的正态分布。马氏距离测度考虑了基准模板特征的离散程度,其获得的分类能力要优于前两种距离测度。

5) 相似度

相似度定义为

$$S(x,y) = \frac{x^T y}{\|x\| \cdot \|y\|} \tag{7-12}$$

其中,$x^T y$ 表示两个向量之间的点积,$\|x\|$ 和 $\|y\|$ 分别表示 x 的模和 y 的模,$S(x,y)$ 表示模板与匹配子图像间的相似程度,$S(x,y)$ 越大,表示模板与匹配子模板越相似。相似度其实就是两向量间的归一化相关系数,而在此基础上,人们又导出了归一化标准相关系数:

$$S'(x,y)=\frac{(x-\bar{x})^T(y-\bar{y})}{(x-\bar{x})\cdot(y-\bar{y})} \tag{7-13}$$

其中,$\bar{x}$ 与 $\bar{y}$ 分别表示向量 x 与 y 的均值。

7.1.3 图像配准的步骤

由对图像配准原理的讨论可知,多幅图像配准的目的是综合利用图像中的各种空间和灰度属性的信息,合并成一组在空间位置上和灰度属性上一一对准的图像,以便对这组图像进行后续处理。因此,图像配准一般由以下 5 个步骤构成。

(1) 建立原图像和待配准图像坐标系。

(2) 确定图像配准控制点。

(3) 应用配准控制点建立图像间的畸变模型。

(4) 根据畸变模型对待校正图像进行重采样。

(5) 原图像和待配准图像的平滑拼接。

以地图配准为例:第(1)步为图像配准提供一个参考系统。对于相对配准通常是取一幅图像的图像坐标系作为待校正图像坐标系,而另一幅图像的坐标系为参考坐标系或者校正图像坐标系;对于图像相对格网进行的配准,则通常取大地坐标系或者地图坐标系作为校正坐标系,并将分量图像的坐标系作为原图像坐标系。

第(2)步是图像配准的关键,即选择控制点。由于多幅图像反映了相同或部分相同的地图特征,因此图像上的一部分像素点应该在多幅图像的其他分量上有代表同一地面点的同名点,即配准控制点(RCP)。

第(3)步用所得到的配准控制点之间的关系来确定图像的畸变模型参数,它随着所采取的校正方法的不同而不同。在本章中采用的畸变模型是一次多项式,利用它对两幅图像间的几何畸变进行逼近。在整体校正时,可以用最小二乘法对分布于整个图像区域上的控制点进行拟合,得到一次多项式系数;在分块校正和局部校正时则利用的是完全解。

第(4)步在基于畸变模型的基础上对待校正影像求取输出图像各像素的灰度值,即进行几何变换和重采样。

7.1.4 图像配准的一般方法

一般而言,图像配准方法由以下 3 部分组成:特征空间、搜索策略和相似性准则。特征空间从图像中提取用于配准的信息,搜索策略从图像变换集中选取用于匹配的转换方式,相似性准则决定配准的相对数值,然后基于这一结果继续搜索,直到找到能使相似性度量有令人满意的结果的图像转换方式。

图像配准技术经过多年的研究,每种方法都包含了不同的具体实现方法以适应具体问题。下面分别介绍 3 大类图像配准方法:基于图像灰度的配准方法、基于图像变换域的配准方法和基于图像特征的配准方法。

1. 基于图像灰度的配准方法

基于图像灰度的配准方法直接利用图像的灰度值来确定配准的空间变换,其充分利用图像中所包含的信息,从而也称为基于图像整体内容的配准方法。基于图像灰度的配准方法的基本思想:首先对待配准图像做几何变换;然后根据灰度信息的统计特性定义一个目标函数,作为参考图像与变换图像之间的相似性度量,在目标函数的极值处取得配准参数,并以此作为配准的判决准则和配准参数最优化的目标函数;最后通过一定的优化方法,求得正确的几何变换参数。在两幅图像灰度信息相似的情况下,常用的匹配方法有互相关匹配方法和基于傅里叶变换的相位匹配方法。

1) 互相关匹配方法

互相关匹配方法是最基本的基于灰度信息的图像配准方法,被用于进行模板匹配或者模式识别。它是一种匹配度量,通过计算模板图像和搜索窗口之间的互相关值,来确定匹配的程度,互相关最大的搜索窗口决定了模板图像在待配准图像中的位置。对一幅图像 I 和一个尺寸小于 I 的模板 T,归一化二维交叉相关函数定义如下:

$$C(u,v) = \frac{\sum_x \sum_y T(x,y) I(x-u, y-v)}{\left[\sum_x \sum_y I^2(x-u, y-v)\right]^{\frac{1}{2}}} \tag{7-14}$$

其中,$C(u,v)$ 表示了模板在图像上位移 (u,v) 位置的相似程度。如果模板能够和图像恰当匹配,除了一个灰度比例因子,在正好匹配的位移点 (i,j) 上,交叉相关将会出现它的峰值 $C(i,j)$。应该注意,必须对交叉相关进行归一化,否则局部灰度将影响相似度的度量。

另一个类似的度量就是相关系数,在某些情况下具有更好的效果,其形式如下:

$$\begin{aligned} \mathrm{Corr}(I,T) &= \frac{\mathrm{cov}(I,T)}{\delta_I \delta_T} \\ &= \frac{\sum_x \sum_y [T(x,y) - \mu_T][I(x,y) - \mu_I]}{\left[\sum_x \sum_y (I(x,y) - \mu_I)^2 \sum_x \sum_y (T(x,y) - \mu_T)^2\right]^{\frac{1}{2}}} \end{aligned} \tag{7-15}$$

其中,μ_T 和 δ_T 分别是模板 T 的均值和方差,μ_I 和 δ_I 分别是图像 I 的均值和方差。相关系数的特点是,它在一个绝对的尺寸范围 $[-1,1]$ 内计算相关性的,并且在适当的假设下,相关系数的值与两图像间的相似性呈线性关系。根据卷积定理,相关性可以通过快速傅里叶变换计算,使得大尺度图像下相关性的计算效率大大提高。

2) 基于傅里叶变换的相位匹配方法

基于傅里叶变换的相位匹配方法是利用傅里叶变换的性质而出现的一种图像配准方法。图像经过傅里叶变换,由空间域变换到频率域,则两组数据在空间上的相关运算可以变为频谱的复数乘法运算;同时,图像在变换域还能获得在空间域中很难获得的特征。

设两幅图像 $f_1(x,y)$ 和 $f_2(x,y)$,(x_0, y_0) 是两图像间的平移量,经过傅里叶变换后分为幅度信息和相位谱信息,分别得到 $F_1(\omega_x, \omega_y)$ 和 $F_2(\omega_x, \omega_y)$。若 $f_2(x,y) = f_1(x-x_0, y-y_0)$,则傅里叶变换关系为

$$F_2(\omega_x, \omega_y) = F_1(\omega_x, \omega_y) \mathrm{e}^{-2\mathrm{i}\pi(\omega_x x_0 + \omega_y y_0)} \tag{7-16}$$

即两幅图像的傅里叶变换有相同的振幅,但存在相位上的差异。通过计算两幅图像的

互功率谱来得到相位差。

$$Q_T(\omega_x,\omega_y) = \frac{F_1^*(\omega_x,\omega_y)F_2(\omega_x,\omega_y)}{|F_1(\omega_x,\omega_y)||F_2(\omega_x,\omega_y)|}$$

$$= \exp\{i[\theta_2(\omega_x,\omega_y) - \theta_1(\omega_x,\omega_y)]\} \quad (7\text{-}17)$$

其中,F^* 为 F 的复共轭,$\theta_1(\omega_x,\omega_y)$ 和 $\theta_2(\omega_x,\omega_y)$ 分别为 $F_1(\omega_x,\omega_y)$ 和 $F_2(\omega_x,\omega_y)$ 的相位谱。当信号发生位移时,其幅度谱不变,由式(7-17)可得

$$Q_T(\omega_x,\omega_y) = \exp\{-2i\pi(\omega_x x_0 + \omega_y y_0)\} \quad (7\text{-}18)$$

其中,傅里叶变换在(x_0,y_0)处为冲激响应,因此在匹配点处可以得到傅里叶逆变换的峰值。

类似地,若图像之间存在旋转变换时,即

$$f_2(x,y) = f_1(x\cos\theta_0 + y\sin\theta_0 - x_0, -x\sin\theta_0 + y\cos\theta_0 - y_0) \quad (7\text{-}19)$$

傅里叶变换满足:

$$F_2(\omega_x,\omega_y) = e^{-2i\pi(\omega_x x_0 + \omega_y y_0)} F_1(\omega_x\cos\theta_0 + \omega_y\sin\theta_0, -\omega_x\sin\theta_0 + \omega_y\cos\theta_0)$$

$$(7\text{-}20)$$

此时,定义两幅图像的互功率谱为

$$Q_R(\omega_x,\omega_y,\theta) = \frac{F_2(\omega_x,\omega_y)}{F_1(\omega_x\cos\theta + \omega_y\sin\theta, -\omega_x\sin\theta + \omega_y\cos\theta)} \quad (7\text{-}21)$$

通过不断旋转 $F_1(\omega_x,\omega_y)$,当 $\theta=\theta_0$ 时,式(7-21)经过傅里叶变换后将有一个冲激响应峰值。

基于傅里叶变换的相位匹配方法特别适合存在着低频噪声的图像,如不同照明条件下的图像;而且因它对频率域能量变化不敏感,所以适用于多传感图像配准。但是,傅里叶变换法依赖于它的不变性,因而只适用于已确定了的变换,如旋转、平移等,而对于不确定的变化就无能为力了。

2. 基于图像变换域的配准方法

将傅里叶变换用于图像配准,有以下几个优点:图像间的平移、旋转、尺度变换在频率域中均有对应量;对抗与频率不相关或独立的噪声,傅里叶变换法对与频率相关的噪声表现出了良好的稳健性。

相位相关是应用于配准两幅图像的平移变化的典型方法,其依据是傅里叶变换的平移特性。设 $f_1(x,y)$ 和 $f_2(x,y)$ 是两幅图像,(x_0,y_0) 是两图像间的平移量,则有 $f_2(x,y) = f_1(x-x_0, y-y_0)$,则它们之间的傅里叶变换 $F_1(\omega_x,\omega_y)$ 和 $F_2(\omega_x,\omega_y)$ 满足式(7-16)的关系。

这就是说,两幅图像具有相同的傅里叶变换和不同的相位关系,而相位关系是由两者之间的平移直接决定的。

定义两幅图像的互能量谱如式(7-17)所示,若两图像间仅有平移变化,则如式(7-18)。对式(7-17)取傅里叶逆变换,可得到一个脉冲函数,该函数在其他各处为 0,只在平移的位置上不为 0。这个位置就是两图像间的平移量。

旋转在傅里叶变换中是一个不变量。根据傅里叶变换的旋转性质,旋转一幅图像,在频率域相当于对其傅里叶变换做相同角度的旋转。如果两幅图像 $f_1(x,y)$ 和 $f_2(x,y)$ 间有

平移、旋转和尺度变换,设平移量为(x_0,y_0),旋转角度为θ(θ一般较小),尺度变换为r,则有

$$f_2(x,y)=f_1(xr\cos\theta+yr\sin\theta-x_0,-xr\sin\theta+yr\cos\theta-y_0) \quad (7-22)$$

则它们的傅里叶变换满足

$$F_2(\omega_x,\omega_y)=\mathrm{e}^{-2\mathrm{i}\pi(\omega_x x_0+\omega_y y_0)}F_1(\omega_x r\cos\theta+\omega_y r\sin\theta,-\omega_x r\sin\theta+\omega_y r\cos\theta) \quad (7-23)$$

令M_1和M_2分别为$F_1(\omega_x,\omega_y)$和$F_2(\omega_x,\omega_y)$的模,对式(7-23)取模得到

$$M_2(\omega_x,\omega_y)=M_1(\omega_x r\cos\theta+\omega_y r\sin\theta,-\omega_x r\sin\theta+\omega_y r\cos\theta) \quad (7-24)$$

当$r=1$时,两图像间仅有平移和旋转变换。此时可以看出两个频谱的幅度是一样的,只是有一个旋转的关系。通过对其中一个频谱幅度进行旋转,用最优化方法寻找最匹配的旋转角度就可以确定。

当$r\neq 1$时,对式(7-24)进行极坐标变换,可以得到

$$M_2(\rho,\varphi)=M_1(r\rho,\varphi-\theta) \quad (7-25)$$

对第一个坐标进行对数变换,得到

$$M_2(\lg\rho,\varphi)=M_1(\lg r+\lg\rho,\varphi-\theta) \quad (7-26)$$

变量代换后写为

$$M_2(\omega,\varphi)=M_1(\omega+c\rho,\varphi-\theta) \quad (7-27)$$

其中,$\omega=\lg\rho,c=\lg r$。

这样,通过相位相关技术,可以一次求得尺度因子r和旋转角度θ,然后根据r和θ对原图像进行缩放和旋转校正,再利用相位相关技术求得平移量。

3. 基于图像特征的配准方法

基于灰度和变换域的配准方法都具有如下不足:受光照影响大,对灰度变化敏感;在搜索空间会出现很多局部极值点;处理的信息量大,计算复杂度高;对旋转、尺度变换以及遮掩等极为敏感。而基于特征的方法能够避免上述缺点。

基于特征的图像配准方法一般分为如下3个步骤。

(1) 特征提取,根据图像性质提取适用于图像配准的几何或灰度特征。

(2) 特征匹配,将两幅待配准图像中提取的特征进行一一对应,删除没有对应的特征。

(3) 图像转换,利用匹配好的特征代入符合图像形变性质的图像转换(仿射、多项式等)以最终配准两幅图像。

常用的图像特征主要有轮廓、区域特征结构和特征点等。所以有以下各类图像配准方法。

1) 基于轮廓的方法

基于闭合轮廓的方法是比较有效的图像配准方法,适用于多传感器配准,它可以解决图像间的平移、旋转、尺度缩放等变换。然而,实际情况中有很多因素限制了基于闭合轮廓的图像配准方法的应用范围,往往实际应用中无法得到足够多的闭合轮廓,或者区域之间的重叠比较严重等。相对于闭合轮廓,普通边缘即非闭合轮廓是图像中更普遍存在的特征,所以,基于非闭合轮廓的图像配准方法相对于基于闭合轮廓的图像配准方法来说更有实用意义。

2）基于区域特征结构的配准方法

若能较好地进行区域分割，则可以采用基于区域特征结构的配准方法。矩不变量就是一种常用的区域统计特征，它对图像旋转、平移、缩放等具有不变性，采用欧氏距离作为相似性度量，使两幅图像的矩不变量的相似性达到最大。利用区域特征进行配准方法的缺点是区域提取的一致性不是很容易实现。图 7-1 是区域特征提取示例。

图 7-1 区域特征提取示例

3）基于特征点的配准方法

特征点是指图像灰度在各坐标轴方向都有很大变化的一类局部特征点，包含边缘、角点、线交叉点、高曲率点、轮廓中心等。人工图像配准由于有需要一定的认知背景、需要特殊的训练、精度方面也容易受到人为因素的影响等缺点，其发展受到一定的阻碍，所以逐步被自动方法取代。

点特征是图像配准中常用到的图像特征之一，其中主要应用的是图像的角点。角点是图像上灰度变换剧烈且和周围的邻点有着显著差异的像素点。目前角点检测算法主要分为两大类：第一类是基于边缘图像的角点检测算法；第二类是基于图像灰度的角点检测。第二类算法主要通过计算曲率及梯度来达到检测角点的目的，如 Movarac 兴趣算子、MIC 算子、SURF 算子、SIFT 算子等。图 7-2 是利用 SIFT 算子提取点特征的示例。

图 7-2 利用 SIFT 算子提取点特征的示例

4）基于直线段的配准方法

直线段是图像配准中另一个常用的特征。霍夫（Hough）变换是提取图像中直线的有效方法。综合考虑直线段的斜率和端点的位置关系，可以构造一个基于这些信息的直方图，并通过寻找直方图的聚集束达到直线段的匹配。

分割和边缘检测技术是这类方法的基础，已知的方法有 Canny 边缘提取算子、LoG 算子、动态阈值技术等。图 7-3 是用 Canny 算子提取线特征的示例。

图 7-3　用 Canny 算子提取线特征的示例

由此可见,图像配准方法经过多年的研究,已经取得了很多研究成果。但是由于图像数据获取的多样性,不同的应用对图像配准的要求各不相同,以及图像配准问题的复杂性,并没有一种具有普适性的图像配准方法。也就是说,不同的配准方法都是针对不同类型的图像的配准问题的。因此,图像配准研究的两个主要目标是:一方面提高其对于适用图像的算法的有效性、准确性和稳健性;另一方面也力求能扩展其适用性和应用领域。

7.2　图像融合概述

7.2.1　图像融合的基本概念

图像融合技术是多传感器信息融合的一个重要分支——可视信息的融合,它综合了传感器、图像处理、信号处理、计算机和人工智能的现代新高技术。Pohl 和 Genderen 对图像融合做了如下定义:图像融合就是通过一种特定算法将两幅或多幅图像合成一幅新图像。它的主要思想是采用一定的算法,把工作于不同波长范围、具有不同成像机理的图像传感器对同一场景的多个成像信息融合成一个新图像,从而使融合的图像可信度更高、模糊度较少、可理解性更好、更适合人的视觉及计算机检测、分类、识别、理解等处理。

对图像进行融合的目的主要有:
(1) 图像锐化。
(2) 提高几何校正精确度。
(3) 为立体摄影测量提供立体观测能力。
(4) 增强原单一传感器图像数据源中不明显的某些特征。
(5) 改善检测、分类、理解、识别性能,获取补充的图像数据信息。
(6) 利用多时间域数据序列检测场景、目标的变化情况。
(7) 利用来自其他传感器的图像信息,替代、弥补某一传感器图像丢失、故障信息。
(8) 克服目标提取与识别中图像数据的不完整性等。

目前,图像融合不仅在目标检测、跟踪和识别以及情景感知等军事领域有了广泛应用,而且在对地检测、机场导航、安全监控、智能交通、医学成像与诊断、人类视觉辅助、地理信息系统、智能制造、工业过程等民用领域也得到了广泛应用。随着多原图像融合技术的发展,其在军事和民用领域的应用会更为深入,且对于国民经济的发展和国防事业的建设均具有非常重要的意义。

7.2.2 图像融合的主要研究内容

图像融合是以图像为研究对象的信息融合,它把对同一目标或场景用不同传感器获得的不同图像,或用同种传感器以不同成像方式或在不同成像时间获得的不同图像,融合成一幅图像,在这一幅融合图像中能反映多重原图像的信息,以达到对目标和场景的综合描述,使之更适合视觉感知或计算机处理。

对图像融合中的图像源进行归纳分类,多原图像大致分为多传感器图像、遥感多原图像、多聚焦图像、时间序列(动态)图像。

多传感器图像是由多个成像机理不同的独立传感器获得的图像(不包括遥感图像),如前视红外(Forward Looking Infrared,FLIR)图像和可见光图像、CT 图像和 MRI 图像、毫米波(millimeter waves)雷达图像。前视红外图像是采用红外探测器获取目标的红外辐射,记录的是目标自身的红外辐射信息,因而又称热图像,而可见光图像是采用光学传感器记录的目标对可见光的反射信息。

遥感多原图像是远距离高空成像,可以是同种成像传感器的不同成像机理的工作模式获得的图像,如 Landsat TM(Thematic Mapper)多光谱图像和全色图像;也可以是由不同成像仪获得的图像,如 Landsat TM 多光谱图像和 SPOT(System Pour L'Observation de la Terre)全色图像。Landsat TM 的成像仪器为专题制图仪(thematic mapper),该成像仪所成图像由 7 个波段组成,其多光谱波段地面分辨率为 30m,全色波段地面分辨率为 15m。

多聚焦图像和时间序列图像都是采用同种传感器的不同成像方式或在不同成像时间获得的。多聚焦图像是由同种传感器采用不同的成像方式(聚焦点的不同)获得的。

时间序列图像是采用同一种成像传感器、同一种成像方式在离散时刻对目标成像所获得的多幅图像。

人们通过对多原图像融合的研究发现,很难设计出一种能够适合各类图像源的图像融合算法,因此实际应用中一般针对不同的图像源开发不同的图像融合算法。当然,这些图像融合算法并不是孤立的,它们之间有区别,也有联系。

图像融合一般可以分为像素级融合、特征级融合和决策级融合 3 级。通过信息融合,将大大减少或抑制被感知对象或环境解释中可能存在的多义性、不完全性或不确定性,从而提高图像分割、识别及解释的能力,并用于不同的应用领域。

1) 像素级图像融合

像素级图像融合主要是针对初始图像数据进行的,其目的主要是图像增强、图像分割和图像分类,从而为人工判断或进一步的特征级融合提供更佳的输入信息。

像素级图像融合是对同一场景和多个原图像目标的相同像素级灰度的全面处理。生成的新图像可以包含原图像中所有像素的信息。融合流程如图 7-4 所示。在像素级融合之前,必须对要融合的图像进行预处理和图像配准,以提高融合的可靠性和准确性。每个传感器提供的图像来自不同的时间和空间,或者在相同的时间和空间下具有不同光谱特征的图像。通过像素级图像融合,增加了图像信息,在提供详细信息方面优于特征级和决策级的融合。

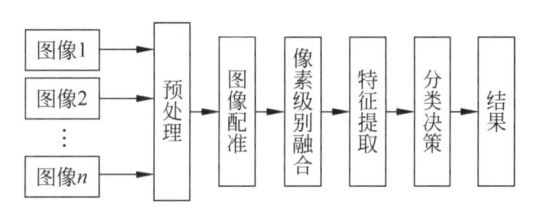

图 7-4 像素级图像融合流程

目前,通常的像素级图像融合方法主要包括采用直接融合的方法(如加权融合法)、高通滤波法、基于图像金字塔形分解的融合方法等。

2) 特征级图像融合

特征级图像融合也称为基于特征的图像融合,融合流程如图 7-5 所示。多原图像数据经过预处理后,除了可以进行像素级的图像融合外,还可以对这些图像数据进行特征提取,然后按各图像上相同类型的特征进行融合处理,得到新的图像特征或新的融合图像;特征级图像融合之前需要检测原图像中感兴趣的区域和目标,进而提取目标的各类特征,然后将多传感器或多时相数据的特征进行融合处理。

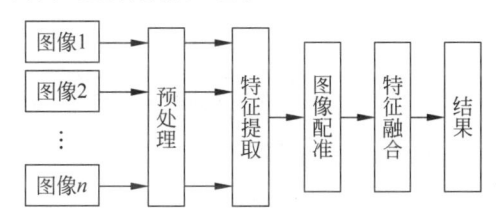

图 7-5 特征级图像融合流程

图像的特征主要包括几何特征(如线、边缘、区域等)、运动特征(如相对位置、相对速度、图像序列及变化特征等)、统计特征(如目标表面的数目、主分量特征、灰度分布特征、纹理特征等)、光谱特征(包括图像的亮度、色度、饱和度等)。

3) 决策级图像融合

决策级图像融合也称为基于决策的图像融合,融合流程如图 7-6 所示。在进行融合处理前,要先对从各个传感器获得的原图像分别进行预处理、特征提取、识别或判决,建立了对同一目标的初步判决和结论;然后对来自各传感器的决策进行相关处理;最后进行决策级的融合处理,从而获得最终的联合判决,其结果可以直接作为决策要素来做出相应的行为。决策级融合是直接针对具体的决策目标,充分利用了来自各图像的初步决策。

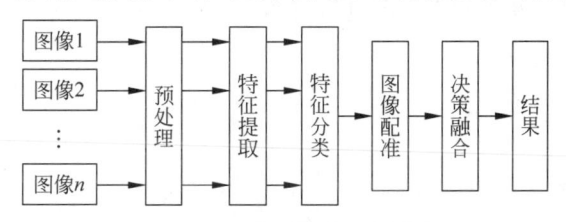

图 7-6 决策级图像融合流程

决策级融合方法通常可分为两类,即基于辨识的决策级融合方法和基于知识的决策级融合方法。前者是对数据设定一定的假设前提,然后建立目标的概率模型来分类目标;而后者则使用逻辑模板和句法上下文知识来描述、融合数据。

现有理论和研究表明，对于上述三个融合级别，像素级融合在预处理、信息量、信息丢失和分类方面具有最佳性能，而特征级和决策级融合性能最好。

7.2.3 图像融合的步骤

图像融合过程根据具体过程的操作步骤不同，分为预处理层、融合层与应用层。预处理主要对输入图像进行几何校正、去噪及配准。几何校正和去噪可以消除视觉收缩、堆叠、阴影等因素以及卫星干扰、大气变化等因素对成像结果一致性的影响；图像配准可以消除不同传感器对拍摄角度、时间和分辨率等的影响。融合过程将不同待融合图像中的目标和背景信息都识别出来，体现在一幅图像中，增强视觉效果。最后，输出融合图像并对其进行质量评价以评价融合算法的优劣，若效果不好则要进行其他的后续处理。融合过程如图 7-7 所示。

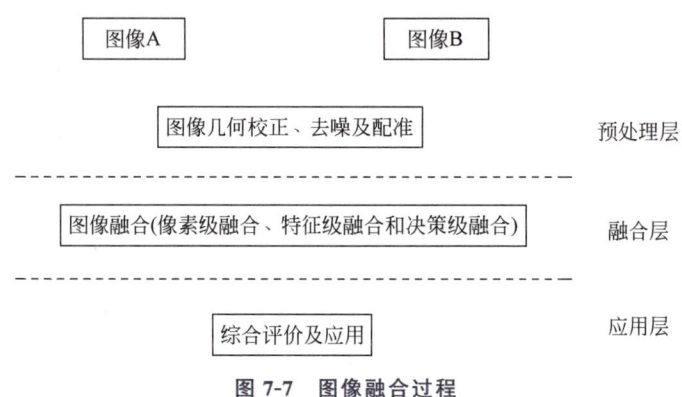

图 7-7 图像融合过程

7.3 图像融合的基本方法

像素级融合是最基本的图像融合方法，也是特征级融合和决策级融合的基础。因此，本节将以像素级融合为基础，讲解图像融合的基本方法。

像素级融合方案可分为空间域和变换域两大体系。空间域是直接在灰度空间内进行算法操作，常见的有加权平均、PCA、IHS 空间融合、伪彩色融合等。变换域方案则是对像素空间进行变换操作，再将变换后的各系数按一定规则进行融合，最后逆变换获得融合图像。例如，基于傅里叶变换的方法和多尺度分解方案。

7.3.1 基于空间域的融合方法

1. 像素加权融合

加权平均图像融合过程可以表示为

$$F(m,n) = \omega_1 A(m,n) + \omega_2 B(m,n) \tag{7-28}$$

其中，m 是图像中像素的行号，$m=1,2,\cdots,M$；n 是图像中像素的列号，$n=1,2,\cdots$；ω_1 和 ω_2 是加权系数，通常 $\omega_1+\omega_2=1$。

如果要对彩色图像进行融合处理，可以遵循三基色模型将每个彩色图像视为三个单色（红色、绿色和蓝色）图像的叠加，并对每个彩色图像执行融合处理，得到三个红色、绿色和蓝色单色融合图像之后,可以将三个单色融合图像叠加在一起以形成融合的彩色图像。换句话说,彩色图像的融合过程可以分解为三基色单色图像的融合过程。

彩色图像的像素级加权平均融合处理为

$$\begin{cases} F_R(n_1,n_2) = \omega_1 A_R(n_1,n_2) + \omega_2 B_R(n_1,n_2) \\ F_G(n_1,n_2) = \omega_1 A_G(n_1,n_2) + \omega_2 B_G(n_1,n_2) \\ F_B(n_1,n_2) = \omega_1 A_B(n_1,n_2) + \omega_2 B_B(n_1,n_2) \end{cases} \tag{7-29}$$

其中,下标 R、G 和 B 分别代表红色、绿色和蓝色的三种原色,而对应的图像是单色图像的三种原色。

加权平均融合方法的优点是算法简单直观,融合速度快,实时性强;缺点是经常需要人工干预,图像融合效果难以满足,实际应用范围不广。

2. 基于 PCA 的融合

PCA(Principle Component Analysis,主成分分析)是统计特征量的一种线性正交变换,它的几何意义在于把原始特征空间的特征轴旋转到平行于混合集群的结构轴方向去,以得到新特征轴。它可以将原来的各个图像指标重新组合,得到的新指标互不相关。融合实现简单,但是它的权值分配方法会给多幅图像中的某一幅图像过多的权值,融合效果一般。

主成分变换的变换公式可以简单表示为

$$Y = TX \tag{7-30}$$

其中,X 为待变换图像的数据矩阵;Y 为变换后图像的数据矩阵;T 为变换矩阵。

如果 T 是一个正交矩阵,并且由待转换图像的数据矩阵的协方差矩阵 C 的特征向量组成,则此转换为 K-L 转换,变换的数据矩阵的每个行向量都称为 K-L 转换的一个主分量。将低分辨率多光谱图像与高空间分辨率图像融合时,主成分变换融合方法的基本思想是,首先对多光谱图像执行主成分变换,然后用拉伸后的高分辨率图像替换第一主分量进行逆主分量变换,得到融合的图像。

根据 K-L 变换的定义,多光谱变换的过程概括如下。

(1) 由多光谱图像的数据矩阵 X(矩阵中的每一行表示一个波段的图像),假设多光谱图像由 m 个波段图像组成,每个波段图像的像素总数为 n。计算其协方差矩阵 C。

$$X = \begin{pmatrix} x_{11} & \cdots & x_{1n} \\ \vdots & & \vdots \\ x_{m1} & \cdots & x_{mn} \end{pmatrix} \quad C = \begin{pmatrix} \delta_{11}^2 & \cdots & \delta_{1n}^2 \\ \vdots & & \vdots \\ \delta_{m1}^2 & \cdots & \delta_{mn}^2 \end{pmatrix} \tag{7-31}$$

(2) 计算协方差矩阵 C 的特征值 λ 和特征向量 U,形成变换矩阵 T。如果将各特征向量为列构成矩阵 U,则 U 的转置矩阵为 K-L 变换的系数矩阵 T。

(3) 根据 K-L 变换的具体表达式 $Y = U^T X = TX$,获得主分量变换后的新矩阵 Y,矩阵中的每一行向量 Y_i 为 K-L 变换后的一个主分量。其中,Y_1 被称为第一主分量,它包含的信息量最大,而其他主分量包含的信息则呈逐渐减少的趋势。每个主分量的像素大小也为 n,与单个波段的图像像素大小一致。任何两个主分量之间的协方差都为 0,且互不相关,这确保了每个主分量之间不存在信息的重复或冗余。

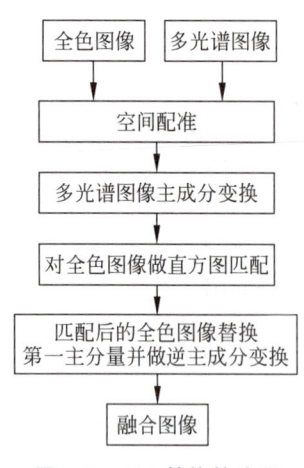

PCA 转换的流程如图 7-8 所示。

PCA 算法的主要步骤如下。

(1) 对参与融合的原图像进行配准。

(2) 计算原图像主成分变换矩阵的特征值和对应的特征向量。

(3) 按降序对特征值进行排序,相应的特征向量也要进行相应的变动,将最终的结果记为 $\lambda_1, \lambda_2, \cdots, \lambda_n, \varphi_1, \varphi_2, \cdots, \varphi_n$。

(4) 各主分量按如下方式计算:

$$pc_k = \sum_{j=1}^{n} x_j \varphi_{jk} \tag{7-32}$$

(5) 在全色图像和第一主成分图像之间进行直方图匹配,然后将第一主分量替换为全色图像。

图 7-8 PCA 转换的流程

(6) 执行逆主成分变换以获得融合图像。

主成分变换融合方法的主要优点是保持融合图像的光谱特性,特别是在大量频带的情况下;缺点是由于需要计算自相关矩阵的特征值和特征向量,因此计算量非常大,并且实时性差。

7.3.2 基于变换域的融合方法

基于变换域的融合方法的步骤为:将待融合图像分解到各变换域上的子图像,然后使用一定的融合规则对子图像进行处理,最后对子图像进行多尺度逆变换得到融合图像。

该方法通过不同尺度空间中的图像分解达到将图像高、低频信息分离的效果,其中高频信息代表图像的细节信息,低频信息代表图像的结构信息,将两种信息分开计算,计算更加便利,结果更准确。

对两幅待融合图像 A 和 B,假设使用的分解方法为 MSD(Multi-Scale Decomposition,多尺度分解),则输出融合图像 F 的过程如下:将输入图像 A 和 B 分别进行 l 层多尺度分解,得到各自的多尺度分解系数 $C_A^{(i)}$ 和 $C_B^{(i)}$(设 $C_A^{(i)} = \text{MSD}(A)$,$C_B^{(i)} = \text{MSD}(B)$)分别表示图像 A、B 处于 i 尺度的分解系数,$i = 1, 2, \cdots, l$);按照融合规则 θ 对两组分解系数进行融合,得到融合系数 $C_F^{(i)}$($C_F^{(i)} = \theta\{\{C_A^{(i)}\}, \{C_B^{(i)}\}\}, i = 1, 2, \cdots, l$);再对融合后的分解系数运用多尺度逆变换重构为融合图像,得到 $F = \text{MSD}^{-1}(C_F^{(i)})$。融合框架如图 7-9 所示。

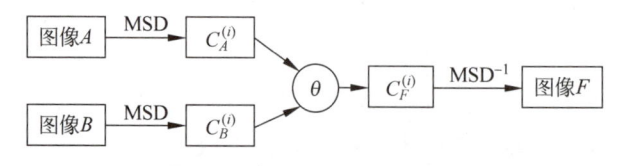

图 7-9 多尺度图像融合框架

基于多尺度变换的图像融合算法根据所用到的分解形式的不同分为基于金字塔变换的融合方法、基于小波变换的融合方法、基于 Ridgelet 变换的融合方法、基于 Curvelet 变换的融合方法、基于 Contourlet 变换的融合方法和基于非下采样 Contourlet 变换的融合方法等。

1. 基于金字塔变换的融合方法

金字塔型变换方法中最经典的方法是 1983 年由 Burt 和 Andelson 提出的拉普拉斯金字塔(Laplacian pyramid)变换方法,接着比率低通金字塔、梯度金字塔等融合方法相继出现,可以说是金字塔变换的图像研究打开了多尺度变换的大门。

基于金字塔变换的融合方法的优点在于能够充分利用各个变换域上的原图像的细节信息和显著特征,融合效果比简单的图像融合方法要好得多,弊端是高频信息的大量丢失。

因为拉普拉斯金字塔是基于高斯金字塔形成的,所以首先需对图像进行高斯金字塔分解。

1) 图像的高斯金字塔分解

设原图像为 G_0,将 G_0 作为高斯金字塔的第 0 层(底层),除底层外的每一层图像都是经由其下一层图像的高斯低通滤波和隔行隔列的下采样得到的。假设高斯金字塔的第 1 层图像为 G_1,高斯金字塔的构建过程为

$$G_l(i,j) = \sum_{m=-2}^{2} \sum_{n=-2}^{2} \bar{\omega}(m,n) G_{l-1}(2i+m, 2j+n) \tag{7-33}$$

其中,$1 \leqslant i \leqslant R_0/2, 1 \leqslant j \leqslant C_0/2$,$R_l$ 和 C_l 分别为高斯金字塔第 l 层的行数和列数;N 为顶层层号;给出权值集合 $\bar{\omega}(m,n)$ 为

$$\bar{\omega} = \frac{1}{256} \begin{bmatrix} 1 & 4 & 6 & 4 & 1 \\ 4 & 16 & 24 & 16 & 4 \\ 6 & 24 & 36 & 24 & 6 \\ 4 & 16 & 24 & 16 & 4 \\ 1 & 4 & 6 & 4 & 1 \end{bmatrix} \tag{7-34}$$

到此步为止,$G_0, G_1, \cdots, G_N$ 构成的高斯金字塔就完成了,其中 G_0 为金字塔底层,G_N 为金字塔的顶层。因为高斯金字塔除去底层的每一层都是对其前一层图像做高斯低通滤波和隔行隔列的降采样得到的,所以它的图像尺寸大小为前一层的大小的 1/4。

2) 图像的拉普拉斯金字塔分解

对 G_l 使用内插值方法,得到放大图像 G_l^* 的尺寸与 G_l 的前一层图像 G_{l-1} 的尺寸大小相同,放大图像表示为

$$G_l^*(i,j) = 4 \sum_{m=-2}^{2} \sum_{n=-2}^{2} \bar{\omega}(m,n) G_l\left(\frac{i+m}{2}, \frac{j+n}{2}\right) \tag{7-35}$$

其中,

$$G_l^*\left(\frac{i+m}{2}, \frac{j+n}{2}\right) = \begin{cases} G_l\left(\frac{i+m}{2}, \frac{j+n}{2}\right), & \dfrac{i+m}{2}、\dfrac{j+n}{2} \text{ 为整数} \\ 0, & \text{其他} \end{cases} \tag{7-36}$$

令

$$\begin{cases} \mathrm{LP}_l = G_l - G_{l+1}^*, & 0 \leqslant l < N \\ \mathrm{LP}_N = G_N, & l = N \end{cases} \tag{7-37}$$

其中,LP_l 为拉普拉斯金字塔的第 l 层图像;N 为顶层层号。

由高斯金字塔除去顶层图像的每一层与其上层图像经过内插放大的图像做差得到的图

像构成拉普拉斯金字塔,做差的过程和带通滤波的效果类似,因此拉普拉斯金字塔又称带通金字塔分解。

3) 由拉普拉斯金字塔重建原图像

由式(7-37)可得

$$\begin{cases} G_N = \text{LP}_N, & l = N \\ G_l = \text{LP}_l + G_{l+1}^*, & 0 \leqslant l < N \end{cases} \tag{7-38}$$

式(7-38)说明,从拉普拉斯金字塔的顶层开始逐层由上至下按式(7-38)进行递推,即可恢复其对应的高斯金字塔,并且最终可得到原图像 G_0。

4) 基于拉普拉斯金字塔分解的图像融合

对原图像进行拉普拉斯金字塔分解能够将原图像分解到不同空间频率层上,然后对不同频率层上的子图像分别进行融合等操作,根据各频带的特征和细节的不同,选择各自适合的融合规则,通常将频率层按照高频和低频来分类,这样可以将高低频的特征和细节融合在一起。

设 LA_l 和 LB_l 分别为原图像 A、B 经拉普拉斯金字塔分解后得到的第 l 层图像,融合后的结果为 $\text{LF}_l(0 \leqslant l \leqslant N)$。$\text{LA}_N$ 和 LB_N 分别为原图像 A、B 经拉普拉斯金字塔分解后得到的顶层图像。对于顶层图像的融合,采用基于区域平均梯度的融合规则。平均梯度能够反映图像每个像素点处的微小变化,从而反映图像的纹理变化和清晰度,平均梯度越大,表示图像有更丰富的层次和更清晰的像素。首先计算以各个像素为中心的区域大小为 $M \times N$(M、N 取奇数且 $M \geqslant 3$,$N \geqslant 3$)的区域平均梯度:

$$G = \frac{1}{(M-1)(N-1)} \sum_{i=1}^{M-1} \sum_{j=1}^{N-1} \sqrt{(\Delta I_x^2 + \Delta I_y^2)/2} \tag{7-39}$$

其中,$1 \leqslant l \leqslant N$,$0 \leqslant i < R_l$,$0 \leqslant j < C_l$,$\Delta I_x$ 与 ΔI_y 分别为像素 $f(x,y)$ 在 x 与 y 方向上的一阶差分,定义如下:

$$\Delta I_x = f(x,y) - f(x-1,y) \tag{7-40}$$

$$\Delta I_y = f(x,y) - f(x,y-1) \tag{7-41}$$

顶层图像中的像素 $\text{LA}_N(i,j)$ 和 $\text{LB}_N(i,j)$ 的对应区域平均梯度分别为 $GA(i,j)$ 和 $GB(i,j)$。则顶层图像的融合结果为

$$\text{LF}_N(i,j) = \begin{cases} \text{LA}_N, & GA(i,j) \geqslant GB(i,j) \\ \text{LB}_N, & GA(i,j) < GB(i,j) \end{cases} \tag{7-42}$$

区域能量能够反映图像中像素之间的相关性,基于区域能量的融合能够体现图像的局部特征,区域能量越大,表示图像对比度越高。

当 $0 \leqslant l < N$ 时,则对于经过拉普拉斯金字塔分解的第 l 层图像,首先计算区域能量:

$$\text{ARE}(i,j) = \sum_{-p}^{p} \sum_{-q}^{q} \bar{\omega}(p,q) |\text{LA}_N(i+p,j+q)| \tag{7-43}$$

$$\text{BRE}(i,j) = \sum_{-p}^{p} \sum_{-q}^{q} \bar{\omega}(p,q) |\text{LB}_N(i+p,j+q)| \tag{7-44}$$

这里 $p=1$,$q=1$,$\bar{\omega} = \frac{1}{16} \begin{pmatrix} 1 & 2 & 1 \\ 2 & 4 & 2 \\ 1 & 2 & 1 \end{pmatrix}$,则其他层次图像的融合结果为

$$LF_l(i,j) = \begin{cases} LA_l(i,j), ARE(i,j) \geqslant BRE(i,j) \\ LB_l(i,j), ARE(i,j) < BRE(i,j) \end{cases} \quad 0 \leqslant l < N \quad (7-45)$$

在得到金字塔各个层次的融合图像 $LF_1, LF_2, \cdots, LF_N$ 后,通过式(7-38)重构,便可得到最终的融合图像。

2. 基于小波(wavelet)变换的融合方法

小波变换与拉普拉斯金字塔等多尺度变换相比,优点在于小波变换具有良好的时间域局部分析特性,不但可以获取图像的低频结构信息和高频细节信息,而且能够分别获得图像中水平、垂直、对角线三个方向上的高频细节信息。

基于小波变换的图像融合方法步骤如图 7-10 所示。首先对原图像进行小波变换将图像分解到高频层和低频层;然后对不同层的子图像进行融合处理,融合规则是低频分量采用像素灰度值取平均值的方法,高频分量采用像素灰度值绝对值取大的方法;最后将融合后的子图像做小波逆变换得到融合图像。

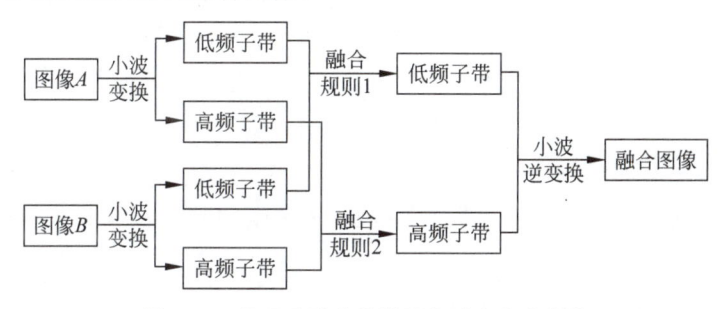

图 7-10 基于小波变换的图像融合方法步骤

二维图像经小波分解后,可以得到 1 个低频和 3 个高频子带,各子带的图像尺寸大小为原图像的 1/4。低频子图像还可以继续再逐级分解。图像的二层小波分解如图 7-11 所示。每一层都被分解为 3 个方向上的子带空间和一个低频子带空间。因为 LL 空间是低频近似图像,且不携带高频信息,所以在上一层分解的基础上要进行的下一层小波分解实质上是对上一层低频子带空间进行小波分解。

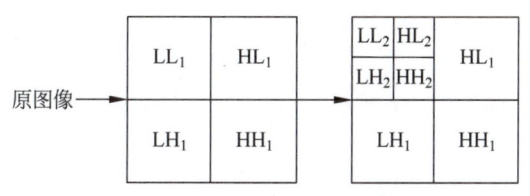

图 7-11 图像的二层小波分解

图像经过 L 层小波分析,会得到 $3L+1$ 个子带空间,其中有 $3L$ 个高频细节子带空间和 1 个低频信息子带空间。基于小波变换的图像融合方法就是对原图像进行小波分解,得到高频子带序列和低频子带序列(其中高频有 3 个方向,低频的仅有 1 个),在不同的变换域内采用不同的融合方法进行融合得到融合图像的小波分析子带序列,最后用小波逆变换进行重构得到融合图像。常用的融合方法中,由于低频相关度较高,可以选取基于邻近区域方式进行。高频子带空间多包含像素差别较大,可根据以平均梯度为主参数的融合规则。图 7-12 展示了基于小波变换的图像融合过程。

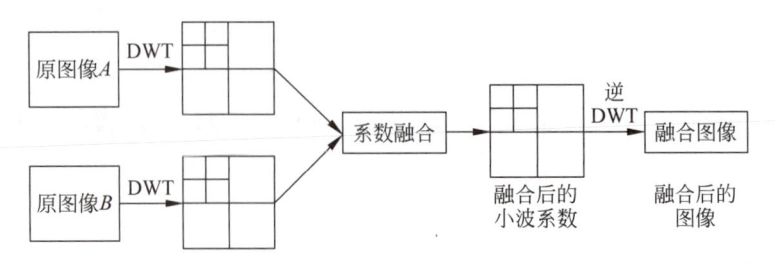

图 7-12　基于小波变换的图像融合过程

3. 基于 Ridgelet(脊波)变换的融合方法

由于小波变换对图像边界的处理上的不足,基于脊波变换的融合方法很快被提出来。脊波变换是一种非自适应的高维函数表示方法,对含直线奇异的多变量函数能够达到最优的逼近阶。脊波理论的提出在多尺度几何分析史上产生了深远的影响,具有不可估量的价值。脊波变换的核心主要是经过 radon 变换把线状奇异性变换成点状奇异性。小波变换能有效地处理在 radon 域的点状奇异性。其本质就是通过对小波基函数添加一个表征方向的参数得到的,所以它不但与小波一样有局部时频分析的能力,还具有很强的方向选择和辨识能力,可以非常有效地表示信号中具有方向性的奇异特征。这是小波方法所不能得到的。

连续脊波变换的定义如下。

设光滑函数 $\psi:R \to R$,满足条件 $\int \psi(t)dt = 0, \int |\psi(\lambda)|^2 \lambda^{-2} d\lambda < \infty$,其中 $\psi(\lambda)$ 为 $\psi(t)$ 的 Fourier 变换。

对于参数集 $\gamma = (a,b,u), \psi_\gamma(x) = a^{\frac{1}{2}} \cdot \psi\left(\dfrac{ux-b}{a}\right)$。$\psi_\gamma$ 是由满足上述条件的函数 ψ 生成的,称 ψ_γ 为脊波。

其中,a 为尺度因子,b 为位移因子,u 为方向因子。$u = (\cos\theta, \sin\theta), x = (x_1, x_2)$,则脊波函数可以表示为

$$\psi_{a,b,\theta}(x) = a^{-\frac{1}{2}} \cdot \psi\left(\frac{\cos(\theta)x_1 + \sin(\theta)x_2 - b}{a}\right) \tag{7-46}$$

设 $f(x) \in L^2(R^2)$,在 R^2 上定义变换:

$$\mathrm{CRT}_f(a,b,\theta) = \int_{R^2} \psi_{a,b,\theta}(x) f(x) dx \tag{7-47}$$

为 $f(x)$ 的脊波变换。

在实际应用中,脊波变换的离散化及其算法实现是一个具有挑战性的问题。由于脊波的径向性质,对连续公式直接离散实现时要在极坐标中进行插值。这样的变换结果或者是冗余的,或者不能完全重构。脊波变换数字实现的优劣很大程度上取决于其中 radon 变换数字实现的重构精度。为此,人们提出了各种各样的方法,大体上可分为在傅里叶域利用投影切片定理的方法、多尺度方法和代数方法 3 类。

近似脊波变换建立在所谓的伪极坐标网格基础上。首先对 $n \times n$ 的离散点列作二维 FFT,并对得到的包含 $n \times n$ 个点的频率域点列作径向划分;然后估计各个径向直线方向上 n 个数据点的值。在每个径向方向都有 n 个点,再对这 n 个点列作一维 IFFT,从而得到对应于图像域的 $2n^2$ 个点列,对这些点列作均匀化插值和重组就得到一次 radon 变换的结果。

流程如图 7-13 所示。但其有两点不足:在实现频率平面中直角坐标向极坐标变换的过程中引入误差是明显的;它具有总数为 4 倍的数据冗余性。因此这种脊波变换不适合图像编码压缩。

$f(x_1,x_2)$ → 二维FFT → 沿θ方向进行一维IFFT → $R_f(\theta,t)$ → 对给定的θ进行一维DWT → $CR_f(a,b,\theta)$

图 7-13 脊波变换流程

M. N. Donoho 等提出另一种数字脊波实现方法,称为有限脊波变换(FRIT)。首先用有限 radon 变换将一幅图像变换到 FRAT 域中,再对每一个投影序列进行离散小波变换(DWT),$r_k[0],r_k[1],\cdots,r_k[p-1]$。其中方向 k 是固定的。这种方法可以同时做到可逆性与非冗余性,并且是完全重构的。但由于有限脊波变换是基于有限 radon 变换构造的,有限 radon 变换在表达直线时有折叠效应,有限脊波变换在几何上不是真实的。

Donoho 和 Flesia 为了克服有限脊波变换的折叠效应,构造了一种数字脊波变换。它能用真实的脊函数进行分解和合成,并且具有精确重构和框架性质。这种脊波变换采用的 radon 变换称作 fast slant stack。首先进行 fast slant stack 运算,然后进行二维快速小波变换。这种构造使得离散物体(离散脊波、离散 radon 变换、离散伪极坐标傅里叶域)具有与连续脊波理论平行的内在联系(脊波、radon 变换、极坐标傅里叶域)。

这里以两幅图像的脊波变换的融合为例,说明其融合基本步骤。

(1) 对两幅原图像进行图像分割,得到若干对应位置的图像子块。

(2) 对对应位置的图像子块进行脊波变换,对不同层进行融合处理,最终得到融合后的脊波变换矩阵。

(3) 对融合后脊波变换矩阵进行脊波逆变换(即进行图像重构),所得到的重构图像即为融合图像。

基于脊波变换的图像融合的物理意义在于:

(1) 脊波变换是通过 radon 变换把图像中的线的特征转换为点特征,然后通过小波变换将点的奇异性检测出来。它的处理过程克服了小波仅仅能反映"过"边缘的特征,而无法表达"沿"边缘的特征。

(2) 脊波变换继承了小波变换的空间和频率域局部特性。

(3) 脊波变换具有很强的方向性。脊波变换适合于表达各向异性的特征,具有很强的方向性,能为融合图像提供更多的空间细节信息。

尽管脊波变换较小波变换复杂,但是它较小波变换有更好的稀疏性,即它能将图像的边缘特征用较少的大的脊波变换系数表示;它克服了小波变换中传播重要特征到多个尺度上的缺点。因此,与小波变换相比,脊波变换能起到更好的能量集中的作用。因此,脊波变换的图像融合规则采用方法如下:①对于脊波分解后的低频部分,采取加权平均的融合规则;②对于脊波分解后的高频部分,采用取脊波变换系数绝对值最大的作为融合后的系数。

4. 基于曲波变换的图像融合算法

由于多尺度 Ridgelet 分析冗余度很大,Candès 和 Donoho 于 1999 年在 Ridgelet 变换的基础上提出了连续曲波变换,即第一代曲波变换中的 Curvelet99;2002 年,Strack、Candès

和 Donoho 提出了第一代曲波变换中的 Curvelet02。第一代曲波变换实质上由脊波理论衍生而来，是基于脊波变换理论、多尺度脊波变换理论和带通滤波器理论的一种变换。单尺度脊波是在某一基准尺度 s 上进行脊波变换，而曲波变换是在所有可能的尺度 s 上进行脊波变换。它首先将图像进行子带分解，对不同尺度的子带图像采用不同大小的分块；然后对每个分块进行脊波分析。它实质上就是一种多尺度的方块脊波变换。曲波变换由于综合了脊波擅长表示直线特征和小波适于表现点状特征的优点，并充分利用了多尺度独到的优势，适合于处理一大类图像问题。曲波变换其基的支撑区间满足各向异性尺度关系(anisotropy scale relation) $width \approx length^2$，可以很好地逼近图像中的奇异曲线。因此，曲波变换在图像去噪、对比度增强、天文图像处理以及边缘检测等领域得到较广泛的应用。

曲波变换理论前后经历两代历程才完善起来，第一代曲波变换主要应用在局部区域内用直线代替曲线的想法，通过子带分解、平滑分块、正规化和脊波分析来实现，冗余度很高。第二代理论绕过脊波分解，直接用频率域内的曲波基函数，所以也被称为真正意义上的曲波变换。基于第二代理论提出了快速离散变换(Fast Discrete Curvelet Transform, FDCT)算法、Wrapping 算法和快速傅里叶变换(Fast Fourier Transform, FFT)算法。曲波变换在小波变换的基础上还另外提供一个方向参量，大大提升了逼近方向奇异性的能力，并且第二代算法更加有效地获取原图像的几何特征。

图 7-14 描述了小波变换与曲波变换的异同：相同之处在于两者都采用某种结构去逼近曲线奇异性；不同就是小波变换结构采用一个个点去近似，曲波变换结构用一个个矩形近似。但是在方向上，曲波变换能提供更多的方向，可以很好地表示其方向各异性，而小波变换只能提供仅有尺度的少量方向：小波变换仅有水平、垂直和 45°斜线上的方向，而曲波变换在用长条形支撑（楔形基）的情况下可提供任意方向。在这种楔形构造中，只有当逼近基与奇异特征相重合时，才会有相对较大的曲波系数。

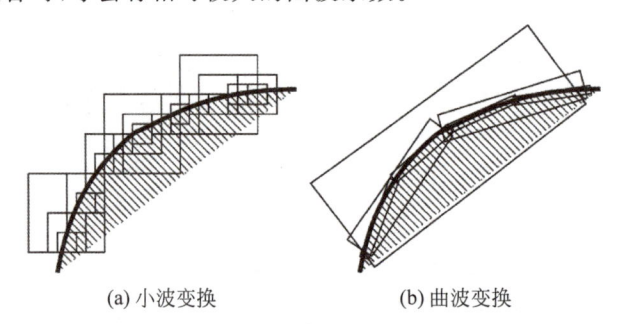

(a) 小波变换　　(b) 曲波变换

图 7-14　小波变换与曲波变换的异同

在对图像进行基于曲波变换的融合时，首先要对两幅原图像分别进行曲波变换以获得不同尺度下的粗尺度和多层细尺度的曲波系数；其次根据选取的融合方案进行融合，得到各层各自的融合系数；最后根据这些融合系数，按照逆曲波变换进行重构描绘融合图像。图 7-15 就反映这一融合过程。

5. 基于 NSCT 的图像融合算法

尽管曲波变换能够有效地捕捉曲线奇异性，但因为它是定义于连续域中然后才在离散域中给出近似实现的方法，所以在数字实现曲波变换时计算复杂度很高，这就促使 Do 和 Vetterli 提出了一个直接产生于离散域的多尺度、多方向变换——Contourlet 变换。它继承

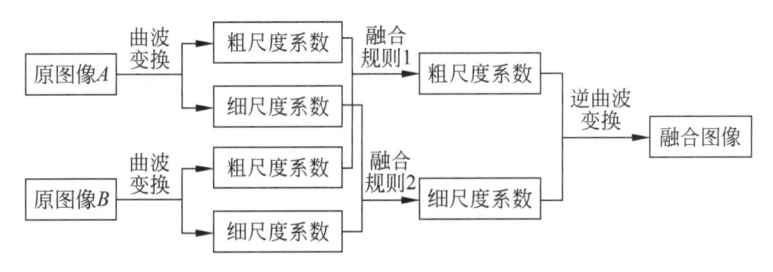

图 7-15　曲波变换融合过程

了曲波变换的优良特性,不仅具有多尺度和良好的时频局部特性,还具有多方向性和各向异性。但因为 Contourlet 变换不具有平移不变性,所以会在图像处理中出现伪吉布斯现象,导致图像失真。为此,A. L. Cunha 等提出了一种具有平移不变性的 Contourlet 变换:非下采样 Contourlet 变换(NSCT)。

非下采样轮廓变换是在轮廓变换基础上提出来的,由非下采样金字塔滤波器组(Non-Subsampled Pyramid,NSP)和非采样方向滤波器组(Non-Subsampled Direction Filter Bank,NSDFB)两部分组成。

图 7-16 是 NSCT 分解的结构示意,第一步用 NSP 分解原图像,得到低通子带 L_1 和带通子带 P_1;第二步再用 NSDFB 分解带通子带图像 P_1,经过分解得到的带通子带图像 P_{12} 是多个方向的;第三步用 NSP 进一步分解低通子带图像 L_1,得到低通子带图像 L_{21} 和带通子带图 P_{21},P_{21} 再经过 NSDFB 分解为多个方向的带通子带图像 P_{22}。对每一层的低通子带图像重复上述操作,得到原图像的多层子带分解。

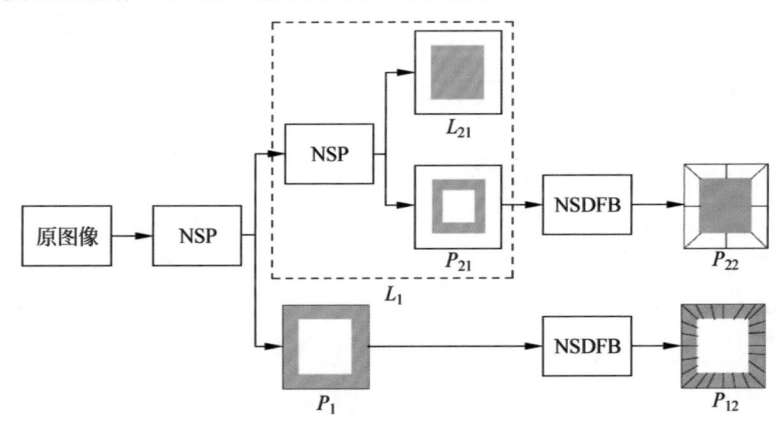

图 7-16　NSCT 分解的结构示意

NCST 具有良好的方向、频率域特性,而且在整个分解、重构过程中,得到的子图像与原图像的像素相同。NSPFB 和 NSDFB 的具体功能下面分别介绍。

1) NSPFB

NSCT 采用两通道 NSPFB 来实现 NSP 分解,如图 7-17 所示。

其中,分解滤波器 $\{H_0(z),H_1(z)\}$ 和合成滤波器 $\{G_0(z),G_1(z)\}$ 满足 Bezout 恒等式,从而保证了 NSPFB 满足完全重构条件。

$$H_0(z)G_0(z) + H_1(z)G_1(z) = 1 \tag{7-48}$$

其中,$H_0(z)$ 和 $H_1(z)$ 分别为双通道低通滤波器和高通滤波器的频率响应,$H_0(z)$ 和

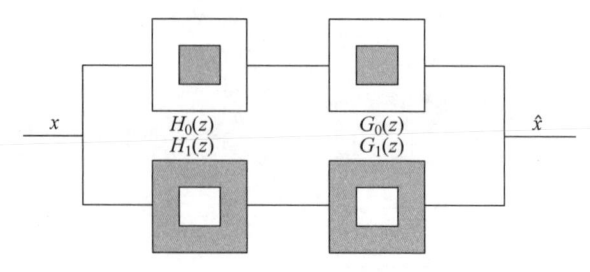

图 7-17 二通道 NSPFB

$H_1(z)$ 满足以下关系。

$$H_1(z) = 1 - H_0(z) \tag{7-49}$$

$G_0(z)$ 和 $G_1(z)$ 分别为低通与高通合成滤波器的频率响应,取值为 1。

为了反复采用 NSPF 作为两通道的 NSPFB 进行分解来实现图像的多尺度分解对图像,每一级所采用的滤波器是对上一级的滤波器按照采样矩阵 $\boldsymbol{D} = 2\boldsymbol{I} = \begin{pmatrix} 2 & 0 \\ 0 & 2 \end{pmatrix}$ 来进行采样得到的。J 尺度下低通滤波器的理想频率域支撑区间为 $\left[-\dfrac{\pi}{2^j}, \dfrac{\pi}{2^j}\right]^2$,高通滤波器的理想频率域支撑区间为 $\dfrac{\left[-\dfrac{\pi}{2^{j-1}}, \dfrac{\pi}{2^{j-1}}\right]^2}{\left[-\dfrac{\pi}{2^j}, \dfrac{\pi}{2^j}\right]^2}$。图 7-18 给出了 3 级金字塔式分解示意,图 7-19 给出了其相应分解的频带划分示意。

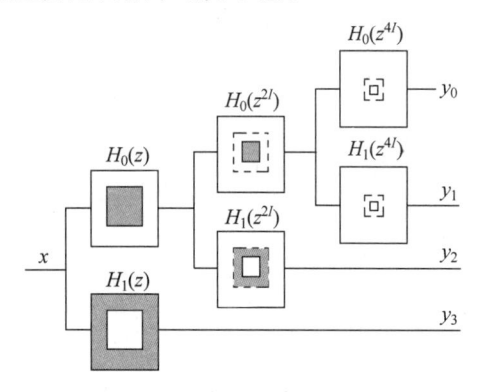

图 7-18 3 级金字塔分解示意

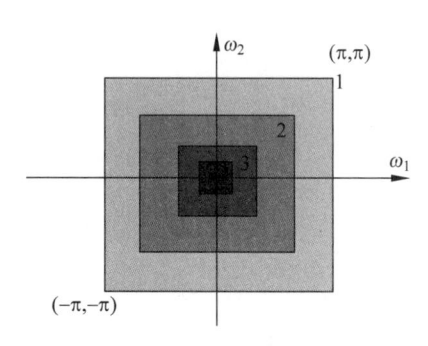

图 7-19 相应分解的频带划分示意

2) NSDFB

NSDFB 采用理想频率域支撑区间为扇形的一组两通道 NSDFB,如图 7-20 所示,其中,分解滤波器 $\{U_0(z), U_1(z)\}$ 和合成滤波器 $\{V_0(z), V_1(z)\}$ 也满足 Bezout 恒等式(如图 7-20 所示),从而保证了 NSDFB 满足完全重构条件。

$$U_0(z)V_0(z) + U_1(z)V_1(z) = 1 \tag{7-50}$$

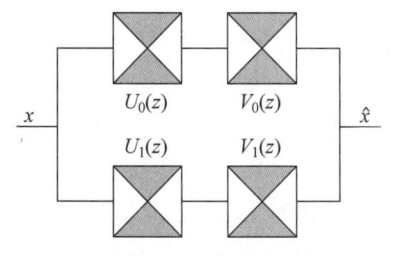

图 7-20 二通道 NSDFB

采用的滤波器 $U_0(z)$ 和 $U_1(z)$ 可以实现两通道方向

分解。$U_0(z)$ 和 $U_1(z)$ 可以使用不同的采样矩阵进行上采样,然后对上一级方向分解子带图像进行滤波,实现 4 通道分解,如图 7-21 所示,图 7-22 为相应分解的频带划分示意。

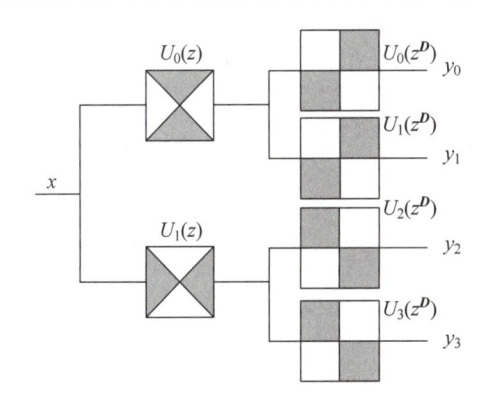

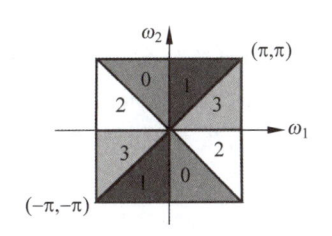

图 7-21　4 通道方向分解示意

图 7-22　相互分解的频带划分示意

基于 NSCT 的图像融合算法的步骤如图 7-23 所示。

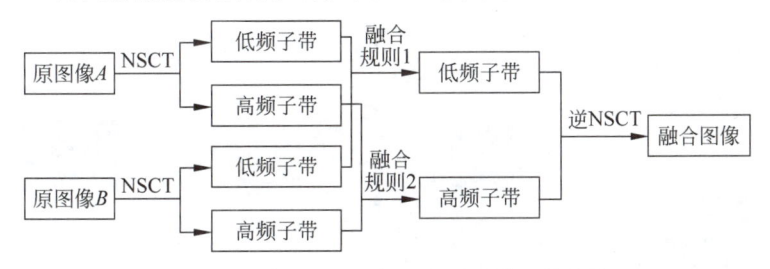

图 7-23　基于 NSCT 的图像融合算法的步骤

高频层采用像素值取大的方法,低频层采用基于图像块均匀度测度的融合规则,在本章的具体运用中各计算公式具体如下。

图像 $f(x,y)$ 中选取大小为 $N\times N$ 的块 B_k,其对应的均匀度参数设为

$$d(B_k)=\frac{1}{N^2}\sum_{(X,Y)\in B_k}f^2(x,y) \tag{7-51}$$

得到 A_i、B_i 对应位置的融合块 F_i 为

$$F_i=\begin{cases}A_i, & d(A_i)>d(B_i)\\ B_i, & d(A_i)\leqslant d(B_i)\end{cases} \tag{7-52}$$

7.3.3　其他图像融合技术

1. 最优化方法

最优化方法为场景建立一个先验模型,把融合任务表达成一个优化问题,包括贝叶斯最优化方法和马尔可夫随机场方法。贝叶斯最优化方法的目标是找到使先验概率最大的融合图像。Ravi K. Sharma 于 1996 年在一篇论文中提出了一个简单的自适应算法估计传感器的特性与传感器之间的关系,以进行传感器图像的融合;1998 年,Ravi K. Sharma 在另一篇论文中提出了基于图像信息模型的概率图像融合方法。马尔可夫随机场方法把融合任务表示成适当的代价函数,该函数反映了融合的目标,模拟退火算法被用来搜索全局最优解。

2. 稀疏表示

稀疏表示是在保留图像细节特征的基础上，将图像有效地分解为一组非零原子的线性组合。过完备字典和稀疏表示模型是稀疏表示的核心内容。

过完备字典为稀疏表示提供原子库，是稀疏表示方法的基础。一般来说，过完备字典的获取有两种方法：第一种是针对某种特定类型的图像，用已有的固定的信号模型构造原子，简单且易于实现；第二种是采用学习方法，例如奇异值分解 K-SVD 算法和 PCA 等，对大量的实验样本进行训练构造字典（一种自学习的字典），冗余度更高。稀疏表示模型选择过完备字典中的小部分原子，采用某种线性组合重构图像，目的是降低数据维度和特征向量间的依赖性。目前，稀疏表示的模型有 SR（稀疏表示）基本模型、组稀疏模型和交叉稀疏表示（JSR）模型等。

基于稀疏表示的图像融合过程如图 7-24 所示，首先构建过完备字典，接着依据过完备字典将原图像转换为一个由字典中原子线性组合的单尺度特征向量，然后对特征向量进行活动级测量和融合，重构得到融合结果。

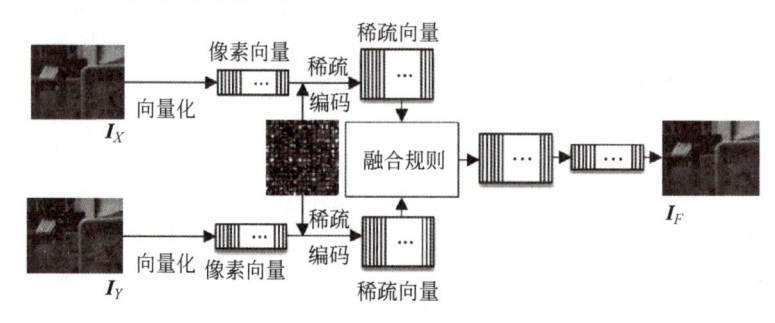

图 7-24　基于稀疏表示的图像融合过程

稀疏表示的优点是模型构建简单，易理解，对噪声误差的处理较理想。但是，稀疏表示方法复杂度高、计算效率低，模糊了原图像中的细节信息，如边缘和纹理。

3. 卷积神经网络

卷积神经网络（CNN）是当前图像处理领域非常流行的模型之一。作为一种深度学习模型，CNN 基于 GPU 的并行计算，速度快，效率高。其特征提取是基于数据驱动的，经大量数据样本训练自动生成参数的值，通常数量级为上万，所以 CNN 融合方法提取的特征具有很强的泛化性。且随着网络深度的加深，逐渐摒弃了物理等特性的影响，其特征越来越抽象，越来越精准，具有平移、旋转和缩放不变性的特性。

图 7-25 为基于 CNN 模型的图像融合过程。CNN 模型助力图像融合是未来研究的热点问题之一。

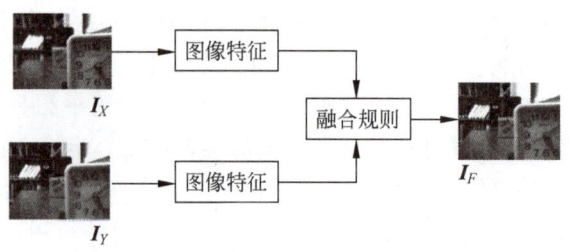

图 7-25　基于 CNN 模型的图像融合过程

CNN 图像融合方法具有分层学习特征的能力,特征表达更具有多样性,判别性能更强,泛化性能更好。其缺点是训练数据耗时较长,无专门的训练集。由于数据样本的局限性,CNN 通常针对专门图像进行训练,因此普适性的 CNN 融合方法是一个研究难题。

7.4 图像融合评价标准

图像融合处理的目的是改善图像质量和增加融合图像的信息量,以便人们更加方便地进行后续的决策,但是由于人类视觉的主观性和对象系统的复杂性,很难找到唯一的评价标准,来衡量所有的图像融合效果。通常图像融合质量评价指标主要分为两大类:主观评价和客观评价。下面主要介绍这两种评价标准。

7.4.1 主观评价

主观评价方法就是依靠人眼对融合图像效果进行主观判断,但是在人为评价的过程中有很多主观因素影响评价结果。图像融合的主观评价标准可以分为相对评价和绝对评价两种。相对评价即为观察者参照参考图像对融合图像进行评价。绝对评价为观察者根据一些给定的评价标准或自己的经验对融合图像进行评价。国际上通用的是 5 分制的主观评价方法,如表 7-1 所示。

表 7-1 图像融合效果主观评价方法

分 值	质 量 尺 度	妨 碍 尺 度
5	非常好	一点也看不出图像质量变化
4	好	能看出图像质量变化但不妨碍观看
3	一般	能清楚地看出图像质量变化,对观看稍有妨碍
2	差	对观看有妨碍
1	非常差	非常严重地妨碍观看

从表 7-1 来看,主观评价具有简单直观的特点,然而融合图像的主观评价容易受到人的视觉特性、心理状态等多方面的影响,因此主观评价在实际应用中比较困难。所以在进行评价某种评价时,需要综合主观评价和客观评价,才能对各种图像融合算法的性能做出科学、客观的评价,以便开展更加深入的研究。

7.4.2 客观评价

客观评价是指通过定量评价方法和准则对各种图像融合算法的性能做出科学、客观的评价,具有成本低、易于实施等优点。通过测量相关指标定量模拟人类视觉系统(Human Visual System,HVS)对图像质量感知效果,从而得到相关评价指标。目前常用的客观评价指标主要有以下几种。

1. EN

EN(熵)的定义为

$$\text{EN} = -\sum_{i=0}^{L-1} p_i \text{lb} p_i \tag{7-53}$$

其中,L 表示全图像素数,p_i 为每个灰度级的分布概率。熵是衡量图像信息丰富程度的一个重要指标,融合图像的熵值大小表示融合图像所包含的平均信息量的多少。熵值越大,融合图像所含的信息越丰富,融合质量越好。

2. STD

STD(标准差)的定义为

$$\text{STD} = \sqrt{\frac{\sum_{m=1}^{M}\sum_{n=1}^{N}F(m,n) - \overline{F}}{M \times N}} \tag{7-54}$$

其中,$\overline{F}$ 为融合图像的平均灰度值。标准差反映图像灰度相对平均灰度的离散情况,在某种程度上标准差可以评价图像反差的大小,标准差越大,灰度级分布越分散,图像反差越大,可利用的信息越多,融合效果越好。

3. AVG

AVG(平均梯度)的定义为

$$\text{AVG} = \frac{1}{MN}\sum_{i=1}^{M}\sum_{j=1}^{N}\sqrt{(\Delta I_i^2 + \Delta I_j^2)/2} \tag{7-55}$$

其中,$\Delta I_i^2 = f(x,y) - f(x-1,y)$,$\Delta I_j^2 = f(x,y) - f(x,y-1)$。平均梯度反映了图像中的微小细节反差和纹理变化特征,同时也反映图像的清晰度。一般来说,平均梯度值越大,图像越清晰。

4. MI

MI(互信息)的定义为

$$\text{MI} = \text{MI}_{\text{AF}} + \text{MI}_{\text{BF}} \tag{7-56}$$

$$\text{MI}_{\text{AF}} = \sum_{f,a} P_{\text{FA}}(f,a) \log \frac{P_{\text{FA}}(f,a)}{P_F(f) P_A(a)} \tag{7-57}$$

$$\text{MI}_{\text{BF}} = \sum_{f,b} P_{\text{FB}}(f,b) \log \frac{P_{\text{FB}}(f,b)}{P_F(f) P_B(b)} \tag{7-58}$$

这里,$P_A(a)$ 和 $P_B(b)$ 分别为原图像 A 和 B 的边缘概率密度,$P_F(f)$ 为融合图像 F 的概率密度。$P_{\text{FA}}(f,a)$、$P_{\text{FB}}(f,b)$ 分别为融合图像 F 与原图像 A、B 的联合概率密度,可以由图像的直方图得到。互信息值越大,图像融合效果越好。

5. $Q^{\text{AB}/F}$ 度量

$Q^{\text{AB}/F}$ 利用 Sobel 边缘检测算子来计算原图像 A、B 和融合图像 F 中边缘的强度信息 $g(m,n)$ 与方向信息 $\alpha(m,n)$,其定义为

$$g_A(m,n) = \sqrt{S_A^x(m,n)^2 + S_B^y(m,n)^2} \tag{7-59}$$

$$\alpha_A(m,n) = \tan^{-1}\left(\frac{S_A^y(m,n)}{S_A^x(m,n)}\right) \tag{7-60}$$

其中,$S_A^x(m,n)$ 和 $S_A^y(m,n)$ 分别为垂直 Sobel 模板和水平 Sobel 模板以像素点 (m,n) 为中心与原图像 A 卷积的输出。原图像 A 与融合图像 F 的相关强度信息和相关方向信息表示如下:

$$(G_{m,n}^{\text{AF}}, A_{m,n}^{\text{AF}}) = \left[\left(\frac{g_F(m,n)}{g_A(m,n)}\right)^M, 1 - \frac{|\alpha_A(m,n) - \alpha_F(m,n)|}{\pi/2}\right] \tag{7-61}$$

其中

$$M = \begin{cases} 1, & g_A(m,n) > g_F(m,n) \\ -1, & \text{其他} \end{cases} \tag{7-62}$$

边缘信息保留值的定义如下:

$$Q_{m,n}^{\text{AF}} = \Gamma_g \Gamma_\alpha \left[1 + e^{K_g(G_{m,n}^{\text{AF}} - \sigma_g)} \right]^{-1} \left[1 + e^{K_\alpha(A_{m,n}^{\text{AF}} - \sigma_\alpha)} \right]^{-1} \tag{7-63}$$

其中,常数 Γ_g、K_g、σ_g 和 Γ_α、K_α、σ_α 是决定 sigmoid 函数形状的参量。那么,$Q^{\text{AB}/F}$ 的定义为

$$Q^{\text{AB}/F} = \frac{\sum_{\forall m,n}(Q_{m,n}^{\text{AF}} w_{m,n}^A + Q_{m,n}^{\text{BF}} w_{m,n}^B)}{\sum_{\forall m,n}(w_{m,n}^A + w_{m,n}^B)} \tag{7-64}$$

其中,$w_{m,n}^A = [g_A(m,n)]^L$,$w_{m,n}^B = [g_B(m,n)]^L$,L 为常数。

$Q^{\text{AB}/F}$ 值越大,融合图像从原图像获得的边缘信息越丰富,融合效果越好。

6. SSIM

SSIM(结构相似度)的定义为

$$\text{SSIM}(A,B,F) = \frac{1}{2}(\text{SSIM}(A,F) + \text{SSIM}(B,F)) \tag{7-65}$$

其中,SSIM(A,F) 与 SSIM(B,F) 分别代表原图像 A、B 和融合图像 F 的结构相似度。

$$\text{SSIM}(A,F) = \frac{(2\mu_A\mu_F + C_1) \cdot (2\sigma_{AF} + C_2)}{(\mu_A^2 + \mu_F^2 + C_1)(\sigma_A^2 + \sigma_F^2 + C_2)} \tag{7-66}$$

$$\text{SSIM}(B,F) = \frac{(2\mu_B\mu_F + C_1) \cdot (2\sigma_{BF} + C_2)}{(\mu_B^2 + \mu_F^2 + C_1)(\sigma_B^2 + \sigma_F^2 + C_2)} \tag{7-67}$$

其中,μ_A、μ_B、μ_F 分别代表原图像 A、B 和融合图像 F 的均值;σ_A^2、σ_B^2、σ_F^2 分别代表原图像 A、B 和融合图像 F 的方差;σ_{AF}、σ_{BF} 分别代表原图像 A、B 和融合图像 F 的联合方差。为了简化模型,将 C_1 和 C_2 均取 0。SSIM 衡量融合图像与原图像的结构相似度。SSIM 值越大,表明融合图像的结构与原图像的结构越相似。

7. 图像质量评价因子

基于结构相似度理论,Piella 提出了 3 种图像质量评价指标:图像融合质量评价因子 Q、加权融合质量评价因子 Q_W 和边缘结构融合质量评价因子 Q_E。Q 的运算过程是首先利用滑动窗口对原图像和融合图像分块,计算每个子块的结构相似度。Q 的定义为

$$Q(A,B,F) = \frac{1}{|W|} \sum_{\omega \in W} (\lambda_A(\omega) \cdot \text{SSIM}(A,F|\omega) + \lambda_B(\omega) \cdot \text{SSIM}(B,F|\omega)) \tag{7-68}$$

$$\lambda_A(\omega) = \frac{S(A|\omega)}{S(A|\omega) + S(B|\omega)} \tag{7-69}$$

$$\lambda_B(\omega) = \frac{S(B|\omega)}{S(B|\omega) + S(A|\omega)} \tag{7-70}$$

其中,ω 表示窗口,W 是所有窗口的族,$|W|$ 是 W 的基数,SSIM(A,F|ω) 和 SSIM(B,F|ω) 表示融合图像 F 与原图像 A、B 在窗口中子块的结构相似度,$\lambda_A(\omega)$ 和 $\lambda_B(\omega)$ 表示局部区

域窗口权重值，$S(A|\omega)$ 和 $S(B|\omega)$ 表示图像显著性，如方差、对比度、信息熵等。由于每个子块的重要程度差异性，Piella 提出一种加权融合质量评价因子 Q_W，其定义如下：

$$Q_W(A,B,F) = \sum_{\omega \in W} c(\omega)(\lambda_A(\omega) \cdot \text{SSIM}(A,F|\omega) + \lambda_B(\omega) \cdot \text{SSIM}(B,F|\omega))$$

(7-71)

式中，$c(\omega)$ 是窗口的整体显著性。

$$c(\omega) = \frac{C(\omega)}{\sum_{\omega' \in W} C(\omega')}, C(\omega) = \max(S(A|\omega), S(B|\omega))$$。考虑人类视觉系统对边缘信息最为敏感，对原图像和融合图像进行边缘检测得到边缘图像 X、Y、Z，进而求边缘图像的 Q_W，得到边缘结构融合质量评价因子 Q_E：

$$Q_E(A,B,F) = Q_W(A,B,F)^{1-d} \cdot Q_W(A',B',F')^d$$

(7-72)

7.5 图像融合的应用

7.5.1 红外和可见光图像融合

红外和可见光图像融合作为一种有效的红外图像增强技术途径日益引起人们的重视，已广泛应用于医学诊断、安全监控、数据压缩、目标探测与识别、分类和导航指导等民用和军用领域。

1. 红外和可见光图像特性分析

可见光图像的成像原理与人类视觉相仿，是由可见光的反射形成图像。红外成像主要依赖于物体的温度分布和表面性质等因素，红外图像的灰度根据物体的辐射波动，因此它可以克服一些障碍来发现目标，可以全天候工作，但视觉效果通常比可见光图像差。相反，可见光图像成像清晰，但是在恶劣的天气条件下，特别是在夜间，成像效果差。例如，在图 7-26(a)所示的可见光图像中灰度值高的是汽车，而在同一场景的红外图像中灰度值高的是房子，如图 7-26(b)所示。因此，红外图像与可见光图像中包含了互补信息和冗余信息。对于互补信息我们应加以综合，以提高系统的完备性；冗余信息又包括一致的和冲突的信息，对于冲突信息是必须去除的，而对于一致的冗余信息要加以利用，以此来降低信息的不确定性、不准确性和模糊性，提高系统的可靠性和置信度。因此，通过红外和可见光图像融合能够有效地综合和发掘它们的特征信息，增强场景理解，突出目标，有利于在隐藏、伪装和迷惑的情况下更快、更精确地探测目标。

(a) 可见光图像　　　　(b) 红外图像

图 7-26 同一场景的可见光和红外图像

2. 基于视觉显著性的图像融合算法

如果图像融合系统只对图像中可能存在感兴趣目标的显著区域进行关注，而对于平泛区域则减少关注或者不予关注，那么图像中的冗余信息就可以被提前舍弃，而可能的目标区域则能得到重点的关注，则图像融合系统将更为高效，并有利于后续的精确识别和跟踪兴趣目标。基于 FTG(Guided Filter Frequency Tuned,引导滤波频率调谐)和 NSCT 的红外和可见光的图像融合过程见图 7-27。

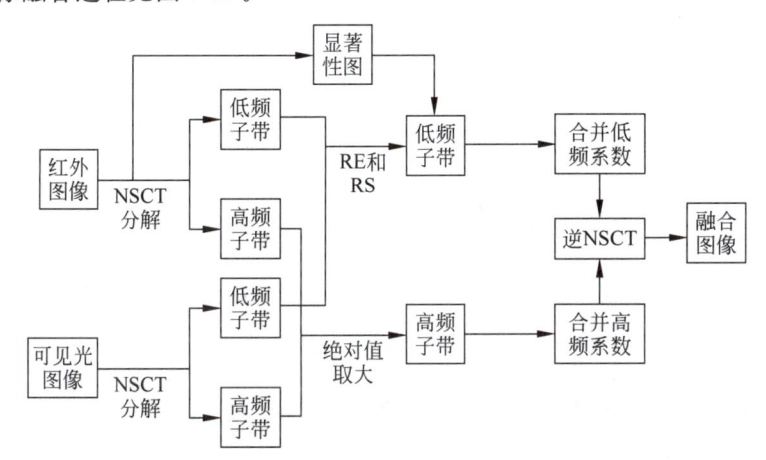

图 7-27　基于 FTG 和 NSCT 的红外和可见光的图像融合过程

具体融合步骤如下。

(1) 假设红外图像 I_{VR} 和可见光图像 I_{VI} 都已经配准好。首先利用 FTG 显著性模型提取红外图像的显著性图 S_{IR}。

(2) 利用红外图像的显著性来指导低频子带融合，显著性区域采用自适应权重融合规则，非显著性区域采用基于区域能量(RE)和区域清晰度(RS)的融合规则。高频子带系数的融合规则仍然使用绝对值取大融合规则。

(3) 用逆 NSCT 对图像各个子带系数进行重构，得到最终融合后的图像。

3. FTG 算法

FTG 算法是在 FT(Frequency Tuned)算法基础上改进的，图像引导滤波器在对图像进行平滑滤波处理时，有着与双边滤波器类似的边缘保持性能，但其边缘保持特性比双边滤波器更好。设在以 k 为中心的窗口 w_k 中，输出图像 q 是引导图像 I 的线性变换：

$$q_i = a_k I_i + b_k, \quad i \in w_k \tag{7-73}$$

其中，(a_k, b_k) 是窗口 w_k 的线性系数，w_k 的半径为 r。由于 $\nabla q = a \nabla I$，根据局部线性模型可知，图像 I 中的边缘部分在输出图像 q 中也是边缘。

为了确定式(7-73)中的线性系数 (a_k, b_k)，引入如下代价函数表示滤波输出图像 q 与滤波输入图像 p 之间的差异：

$$E(a_k, b_k) = \sum_{i \in w_k} [(a_k I_i + b_k - p_i)^2 + \varepsilon a_k^2] \tag{7-74}$$

其中，ε 是正则化参数，用于防止 a_k 过大。式(7-74)可以通过以下线性回归求解：

$$a_k = \frac{\frac{1}{|w|}\sum_{i \in w_k} I_i p_i - \mu_k \bar{p}_k}{\sigma_k^2 + \varepsilon} \tag{7-75}$$

$$b_k = \bar{p}_k - a_k \mu_k \tag{7-76}$$

其中，μ_k 与 σ_k^2 分别为图像 I 中局部窗口 w_k 的均值与方差，w 是窗口 w_k 内的像素个数，$\bar{p}_k = \frac{1}{|w|}\sum_{i \in w_k} p_i$ 是窗口 w_k 中所有像素的均值。在计算图像中所有窗口的 (a_k, b_k) 值之后，滤波输出可以表示为

$$q_i = \frac{1}{|w|}\sum_{k:i \in w_k}(a_k I_i + b_k) = \bar{a}_i I_i + \bar{b}_i \tag{7-77}$$

其中，$\bar{a}_i = \frac{1}{|w|}\sum_{k \in w_i} a_k, \bar{b}_i = \frac{1}{|w|}\sum_{k \in w_i} b_k, a_k = \sum_j A_{kj}(I)p_j, A_{kj}$ 依赖 I 的权重。则引导滤波的滤波核函数可表示如下：

$$W_{ij}(I) = \frac{1}{|w|^2}\sum_{k:(i,j) \in w_k}\left(1 + \frac{(I_i - \mu_k)(I_j - \mu_k)}{\sigma_k^2 + \varepsilon}\right) \tag{7-78}$$

其中，$\sum_j W_{ij}(I) = 1$，则图像引导滤波的计算公式表示为

$$q_i = \sum_j W_{ij}(I)p_j \tag{7-79}$$

4. 非下采样轮廓变换

非下采样轮廓变换是在轮廓变换基础上提出来的，由非下采样金字塔滤波器组（NSPFB）和非采样方向滤波器组（Non-subsampled Direction Filter Bank，NSDFB）两部分组成。图 7-28 是 NSCT 分解的结构示意，第一步用 NSPFB 分解原图像，得到低通子带 L_1 和带通子带 P_1；第二步用 NSDFB 分解带通子带图像 P_1，经过分解得到的带通子带图像 P_{12} 是多个方向的；第三步用 NSPFB 进一步分解低通子带图像 L_1，得到低通子带图像 L_{21} 和带通子带图 P_{21}，P_{21} 再经过 NSDFB 分解为多个方向的带通子带图像 P_{22}。对每一层的低通子带图像重复上述操作，得到原图像的多层子带分解。

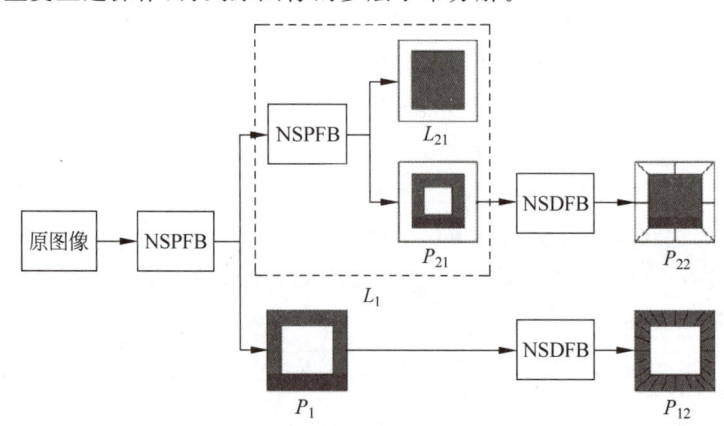

图 7-28 NSCT 分解的结构示意

5. 融合规则设计

在融合规则设计这方面,包含了低频规则设计和高频规则设计。

低频融合规则:低频系数一般表示原图像的近似分量,为了评估低通子带系数的重要性,为不同区域(显著性区域(目标)和非显著性区域(背景))选择不同的融合规则。显著性区域采用自适应权重融合规则,非显著性区域采用基于区域能量(Region Energy,RE)和区域清晰度(Region Sharpness,RS)的融合规则。

高频规则设计:一般高通子带系数反映了图像边缘或细节的突然特征。对于图像的边缘或细节的突然部分,图像的高频子带系数的绝对值通常较大。相反,对于图像的平滑部分,高频系数的绝对值相对较小或接近零值。因此,高通子带系数的融合规则仍然使用绝对值取最大(Choose-Max,CM)规则。

6. 实验结果与分析

图 7-29 为场景 Kaptein 在不同融合算法下的实验结果。图 7-29(a)为已经配准好的红外原图像,图 7-29(b)为已经配准好的可见光图像,图 7-29(c)为红外显著性图像。图 7-29(d)~图 7-29(i)分别为 DWT、MSVD、CVT、DTCWT、NSCT、FTG-NSCT 方法的实验结果。其中,在基于 NSCT 的图像融合算法中,尺度分解采用 maxflat 滤波器;方向分解采用 dmaxflat7 滤波器。引导滤波器的参数设置如下:局部窗口半径 $r=2$,修正参数 eps$=0.01$;其他均按照原算法设置实验参数。

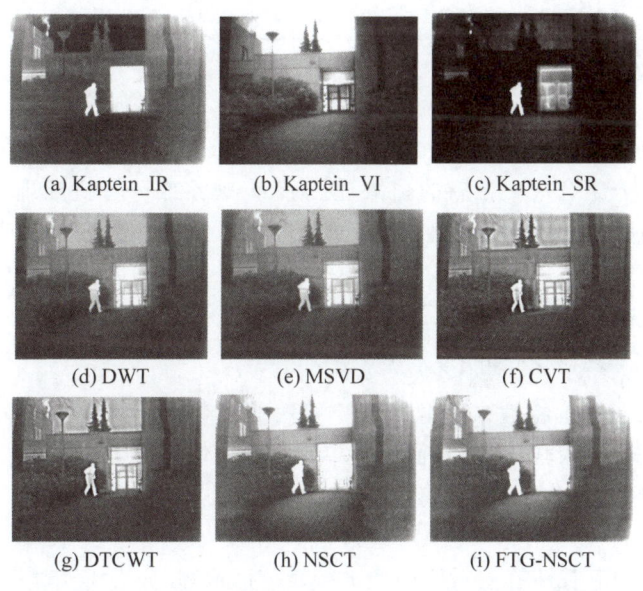

(a) Kaptein_IR (b) Kaptein_VI (c) Kaptein_SR
(d) DWT (e) MSVD (f) CVT
(g) DTCWT (h) NSCT (i) FTG-NSCT

图 7-29 场景 Kaptein 在不同融合算法下的实验结果

主观分析:从实验结果分析可以看出,FTG-NSCT 算法的实验效果明显比前 5 种效果要好。前 5 种是基于尺度变换的图像融合,基于小波变换的融合算法会在融合图像的边缘位置出现失真,边缘呈锯齿状,这是由于正交小波变换的正交滤波器不具备线性相关性。但是当低频融合算法采取加权平均的方法时,如 MSVD 方法、CVT 方法、DTCWT 方法中,融合图像中目标区域的亮度较低,背景区域则由于融合了较多的红外信息而使融合图像具有较低的对比度,丢失了原可见光图像中的较高质量的背景信息。

从视觉效果看，基于 NSCT 的图像融合算法的融合图像既较好地保留了可见光图像中的景物特征信息，又获得了红外图像中的热目标信息，且边缘细节清晰。相比较而言，前 4 种算法的融合图像虽然也保留了主要景物，但边缘模糊，人物信息特征远不如基于 NSCT 的算法突出。图 7-29(i) 的图像中加入了图像的显著性，使融合图像的目标信息更加清晰。

客观分析：采用互信息(MI)、边缘信息保持量(Q_{abf})、Piella 评价指标(Q_0, Q_w, Q_e)、结构相似度(SSIM)和图像清晰度(FD)7 项客观评价指标来评价各融合图像的性能。其中，MI 表征了融合图像从中原图像中获取信息量的大小，SSIM 度量了融合图像与原图像的结构相似程度，Q_{abf} 是融合图像中边缘信息量的保持值，FD 表征了融合图像的质量。这几种评价指标的值越大，则表示融合效果越好。表 7-2 是经过各融合算法得到的融合图像的客观评价指标，其中最好的实验数据指标的结果以粗体突出显示。

表 7-2 Kaptein 各融合算法客观评价效果指标比较

融合方法	MI	Q_0	Q_w	Q_e	Q_{abf}	SSIM	FD
DWT	1.1861	0.6170	0.6572	0.1655	0.3128	0.6607	2.7471
MSVD	1.0805	0.5585	0.6266	0.1609	0.3035	0.6638	4.0291
CVT	0.9763	0.6375	0.7605	0.2070	0.4558	0.6357	4.6893
DTCWT	1.0205	0.6546	0.7642	0.2358	0.4925	0.6519	4.5593
NSCT	2.0561	0.6894	0.8019	0.2754	**0.5128**	0.7063	4.7598
FTG-NSCT	**2.1742**	**0.7095**	**0.8271**	**0.2797**	0.4712	**0.7258**	**4.7868**

7.5.2 多聚焦图像融合

多聚焦图像融合是指把用同一个成像设备对某一场景通过改变焦距而得到的两幅或多幅图像中清晰的部分组合成一幅新的图像，便于人们观察或计算机处理。但是摄像机镜头受景深的限制，无法同时聚焦所有目标，因此拍摄的照片中部分区域清晰，部分区域模糊。多聚焦图像融合技术可以将多幅同一场景下聚焦区域不同的图像融合成一幅全清晰的图像，从而有效地解决这个问题，提高图像的信息利用率。

1. 基于 FTG 和稀疏编码的多聚焦图像融合

该算法利用稀疏分解特性来降低 NSCT 算法的复杂度提高融合效率，利用显著性检测算法定位待融合图像的聚焦区域，从而填补单一图像中信息模糊的部分，以达到克服景深限制，使图像处处清晰的目的。融合过程如图 7-30 所示。

融合过程为：

(1) 利用介绍的显著性算法对原图像进行显著性检测，分别得到显著性图 S_A 和 S_B。

(2) 利用滑窗技术将图像进行分块处理，获得多聚焦图像的 K 个子图像。

(3) 对左聚焦图像 I_A 和右聚焦图像 I_B 进行 NSCT 分解，得到子带系数为 $\{L_A(x,y), H_A(x,y)\}$ 和 $\{L_B(x,y), H_B(x,y)\}$。其中，$L(x,y)$ 表示低频子带系数，$H(x,y)$ 表示高频子带系数。

(4) 采用 OMP 算法获得稀疏系数 α_A^i 和 α_B^i，低频部分采用显著性大小来融合系数，高频部分通过比较子带拉普拉斯能量和来确定融合系数。

(5) 对低频融合系数和高频子带融合系数进行逆 NSCT 得到最终的融合图像。

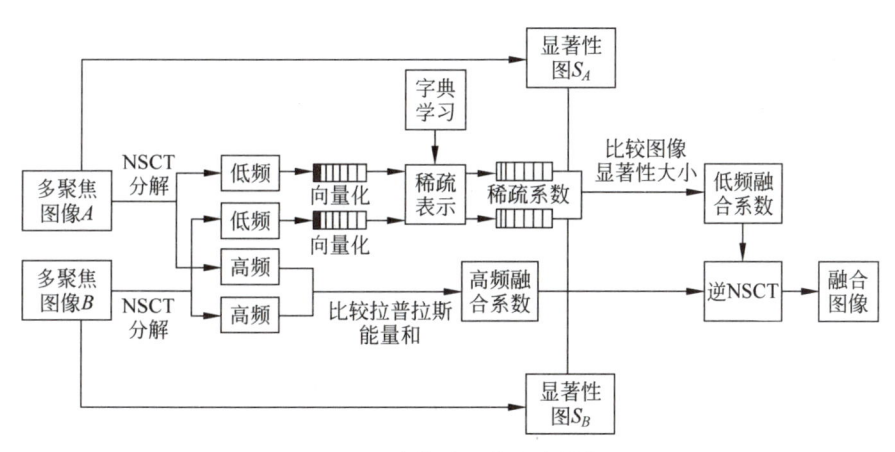

图 7-30　多聚焦图像融合过程

2. 稀疏原理表示

稀疏表示理论就是用较少的基本信号通过线性排列组合来表达大部分或者全部的原始信号。从过完备字典中选出来的基本信号叫作原子；当信号的维数大于某个值时，这些原子聚集起来就组成过完备字典。那么不同的信号在不同的原子组下稀疏表示形式就会不同。

稀疏表示可以表示为方程求解问题：

$$\min \| y - D\alpha \|_2^2, \quad \text{s.t.} \ \| \alpha \|_0 \leqslant L \tag{7-80}$$

其中，$\| \alpha \|_0$ 表示 α 的零范数；$y \subset \mathbf{R}^n$ 表示信号，$D \in \mathbf{R}^{n \times m}$ 为冗余字典，D 中的列向量构成了一组基。其最优解使 α 最稀疏，即 α 中非零元素的个数最少。稀疏表示可以反映信号的内在结构，能有效提取表征场景内目标的轮廓信息。

1) 稀疏编码

稀疏编码现在一般用匹配追踪（MP）算法和正交匹配追踪（OMP）算法求解。OMP 算法在迭代过程当中所选原子是经过正交化处理的，因而相同精度下收敛速度明显更高，稀疏性也会增强。

2) 过完备字典学习

过完备字典就是一系列用来分解信号的基本元素，它的构造是图像的稀疏表示的关键，会对图像稀疏能力产生重要影响。构造字典的方法是用大量的训练样本训练后得到字典，学习字典用的是 KSVD 算法来构造，这种算法不仅针对性强而且能很好地提取图像的主要特征。过完备字典在不改变原图像结构信息的前提下，实现了对图像信号最大程度的压缩，而且当有噪声对图像干扰时稳定性会变得更好。

3. 融合规则设计

低频融合规则设计：利用滑窗技术将图像的低通系数 $L_A(x,y)$ 和 $L_B(x,y)$，从左到右、从上到下地分解为 $n \times n$ 大小的图像块，n 就是训练的过完备字典中每个原子的长度，且 $n < M, n < N$。假设有 K 个图像块，用 $\{p_A^i\}_{i=1}^K$ 和 $\{p_B^i\}_{i=1}^K$ 分别代表低通图像的第 i 个图像块，然后将矩阵和转换为列向量和的形式，由 KSVD 法得到其共有的过完备字典 D，在字典 D 下，采用 OMP 算法对列向量和进行稀疏编码，获得稀疏系数和。计算过程为

$$\alpha_A^i = \arg\max_{\alpha} \alpha_0 \text{ s. t } V_A^i - D_\alpha < \varepsilon \tag{7-81}$$

图像经过 NSCT 分解后的高频通常能表征图像的边缘细节信息，因此选择合适的方法来确定高频系数对于图像融合效果至关重要。虽然高频子带图像用系数绝对值取大融合准则能提取图像边缘轮廓，但是图片中的细节部分产生了不连续性的效果。为了解决这一问题，这里采用通过比较高频子带拉普拉斯能量和的方法来确定高频系数。拉普拉斯能量和不仅能够很好地表示图像的边缘特征信息，而且在很大程度上能够反映图像的聚焦特性和清晰度。

4. 实验结果和分析

图 7-31 为图像组 clock 的实验结果。其中原图像 A 是左聚焦图像，原图像 B 是右聚焦图像。图 7-31(c) 是 NSCT 方法、图 7-31(d) 是 SR 方法、图 7-31(e) 是 NSCT 和 SR 两种方法的结合、图 7-31(f) 是 NSCT 和 SC(Sparse Coding) 两种方法的结合。方法实现过程中图像块大小为 8×8，滑窗技术滑块移动步长设为 2，字典选择 64×256。

(a) 原图像A　　(b) 原图像B　　(c) NSCT

(d) SR　　(e) NSCT+SR　　(f) NSCT+SC

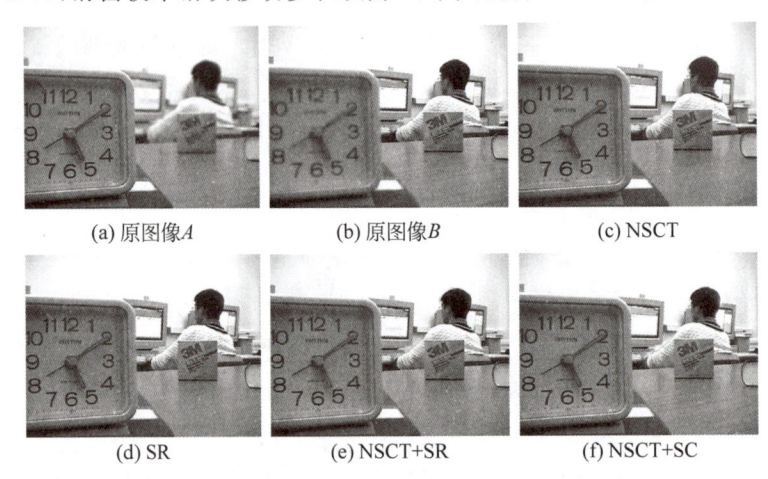

图 7-31　图像组 clock 在 4 种不同方法下的实验结果

主观分析：在图 7-31(c)～图 7.31(e) 中，图中的人物头发区域存在伪影和模糊的边缘，而且时钟数字 1 和数字 2 之间的刻度也不清晰。在图 7-31(f) 中，人物头发伪影实验效果有所改善，并且时钟数字 1 和数字 2 之间的刻度也较其他 3 种方法清晰。从实验结果可以看出 NSCT 方法和 SR+NSCT 方法融合后的图像都会丢失图像原始信息产生模糊和伪影，这是由于多尺度方法固有缺陷造成的。利用图像的几何特征训练字典，通过稀疏线性组合构建新字典，并没有获得较好的视觉效果。而 NSCT+SC 方法首先利用显著性分析粗定位聚焦区域，再利用图像的信息和稀疏特征消除显著区域中的伪聚焦部分，得到准确的聚焦区域，融合实验结果图中均显示出较好的视觉效果。

客观分析：采用互信息(MI)、边缘信息保持量(Q_{abf})、Piella 评价指标(Q_0，Q_w，Q_e)、结构相似度(SSIM)和图像清晰度(FD)7 项客观评价指标来评价各融合图像的性能。这几种评价指标的值越大，则表示融合图像具有越好的融合效果。其中最好的实验数据指标的结果以粗体突出显示。

在表 7-3 中，NSCT-SC 方法的实验结果评价指标中的 MI、Q_0、Q_e、Q_{abf}、SSIM 和 FD 的值都是最大的，这表明该方法融合后的图像比其他方法更清晰，融合后的图像获得了原图像较多的信息量,保留了原图像更多的边缘信息和结构信息。

表 7-3　图像 clock 各融合方法客观评价效果指标比较

融合方法	评价指标						
	MI	Q_0	Q_w	Q_e	Q_{abf}	SSIM	FD
NSCT	1.5878	0.7541	0.7244	0.1948	0.4128	0.7953	5.5410
SR	1.5940	0.5901	0.7193	0.1158	0.3776	0.7874	4.8725
NSCT-SR	1.6519	0.6909	0.7236	0.1077	0.4301	0.7936	5.2225
NSCT-SC	**2.3042**	**0.7815**	0.7201	**0.2117**	**0.4965**	**0.8084**	**6.7443**

参考文献

[1] 潘泉.多源信息融合理论及应用[M].北京:清华大学出版社,2013.
[2] 张永新.基于边缘保持滤波的多聚焦图像融合算法研究[M].北京:新华出版社,2021.
[3] 刘帅奇,郑伟,赵杰,等.数字图像融合算法分析与应用[M].北京:机械工业出版社,2018.
[4] 李俊山,杨威.红外图像处理分析与融合[M].北京:科学出版社,2009.
[5] 才溪.多尺度图像融合理论与方法[M].北京:电子工业出版社,2014.
[6] 李俊山,张姣,杨威,等.基于特征的红外图像目标匹配与跟踪技术[M].北京:科学出版社,2014.
[7] 韩晓微,赵红丽,程远航.数字图像融合技术[M].沈阳:东北大学出版社,2010.
[8] 刘卫光.图像信息融合与识别[M].北京:电子工业出版社,2008.
[9] 孙仲康,沈振康.数字图像处理及其应用[M].北京:国防工业出版社,1985.
[10] 吴巾一,周德龙.人脸识别方法综述[J].计算机应用研究,2009,26(9):3205-3209.
[11] 陈浩,王延杰.基于拉普拉斯金字塔变换的图像融合算法研究[J].激光与红外,2009,39(4):439-442.
[12] 屈小波,闫敬文,肖弘智,等.非降采样 Contourlet 域内空间频率激励的 PCNN 图像融合算法(英文)[J].自动化学报,2008,34(12):1508-1514.
[13] 胥妍.基于小波变换技术的图像融合方法的研究与应用[D].济南:山东师范大学,2008.
[14] 杨占龙.基于特征点的图像配准与拼接技术研究[D].西安:西安电子科技大学,2009.
[15] 陈志雄.基于图像配准的 SIFT 算法研究与实现[D].武汉:武汉理工大学,2008.
[16] 张浩.多信息融合图像边缘特征提取及图像配准研究与应用[D].杭州:浙江大学,2008.
[17] 李光鑫.红外和可见光图像融合技术的研究[D].长春:吉林大学,2008.
[18] 杨翠.图像融合与配准方法研究[D].西安:西安电子科技大学,2008.
[19] 胡钢,刘哲,徐小平,等.像素级图像融合技术的研究与进展[J].计算机应用研究,2008(3):650-655.
[20] 李光鑫,王珂.基于 Contourlet 变换的彩色图像融合算法[J].电子学报 2007(1):112-117.
[21] 李晖晖,郭雷,刘航.基于二代 Curvelet 变换的图像融合研究[J].光学学报,2006(5):657-662.
[22] 董卫军.基于小波变换的图像处理技术研究[D].西安:西北大学,2006.
[23] 胡良梅,高隽,何柯峰.图像融合质量评价方法的研究[J].电子学报,2004(S1):218-221.
[24] 倪国强,刘琼.多原图像配准技术分析与展望[J].光电工程,2004(9):1-6.
[25] 晁锐,张科,李言俊.一种基于小波变换的图像融合算法[J].电子学报,2004(5):750-753.
[26] 陶观群,李大鹏,陆光华.基于小波变换的不同融合规则的图像融合研究[J].红外与激光工程,2003(2):173-176,202.
[27] 毛士艺,赵巍.多传感器图像融合技术综述[J].北京航空航天大学学报,2002(5):512-518.
[28] 陈世权,王从庆,周勇军.一种基于 YOLOv5s 和图像融合的行人检测方法[J].电光与控制,2022,

29(7)：96-101,131.

[29] 杨艳春,李娇,王阳萍.图像融合质量评价方法研究综述[J].计算机科学与探索,2018,12(7)：1021-1035.

[30] 李红,刘芳,杨淑媛,等.基于深度支撑值学习网络的遥感图像融合[J].计算机学报,2016,39(8)：1583-1596.

[31] 杨娇.基于小波变换的图像融合算法的研究[D].北京：中国地质大学,2014.

[32] 周渝人.红外与可见光图像融合算法研究[D].长春：中国科学院长春光学精密机械与物理研究所,2014.

[33] 张小利,李雄飞,李军.融合图像质量评价指标的相关性分析及性能评估[J].自动化学报,2014,40(2)：306-315.

[34] 杨扬.基于多尺度分析的图像融合算法研究[D].长春：中国科学院长春光学精密机械与物理研究所,2013.

[35] 张宝辉.红外与可见光的图像融合系统及应用研究[D].南京：南京理工大学,2014.

[36] 冯宇平.图像快速配准与自动拼接技术研究[D].长春：中国科学院长春光学精密机械与物理研究所,2010.

[37] WANG Z,ZIOU D,ARMENAKIS C,et al. A comparative analysis of image fusion methods[J]. IEEE Transactions on Geoscience and Remote Sensing,2005,43(6)：1391-1402.

[38] LI S,KANG X,HU J. Image fusion with guided filtering[J]. IEEE Transactions on Image Processing,2013,22(7)：2864-2875.

[39] QU G,ZHANG D,YAN P. Information measure for performance of image fusion[J]. Electronics Letters,2002,38(7)：313-315.

[40] KAUR H,KOUNDAL D,KADYAN V. Image fusion techniques：a survey[J]. Archives of Computational Methods in Engineering,2021,28：4425-4447.

第8章 钢坯字符检测识别

钢坯在线检测识别系统是利用工业 CCD 相机从实际生产线复杂场景中获得钢坯端面字符图像，使用图像处理手段和视觉理论知识自适应地分析动态场景下的字符信息，检测钢坯字符的目标区域，获取钢坯端面各种字符信息，进而确定钢坯的种类和加工流程等特性，实现钢坯在各种加工工序中的智能化跟踪。

8.1 复杂光照场景的背景抑制处理

由于钢坯字符在实际生产线中常常出现复杂多变的光照背景，字符区域通常会掩埋在背景和噪声中。如果要从复杂光照背景和强噪声中检测到钢坯字符信息，就需要对图像进行背景抑制，抑制起伏不均的背景，从而提高兴趣区域与非兴趣区域的区分度。因此，抑制背景是目标提取十分关键的步骤，它将有利于在复杂的场景中检测和定位目标。

8.1.1 背景抑制处理方法

背景抑制的算法有很多，最直接的就是基于邻域（空间域）的空间域滤波，它以图像中的每一点为中心进行邻域计算，并将计算的结果作为这一点的新像素。

中值滤波就是比较典型的滤波方法，它是一种非线性数字滤波技术，通常将这种滤波方法应用于滤除图像中的干扰噪声。它的主要思想是通过一个设定窗口来扫描所选图像，选其窗口内所有像素值的中间值来取代当前窗口中心点。它的内核通常是正方形 3×3 的窗口，当然根据需要可以是任何形状。中值滤波常常被人们应用于图像预处理中，因为与线性滤波算法相比，该滤波方法在降噪的同时引起的模糊效应较低，常常可以避免噪声对有效像素计算的影响。不过，中值滤波经常会忽略图像中的边缘信息，在去除噪声点的同时，往往会对边缘信息造成一定程度的影响，如边缘大小的细微变化，形成边缘的位移甚至错误替代。这些变化后的边缘很容易在后续检测中形成不必要的噪声，对检测目标性能造成影响。

当然，如果出现周期性噪声，人们往往将空间域滤波转换到频率域滤波中去考虑。在频率域空间中，干扰噪声与边界等图像细节信息将会转换为高频部分，而图像平滑区域则转换为低频部分，如图 8-1 所示。

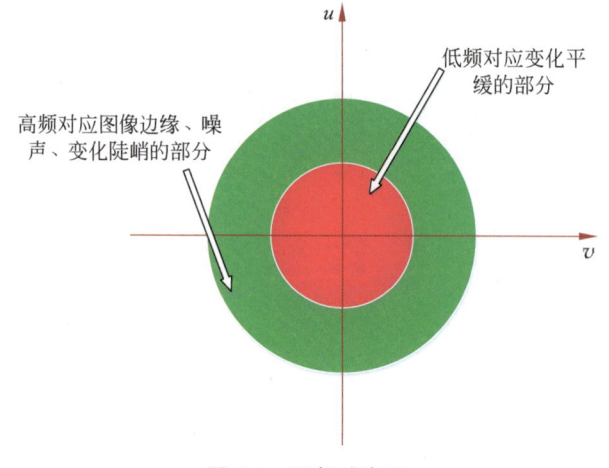

图 8-1　子邻域窗口

在频率域滤波器中，高通滤波器可以很好地提取图像边缘区域，并抑制大量低频部分，用它来衰减低频部分不会扰乱傅里叶变换的高频信息。值得注意的是，在保留图像边缘区域的同时，许多孤立的噪声边缘也会被保留下来。增强高通滤波器的滤波程度可以提高边缘提取的精确度，但与此同时可能会出现不完整的边缘信息。

为了达到更好的滤波效果，一般算法都会根据某一类场景进行背景抑制，通用性强。在实际生产场景中，一些楼梯、窗户、钢板、墙角等物体都会不可避免地进入图像中，这些未知的物体会反射光照或本身就成像亮度高，并且会产出大量边缘。在这类情况下，现有算法的一些假设就不再成立，背景抑制效果不佳。

8.1.2　均值漂移抑制背景

为了能更好地抑制复杂背景并保留目标字符信息，提出运用均值漂移与连通域特性算法相结合的抑制背景算法，并利用区分度高、描述性强的核函数与窗口函数来抑制生产线场景下的复杂背景。该算法在抑制较为复杂的背景同时，保持了字符信息的完整，为后续准确提取目标提供了基础。

1. 均值漂移算法

均值漂移算法最初是由 Fukunaga 在 1975 年提出的算法。它是一种非参数概率密度估计算法。后来，Comaniciu 等成功地将均值漂移算法应用于特征空间分析中，扩展了算法的应用领域。Chen 等在相应的文章中也给出了算法的收敛性证明。如图 8-2 所示，其基本的原理是给定一个随机的初始值 x，假设 $\{x_i, i=1,2,\cdots,n\}$ 服从概率密度函数 $f(x)$，它就会计算出相应的偏移均值 $m_h(x)$，然后一步步移动直到收敛于最佳峰值点。

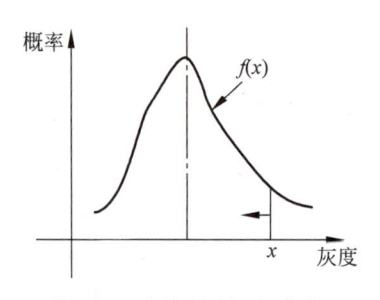

图 8-2　均值漂移函数曲线

均值漂移算法的数学模型如式(8-1)所示。

$$m_h(x)=\frac{\sum_{i=1}^{n}G\left(\frac{x_i^r-x^r}{hm}\right)w(x_i^s)x_i^r}{\sum_{i=1}^{n}G\left(\frac{x_i^r-x^r}{hm}\right)w(x_i^s)} \tag{8-1}$$

其中,x_i^r 和 x_i^s 分别表示图像采样点 x_i 的颜色信息和该点在图像中的位置信息,x^r 表示为窗口函数中均值漂移点 x 的颜色信息,$G(x)$ 是一个核函数,$w(x)\geqslant 0$ 是一个赋值给采样点 x_i^r 的权重 h 系数,表示窗宽大小,m 系数控制图像滤波的解析度。

由于生产线场景下钢坯字符区域边界会模糊,本章采取的核函数为高斯核函数,如式(8-2)所示。

$$\sum_{i=1}^{n}G\left(\frac{x_i^r-x}{hm}\right)w(x_i^s)=\mathrm{e}^{-\left|\frac{x_i^r-x^r}{hm}\right|\times\alpha} \tag{8-2}$$

其中,α 是归一化常量,$G(x)$ 的特点是其核值的范围为(0,1),这会使计算过程变得简单,另外它会对采样点进行归类,把不同像素差$|x_i^r-x^r|$对 $m_h(x)$ 的计算贡献不同的因素考虑在内。当像素差值$|x_i^r-x^r|$过大时,$G(x)$ 的值会趋于 0,反之则趋于 1,这样就可以有侧重地筛选样本点,对像素差变化较大的采样点进行抑制,有利于保持较好的字符边界特性。权重函数 $w(x)$ 如式(8-3)所示,其中 β 是归一化常量。

$$w(x_i^s)=\mathrm{e}^{-\left|\frac{x_i^s-x^s}{hm}\right|\times\beta} \tag{8-3}$$

它的作用是辅助核函数 $G(x)$,把距离因素也考虑在内,即离均值漂移点 x^s 越近($|x_i^s-x^s|$越小)的采样点 x_i^s 对 $m_h(x)$ 的计算贡献要比距离远($|x_i^s-x^s|$越大)的样本点贡献大。

2. 窗口函数的设定

在应用均值漂移算法的窗口函数时,可采用边长为 h 的正方形窗口函数扫描图像中的每个像素。不同的窗口宽度会得到不同的样本点,从而使滤波结果也不相同。如果一个窗口函数宽度过大必然会得到太多的样本点,这会直接导致均值漂移的程度过大,导致图像失真。但当窗口宽度过小,有效样本点将会受限,均值漂移的程度也将大大减小。

这里的悖论是,窗口宽度和样本点不能同时满足要求。一般是选择窗口区域中所有的样本点,相邻样本点之间的空间信息和颜色信息比较相似,这将使窗口宽度与样本数量成正比关系,导致采样信息比较局限,在对比度低的钢坯字符图像中容易得到错误的均值漂移量。因此,本章采取的方法是利用隔点采样的方式,通过跳点、对角取点的方法,在取同等数量样本点的前提下改变窗口大小,使窗口信息更具代表性,如图 8-3 所示。

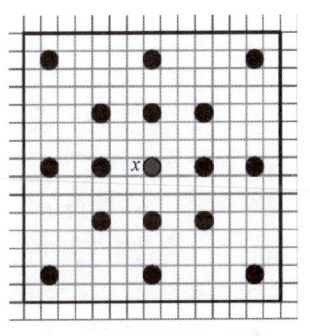

图 8-3 窗口函数的设定

3. 均值漂移算法实现

均值漂移是一个递归收敛的过程。它用窗口函数来扫描图像,对窗口函数范围内的点进行选择性采集,从而得到有效的样本集合。每个样本集合通过计算都有它自己的均值漂移量 $m_h(x)$,直到收敛后输出均值漂移量 $m_h(x)$,用它记为滤波后图像的像素值,具体流程如图 8-4 所示。在实际生产线的运算过程中,一般采取差值门限使其在一定范围下就直接输出均值漂移像素值,无须等到理论上收敛后再进入下一步运算。

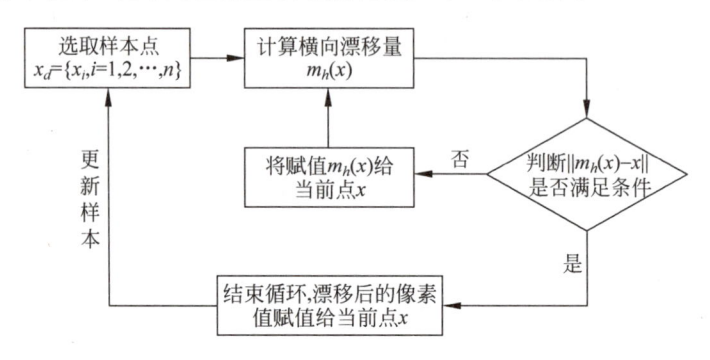

图 8-4 均值漂移流程

8.1.3 均值漂移与连通域区域特征相结合

为了更好地简化背景信息,本章将区域像素对比度考虑在内。邻域内对比度小的像素点可以被聚类成一个连通域数组 $N(i)$,将像素点信息转换为连通域信息(根据测量连通域算法,通过一定的标记准则可以获得连通域数组 $N(i)$ 的附属信息,包括每个连通域的所属位置、区域大小、形态比例等信息)。在连通域聚类过程中,窗口函数使用相同的抽样方法将相似的像素标记起来。与此同时,根据目标连通域的特征把不符合条件的连通域数组 $N(i)$ 去除,如像素点过少或过多、靠近图像边缘、过长或过宽的连通域数组。该抑制背景算法可以有效去除大量的背景干扰,突出潜在目标区域,为提取感兴趣区域创造条件。

8.1.4 实验结果与分析

为了对本章所提出的算法进行可行性分析,用灰度 CCD 相机(相机型号:MVC900DAM-GE30-01Y23)对生产线复杂场景中的钢坯图像进行采集并做了算法对比实验。本章提出的算法均在计算机(2.50GHz,1.00GB)上用 VC++ 6.0 编程实现,实现结果表明了本章算法能够更有效地抑制生产线复杂背景。

实验一:图 8-5 显示了在图 8-5(a)中标注的方块区域的抑制背景步骤,图 8-5(b)显示了在一个三维立体坐标系中每个图像像素点的灰度值 x、y 表示该局部区域中每个像素点的坐标。图 8-5(c) 显示了均值漂移滤波后的各像素点的灰度值,图 8-5(d)是结合连通域特征分析分割后的结果。可以看到,本章提出的算法有效地抑制了钢坯端面的背景,而端面中的字符边缘仍然很好地保持着。

实验二:抑制生产线复杂背景处理。图 8-6(a)和图 8-6(b)是两幅实际生产线上的钢

(a) 原图像　　　　　　　　　　　　(b) 局部三维图

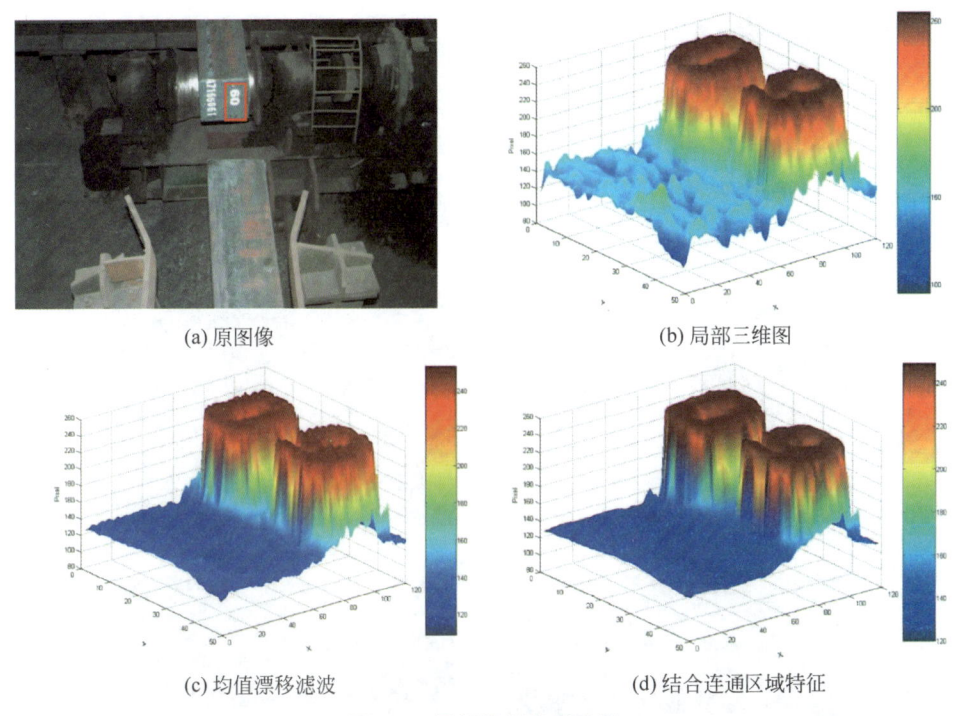

(c) 均值漂移滤波　　　　　　　　　(d) 结合连通区域特征

图 8-5　局部抑制背景结果

坯字符图像，分辨率为 1680×1228，图 8-6(c) 和图 8-6(d) 是采用中值滤波和连通域特性相结合算法的抑制背景结果，图 8-6(e) 和图 8-6(f) 是采用均值漂移和连通域特性相结合算法的抑制背景结果。通过图 8-6(c) 和图 8-6(e)、图 8-6(d) 和图 8-6(f) 的对比可以看出，采用相同连通域特性分析，运用本章所提出的算法能够拥有更好的抑制背景处理结果。

针对钢坯生产线图像场景恶劣、光照复杂不均、随机噪声频繁等问题，结合区分度高、描述性强的核函数与窗口函数，采用均值漂移算法来抑制复杂光照背景，并与连通域区域特征相结合，根据字符连通域特征有效地分离兴趣区域与非兴趣区域。该算法能有效地抑制复杂背景，并保留了完整的字符信息，为后续字符提取提供了基础。

8.2　基于可分离判据和测量的钢坯图像递归分割算法

图像分割是将图像按照各自的内容分别对区域进行划分，划分出的区域都有自己特殊的含义，分割出的区域将成为待检测目标提取的对象。但发展至今仍没有找出一个通用的分割理论，现提出的分割算法大都是针对具体问题的，并没有一种适合所有图像的通用分割算法。另外，也还没有制定出判断分割算法好坏和选择适用分割算法的标准，这给图像分割技术的应用带来许多实际问题。根据理论研究主要将图像分割算法分为基于边缘算法、基于区域算法、基于阈值算法 3 大类。

8.2.1　图像分割算法

边缘是图像的基本特征，把握好边缘信息也是目标提取的关键。一般在整幅图像中，有边缘出现的地方就代表会有灰度的阶跃变化，基于边缘的分割算法就是参照这一特性来划

(a) 在线采集钢坯图像1　　(b) 在线采集钢坯图像2

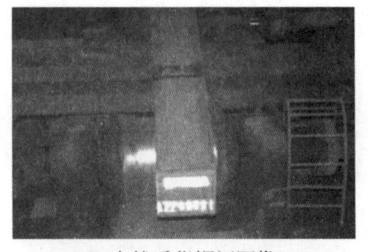

(c) 中值滤波和连通域分析1　　(d) 中值滤波和连通域分析2

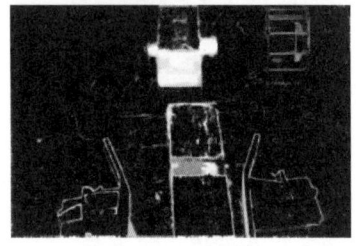

(e) 本章抑制背景算法1　　(f) 本章抑制背景算法2

图 8-6　抑制背景的结果比较

分目标区域和背景区域。常规的边缘检测算法是将图像划分成许多小区域,以每个局部小区域来进行边缘检测算子的计算,按照求导次数,边缘检测算子可以分为基于一阶导数的边缘检测算子和基于二阶导数的边缘检测算子。如 Robert、Prewitt 算子等,它们都是一阶导数的边缘检测算子,通过查找一阶导数中的极值,将边缘确定于梯度极值的位置。基于二阶导数的边缘检测算子则是通过寻找图像二阶导数中的过零点来检测边缘,如 Laplacian 算子和 Canny 算子。在实际图像中,二阶导数较一阶导数而言,对细节的把握会更好,当然不可避免地带来了很多噪声点边缘。在图像边缘检测中,抑制噪声和边缘精确定位是无法同时满足的。

　　区域分割算法的实质就是将相似特征的像素合并到同一区域内,把以像素作为最小单位转换为以区域作为最小单位,然后按照一定的准则选择目标区域。区域分割算法中最基础的就是区域生长法。区域生长法的基本步骤为:①寻求合适的生长点;②确定生长准则;③选定生长终止准则。遍历目标图像,当找到一个合适的生长点时,以生长准则为判断条件,在设定的窗口邻域中合并其他像素。一般在无像素或无法达到判断条件时,区域生长即可终止。区域分割法在一定程度上将单一的像素信息聚集起来,使错综复杂个体信息得到整合,形成具有代表性的区域信息。这有利于图像区域的筛选和归类,进而达到图像的分割要求。

　　阈值分割法是一种传统的图像分割算法,因其实现简单、计算量小、性能较稳定而成为图像分割中最基本和应用最广泛的分割技术。阈值分割的核心理念为通过计算得出一个合理的阈值,将图像的所有像素和阈值进行比较,依照对比情况使像素归为两类——前景和背景。其中,寻找最佳的阈值是其核心问题。在实际操作中,是否能选择合理的阈值对图像分割结果起着决定性的作用。常规确定阈值的方法有最频值法、P-分位数法、最大类间方差法等。它们都通过颜色分布的直方图,计算概率确定最合理阈值。不过针对不同的场景图像,以上方法都有着一定的局限性。如最频值法不适合用在未能形成双峰或者峰值不明显的直方图中;P-分位数法则需要预先知道目标个数占总像素的百分比;虽然最大类间方差法能最大程度地区分兴趣区域和非兴趣区域,得到的方差越大分类效果越佳,却无法寻找多峰值直方图的合理阈值。

8.2.2 递归分割算法的原理及实现

在复杂多变图像的直方图中,钢坯字符区域常常被包裹在众多波峰中,合理阈值不可能通过一次分割得到,所以提出了基于最大类间方差准则的递归分割算法对图像逐级进行分割。该算法在一定程度上优于单次分割的最大类间方差法,可以一层层滤除复杂背景,有效防止伪目标对计算阈值的影响。递归分割算法的主要步骤如下。

(1) 第一级分割。钢坯图像的所有像素可以被认为是灰度值的点集 S。可以通过计算最大类间方差,使兴趣和非兴趣两个区域的总方差达到最大,这时得到的阈值便是最佳分割阈值 Th1,利用分割阈值 Th1 可以将整个图像划分为两个点集 T_1 和 S_1(点集如果大于阈值 Th1 就会被归类为 S_1,如果小于阈值 Th1 就会被归类为 T_1):

$$S \xrightarrow{\text{第一级分割}} T_1 + S_1 \tag{8-4}$$

其中,T_1 是一个低灰度值的点集,S_1 是一个高灰度值的点集。

(2) 第二级分割。由于在复杂场景中目标字符的灰度值较高,初级分割很难把目标字符准确地提取出来,目标字符的点集将仍然包含在点集 S_1 中。因此,点集 T_1 需要被过滤掉,不添加到下一部分的计算中,然后对点集 S_1 再一次使用最大类间方差法,得到另一个阈值 Th2。点集 S_1 将再一次被分割成两个点集(T_2,S_2):

$$S_1 \xrightarrow{\text{第二级分割}} T_2 + S_2 \tag{8-5}$$

其中,T_2 是一个低灰度值的点集,S_2 是一个高灰度值的点集。

(3) 多级递归分割。参照设定的终止条件对递归分割做决策分析。假如不满足条件,高灰度点集 S_{n-1} 将继续被分割成两个点集(点集 T_{n-1} 将会依次被过滤掉),用最大类间方差法不断地递归分割直到达到终止条件(计算出终止点集 S_n 和 T_n):

$$S_{n-1} \xrightarrow{\text{多级递归分割}} T_n + S_n \tag{8-6}$$

其中,T_n 是一个低灰度值的点集,S_n 是一个高灰度值的点集,S_n 包含了目标字符点集。

然而实际生产线图像中,许多光照和反射区域比字符区域亮(灰度值高)很多,如窗户、光线反射区域的对象等。这将使计算出来的阈值 Th 在循环过程中迅速接近概率密度和突变像素大的明亮颜色区域,从而使阈值门限 Th 过快循环增长。传统的最大类间方差递归分割方法就常常出现此类问题,最终导致分割过度,丢失目标区域信息。

针对以上问题,先用最大类间方差法不断的递归分割点集,预先计算出所有阈值门限 Th,并存储在一维数组 $T[i]$ 中,i 为循环次数当阈值 Th 停止增长时终止循环,记录循环总数 n,然后采用逆向取值的方式对分割图像进行检验,如果以 $T[n-1]$ 为阈值的分割图像中无法检测出目标区域,那么将大于阈值 $T[n-1]$ 的点集 S 暂时屏蔽,不计入递归分割点集的统计中。当判断出无法检测出字符区域时,立即更新一维阈值数组(屏蔽点集不计入阈值计算),反之则继续沿用原有阈值数组 $T[i]$。应该指出的是,如果数组 $T[i]-T[i-1]$ 的变化量大于一定值,则需要插入一个新的数组成员 $(T[i]+T[i-1])/2$ 来防止过分割。然后按照一般正向取值方式依次对图像进行多级分割处理。递归分割的终止条件取决于钢坯字符的可分离判据和可分离测量(可分离判据和可分离测量会在 8.2.3 节提及)。

8.2.3 基于可分离判据和测量的递归分割算法

在复杂的场景中,采用一个递归的方法来分割图像,通过分析分割图像(二值化图像)来寻找钢坯字符区域。如果在第一阶分割图像中没有发现钢坯字符区域,那么将继续分割图像直到得到想要的分割结果。这里涉及的问题是如何定义一个分割图像包含了完整的钢坯字符信息(如何测量图像分割的结果)。对于这一点,引入了测量值 M 来标记分割图像。测量值 M 在分割图像中表示字符区域存在多少列或行的字符。它可以被定义为 3 个特征。首先,它依赖于分割图像中的投影波形。其次,它寻求有一定规则宽度与数量的投影波形。最后,它会选择具有一对起始点和结束点的水平或垂直投影波形。

例如,图 8-7(a)是一个原图像,图 8-7(b)~图 8-7(i)表示为在不同分割图像阶段中分别于水平和垂直方向上的投影。在图 8-7(b)中,分割图像没有分割出字符区域,在其水平或垂直投影中没有形成有效的字符波形,所以字符测量值 M 是 0。同样,尽管在图 8-7(c)中分割图像出现字符区域,但它仍然不能在图 8-7(f)和图 8-7(h)中寻找到规则波形,所以字符测量值 M 也是 0。相比之下,在图 8-7(d)中,分割图像就完整地分割出字符区域。尽管在水平投影图上,字符波形出现了重叠,如图 8-7(g)所示($M=0$),但是在垂直投影图上却有两个规则的字符投影波形($M=2$)。因此,该阶段分割图像字符测量值 M 是 2。根据测量值来判断分割图像中是否有完整的字符信息,称这种方法为可分离测量。图 8-8 是另外一种情况下的可分离测量。图 8-9 是当得到最优分割图像时可分离测量的计算结果。

在图 8-9 中,通过水平和垂直投影法可以得到可分离测量结果。把这种方法叫作可分离判据,它通过有效的特征来检测兴趣区域并输出测量值。投影判据在字符端面小场景中是一种有效的字符提取方法。然而,在恶劣环境中,有许多反射区域或玻璃区域围绕在钢坯字符区域附近(见图 8-11),此时在分割图像中很难用水平和垂直投影判据去检测钢坯字符区域。所以第一步必须通过其他可分离判据来初步检测出钢坯字符区域的大概位置,从而减小噪声的影响,确保投影判据的可靠性。每个阶段的分割图像将通过以下 3 个步骤来进行钢坯字符测量。首先,结合视觉不变性及准不变性,用有效的可分离判据提取分割图像中的兴趣区域。接着通过投影判据检测被提取的候选兴趣区域,用可度量的数据来检测提取区域的信息完整度。最后以可度量的数据来决定哪一级分割图像是想要的结果(能够提取完整钢坯字符信息的分割图像),并最终输出准确测量后的钢坯字符位置信息。按照作用可以将可分判据及可分测度分为字符标定判据、候选区域的特征方差判据、字符投影判据与测量。

(a) 原图像

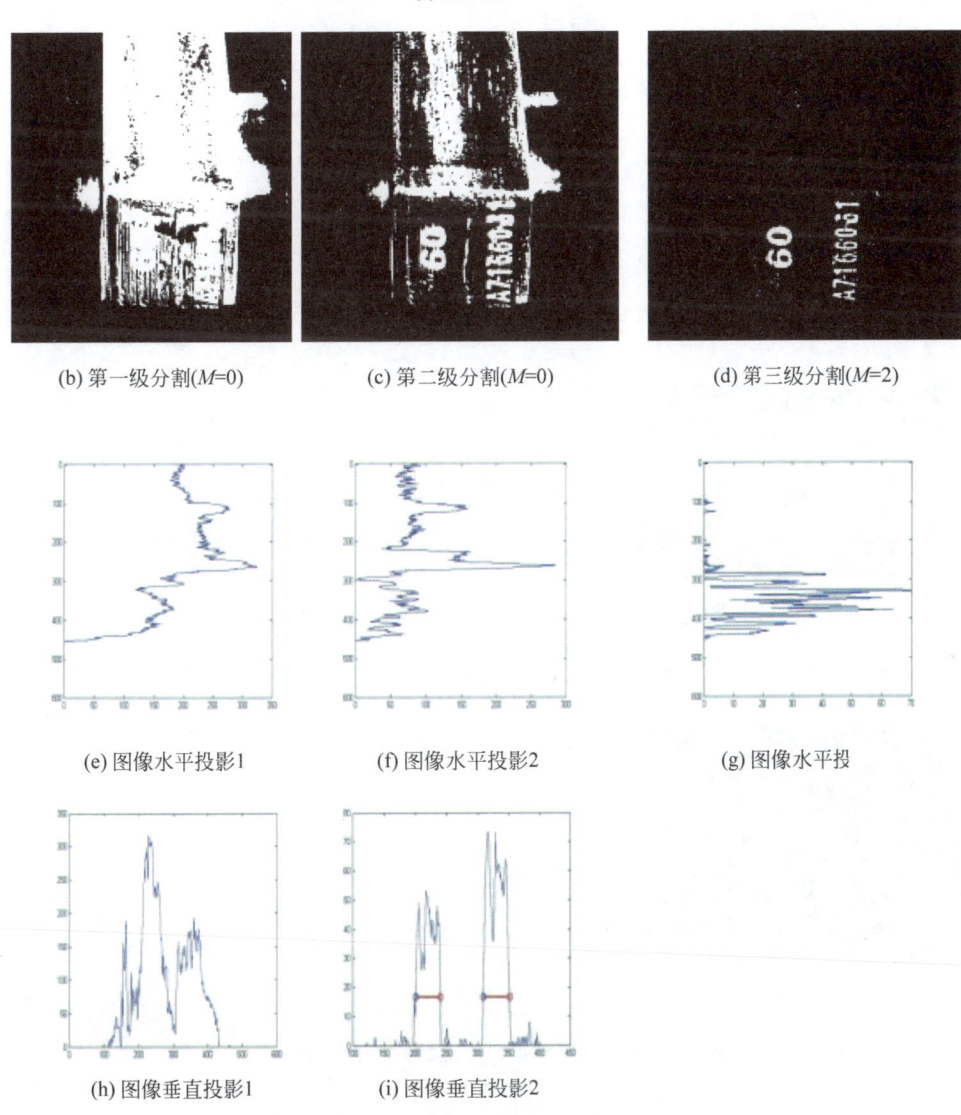

(b) 第一级分割(*M*=0)　　(c) 第二级分割(*M*=0)　　(d) 第三级分割(*M*=2)

(e) 图像水平投影1　　(f) 图像水平投影2　　(g) 图像水平投

(h) 图像垂直投影1　　(i) 图像垂直投影2

图 8-7　基于可分离判据和测量的递归分割算法结果

(a) 原图像

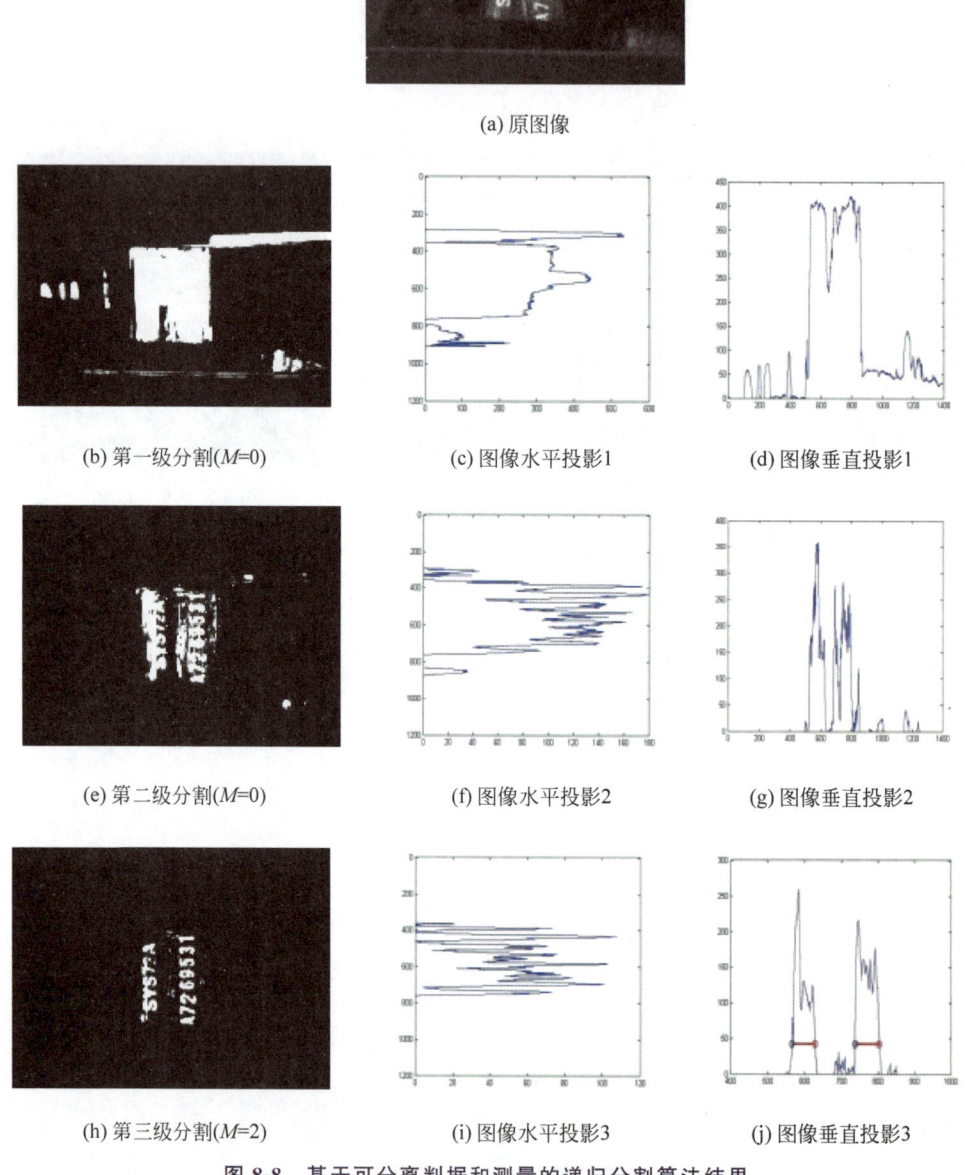

(b) 第一级分割(*M*=0)　　　(c) 图像水平投影1　　　(d) 图像垂直投影1

(e) 第二级分割(*M*=0)　　　(f) 图像水平投影2　　　(g) 图像垂直投影2

(h) 第三级分割(*M*=2)　　　(i) 图像水平投影3　　　(j) 图像垂直投影3

图 8-8　基于可分离判据和测量的递归分割算法结果

(a) 递归分割中最优分割图像1　　(b) 可分离测量结果1($M=2$)

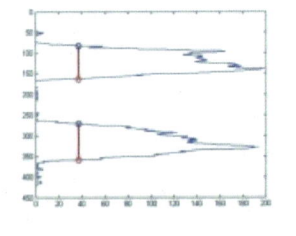

(c) 递归分割中最优分割图像2　　(d) 可分离测量结果2($M=2$)

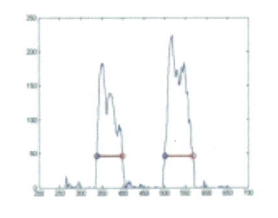

(e) 递归分割中最优分割图像3　　(f) 可分离测量结果3($M=2$)

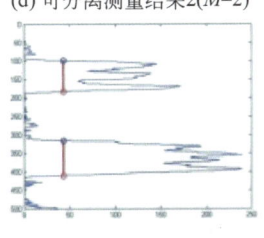

(g) 递归分割中最优分割图像4　　(h) 可分离测量结果4($M=3$)

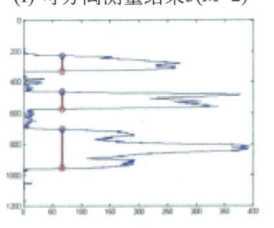

图 8-9　可分离测量的计算结果

8.2.4　字符标定判据

在分析了拥有最佳阈值的分割图像后，很容易得出这样一个结论：在钢坯字符区域中，中间字符连通域在位置排列上呈线性分布（见图 8-10 和图 8-11）。把这种字符线性趋势与水平方向的夹角作为连通域的水平角度偏移量，将连通域两两比对，小于 20° 的水平角度偏移量归类为水平聚类。反之，将字符线性趋势与垂直方向的夹角作为连通域的垂直角度偏移量，连通域两两比对时小于 20° 的垂直角度偏移量归类为垂直聚类。参照不同方向的聚类准则，分别在水平方向和垂直方向上聚类和标记拥有相似尺寸大小、间距、位置的连通域，并记录在不同的聚类数组中。每个聚类数组都有自己的成员数量 mumber(x)。进行 mumber(x) 比较后，可以选择符合条件的聚类数组，并参照聚类的方向标记它为水平或垂直方向数组，形成候选字符区域。这个算法的优势在于它绕开复杂光照连通域的干扰，稳定地在嘈杂的场景中寻找目标区域。

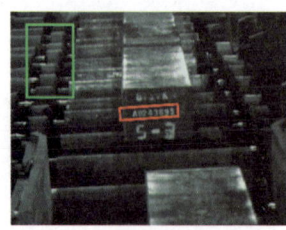

(a) 原图像　　　　　　　(b) 递归分割图像

图 8-10　标定钢坯字符候选区域

(a) 兴趣区域　　　(b) 形态相似的非兴趣区域

图 8-11　标定钢坯字符候选区域结果

在实际生产线上,钢坯端面字符很可能由于在运送过程中的挤压和摩擦出现字符破损或者模糊。针对这类问题,将在聚类前先对分割图像进行闭运算。也就是说,在保留兴趣区域的完整信息前提下,将填补细微孔洞的区域。假使有原图像 A,用窗口函数 S 对原图像 A 进行闭运算,可表示为

$$B = (A \oplus S)\theta S \tag{8-7}$$

其中,A、B 分别代表原图像和运算后的结果图,S 表示扫描窗口函数,$\oplus$ 和 θ 分别为膨胀和腐蚀运算符。闭运算会先对原图像使用膨胀运算,紧接着会使用腐蚀运算。通过闭运算可以将两个有一点点连通的区域连通,或者让间断的连通域合并在一起。它与膨胀算法的结果有点相同,不过比对细节部分会发现它的优势在于它能让处理结果中的目标形态保持不变,同时,可以根据实际需要,相应地变化窗口形状以适应字符连通域的特性,这能有效地将断裂字符联系在一起并减少误差。

8.2.5　候选区域的特征方差判据

利用字符标定判据可以在分割图像中标定出相应候选区域(候选区域包括兴趣区域和非兴趣区域,见图 8-11)。筛选候选区域可分为两部分:一部分是去除不符合条件的伪候选区域;另一部分是选择最好的一个候选区域并输出其位置信息(对于水平聚类的候选区域,以区域重心为基点上下扩大其原有高度的两倍,反之亦然;垂直聚类的候选区域也相应左右扩大区域,目的是让其他附属字符包含在候选区域中)。为了区分兴趣区域和非兴趣区域,计算聚类数组中每个连通域的特征方差,并用权重系数来调整特征之间的差异。包括间距 s、高度 h、高宽比 $r(r=h/w)$、连通域像素占有率 $v(v=h\times w/总像素)$,见图 8-12 和下列公式。

图 8-12　字符候选区域的特征方差

$$S(x) = \frac{1}{n} \sum_{i=1}^{n} \left(s(x,i) - \frac{\sum_{i=1}^{n} s(x,i)}{n} \right)^2 \tag{8-8}$$

$$H(x) = \frac{1}{n} \sum_{i=1}^{n} \left(h(x,i) - \frac{\sum_{i=1}^{n} h(x,i)}{n} \right)^2 \tag{8-9}$$

$$R(x) = \frac{1}{n} \sum_{i=1}^{n} \left(r(x,i) - \frac{\sum_{i=1}^{n} r(x,i)}{n} \right)^2 \tag{8-10}$$

$$V(x) = \frac{1}{n} \sum_{i=1}^{n} \left(v(x,i) - \frac{\sum_{i=1}^{n} v(x,i)}{n} \right)^2 \tag{8-11}$$

其中,a、b、c、d 为权重系数,x、i、n 分别表示聚类数组的个数、聚类数组中连通域个数和总数,$S(x,i)$ 表示聚类数组中连通域之间的间距和平均间距。同理,$h(x,i)$、$r(x,i)$ 和 $v(x,i)$ 分别表示聚类数组中连通域的高度、高宽比和像素占有率,$S(x,i)$、$H(x,i)$、$R(x,i)$、$V(x,i)$ 分别表示相应的特征方差。

$$F(x) = aS(x) + bH(x) + cR(x) + dV(x) \tag{8-12}$$

根据统计 $F(x)$ 数据,可以依次做出决策判断,在一定范围内选择 $F(x)$ 的最小值(由于钢坯字符区域的连通域排列的规律性,特征方差或 $F(x)$ 的值会趋于 0)。如果所有聚类数组的统计数据 $F(x)$ 不满足判断条件(该值超出范围),就会把相对应的分割图像标记为没有字符信息分割图,并输出继续递归分割图像的指令。如果找到合适的统计数据 $F(x)$,如图 8-13 所示,对应的候选区域(扩展的区域)将进行后续的判定(用投影判据得到可分离测量结果)。

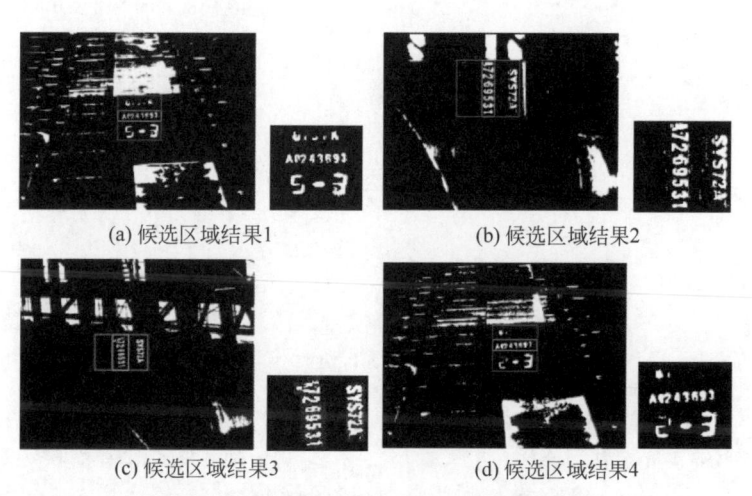

(a) 候选区域结果1 (b) 候选区域结果2

(c) 候选区域结果3 (d) 候选区域结果4

图 8-13　筛选各种场景下的字符候选区域

8.2.6 字符投影判据与测量

在筛选出候选区域后,分别在水平和垂直方向上用投影判据对局部候选区域进行标记和测量。由于已知候选区域中聚类数组的基本坐标信息和聚类方向,可以充分利用投影不变性,有针对性地测量局部候选区域。对于水平方向字符,在水平方向投影中字符区域的投影波形具有一定的规律性,投影波形的宽度十分相似并有一定的间距(见图 8-14(c)),垂直方向字符同样拥有这一规律性。给出在图 8-14(c)投影波形中出现的中值线的定义。

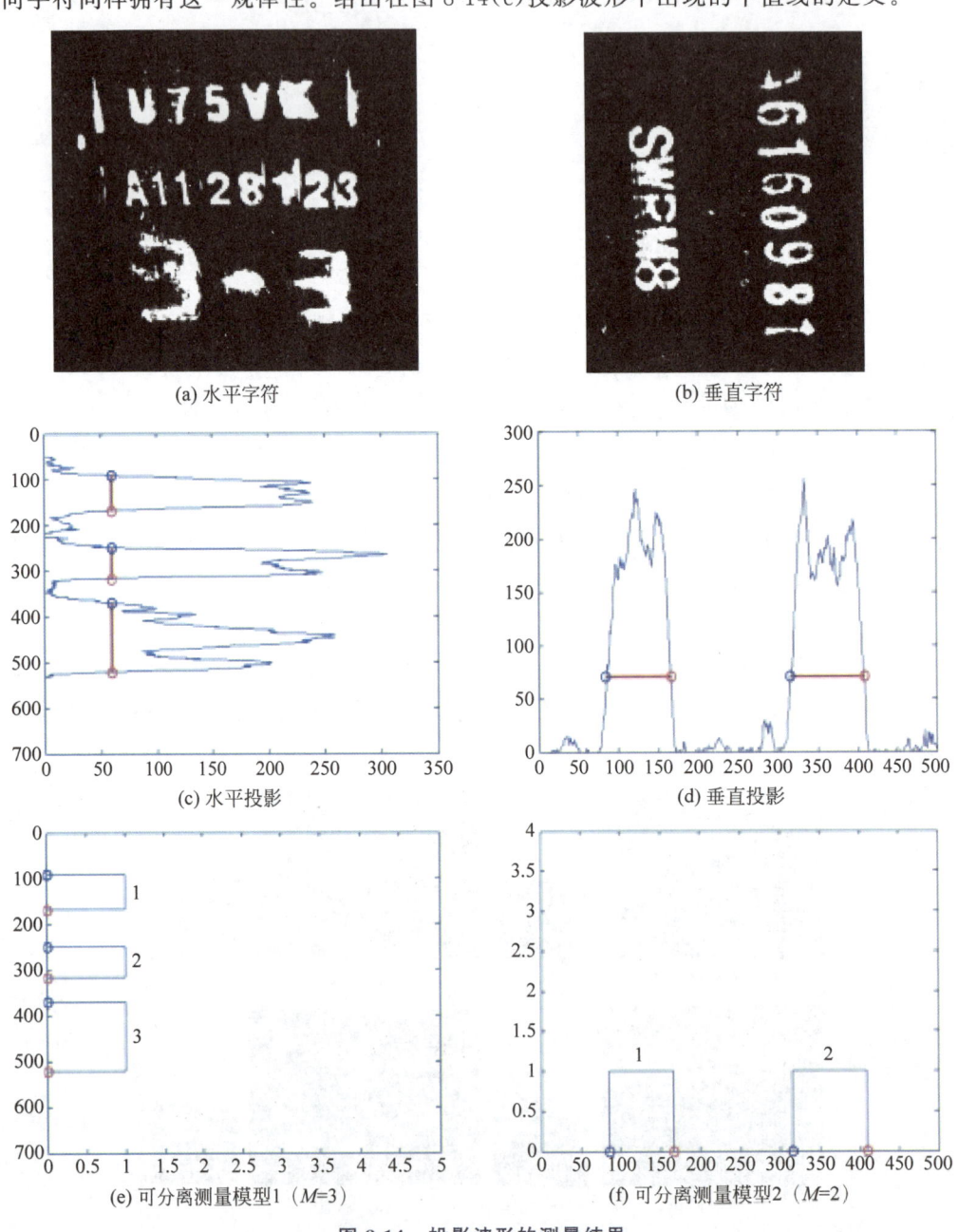

(a) 水平字符

(b) 垂直字符

(c) 水平投影

(d) 垂直投影

(e) 可分离测量模型1（M=3）

(f) 可分离测量模型2（M=2）

图 8-14 投影波形的测量结果

设中值线表示为在一定条件下有效波形的一个平均值。假设 count[i] 是当前点 i 的一个波形值,count[i] 被认为是一个有效的波形值如果它满足下列条件之一。

(1) count[i] 是其领域波形值中的最小值(count[i]＜count[$i-1$]＜count[$i-2$],count[i]＜count[$i+1$]＜count[$i+2$])。

(2) count[i] 是从左往右波形的初始值(count[i]＝count[$i-1$]),并从左往右逐渐增加(count[i]＜count[$i+1$]＜count[$i+2$])。

(3) count[i] 是从右往左波形的终止值(count[i]＝count[$i+1$]),并从右往左逐渐降低(count[i]＜count[$i-1$]＜count[$i-2$])。

当计算出中值线后,波形会与中值线依次相交并产生相应的交点。

从左到右(水平投影)或从上到下(垂直投影)依次为一个蓝色点和红色点。按照坐标轴上蓝色点为起点、红色点为终点依次将波形划分成单位波(一个蓝色点和一个红色点组成一对),每个单位波的值与红色中值线(所有有效波形的平均值)进行比较,若大于则令值为 1,若小于则置为 0,形成如图 8-14(e)和图 8-14(f)的可测度模型并以此确定字符位置信息,在图中分别用数字表示需要输出的字符位置数量。发现字符位置信息能很好地显示在可测度模型中。

由于存在复杂场景、光照不均、噪声等干扰,上述波形个数会发生一些变化。需要添加其他的代数不变性或准不变性如波形宽度之比等条件加以判断和区分有效的单元波,具体准则表达如下。

(1) 字符单位波的宽度是基本相似的,不会出现特别大和特别小的单位波,所以计算每个单位波的宽度和它们的平均宽度,去除远小于或大于平均宽度的单位波。

(2) 每个字符单位波是按照一定距离排列的,可以相应去除离散分布或者无规律排列的单位波。如果两个单位波相离很近,合并后可以和其他单位波有一定距离,又同时满足条件(1),那么此时需要对两个单位波进行合并。

(3) 对符合条件(1)和条件(2)的单位波进行标记,输出相应标记数量。如果标记数量大于或者小于一定数量,则输出 $M=0$。

有时由于钢坯端面字符在喷印时会导致不同程度的字符倾斜,因此需要在用投影方法前先要校正这些倾斜字符。通过计算字符区域的连通域重心,将所有连通域重心点放在一个坐标系中。由于字符排列的规律性,这些重心点几乎呈线性分布,根据这种特性使用一条直线来模拟它。假设这些互异的离散重心点集为 (p_i, q_i),$i=1,2,\cdots,n$,希望找到一个线性函数模拟它。

$$p = \tan(\theta)q + m \tag{8-13}$$

其中,θ、m 为待定常数。为了找到这样的模拟函数,高斯给出了一个以下数学方法:

$$u_i = |p_i - \tan(\theta)q_i - m|, \quad i=1,2,\cdots,n \tag{8-14}$$

$$U = \sum_{i=1}^{n} |p_i - \tan(\theta)q_i - m|, \quad i=1,2,\cdots,n \tag{8-15}$$

$$S = \sum_{i=1}^{n} (p_i - \tan(\theta)q_i - m)^2, \quad i=1,2,\cdots,n \tag{8-16}$$

一般来说,所给的数据点不一定在一条直线上。因此,直线与每个点会产生一定的偏差 $u_i(i=1,2,\cdots,n)$,欲使该直线模拟这些数据点的效果最佳,必须确定常数 a、b,使总偏差 U

最小。但在数学上解决这一问题十分的不方便。高斯提出了一个折中的方法,即使平方偏差 S 最小,这就是最小二乘法的基本原理。对于钢坯偏斜的字符区域,采用这种最小二乘法拟合字符排列的线性趋势。通过计算得出待定旋转角度 θ,然后自适应选择钢坯字符区域左下点 (a,b) 作为旋转中心点,得到校正投影图像。

$$(x_0 \quad y_0 \quad 1) = (x_1 \quad y_1 \quad 1) \begin{pmatrix} \cos(\theta) & -\sin(\theta) & 0 \\ \sin(\theta) & \cos(\theta) & 0 \\ -a\cos(\theta) - b\sin(\theta) + a & a\sin(\theta) - b\cos(\theta) + b & 1 \end{pmatrix}$$

(8-17)

其中,(x_0, y_0) 为校正图像坐标,(x_1, y_1) 为原图像坐标,随后将校正投影图像按各自方向进行投影判定与测量。通过角度调整后,将有效提高投影精度,为完成后续钢坯字符定位工作提供保障。

8.2.7 实验结果与分析

为了测试本算法的稳定性,对各种场景进行了实验,并对相关算法进行了比较。实验表明本算法能够很好地分割各类图像,对复杂环境中检测出钢坯字符具有很好的效果,包括对一些车牌字符而言也能很好地检测出来,有良好的稳定性与可拓展性,分割精度达到了实际应用的需求。

实验一:递归分割。图 8-15(分辨率:1680×1228)和图 8-16(分辨率:658×468)是灰度场景图像,它们显示了生产线图像在均值漂移抑制背景后递归分割的主要过程,图像逐级分割直到符合终止条件的要求(图 8-15(e)和图 8-16(f)是想要的终端结果)。同时表 8-1 显示了递归分割过程中阈值 $T[i]$ 在更新前后的增长情况。从表 8-1 中可以看出,改进后的算法可以自适应地完成阈值 $T[i]$ 的更新任务。如果在阈值 $T[i]$ 更新前,以 $T[n-1]$ 为阈值的分割图像中检测到兴趣区域,更新阈值的任务就会被自动取消,反之就更新阈值门限 $T[i]$。通过实例证明,改进的算法可以自适应地防止分割阈值增长过快从而失去最佳阈值,确保一维数组 $T[i]$ 中包含了最佳分割阈值。此方案与原先相比运算时间几乎没有增长,但提取最佳阈值准确率大大提高。

表 8-1 阈值情况

		阈值 1	阈值 2	阈值 3	阈值 4	阈值 5	阈值 6
图 8-15	更新前	153	176	**202**	216	219	222
	更新后	49	72	**95**	167	164	183
图 8-16	更新前	158	192	217	**230**	234	235
	更新后	42	60	77	**154**	162	185

注:表中加粗字为最优值。

分割图像在标定候选区域前,需要先进行去噪处理。根据字符的尺寸(连接域的长度、宽度、像素个数)、形状(长宽比、字符像素占有率)等特征去除了分割图像中的非字符连通域(噪声区域),如图 8-17(a)和图 8-18(a)所示。图 8-17(b)和 8-18(b)显示了标定候选区域的结果。当聚类数组成员的数目 number(x) 达到设定门限时,标定的区域才计入候选区域列表中。

(a) 原图像　　　　(b) 抑制背景结果　　　(c) 第一级分割
　　　　　　　　　　　　　　　　　　　　　(输出阈值: 49)

(d) 第二级分割　　　(e) 第三级分割
(输出阈值: 72)　　　(输出阈值: 95)

图 8-15　递归分割结果

(a) 原图像　　　　(b) 抑制背景结果　　　(c) 第一级分割(输出阈值: 42)

(d) 第二级分割(输出阈值: 60)　(e) 第三级分割(输出阈值: 77)　(f) 第四级分割(输出阈值: 124)

图 8-16　递归分割结果

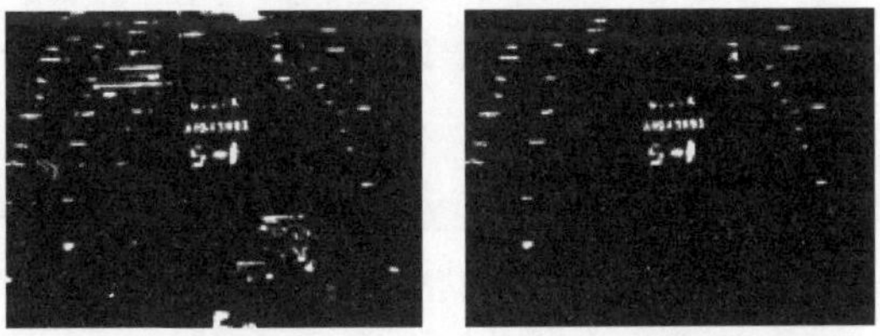

(a) 去噪处理　　　　(b) 标定字符候选区域

图 8-17　标定字符候选区域结果 1

(a) 去噪处理　　　　(b) 标定字符候选区域

图 8-18　标定字符候选区域结果 2

实验二：筛选候选区域。通过表 8-2 中感兴趣区域与非兴趣区域(形态相似性较高)的特征方差期望对比,可以得出结论,如果某个特征方差期望的对比结果比较明显,这意味着这个特征具有较强的可分离性来区分兴趣区域与非兴趣区域,它在式(8-12)中将会占较大的比重(相应权重系数的值会越大),反之亦然。因此在式(8-12)中,每个权重系数(a,b,c,d)的选择范围都将根据对可分离性的贡献大小而决定。由实验得知权重系数较为理想的选取范围应为 0.9~1.0,而 c、d 的选取范围应为 0.6~0.7。通过选取有效的特征值门限可对候选区域进行筛选,即将超出一定范围的 $F(x)$ 值去除,然后筛选出最小值。然后,利用字符投影判据对筛选出的候选区域(候选扩展区域)进行测量,最终寻找出目标区域。图 8-19 显示了在筛选出候选区域后可分离测量结果。

表 8-2 候选区域的特征方差期望对比

	间距方差期望	平均高度方差期望	长宽比期望	像素占有率期望
兴趣区域	1.56	1.79	6.06	0.63
非兴趣区域(形态相似)	44.27	31.37	8.54	0.92

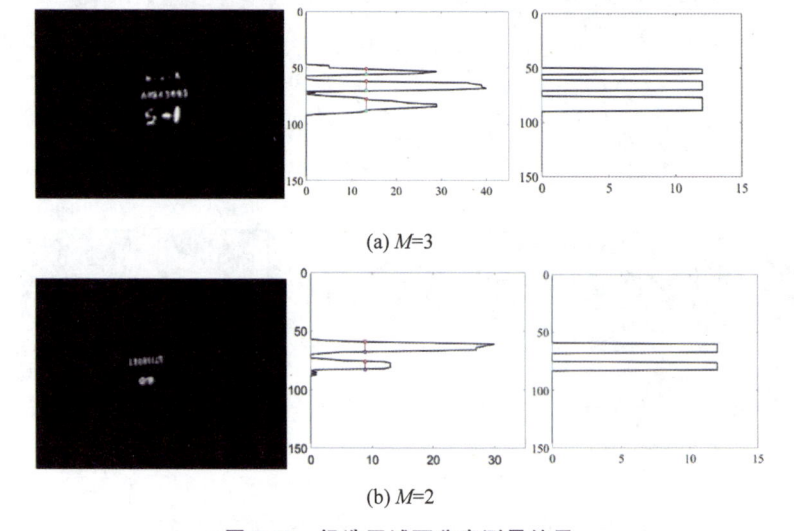

(a) $M=3$

(b) $M=2$

图 8-19 候选区域可分离测量结果

实验三：字符分割算法对比。采用基于可分离判据和测量的递归分割算法对光照场景钢坯字符图像进行了分割处理,效果良好。图 8-20 是对复杂光照条件下钢坯字符图像采用不同分割算法进行的分割对比实验。其中,图 8-20(a)为复杂场景的钢坯字符图像,图 8-20(b)为利用单次最大类间方差法进行字符分割的结果图,从图中可以看出字符区域和部分背景区域混合在一起,钢坯字符未能被分割出来。图 8-20(c)为采用传统最大类间方差递归分割的结果,比图 8-20(b)的单次最大类间方差分割结果要好,但分割依然不完善。图 8-20(d)为采用提出的基于可分离判据和测量的递归分割算法得到的分割结果,可以看出,钢坯字符区域完整地被分离开来,分割结果良好。

实验四：钢坯字符定位对比结果。图 8-21 是图 8-17 的定位结果。图 8-22 是图 8-20 的定位结果。传统的字符投影算法直接或间接地依赖于坐标基准的选取,然而复杂光照条件下的钢坯字符区域常常被许多光照或者反光区域包裹在随机方位中,这时无论怎么选取坐标基准,都不可避免地会有噪声影响字符投影效果(字符投影波形将会噪声掩

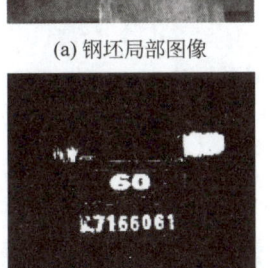

(a) 钢坯局部图像　　　　　　(b) 单次最大类间方差分割结果

(c) 传统最大类间方差递归分割结果　　(d) 基于可分离判据和测量的递归分割结果

图 8-20　钢坯局部区域分割的结果对比

(a) 传统投影定位算法　　　　　(b) 本章提出的定位算法

图 8-21　钢坯字符定位结果对比 1

(a) 传统投影定位算法　　　　　(b) 本章提出的定位算法

图 8-22　钢坯字符定位结果对比 2

埋),从而使字符投影信息丢失,容易导致钢坯字符的错误定位。由图 8-21 和图 8-22 可以看到,图 8-21(a)和图 8-22(a)用传统投影算法基本定位不出字符区域,而用本章算法则可以清楚地定位出钢坯字符区域,如图 8-21(b)和图 8-22(b)所示。

针对复杂光照场景下钢坯字符分割这一难题,将基于可分离判据和测量的递归分割算法运用到钢坯字符分割方法中,用可分测度值来检测复杂图像中的钢坯字符,从而实现钢坯字符的精确定位。该算法能在复杂噪声中,主动标定候选区域,通过特征判据对候选区域进行判别和测量,最后对结果进行校核,直到得到正确的定位结果。测试结果验证了本章描述的分割算法可以精确地分割出字符区域,能较好地适应复杂多变的光照环境,具有一定的稳定性和适应性。

8.3　基于智能多代理的复杂场景钢坯字符切分法

8.3.1　引言

生产线实际复杂光照条件下,钢坯在线检测识别使用信号处理手段和基于视觉机制的图像识别理论与人工智能技术自动地识别钢坯字符信息,从而确定每只钢坯对应的轧钢工艺和生产线类型及生产流程,实现钢坯从炼钢到轧钢的跟踪,进而实现生产制造过程的自动监测与智能控制,提高智能生产能力和智能管理水平。该检测识别系统主要经过钢坯字符定位、切分、识别 3 个步骤来实现钢坯信息的自动识别,其中,字符切分的正确率与字符识别的正确率直接相关,字符切分错误直接导致字符识别的错误,这将会导致钢坯分类错误,进而将导致钢坯的加工流程及加工工序错误,最终将会严重影响整个制造系统的正常工作和生产力水平的提高,这表明了生产线实际复杂场景下钢坯端面字符精确切分的必要性与急迫性。但生产线实际复杂场景下的钢坯字符切分与单一标准的车牌字符切分相比,在理论和方法上存在着以下本质不同的难点和科学问题:①高温、高热场景产生严酷的成像环境,造成成像质量恶化,字符信息不明显,进而给后续的字符切分带来了挑战。②复杂场景、钢坯端面腐蚀、钢坯运动以及喷印钢坯字符不统一、钢坯字符倒立、在线实时检测等情况(如图 8-23 所示)都可能会造成钢坯字符粘连和断裂,这些因素都对钢坯字符精确切分的健壮性、准确性和快速性提出了新的要求。

图 8-23 在线采集复杂场景钢坯字符图像

目前字符切分常用的算法有基于图像分析切分法(静态投影分析)、基于识别切分法、整体切分法及前 3 种算法结合的算法。基于图像分析切分法简单,易于实现,速度快,但比较适用于字与字之间有固定间距或字符明显分开的情况,而且对输入图像的质量依赖性很大;基于识别切分法效果虽好,但相对比较复杂、耗时,在实际在线生产中应用较少;整体切分法虽然避免了内部字符切分,但对定义好的模板词典依赖性较强,而钢坯字符并没有固定的标准词库使得该算法得到限制。上述算法虽各有优点,但在钢坯字符信息不明显、粘连或断裂等情况的实际复杂场景中,则会有一定的局限性而达不到预期的切分效果。

针对生产线实际场景条件下钢坯端面字符切分这一难题,本章提出了一种基于智能多代理者的字符切分处理算法,通过主控代理者管理协调各个代理者智能地对钢坯字符不断地判断、切分、校正来达到钢坯字符的精确切分。研究结果表明本章的切分法对生产线钢坯字符信息微弱、粘连与断裂等情况有着更好的适应性与准确性,解决了在线复杂场景中的钢坯字符准确切分的问题。

代理者技术起源于 20 世纪 70 年代,属于人工智能领域中分布式人工智能研究的内容,著名代理者理论研究者英国的 Wooldridge 和 Jennings 认为,代理者技术是一个具有自主性、社会能力、反应性和能动性等性质的基于硬件或基于软件的计算机系统。而多代理者技术主要是研究多个代理者之间如何相互协作、相互支持以完成单个代理者不能完成的任务。

由于多代理者技术具有高度自治性,能动态地随着环境而变化,在定位的钢坯字符图像的基础上,将多代理者技术应用到实际生产线复杂场景下钢坯字符切分法中,来实现钢坯字符的精确切分。

8.3.2 智能多代理者切分法结构

多代理者的组织结构可分为集中式控制结构、分层式控制结构以及前两种相结合的混合控制结构 3 类。本书的多代理者切分法的结构可以看成一个 3 层的分层式控制结构,每层代表不同的代理者,各层代理者具有各自的功能,它们之间相互协作共同形成钢坯字符的"判断、切分、校正"智能切分路线。智能多代理者切分法结构由主控制层、分控制层、输出层构成。各个层次的功能如下。

1. 主控制层

本章将主控制层作为主控代理者,是整个结构的最高层,负责整个算法的调度以及分控制层中各功能代理者之间的任务调配与交互,促使整个系统协调快速、共同完成钢坯字符的精确切分,具有最高的决策权利及优先级。

2. 分控制层

分控制层是该多代理者结构的中间层,主要负责钢坯字符的"判断、切分、校正"任务。该分控制层主要包括以下功能个体代理者:字符区域分割与切分代理者、区域合并代理者、区域分裂代理者、特征计算代理者。

3. 输出层

输出层作为多代理者结构的最底层,主要负责在钢坯字符得到精确切分后,输出被切分出的钢坯字符。该多代理者结构将字符切分的任务下放到分控制层中的各个代理者,通过各个代理者判断钢坯字符断裂与粘连的情况,然后响应相应的代理者对钢坯字符进行分裂与合并等任务,最终协同完成钢坯字符的切分。

8.3.3 基于智能多代理者切分法实现

钢坯字符切分的精确性除了取决于智能多代理的结构外,还与该智能多代理者算法的具体实现密切相关。通过对钢坯字符切分特殊性的分析,智能多代理切分法的具体实现流程如下:首先主控代理者调用字符分割与切分代理者,对定位出的钢坯字符图像进行二值化处理,并对二值化后的字符图像进行投影初步切分;接着调用特征计算代理者搜集记录各切分区域的性质和特征,如字符区域宽度、高度、中心距等特征;再将客观条件下的先验特征知识作为判断的约束条件,通过对初步切分后的各个区域的性质特征进行判断,主控代理者将调用相应的区域分裂或区域合并,代理者对不满足条件的粘连或断裂字符区域进行分裂或合并;然后调用特征计算代理者,对切分结果进行校正;若经特征计算代理者验证钢坯字符串中没有字符粘连或断裂,则由主控代理者终止算法的执行,若钢坯字符串中还有字符粘连或断裂情况,则由主控代理者调用相应的区域分裂或区域合并代理者对字符进一步精确切分,然后调用特征计算代理者校正,这样形成了主控代理者统一协调个体代理者对钢坯字符进行不断"判断、切分、校正"的智能切分路线,直到共同完成钢坯字符的精确切分,才由主控代理者终止算法的执行。

1. 字符分割与切分代理者

在输入钢坯字符图像后,首先由主控代理者调用字符分割与切分代理者对钢坯字符进行二值化处理以及投影初切分,然后由主控代理者调用其他个体者对初切分后的结果进行相应的操作。钢坯字符要获得精确的切分结果,其二值化图像就不能出现断裂或粘连的情况,而图像二值化质量的好坏,直接与阈值的选取紧密相关。OTSU 算法是二值化图像中常用的算法之一,但由于钢坯端面噪声多、字迹模糊等因素的影响,单一的 OTSU 算法可能得不到预期的效果。本章提出了改进的递归 OTSU 算法对钢坯字符进行二值化处理。改进后的 OTSU 算法如下。

(1) 通过 OTSU 处理获取阈值 Th。

(2) 统计该二值图的区域特征,如钢坯字符个数、字符间距、字符宽高等特征,将这些字符特征是否符合钢坯字符特作为递归二值化的终止条件。如果不符合且该阈值过大,则将该图灰度值在 Th～255 的像素集滤除不参与下次二值化计算,重新对该图像素集在 0～Th 的像素进行 OTSU 处理;如果该阈值过小,则对灰度值为 0～Th 的像素集滤除不参与下次二值化计算,再重新对该图在 Th～255 的像素集进行 OTSU 处理,以此循环,直到该二值图的字符特征满足钢坯字符特征为止,递归 OTSU 算法结束。

钢坯字符二值化效果如图 8-24 所示,从图中可以得知,改进的递归 OTSU 算法能够有效地提取出钢坯字符,避免钢坯字符出现粘连或断裂的情况,为字符的正确切分提供了基础。在对钢坯图像进行二值化处理后,采用垂直投影对钢坯字符图像进行初步切分,并将初切分后得到的字符区域的左边界和右边界分别保存于数组 $F_{\text{Left}}[k]$、$F_{\text{Right}}[k]$($k=0,1,\cdots,N$,N 表示字符区域个数)中。然后由主控程序调用其他个体代理者,对初切分的结果进一步判断与校正,进而实现对钢坯字符先粗后精的切分。

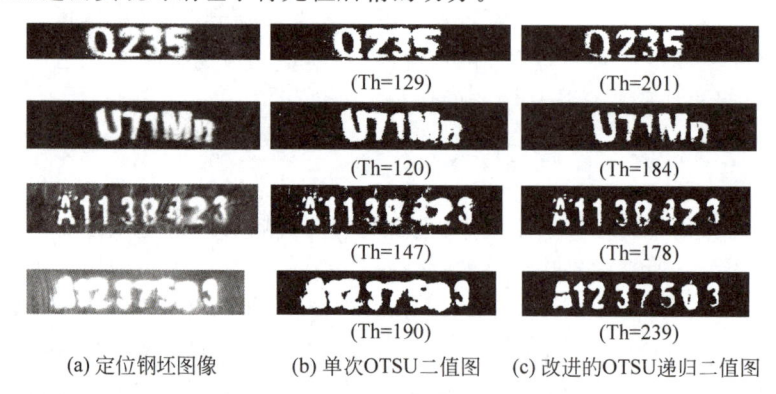

图 8-24 钢坯字符图像二值化对比

2. 特征计算代理者

要判断钢坯字符切分结果的正确性,特征的恰当选取至关重要。但钢坯字符间差异较大,没有固定的特征,使用相同的特征很难达到高质量的切分效果,因此,在特征计算代理者中引用了多个特征来判断切分后的结果是否正确合理。如果正确,则由主控代理者终止算法的执行,输出结果;反之,判断出现字符粘连或字符断裂等情况,则由主控代理者调用区域分裂代理者或区域合并代理者进一步对字符精确切分。

本章用于统计的字符特征如下。

(1) 字符中心距：相邻两个字符的中心距离。
(2) 字符外形比：字符的高宽比或宽高比。
(3) 字宽、字高：一个字符所占据的像素列数、行数。
(4) 字符间距：两个字符的间距。
(5) 字符占空比：字符空间内的目标像素点数与所有像素点数之比。

由于钢坯字符的大小不一、间距不一，甚至还有手写字，没有统一的标准，因此综合运用上述特征来对切分后的字符区域进行统计、判断。

1) 粘连字符的判断

粘连在一起的字符常常涉及多个字符的粘连，在特征计算代理者中不仅要判断字符是否粘连，还要判断是几个字符粘连，即对粘连字符进行分类。粘连字符判断的步骤如下。

Step 1：提取特征计算代理者中每个字符的宽度、字符间的间距等特征。

$$W[k] = F_{\text{Right}}[k] - F_{\text{Left}}[k] \tag{8-18}$$

$$D[k] = F_{\text{Left}}[k+1] - F_{\text{Right}}[k] \tag{8-19}$$

其中，$F_{\text{Left}}[k]$、$F_{\text{Right}}[k]$分别表示输入特征计算代理者处理的字符区域的左边界和右边界。$W[k]$、$D[k]$分别表示每个字符的宽度、字符间的间距。

Step 2：计算钢坯字符的平均间距、平均宽度。

$$\overline{D} = \frac{\sum_{k=0}^{N-2} D[k]}{N-1} \tag{8-20}$$

$$\overline{W} = \frac{\sum_{k=0}^{N-1} W[k]}{N} \tag{8-21}$$

其中，N表示有效的字符区域个数。同时，还可以利用上述特征去除部分假字符区域。

Step 3：从$k=0$开始，遍历所有的有效字符宽度$W[k]$，根据表 8-3 所示字符粘连约束条件可以判定该字符的粘连情况，其中$p = W[k]/\overline{W}$。

表 8-3 字符粘连约束条件

约束条件	参 数	粘 连 情 况
p	$p < 1.35$	无粘连字符
	$1.35 \leqslant p \leqslant 2.5$	两个字符粘连
	$p > 2.5$	3 个或更多字符粘连

2) 断裂字符判断

断裂字符判断的步骤如下。

Step 1：提取特征计算代理者中的字符中心距、字符外形比等特征。

$$L_{\text{Width}}[k] = F_{\text{Left}}[k+1] - F_{\text{Left}}[k] \tag{8-22}$$

$$R_{\text{Width}}[k] = F_{\text{Right}}[k+1] - F_{\text{Right}}[k] \tag{8-23}$$

其中，$F_{\text{Left}}[k]$、$F_{\text{Right}}[k]$分别表示输入特征计算代理者处理的字符串区域的左边界和右边界；$L_{\text{Width}}[k]$、$R_{\text{Width}}[k]$表示字符中心距。

Step 2：计算字符平均中心距。

$$\overline{L}_{\text{Width}} = \frac{\sum_{k=0}^{N-2} L_{\text{Width}}[k]}{N-1} \tag{8-24}$$

$$\overline{L}_{\text{Width}} = \frac{\sum_{k=0}^{N-2} L_{\text{Width}}[k]}{N-1} \tag{8-25}$$

其中，N 表示有效的字符串区域个数；$\overline{L}_{\text{Width}}$、$\overline{L}_{\text{Width}}$ 表示字符平均中心距。同时，部分假字符区域也可以利用上述特征去除。

Step 3：从 $k=0$ 开始，遍历所有的有效字符中心距 $L_{\text{Width}}[k]$ 和 $R_{\text{Width}}[k]$，根据表 8-4 所示字符断裂约束条件可判定该字符的断裂情况。

表 8-4　字符断裂约束条件

约束条件	参　　数	断 裂 情 况
p_1, p_2	$p_1 < 0.67$ 且 $p_2 < 0.86$	左字符断裂
	$p_1 < 0.86$ 且 $p_2 < 0.67$	右字符断裂
	$p_1 < 0.67$ 且 $p_2 < 0.67$	左右字符断裂
	其他	无字符断裂

其中

$$p_1 = \frac{L_{\text{Width}}[k]}{\overline{L}_{\text{Width}}}, \quad p_2 = \frac{R_{\text{Width}}[k]}{\overline{R}_{\text{Width}}} \tag{8-26}$$

3. 区域分裂代理者

在特征计算代理者判断字符发生了粘连情况后，则由主控代理者调用区域分裂代理者对字符进行分裂处理，但分裂方法直接影响到切分后钢坯字符信息的完整性。由于钢坯字符的特殊性，每个钢坯字符的宽度不同，特别是数字与英文字母混在一起，同时还伴有英文字母大小体、手写体等情况，若对粘连字符平均切分，可能会使切分后的字符不完整，丢失信息，得不到预期的效果。在本章中将粘连的字符区域从定位图中重新取出，再对其进行二值化与垂直投影切分递归处理，直到切分出粘连的钢坯字符，精确判断出字符的边界，这样就避免了上述因钢坯字符的特殊性导致切分后字符信息丢失的问题，提高了字符切分的可信性。将切分后字符左、右边界更新并分别保存在数组 $F_{\text{Left}}[k]$ 和 $F_{\text{Right}}[k]$ 中。

为了确保粘连字符切分结果的正确性，还应对切分后的结果进行验证。由主控代理者再次调用特征计算代理者，对切分后的结果进行判断校正。若判断钢坯字符中没有粘连与断裂情况，由主控代理者终止算法执行；若判断钢坯字符中还有粘连或断裂情况，则继续由主控代理者调用相应的代理者进一步切分，直到完成钢坯字符的精确切分。

4. 区域合并代理者

区域合并代理者主要负责对断裂的字符进行合并处理，而选取与该字符合并的字符对象也是保证正确切分钢坯字符的重要因素。由于特征计算代理者已判断出了字符断裂的情况，就非常有利于区域合并代理者对断裂字符进行合并，并将合并后字符新的左边界和右边界分别保存在数组 $F_{\text{Left}}[k]$ 和 $F_{\text{Right}}[k]$ 中。

同理，为了确保断裂字符合并结果的正确性，还应由主控代理者再次调用特征计算代理者，对合并后的结果进行验证，形成不断"判断—切分—校正"的智能切分路线，直到共同完成钢坯字符的精确切分。

8.3.4 实验结果与分析

为了验证本章所提出的算法的可行性与精确性，在武钢生产线采集了多种复杂场景中的钢坯图像并进行了切分实验。本章所提出的算法均是在 VC++ 6.0 的环境下实现的，进行了钢坯端面字符切分对比、复杂钢坯端面字符切分以及复杂场景下钢坯字符切分与识别等实验，实现结果表明本章的算法能够有效地解决复杂场下的钢坯字符切分这一难题，为后续的钢坯字符识别提供了基础。

实验 1：钢坯端面字符切分对比实验

在本章的智能多代理者方法中，将字符区域分割与切分、区域合并、区域分裂、特征计算等功能子程序作为个体代理者，主控代理者对这些个体代理者进行统一分工协调，共同完成钢坯字符的精确切分。本实验针对钢坯端面字符断裂和粘连的情况进行了切分实验，并与静态投影切分法进行了对比实验，如图 8-25、图 8-26 所示。同时本章在线随机采集了 160 张钢坯字符图像（分辨率：1384×1028，每根钢坯上有两条或三条字符）用于本章采用的算法与其他切分法进行切分对比实验，其中在线采集的复杂钢坯字符图像包括字符残缺、字符污染、字符粘连和断裂、钢坯端面腐蚀等情况，实验统计结果如表 8-5 所示。由切分对比实验结果可知，单一静态投影切分法速度快，但切分正确率太低，可能导致钢坯字符粘连或断裂，最终会影响到识别率；基于识别的算法虽然切分效果好，但所需时间太长，如果粘连或断裂情况很多，则所需时间可能更长，而实际在线钢坯检测中系统要求时间只有 512s，在切分时占用 1s 以上的时间不可取；本章提出的智能多代理者算法形成了对字符串进行"判断—切分—校正"的智能切分路线，在速度和切分正确率上有着一定的优势，可以得到较好的切分效果，满足生产线钢坯实时检测识别的要求。

(a) 生产线中钢坯端部的捕获图像　　(b) 定位方坯图像

(c) 二值化图像　　(d) 投影的分割结果

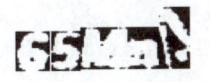

(e) 连接字符的等节分割　　(f) 智能多代理细分结果

图 8-25　本章采用的切分法与静态投影切分法对比实验 1

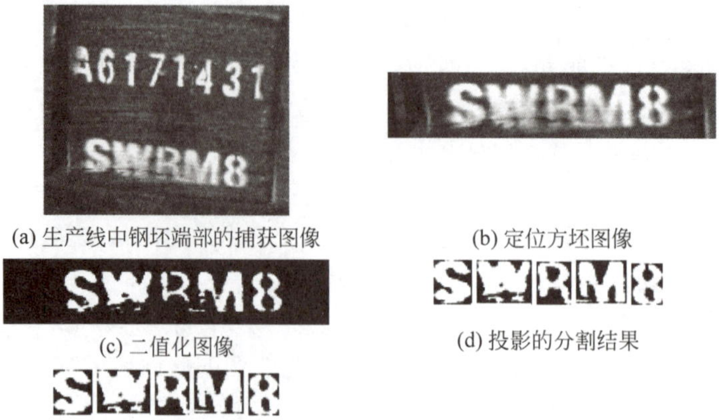

(a) 生产线中钢坯端部的捕获图像　　　　(b) 定位方坯图像

(c) 二值化图像　　　　(d) 投影的分割结果

(e) 智能多代理细分结果

图 8-26　本章采用的切分法与静态投影切分法对比实验 2

表 8-5　切分对比实验统计结果

算　　法	精确率/%	运行时间/s
图像分析（投影）	61.842	0.046～0.152
基于识别	98.684	1.232～1.737
本章算法	99.213	0.135～0.471

实验 2：复杂钢坯端面字符的切分

由于复杂多变及高温、高热场景产生严酷的成像环境，造成成像质量恶化，字符信息微弱不明显以及钢坯端面腐蚀等情况都给字符的切分带来了很大的难题。本章针对复杂钢坯端面的钢坯字符切分，采用了基于智能多代理者的字符切分处理算法来协调快速的完成切分任务。复杂钢坯端面字符切分结果及与静态投影切分对比如图 8-27、图 8-28 所示。

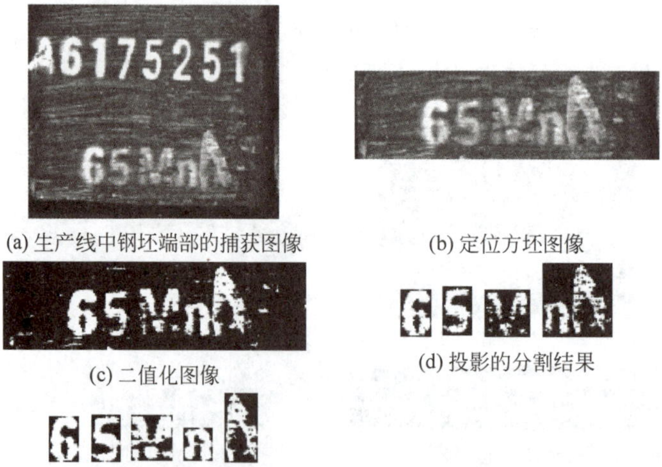

(a) 生产线中钢坯端部的捕获图像　　　　(b) 定位方坯图像

(c) 二值化图像　　　　(d) 投影的分割结果

(e) 智能多代理细分结果

图 8-27　复杂钢坯端面字符切分（字符信息微弱、粘连）

实验 3：复杂场景钢坯字符切分与识别

以下对在线复杂场景的钢坯字符进行了切分及识别实验，该复杂场景具有光照变化、钢坯运动和钢坯字符残损变形、腐蚀等恶劣情况，图 8-29 所示为本章切分法与静态投影切分法的对比结果，以及两切分法切分后的识别对比结果，可知本章所采用的切分法能精确、稳

第8章　钢坯字符检测识别

(a) 生产线中钢坯端部的捕获图像 　　(b) 定位方坯图像

(c) 二值化图像 　　(d) 投影的分割结果

(e) 智能多代理细分结果

图 8-28　复杂钢坯端面字符切分（钢坯端面腐蚀、字符粘连）

(a) 在复杂的生产线中捕获的钢坯图像 　　(b) 初步滤波

(c) 第三次滤波　　(d) 最后一次滤波

(e) 定位方坯字符 　　(f) 二值化图像

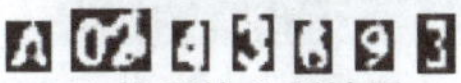

(g) 投影的分割结果 　　(h) 智能多代理细分结果

(i) 投影分割的识别结果(误差) 　　(j) 智能多智能体细分识别结果(正确)

图 8-29　在线复杂场景钢坯字符切分及识别结果对比

定地切分出复杂场景中的钢坯字符,具有良好的适应性和健壮性,为后续的字符识别提供了高识别率的保障。

8.4 字符识别的算法研究

字符识别是整个钢坯检测与识别系统最关键的环节,其作用是将经过精确切分后的图片字符信息转换为计算机能识别、存储与运算的信息。国内外大量科学工作者都在研究各种各样的识别算法,提出了很多理论和关键技术,但是直到现在各种算法都有着各自的局限性和针对性,同样,对于钢坯检测与识别系统需要一套针对其特性具有高效和精准识别的算法,本章将从介绍常用的字符识别算法开始,接着重点介绍现使用的模板匹配技术和字符电子显示识别算法,并对比其各自的优劣性。

8.4.1 几种常用的识别算法

目前最常用的字符识别算法主要有特征统计字符识别法、神经网络字符识别法。

1. 特征统计字符识别法

一般的特征统计字符识别法,其实现原来基于统计字符自身特征,对于图像字符特征进行比较分类识别。但在复杂多变的钢坯生产线环境下,由于环境影响会出现字符断裂、字符残缺、模糊不清、字符粘连、字符变形和字符污染等现象(如图 8-30 所示),从而影响字符识别率,甚至无法识别字符。例如,常见的对于数字字符中存在闭合环个数缩小数字字符范围的算法,对于数字 1、2、3、5、7,它们都不包含闭合的曲线;对于数字 0、6、9,它们全部拥有一个闭合的曲线;对于数字 8,其中含有两个完全闭合的曲线;对于数字 4,写法不同会造成分类不同,以手写体为例它不包含一个闭合曲线,但是印刷体中却拥有一个闭合曲线,如图 8-30(a)和图 8-30(b)中的数字 4 分别为没有闭合曲线和拥有一个闭合曲线。

(a) 字符污染 　　　　　　(b) 字符粘连

(c) 字符残缺、模糊

图 8-30　钢坯端面字符病害

2. 神经网络字符识别法

常见的神经网络方法有 Hopfield 网络方法、Kohonen 网络方法和 BP 网络方法，识别的过程包括训练期与识别期。利用神经网络机制提取钢坯字符特征，通过对提取的特征进行训练，最终达到用一个稳定、可靠的识别算法来完成识别。其优势在于抗干扰、具有自适应和学习能力强，且不易受到噪声及变形的影响。但缺陷也是很明显的，该算法在训练期行程的识别算法直接影响后续识别期的识别速度，耗时久；不易区别具有相似性的字符。

8.4.2 模板匹配识别

模板匹配以其特有的计算相似性方法识别字符，广泛应用于各个识别系统中。其过程为，先收集大量二值化、标准化的参考模板作为模板库，然后依据某种测度来计算图像字符与模板字符之间的相似性，取相似性最大的模板作为图像字符识别结果。

其主要优点如下。

（1）与模板库类似的图像字符识别率很高。对于输入进模板库的字符模板图像，类似于它的目标图像字符具有极高识别率，这方面是其他识别算法难以达到的。

（2）对于缺损字符有一定的抗干扰能力。若在模板库中保存一定数量的缺损字符，那么类似于该缺损字符的模板字符在输入系统后一样能被高效地识别出。但要注意到一个难点，字符缺损方式是人为不可预见的情况，具有很大的随机性，若过多的缺损字符作为模板虽然会提高识别率，却会很大程度上影响识别速度。

其主要缺点如下。

（1）对噪声敏感。若字符边缘或者附近出现噪声、粘连、模糊不清等情况都会对模板匹配过程造成影响，改变其相似性，输出错误的识别结果。实际生产线中虽然大部分字符是喷印到钢坯端面上的，但依然会有些许字符图像是手写于钢坯端面，对于模板匹配造成负担。

（2）不适用于不同字体。字体的不同会造成计算识别率时出现不一样的结果，可能造成误读。实际生产线上的手写字体又因为写的人不同而会写出不同的手写体，以它的不定形式对模板匹配造成很大负担，难以识别，因为最大相似度的模板库图像字符不一定就是原图像上的字符。

（3）模板的固定形式导致图像旋转会对识别率有很大影响。因为对于系统而言，它不会自己区分字符图像的正立或者旋转，若在不加以判断其旋转角度的情况下进行最大相似度计算，一定会造成识别错误，或者不能识别图像字符。以数字 1 为例，横着和竖着的字符图像相重叠仅仅只有一个焦点重叠，造成识别错误为或者不能识别。

（4）为了提高识别率会大大增加模板库导致识别时间的提高。在模板库不大的前提下，模板匹配识别方法非常高效，不仅识别时间短，并且识别率极高。但是用于实际生产线，复杂的生产环境，多变的字符字体、字形，以及后续的研发工作，在不减少识别率的情况下势必会大大增加模板库中的模板图像数目，其结果是直接导致巨大的模板库其本身成为识别系统的负担。大大增加系统大小是其次，最主要的问题是运行时间，为了保证识别率，输入图像字符必须一一对比模板库中的所有字符图像模板，随着库中模板的增加，其运行时间不断增加，模板库每增加一倍的模板图像，会使得运算时间增加一倍。

（5）太依赖模板库中字符的字符模板。模板匹配识别字符成功与否，很大程度上是取决于模板库中是否包含有类似于经过预处理后的单一字符的字符模板。因为其原理是将预处理后的单一目标字符与模板字符一一对比计算相似度,若一开始就不存在类似于目标字符的模板字符,那么图像字符是难以识别出来的。但是对于现阶段钢坯字符识别系统而言,大部分字符都是喷印,字符字体单一,还是有很可观的实时识别率的。

1. 模板匹配识别的原理

模板匹配识别的基本原理就是通过计算字符图像与模板图像的相关函数来找到图像中标准模板图像的坐标位置。设函数 $F(x,y)$ 表示 $H \times W$ 的字符图像,函数 $T(x,y)$ 表示 $M \times N$ 的模板字符图像,如图 8-31 所示,模板 T 在字符图像 F 上平移,模板 T 在字符图像 F 上的重叠部分设为 $F_{i,j}$(其中 $1 \leqslant i \leqslant H-M, 1 \leqslant j \leqslant W-N$)。最后计算图像 $F_{i,j}$ 与 T 的相似性,在 $F_{i,j}$ 与 T 相同时其差值为 0。

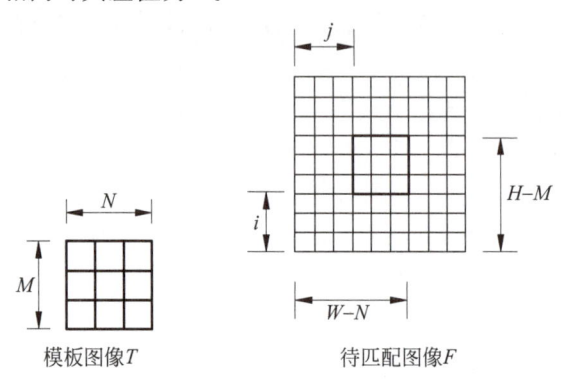

图 8-31 模板图像与字符图像

2. 模板匹配识别的实现

1) 建立模板库

考虑钢坯检测的实际因素,在识别过程之前,将钢坯字符分为 3 种:钢坯号、钢种号与钢流号。它们都有着各自的特点,钢坯号多半以字符 A 作为开头,后续接着 7 位数字;钢种号多为字母,字数不定;而钢流号字数少且都为数字和字符"."。为了提高识别速度,实现实时识别,分别给它们做模板库。

2) 字符归一化

所谓字符归一化就是指将字符的高度、宽度统一规格,为后续的识别过程做准备。因为拍摄的距离和角度存在着很大差异,若不统一规格在后续的识别环节中,模板在平移对比的过程中必然造成相似性低的结果,造成识别失败。针对钢坯识别系统的要求和线性归一化易于实现、失真小的特点,特采用双线性归一化方法将字符图像的高度、宽度统一尺寸。其实验结果理想,如图 8-32 所示。

3) 计算字符图像与模板图像的相似度

测度作为衡量模板图像与字符图像相似程度的度量标准,在模板匹配中为模板图像与字符图像子图像的误差平方和,如下所示。

$$D(i,j) = \sum_{x=1}^{M} \sum_{y=1}^{N} [F_{i,j}(x,y) - T(x,y)]^2 \tag{8-27}$$

展开公式为

图 8-32　字符图像归一化

$$D(i,j) = \sum_{x=1}^{M}\sum_{y=1}^{N}[F_{i,j}(x,y)]^2 - 2\sum_{x=1}^{M}\sum_{y=1}^{N}F_{i,j}(x,y) \times T(x,y) + \sum_{x=1}^{M}\sum_{y=1}^{N}[T(x,y)]^2 \tag{8-28}$$

通过推导往往采用另一种函数做相似性测度。

$$R(i,j) = \frac{\sum_{i=1}^{M}\sum_{j=1}^{N}F_{i,j}(x,y) \times T(x,y)}{\sqrt{\sum_{i=1}^{M}\sum_{j=1}^{N}[F_{i,j}(x,y)]^2}\sqrt{\sum_{i=1}^{M}\sum_{j=1}^{N}[T(x,y)]^2}} \tag{8-29}$$

从式(8-29)可看出 $R(i,j)$ 的区间为[0,1]，且模板 $T(x,y)$ 与字符图像 $F(x,y)$ 匹配时，相似度 $R(i,j)$ 越大，模板图像 $T(x,y)$ 与字符图像中某个子图像 $F_{i,j}(x,y)$ 越匹配。

4) 选择最适合的模板作为模板匹配结果

在进行上述步骤之后，系统对于字符图像和所有模板图像之间都有一个相似度的数值，对所有数值进行对比运算操作，找出最接近的模板作为模板匹配的图像结果，再将该图像所对应的字符意义赋值给输出函数作为该字符的最终输出结果。完整运行以上 4 个步骤的操作，最终实现模板匹配对于钢坯端面字符识别。

8.4.3　电子显示与编码识别

电子显示与编码识别法是通过长期实验观察和经验积累研发而成的一种新字符识别算法，该算法在其特有的领域有着高效的识别率，尤其对于数字字符基本能实现完全识别。该算法基于电子数字的显示算法，该显示算法常见于电子手表、电子仪表盘上，将数字字符通过转换书写法显示在"日"字结构上。

1. 电子显示与编码

其原理如同电子字符显示的逆过程，首先将细化后的单一字符图像读取；接着设置多个基础投影点，并依次对它们进行上、下、左、右 4 个方向上的投影至投影基准线；对于投影基准线上的点统计后转换为函数进行阈值；最后进行编码识别，转换为计算机能识别、存储、操作的信息。简单来说电子显示是系统知道数字字符，控制各个发光的小单元显示出数字字符；而编码识别方法却与电子显示相反，通过分析字符图像结构得出哪个小单元发光，逆推出字符图像中的数字字符。

2. 电子显示与编码识别优劣势

该算法优势显著,跟模板匹配不同,它不需要大量的字符图片模板作为模板库,并避免了烦琐的相似性计算公式;不仅提升了字符识别运算速度,还减少了前期建立大量模板库所需的时间和后期改正相似性计算公式的烦琐操作,易于修改。由于数字和字母的投影基准线有些不同(如图 8-33 所示),因此可分为数字字符电子识别和字母字符电子识别两部分。

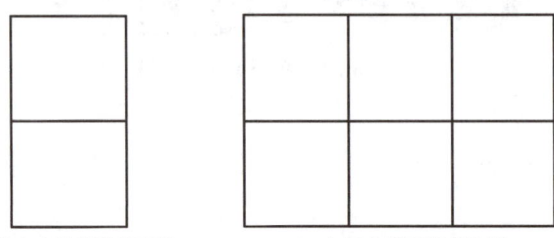

(a) 数字字符投影基准线　　　　(b) 字母字符投影基准线

图 8-33　数字字符与字母字符投影基准线

其缺点有以下几方面。

(1) 将数字字符与字母字符区分识别。若系统想仅仅通过该识别算法去识别字符,会造成在字符识别之前对字符图像进行分类操作,区分为数字字符和字母字符分别采用两个基础投影点识别算法和 6 个基础投影点基础算法分别实现识别字符信息。

(2) 对于旋转角度过大的字符图像识别前要进行校正,该识别算法不能像模板匹配简单地加入旋转过的字符图像作为模板库的模板(见图 8-34),模板匹配是可以直接去识别,只是会很大程度上影响识别速度和出现些许错误;而电子显示与编码识别对于旋转角度过大的图像几乎不能直接识别,例如 90°、180°、270°,但是对于武钢重轨生产线上,经常会出现由于放置钢坯不规范造成钢坯端面字符旋转的现象。所以,在实际生产线系统中,必须在识别过程前要进行字符旋转校正。

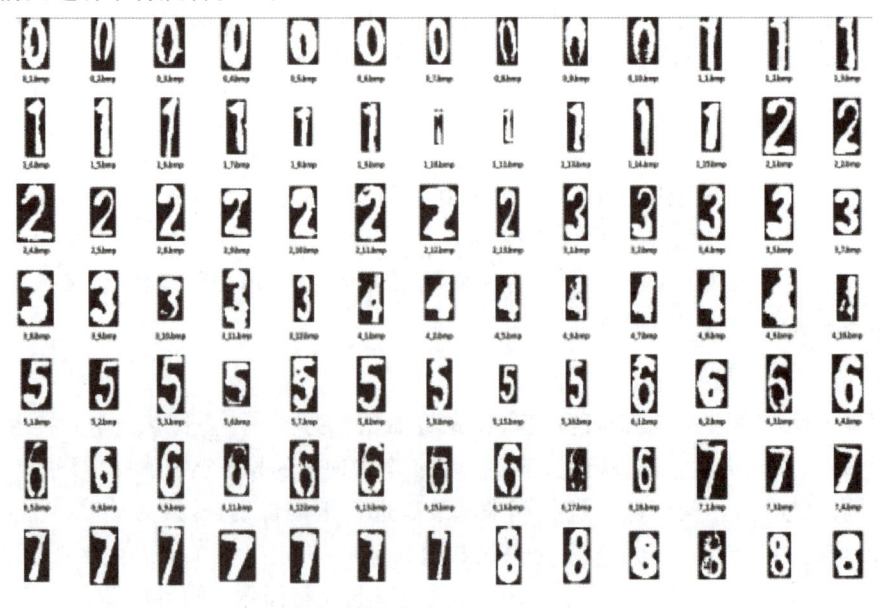

图 8-34　模板库

8.4.4 实验结果与分析

为了验证本章采用的钢坯端面字符模板识别算法的实用性和准确率,在高速重轨钢坯自动检测与识别系统中进行多次实验,输入定位后的二值图像到系统,输出为在模板库找出与其字符对应的字符模板。本章提出的算法均是在计算机(CPU 为 3.12GHz Intel ® Core^{TM} i3.2120,3.23GB 内存)上用 VC++ 6.0 软件实现编程,进行了基于模板匹配的字符识别实验;其结果准确,表明本章所采用的模板匹配算法能有效地应用于该系统。

基于模板匹配的字符识别:输入图是定位后的二值化图像,为了测试模板匹配在系统中运用的可行性,采取先将图像精切分为单一字符图像,通过对比模板库(见图 8-34)找寻其中最为相似的字符模板并识别。图 8-35(b)为经过精确切分后分开的单一字符图像,图 8-35(c)为图 8-35(a)中经过模板匹配计算相似度得到最为相似的字符模板,而图 8-36 是最终显示的钢坯字符识别结果。其结果正确无误,实验结果证明模板匹配算法能很好地运用于该系统。

(a) 二值化钢坯字符串

(b) 精切分后的字符

(c) 模板匹配计算出的字符模板

图 8-35 模板匹配结果

图 8-36 模板匹配识别结果

8.4.5　基于特征及证据理论的复杂场景钢坯字符识别

1. 字符特征及证据理论的提取

字符特征识别的关键在于特征的提取,提取字符图像中用户感兴趣的特征用于区分相似度很高的字符,并将提取的特征及证据理论存入特征库中便于下一步的特征识别。特征的提取和证据理论的选择对识别系统至关重要,它基本上决定了识别系统的性能和识别精确度,甚至还可能影响整个系统的识别成功与否。一般来说,用于字符识别的特征及证据理论应满足以下要求:具有较强的区分能力;具有较高的健壮性、适应性和抗干扰性;特征应便于提取,算法要尽量简便。

考虑人眼对字符的识别,并不需要过多的计算,而主要是凭着对字符的结构、轮廓等直观结构特征进行识别,若能够精确提取字符的结构特征,识别系统便能快速、准确地区分不同字符,所以钢坯字符结构特征提取的好坏直接影响了整个识别系统识别率的高低。本章用于识别的结构特征如下。

(1) 字符宽高比特征。

由于在钢坯字符识别过程中,数字字符"1"经常会被识别为字符"7",特别是在字符"7"上部分残缺的情况下。对于这种外形相似的字符可以通过对其水平、垂直投影即可知该字符的宽、高。例如,字符"1"和"7"在宽度上有一定的差别,所以可以通过宽高比来区分这两个字符。如果没有区分出来,则用其他的特征进一步判断。字符的宽高比特征判断证据如表 8-6 所示。

表 8-6　字符宽高比特征判断证据

字　　符	数字字符"1"	拼音字符"M"和"W"	其 他 字 符
宽高比	小于 0.45	大于 1	0.45～1

(2) 字符边界特征。

字符边界特征是字符的另一种特征。经过精确切分后,提取出字符的左右边界及证据理论。例如字符"A"与"4"的右边界、字符"3"与"8"的左边界、字符"1"与"7"的右边界、字符"2"与"5"的左边界都不同。例如,图 8-37 所示的字符边界特征识别结果。本章字符边界特征及证据的收集具体描述如下。

① 提取出字符边界以及边界的列坐标,$col[i](i=0,1,2,\cdots,N)$。

② 证据收集。

$$\text{Mean} = \frac{\sum_{i=0}^{n} col[i] - col[n]}{n+1} \tag{8-30}$$

③ 通过的 Mean 值作为证据来判断该字符的识别结果,例如字符"1"与"7"的右边界,若 Mean>1.5,则为 7;若 Mean<1,则为 1;如果 1≤Mean≤1.5,则收集其他特征证据进行判断。

(3) 闭合曲线及开口方向特征。

字符的一些特征可能会受到噪声影响,但字符的骨架这一整体特征可能会得到保留,通过细化处理,提取字符的骨架特征,如图 8-37 所示。在字符骨架特征中,字符的闭合曲线及

(a) 待识别字符　　　　　　　　　　　　(b) 误匹配的模板字符,与A相似

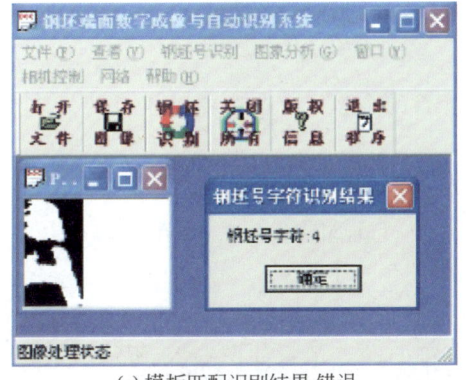

(c) 待识别字符右边界　　　　　　　　　(d) 误匹配模板字符的右边界

(e) 模板匹配识别结果,错误　　　　　　(f) 边界特征识别结果,正确

图 8-37　字符边界特征识别与模板匹配识别对比

开口方向是有效的特征。本章的闭合曲线和开口特征都是基于重心线操作的,即对细化后的字符求其重心,如下式所示。

$$\begin{cases} \overline{X} = \left[\sum_{i=1}^{n}\sum_{j=1}^{m}f(i,j)\times i\right] / \sum_{i=1}^{n}\sum_{j=1}^{m}f(i,j) \\ \overline{Y} = \left[\sum_{i=1}^{n}\sum_{j=1}^{m}f(i,j)\times j\right] / \sum_{i=1}^{n}\sum_{j=1}^{m}f(i,j) \end{cases} \tag{8-31}$$

其中,$(\overline{X},\overline{Y})$ 为重心坐标,$f(x,y)$ 为 $m\times n$ 的细化字符图像。得到字符的垂直重心线后,就可以求得重心线与细化后字符的交点。则闭合曲线和开口特征及证据的收集具体描述如下。

① 提取重心线与字符的交点数 $n(n\geqslant 2)$,计算两相邻交点间重心线左右两侧每行像素灰度值总和。

② 如果两个交点间左右两侧每行的像素灰度值总和均不为 0,则认为其两点间为一个闭合曲线。

③ 如果两个交点间左侧每行的灰度值总和均为 0,则认为该字符左侧开口;同理,如果两个交点间右侧每行的像素灰度值总和均为 0,则认为该字符右侧开口。

由上述证据理论统计可知,字符 0、4、6、9 均含有一个闭合曲线,8 有上下两个闭合曲线,字符 1、2、3、5、7 不包含闭合曲线。其中,0 没有开口,1 没有开口,2 左右开口,3 左边两个开口,4 没有开口,5 左下部和右上部两个开口,6 下部有一个闭合曲线且开口在右上,7 只有左边一个开口,8 没有开口,9 上部有一个闭合曲线且开口在左下。提取和利用这些证据理论用于字符的分类。字符闭合曲线特征判断证据如表 8-7 所示。

表 8-7 字符闭合曲线特征判断证据

字 符	1、2、3、5、7	0、4、6、9	8
闭合曲线数	0	1	2

(4) 端点数量与位置特征。

细化后的字符其端点数量和位置也是很有效的特征之一。提取细化后的字符,本章端点数量特征及证据的收集具体描述如下:

① 对细化字符图像分别从上到下和从下到上同时扫描,直到扫描线在字符中间相遇就停止扫描;

② 找到符合当前像素的 8 近邻区域中目标像素的个数只有一个的像素点即为端点,当前坐标即为该端点的位置;

③ 扫描完后统计符合为端点条件的点数即端点数,以及端点在细化图像中的位置。

由端点数量与位置特征及证据理论统计可知,字符 0、8 没有端点,字符 6 的右上部有一个端点,9 的左下部有一个端点,1 的正上和正下部各有一个端点,2 的左上和右下各有一个端点,3 的左侧上下部各有一个端点,4 的正上和正下部各有一个端点,5 的右上和左下部各有一个端点,7 的左上和正下部各有一个端点,字符的端点示意如图 8-38 所示。字符端点数量特征判断证据如表 8-8 所示。

(a) 0个端点的字符   (b) 一个端点的字符   (c) 两个端点的字符

图 8-38 字符的端点示意

表 8-8 字符 0～9 的端点数量特征判断证据

字 符	0、8	6、9	1、2、3、4、5、7
端点个数	0	1	2

(5) 宽度/高度变化特征。

提取字符外轮廓,在水平方向及垂直方向作水平线和垂直线穿过字符,分别计算外轮廓水平和垂直方向上的宽度和高度,比较水平和垂直方向的宽度和高度数值的变化情况,如图 8-39 所示,由此可以得到字符外形轮廓宽度和高度的变化特征。本章宽度/高度变化特征及证据的收集具体描述如下。

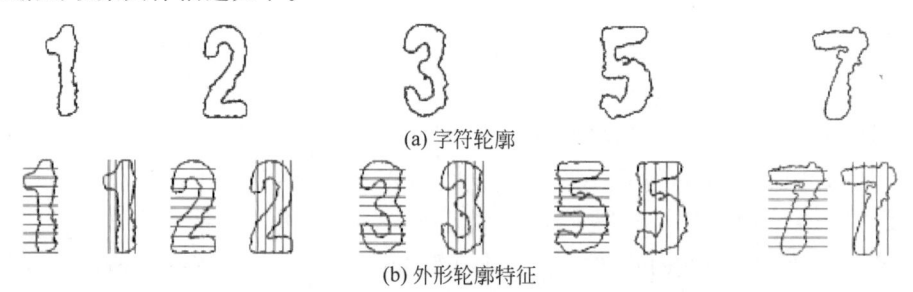

(a) 字符轮廓

(b) 外形轮廓特征

图 8-39 外形轮廓跟踪特征提取

① 提取字符轮廓水平方向和垂直方向各穿越线的宽度/高度信息。

② 通过差分计算各两相邻数据间的变化关系。

③ 得到水平/垂直方向宽度和高度的变化趋势曲线。

由上述收集的证据可知,字符 0 的中间宽度/高度最大,两端循序变小;字符 1 的宽度/高度基本相同,变化不大;字符 2 的中间宽度最小,两端循序变大,高度变化平缓;字符 3 的宽度上下对称;字符 4 的宽度/高度开始循序,其最大宽度出现在中间偏下方,最大高度在中间偏右,且出现最大宽度/高度急剧变小;字符 6 开始宽度很小,下端宽度变化平缓;字符 7 的宽度最大在偏上部分;字符 8 的中间附近数值最小,两端和字符 0 特征相似;9 和 6 的特征相反。

(6) 其他特征的提取及特征空间。

由于钢坯字符的多样性,没有固定的特征,需要进一步地构造其他特征及证据理论,如投影特征、笔画密度特征、字符占空比等特征。将上述特征及证据理论分类为主特征、次特征和辅助特征。辅助特征将协助主特征、次特征,将具有相同主特征或次特征的字符区分开来,形成钢坯字符的多级特征识别。

基于特征及证据理论字符识别的流程如图 8-40 所示。

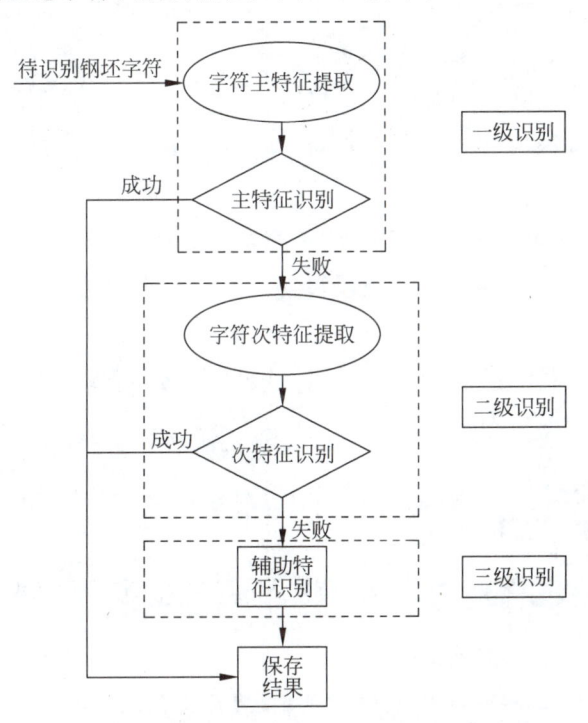

图 8-40 基于特征及证据理论字符识别的流程

2. 实验结果与分析

为了验证本章提出的基于特征及证据理论多级识别算法的可靠性与适应性,在计算机(2.50GHz,2.00GB)上用 VC++ 6.0 编程实现,用 CCD 相机(相机型号:MVC900DAM.GE30.01Y23)在线采集了多种复杂场景下的钢坯字符图像进行识别实验,其中包括钢坯倒立、钢坯字体变异、字符局部污染、残缺、字迹模糊及粘连等情况,并将本章多级识别算法与模板匹配识别算法进行对比实验,如图 8-41~图 8-43 所示。同时随机统计了 150 张钢坯字符图像(分辨率:1584×1228,每根钢坯上有 8~16 个钢坯字符)在本章算法与模板匹配算法下的识别率与识别时间,如表 8-9 所示。实验结果表明本章基于特征及证据理论的多级识别算法在识别率和识别时间上有着一定的优势,能较好地适应各种复杂多变的复杂场景,能满足钢坯字符在线实时检测的需求。

表 8-9　识别对比实验统计结果

算　　法	运行时间/s	识别率/%	误识率/%	拒识率/%
模板匹配	1.8667～2.1752	82.6222	13.4222	5.9556
本章算法	0.4605～0.9598	98.9778	0.2667	0.7555

(a) 模板匹配识别结果,错误　　　　　　　　(b) 本章算法识别结果,正确

图 8-41　字符识别对比实验 1(钢坯倾斜、字符残缺)

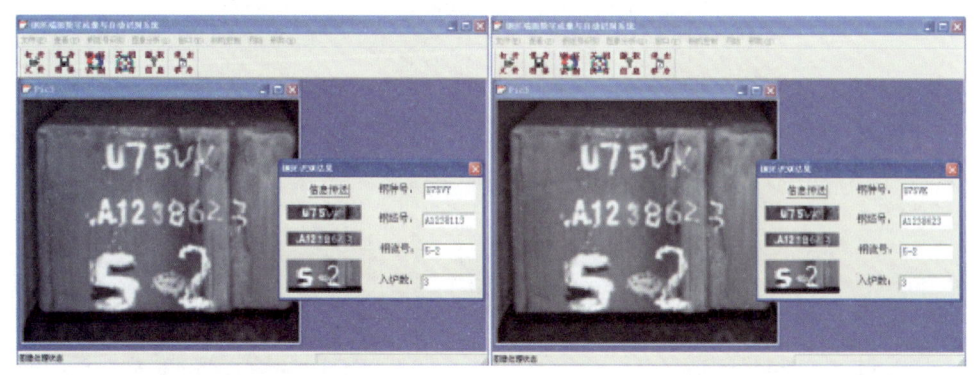

(a) 模板匹配识别结果,错误　　　　　　　　(b) 本章算法识别结果,正确

图 8-42　字符识别对比实验 2(非标准喷印、手写字符)

(a) 模板匹配识别结果,错误　　　　　　　　(b) 本章算法识别结果,正确

图 8-43　字符识别对比实验 3(钢坯倒立)

8.5 本章小结

本章针对生产线复杂场景下钢坯字符检测与识别,提出了均值漂移与连通域特性算法相结合的抑制背景方法,抑制较为复杂背景的同时,保持了字符的完整信息。利用基于可分离判据和测量的钢坯图像递归分割算法,对复杂环境中检测出钢坯字符具有很好的效果,分割精度达到了实际应用的需求。本章提出了一种基于智能多代理者的字符切分处理算法,通过主控代理者管理协调各个代理者智能地对钢坯字符不断地判断、切分、校正来达到钢坯字符的精确切分,对生产线钢坯字符信息微弱、粘连与断裂等情况有着更好的适应性与准确性,解决了在线复杂场景中的钢坯字符准确切分的问题;介绍了基于特征统计字符识别法、模板匹配字符识别法和电子显示与编码的钢坯字符识别法,提出了基于特征及证据理论的钢坯字符识别法;实现了钢坯字符从预处理、目标字符分割、切分到识别的全过程处理。

参考文献

[1] 彭嘉雄,周文琳.红外背景抑制与小目标分割检测[J].电子学报,1999,(12):47-51.
[2] 胡谋法,董文娟,王书宏,等.奇异值分解带通滤波背景抑制和去噪[J].电子学报,2008,36(1):111-116.
[3] 秦翰林,周慧鑫,刘上乾,等.基于双边滤波的弱小目标背景抑制[J].强激光与粒子束,2009,(1):25-28.
[4] 冯新宇,方伟林,杨栋.基于中值滤波与Sobel、Canny算子的图像边缘检测研究[J].黑龙江水专学报,2009,(1):101-103.
[5] AIZENBERG I, AIZENBERG N, BREGIN T. New nonlinear combined spatial-frequency domain filtering for noise reduction and image enhancement[C]. Proceedings of SPIE-The International Society for Optical Engineering,2001,4304:221-231.
[6] 姜春良,江汉红,张朝亮,等.基于频率域滤波的噪声识别去噪算法[J].船海工程,2011,(2):146-148.
[7] 王杰,毛玉泉,李思佳,等.图像的频率域倒数—高斯级联低通滤波去噪方法[J].计算机应用研究,2012,(12):4775-4778.
[8] ARMSTRONG J. Peak-to-average power reduction for OFDM by repeated clipping and frequency domain filtering[J]. Electronics Letters,2002,38(5):246-247.
[9] 陈彦.巴特沃斯高通滤波器在图像处理中的应用[J].邵阳学院学报(自然科学版),2007,(2):47-50.
[10] 柏春岚.基于频率域的图像增强及其MATLAB实现[J].测绘,2009,(6):273-275.
[11] FUKUNAGA K, HOSTETLER L D. The estimation of the gradient of a density function with applications in pattern recognition[J]. IEEE Transaction on Information Theory,1975,21(1):32-40.
[12] COMANICIU D,MEER P. Mean shift: A robust approach toward feature space analysis[J]. IEEE Transaction on Pattern Analysis and Machine Intelligence,2002,24(5):603-619.
[13] 陈兆学,赵晓静,聂生东.Mean shift方法在图像处理中的研究与应用[J].中国医学物理学杂志,2010,(6):2244-2249.
[14] 李仪芳,刘景琳.基于连通域算法的区域测量[J].科学技术与工程,2008,(9):2492-2494.
[15] 乐宋进,武和雷,胡泳芬.图像分割方法的研究现状与展望[J].南昌水专学报,2004,(2):15-20.
[16] ZAAFOURI A, SAYADI M, FNAIECH F. Edge segmentation of satellite image using phase congruency model[J]. World Academy of Science, Engineering and Technology,2010,37:755-760.

[17] HIBBARD L S. Integrated region and edge segmentation using information divergence measures[C]. Proceedings of SPIE-The International Society for Optical Engineering, 2004, 5370: 1578-1589.

[18] 沙莎, 彭丽, 罗三定. 边缘信息引导的阈值图像分割算法[J]. 中国图象图形学报, 2010, (3): 490-494.

[19] JIMENEZ J R, MEDINA V, YANEZ O. Data-driven brain MRI segmentation supported on edge confidence and a priori tissue information[J]. IEEE Transactions on Medical Imaging, 2006, 25(1): 74-83.

[20] 张铮, 王艳平, 薛桂香. 数字图像处理与机器视觉[M]. 北京: 人民邮电出版社, 2010: 337-338.

[21] 陶文兵, 金海. 一种新的基于图谱理论的图像阈值分割方法[J]. 计算机学报, 2007, (1): 110-119.

[22] 吴一全, 潘喆, 吴文怡. 二维直方图区域斜分阈值分割及快速递推算法[J]. 通信学报, 2008, (4): 77-83.

[23] 林正春, 王知衍, 张艳青. 最优进化图像阈值分割算法[J]. 计算机辅助设计与图形学学报, 2010, (7): 1201-1206.

[24] 谢飙, 王辉, 张雪锋. 图像阈值分割技术中的部分和算法综述[J]. 西安邮电学院学报, 2011, (3): 1-5.

[25] 王厚大, 梁栋, 杨恒新. 自动阈值选取的两种算法[J]. 南京邮电学院学报, 2002, (4): 85-88.

[26] 李高平, 向慧芬, 赵正武. 四分位数特征的快速分形图像编码算法[J]. 计算机工程与应用, 2011, (22): 145-148.

[27] 刘立, 焦斌亮, 刘钦龙. Otsu 多阈值算法推广实现[J]. 测绘科学, 2009, (6): 240-241.

[28] 张莹. 开闭运算在消除图象噪声中的应用研究[J]. 潍坊学院学报, 2002, (2): 65-66.

[29] 贾小勇, 徐传胜, 白欣. 最小二乘法的创立及其思想方法[J]. 西北大学学报(自然科学版), 2006, (3): 507-511.

第9章 舰船舷号检测识别

9.1 引言

在现代海洋战争中,海事目标的检测识别是一项重要的作战任务,能够实现快速且准确的海事目标侦察是决定战争胜利的关键因素。舰船舷号就是诸多海事目标的典型代表。舰船作为海洋作战的必备交通工具,而舷号又作为舰船的唯一标识,包含着重要的作战信息。如果能准确获取舰船舷号就可以精准地判断对方隶属的国家、舰船类型、舰船型号、装备水平和船身配置等信息,为军事侦察提供重要帮助。近几年,随着互联网的飞速发展,数据获取变得相对于容易,互联网视觉数据库中包含海量的舰船舷号图像,能够有效地利用这些数据,研究出高效、精准的舰船舷号检测识别技术将对我国海洋军事的发展具有极其重要的意义。

本章针对海事目标中舰船舷号的检测识别问题开展了相关研究。首先,构建了一个真实场景下的稀疏舰船舷号数据集(Sparse Ship Hull Number dataset in Real Scene,SSHN-RS);其次,基于 SSHN-RS 数据集,开展基于深度学习通用实例分割技术的舰船舷号检测识别算法研究;最后,针对通用实例分割技术中存在的难点,本章基于最新优质实例分割算法 CenterMask2 进行了一系列改进:①提出了一种基于多视角空间抑制的舰船舷号检测识别算法,该算法显著提升了舰船舷号的检测精确率,并提高了识别率;②提出了一种基于上下文解耦增强的舰船舷号检测识别算法,该算法显著提升了舰船舷号的检测召回率,并提升了识别率。本章突破了海面舰船舷号检测识别任务在诸多情况下所涉及的技术难题,实现了自然场景下舰船舷号的高精度检测识别,为我国海事情报分析提供极为有力的支持。

9.2 自然场景文本检测识别算法

舰船舷号检测识别属于自然场景文本检测识别的范畴,它与传统文本检测识别算法不同。传统的 OCR(光学字符识别)技术多面向的是印刷体文本,其文本特点为字体清晰、排列整齐、大小统一,同时背景简单、噪声较少、光照均匀,因此检测识别难度相对较低。自然场景文本主要指自然环境下拍摄图像中的文本,其检测识别会受到较多不可控因素的影响,如图片分辨率、拍摄角度、光照强度、噪声干扰和透视变形等,检测识别难度相对较大。然而,舰船舷号虽然属于自然场景文本,但是又不同于一般的自然场景文本,有其特殊性,主要表现在:①不同于一般的陆地场景文本,舰船舷号图像均在海洋场景下拍摄,所处环境特殊;②舰船舷号拍摄视角独特,包含天空对船、临岸对船和临船对船等拍摄视角,再加上船体倾斜,舰船舷号存在严重畸变;③各国均有各自的舰船,且类型多样,各舰船舷号字体均为军用标准字体;④舰船舷号本身所占像素极少,多数舰船舷号字符分布密集,较为模糊,光线不佳,部分舰船舷号被遮挡,复杂度较高。如果将传统的文本检测识别算法用于舰船舷号的检测识别任务中,难度较大,健壮性较差。

近几年,随着深度学习的快速发展,自然场景文本检测识别算法又迎来了新的机遇,其凭借强大的特征提取能力不断提高各场景文本的检测识别性能。因此,深度学习方法已然成自然场景文本检测识别任务的首选。这类方法是一种端到端的学习方式,整个流程简洁明了,其主要思想是先将数据库的文本图像加载到网络中不断进行迭代训练,提升模型健壮性,使网络具备提取场景图像中文本特征的能力;再参照损失函数的数值不断进行权重参数的更新;最终实现文本的检测识别。目前的主流算法可以分成单阶段文本检测识别算法和双阶段文本检测识别算法两大类。下面将详细介绍这两类算法。

单阶段文本检测识别算法主要基于 YOLO 和 SSD 这类单阶段目标检测算法进行改进。Liao 等提出了一种 TextBoxes 算法,该算法是在 SSD 的基础上改进的,先将 SSD 中的全连接去掉换成卷积,再使用 1×5 的卷积核代替 3×3 的卷积核,并将默认框(default box)的比例设置为 1、2、3、5、7 和 10,同时各默认框加上垂直偏移,最后使用与 SSD 一样的分类和回归方式进行模型训练,并输出检测识别结果,但是 TextBoxes 只能用于水平文本的检测识别任务,对于倾斜和曲形文本的检测识别效果不佳;Xing 等提出了一种卷积字符网络(Convolutional Character Network,CharNet),该算法先使用 ResNet50 作为主干,并使用两个漏斗网络获得特征表示,同时经过 4 层池化层获得 1/4 原图像大小的特征图,再将该特征送入实例分割分支、字符检测分支和识别分支,分别通过一系列卷积层获得最终的检测识别结果,但该算法对于大角度和较短文本的检测识别性能较差。

双阶段文本检测识别算法主要基于 Faster RCNN 和 Mask RCNN 这类双阶段目标检测算法进行改进。Li 等提出了一种使用卷积循环神经网络实现端到端文本检测识别的算法,该算法主要基于 Faster RCNN 进行改进,通过将感兴趣区域池化(RoI pooling)获得的特征送入基于注意力机制的识别器中实现文本的检测识别,但其仅对水平文本的检测识别较为有效;Lyu 等基于 Mask RCNN 提出了 Mask TextSpotter 算法,该算法将锚点框大小设置为 32×32、64×64、128×128、256×256 和 512×512,长宽比设置为 0.5、1 和 2,可以实现任意形状文本的检测识别,但该算法对样本的标注要求较高。

9.3 舰船舷号数据库的构建与分析

数据集简介:该数据集包含 3004 张舰船图像,共计 11 328 个舷号字符,覆盖了多国、各类、水平、倾斜、背景简单、背景复杂、光线不佳和被遮挡的舰船舷号样本,是一个具有挑战性的数据集。对于舰船舷号的轮廓进行标注,选取其中一部分作为训练集,另一部分作为测试集。数据集具体产生步骤如下。

(1) 从互联网上获取大量舰船图像数据。借助百度、必应和谷歌3大搜索引擎分别进行数据获取,输入的关键词包括舰船、舷号、航母等。

(2) 对获取的图像进行初步筛选。挑选出数据中的噪声数据,例如无关图像、重复图像和模糊图像等。

(3) 对数据进行标注。使用 LabelMe 工具对所得到的图像数据进行语义标注,建立目标数据库。需要注意的是,由于舰船检测包含的舷号形状默认标注工具为点线,因此在实际操作时要尽可能细致地贴合区域进行标注。标注标签命名规则为"hullnumber_{0-9,A-Z}_{1,2,…}"。

(4) 对数据集进行重新排序与编号,并对训练集和测试集进行合理分配。正常情况下应选取数据集中70%的数据作为训练集,30%作为测试集。而该项目要实现稀疏认知样本条件下的舰船舷号提取,各标签样本需要满足在训练集中的数量不多于200张。最终通过实验构建了训练集,共计样本图898张(满足样本平均数量小于200),剩余图片作为测试集。

9.4 稀疏样本条件下的舰船舷号检测与识别方法

在实际应用中,舰船舷号检测与识别面临的一个主要挑战是样本数据的稀缺性。由于实际拍摄条件的限制和获取到的舰船舷号图像数量较少,训练数据集的稀疏性对检测识别算法的性能产生了显著影响。为了有效解决这一问题,本节提出了一种适用于稀疏样本条件下的舰船舷号检测与识别方法。本方法主要包括以下几方面。

(1) 通过固定中心和最大化面积的随机透视变换技术,扩充数据集的样本量,增强网络对不同视角和姿态的健壮性。

(2) 使用渐进式上下文解耦技术,减少字符间的上下文信息干扰,提高网络对稀疏样本条件下舷号字符的特征提取能力。

(3) 针对现有实例分割算法在稀疏样本条件下的不足,提出一系列改进措施,以提升检测精度和识别率。

接下来将详细介绍这些方法及其在实际中的应用效果。

9.4.1 通用实例分割算法在舷号检测识别中的不足

通用实例分割算法包括 Mask RCNN、PANet 和 YOLACT 等。其研究难点在于:①由于舰船舷号样本数量较少,因此网络容易出现过拟合,导致模型的泛化能力较差,极大地降低了检测精确率和识别率;②由于舰船舷号字符分布密集,因此各舰船舷号字符存在不同程度的上下文信息干扰,导致网络对部分结构简单或不明显字符的特征学习不充分,极大地降低了检测召回率和识别率;③由于部分舰船舷号字符存在孔洞嵌套区域和相似区域,因此测试网络会检测识别出大量冗余字符,进一步降低算法的性能。

基于 SSHN-RS 数据集,选用基于深度学习的实例分割算法进行舷号检测识别研究。当前流行的实例分割算法有 FCN、Mask RCNN、BlendMask、SOLO 和 CenterMask2 等,这些算法可以同时进行文本的检测、识别与分割,适用于舷号的检测识别任务。本章以优质算法 CenterMask2 为例开展舰船舷号检测识别的实验。CenterMask2 算法的核心思想在于:①主干网络 VoVNetV2 具有残差结构和注意力模块,特征提取能力优于 ResNet(He 等,2016)和 DenseNet(Huang 等,2017);②自适应感兴趣区域分配机制可充分考虑感兴趣区域尺寸相对于全图尺寸的关系,这对舷号这种比例极小的目标的检测识别非常有利;③空间注意力引导的掩码模块运用空间注意力机制可实现目标的高精度分割。

然而,由于 SSHN-RS 数据集规模较小、字符分布不一和字符结构各异等,因此 CenterMask2 在舷号检测识别过程中出现了以下问题:①由于数据库样本稀疏、舷号姿态不足,导致结果中存在大量错检字符;②由于舷号字符分布密集,部分字符存在较大的上下文信息干扰,导致结果中存在大量漏检字符;③由于舷号字符存在嵌套区域、字符间存在较高的相似性,导致检测识别结果中存在大量冗余字符。以上这些问题不仅会出现在 CenterMask2 算法中,而且同样会出现在其他通用实例分割算法中。

基于上述问题,本章在 CenterMask2 的基础上提出一种基于多视角渐进式上下文解耦的舰船舷号检测识别算法(见图 9-1),主要由固定中心和最大化面积的随机透视变换技术、渐进式上下文解耦技术、掩码间扰动抑制技术组成,共有 3 个技术实现过程。

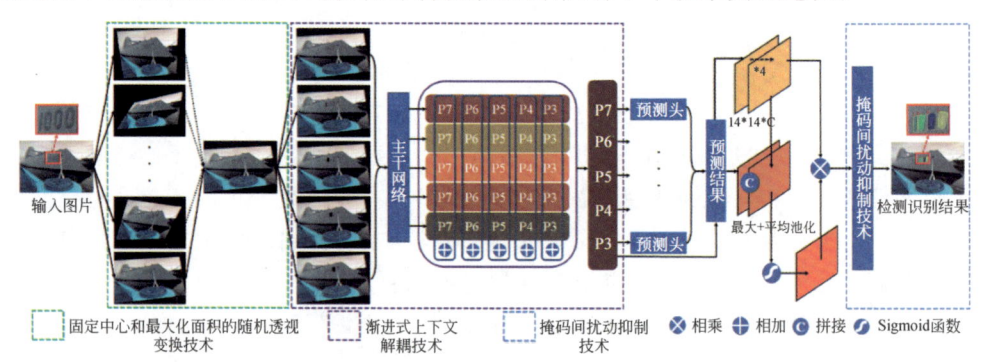

图 9-1 基于多视角渐进式上下文解耦的舰船舷号检测识别算法

9.4.2 固定中心和最大化面积的随机透视变换技术

本节介绍一种基于多视角空间抑制的舰船舷号检测识别算法改进方法。该方法旨在提高舷号的检测精确率和识别率。通过引入多视角空间抑制技术,可以有效减少舷号检测结果中的误检字符,并提高识别准确性。

透视变换的本质是将图像通过空间变换投影到新的视平面。由于舷号比例小且位于船体前侧方,在视野中多偏离中心位置,如果直接将透视变换用于 SSHN-RS,会出现以下问题:①变换角度过大导致舷号畸变严重(见图 9-2(b));②变换范围过广导致舷号超出样本边界(见图 9-2(c));③变换样本两相邻顶点距离过近导致舷号消失(见图 9-2(d))。因此,为确保变换样本都有利于网络训练,本章提出了一种更适合舷号检测识别任务的数据增广技术——固定中心和最大化面积的随机透视变换技术,该技术扩充了舷号的空间姿态,增广了数据,设计思路如下:

(1)机器视觉类似于人的视觉,获取图片信息通常是从中心向四周发散的,而舷号本身就不在视野中心。因此,为确保变换样本不严重偏移视野,本章将原图像中心坐标设定为变

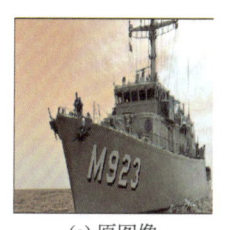

(a) 原图像   (b) 示例一   (c) 示例二   (d) 示例三

图 9-2　透视变换问题示例

换图像的中心坐标。

（2）由于舷号比例较小且位于舰船船头两侧,获得的感受野相对较小,因此要确保变换样本的舷号不失真,就必须要保持变换样本面积最大化,这需要对样本的顶点坐标变换范围进行一定的限制。

通过加入固定中心和最大化面积的随机透视变换技术,网络可随机获得更多视角的舷号姿态,这将极大地促进优质模型的生成。其原理如图 9-3 所示,实现步骤如下。

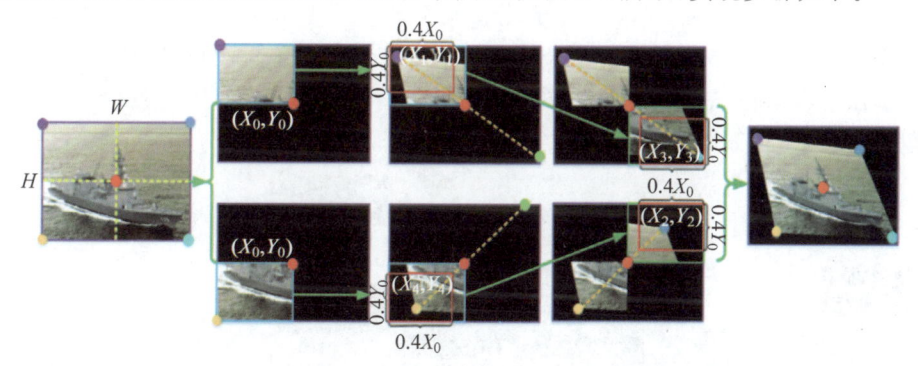

图 9-3　固定中心和最大化面积的随机透视变换技术原理

首先,获取图像的宽(W)、高(H)和中心点坐标(X_0, Y_0),其中 $X_0 = \dfrac{W}{2}, Y_0 = \dfrac{H}{2}$。

其次,对变换样本左上角和右下角顶点进行区域限制。将左上角顶点的横纵坐标分别限定于 $(0, a \times X_0)$ 和 $(0, a \times Y_0)$ 区间内,并设左上角顶点坐标为 (X_1, Y_1),其中 a 为 $(0,1)$ 的参数。为确保变换图像不严重偏离视野,本章使变换图像中心坐标与原图像中心坐标保持一致,这需满足变换图像左上角和右下角坐标连线经过中心点坐标。连接左上角和中心点坐标并延长,此时会与图形边界产生一个交点,该点可能存在于下边界,也可能存在于右边界。设右下角变换坐标为 (X_3, Y_3),当 (X_3, Y_3) 位于中心点与右边界连线上时,令 X_3 为 $((2-a) \times X_0, W)$ 的随机数,根据相似三角形的性质,计算可得

$$Y_3 = (X_3 - X_0)(Y_0 - Y_1)/(X_0 - X_1) + Y_0 \tag{9-1}$$

当 (X_3, Y_3) 位于中心点与下边界连线上时,令 Y_3 为 $((2-a) \times Y_0, H)$ 的随机数,同理可得

$$X_3 = (Y_3 - Y_0)(X_0 - X_1)/(Y_0 - Y_1) + X_0 \tag{9-2}$$

接着,对变换样本左下角和右上角顶点进行限制。将左下角顶点的横纵坐标分别限制在 $(0, a \times X_0)$ 和 $((2-a) \times Y_0, H)$ 区间内,并令左下角顶点坐标为 (X_4, Y_4)。计算右上角坐标 (X_2, Y_2) 与计算 (X_3, Y_3) 的原理相同,(X_2, Y_2) 位于中心点与右边界连线上时,令 X_2 为 $((2-a) \times X_0, W)$ 的随机数,计算可得

$$Y_2 = Y_0 - (Y_4 - Y_0)(X_2 - X_0)/(X_0 - X_4) \tag{9-3}$$

当 (X_2,Y_2) 位于中心点与上边界连线上时,令 Y_2 为 $(0, a \times Y_0)$ 的随机数,计算可得

$$X_2 = (Y_0 - Y_2)(X_0 - X_4)/(Y_4 - Y_0) + X_0 \tag{9-4}$$

最后,将原图像 4 个顶点坐标 $(0,0)$、$(W,0)$、(W,H) 和 $(0,H)$,以及变换样本的 4 个顶点坐标 (X_1,Y_1)、(X_2,Y_2)、(X_3,Y_3) 和 (X_4,Y_4) 输入透视变换函数中,输出样本空间变换结果。

9.4.3 渐进式上下文解耦技术

本节介绍一种基于上下文解耦增强的舰船舷号检测识别算法的改进方法。舷号字符存在上下文信息干扰的问题,导致检测召回率和识别率下降。通过采用上下文解耦技术,可以有效提升舷号的检测召回率,并提高识别准确性。

对于卷积神经网络而言,样本标注越准确越有利于网络训练。然而,在实际的舷号训练过程中,特征分布也会影响模型学习。由于舷号字符密集度高,各字符特征的学习会受到上下文信息干扰,因此,在特征提取阶段,部分结构简单或不明显字符特征的表达会受相邻复杂或明显字符的影响,导致网络对该类字符学习不佳,显著降低检测召回率和识别率。为此,本章提出一种渐进式上下文解耦技术,通过减少字符上下文信息来增强字符特征表达,提升模型性能。结构如图 9-4 所示,其实现步骤如下。

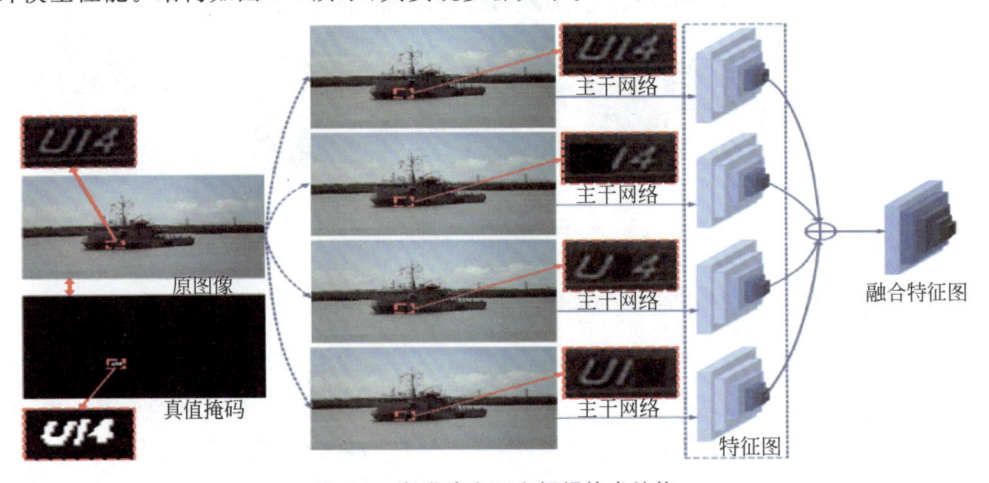

图 9-4 渐进式上下文解耦技术结构

首先,通过标注信息确定需要擦除舷号字符所在的区域。遍历样本像素,若当前像素位于对应字符真值框中,则令当前像素值为 0,否则令当前像素值为 1。其表达式为:

$$D_k(i,j) = \begin{cases} 0, & C(i,j) \in B_k^{gt} \\ 1, & \text{其他} \end{cases}, \quad k = 1, 2, \cdots, M \tag{9-5}$$

其中,M 为舷号字符总数;$C(i,j)$ 为样本当前像素的位置;B_k^{gt} 为第 k 个字符真值框区域;D_k 为第 k 个舷号字符对应的二值掩码图。由于有 M 个字符,因此会生成 M 张二值掩码图。

其次,将 M 张掩码图依次与原图像相乘获得 M 张新样本。其表达式为

$$F_k = D_k \odot C \tag{9-6}$$

其中,⊙为对应矩阵元素相乘;C 为原样本;F_k 为生成的新样本。如图 9-4 样例所示,舷号 U14 由字符 U、1 和 4 组成,按照依次擦除各字符的顺序生成 3 张新样本,样本字符分别为 14、U4 和 U1。接着,将原样本和新样本按照并行处理的方式输入主干网络 $g(\cdot)$ 中进行特征提取,输出 $M+1$ 组多尺度特征图 $f_1,f_2,\cdots,f_{M+1}$,可表示为

$$f = \{g(C), g(F_1), g(F_2), \cdots, g(F_M)\} \tag{9-7}$$

最后,将 $M+1$ 组特征图对应层相加 $\mathrm{add}(\cdot)$ 获得融合特征图,可表示为

$$P_i = \mathrm{add}(f_1^i, f_2^i, \cdots, f_{M+1}^i), i \in [3,7] \tag{9-8}$$

其中,i 为多尺度特征图的层级数;P_i 表示融合后的多尺度特征图。以上操作可以减少上下文信息对字符特征学习的干扰,增强字符特征表达,同时增广数据,提升模型性能。

9.4.4 掩码间扰动抑制技术

本节介绍一种基于优质实例分割算法的舰船舷号检测识别算法的改进方法。以优质算法 CenterMask2 为例,结合舷号检测识别任务的特点,进行改进和优化。通过 CenterMask2 算法的特点和优势,可以实现高精度的舷号分割和识别。

由于舷号是由字母和数字组成,部分字符(A、P 和 9 等)存在有孔洞的嵌套区域,部分字符(B 与 8、V 与 W 等)间存在较高的相似性,并且字符间密集度较高。因此,在测试阶段,结果中出现了大量冗余的重叠掩码。基于此,基于一维非极大值抑制技术提出了一种掩码间扰动抑制技术,高效抑制结果中重叠掩码中的错误字符,并提升了部分密集舷号字符的检出率,进一步改善舷号检测识别性能。其原理如图 9-5 所示,实现步骤如下。

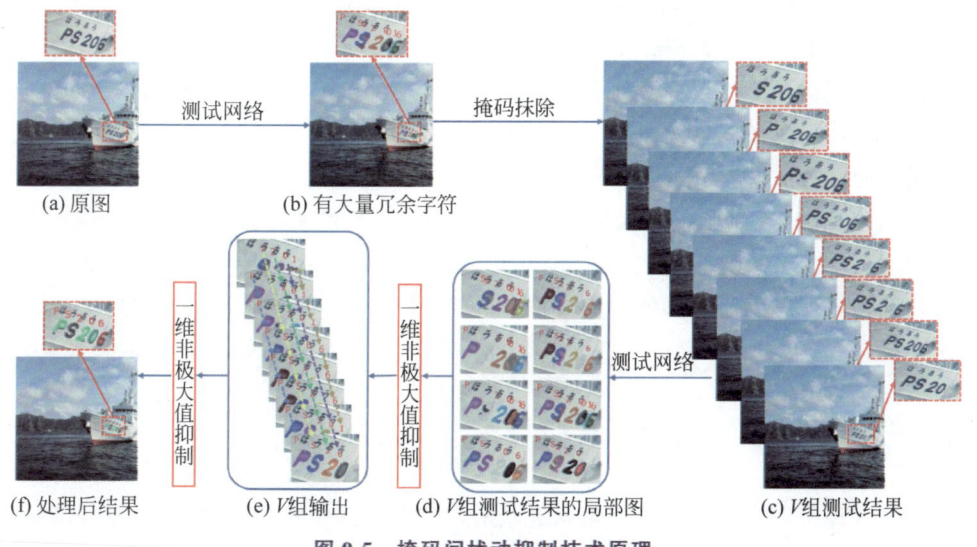

图 9-5 掩码间扰动抑制技术原理

首先,将样本输入测试网络获得初步检测识别结果 $O_1,O_2,\cdots,O_V$(V 表示初次识别字符的数量),该结果存在大量冗余字符,如图 9-5(b)所示。其次,根据结果中的 V 个分割掩码依次擦除原样本对应位置的像素,生成 V 张新样本 $F_1,F_2,\cdots,F_V$,其表达式为:

$$F_v(i,j) = \begin{cases} 1, & C(i,j) \in M_v \\ C_v(i,j), & \text{其他} \end{cases}, v = 1,2,\cdots,V \tag{9-9}$$

其中,$C(i,j)$ 为样本当前像素位置;M_v 为第 v 个字符的掩码区域;$C_v(i,j)$ 为原图在当前

位置的像素值。

接着,将 V 张新样本输入测试网络中,得到 V 组舷号检测识别结果 $\boldsymbol{R}_1,\boldsymbol{R}_2,\cdots,\boldsymbol{R}_V$,图 9-5(d)为 V 组测试结果的局部图。观察图 9-5(d)可以看出,依次擦除各掩码可提升部分舷号字符的检测精确率,但结果仍存在重叠掩码。基于此,本章提出一种一维非极大值抑制技术,通过比较各掩码位置关系和置信分数来抑制重叠掩码中的冗余结果。以第一组结果 $\boldsymbol{R}_1$ 为例,假设其字符数为 h,实现原理如下所示。

输入:舰船舷号检测识别结果 $\boldsymbol{R}_1^1,\boldsymbol{R}_1^2,\cdots,\boldsymbol{R}_1^h$。

输出:优化的检测识别结果 $\boldsymbol{W}_1^1,\boldsymbol{W}_1^2,\cdots,\boldsymbol{W}_1^n (n \leqslant h)$。

(1) 获取 $\boldsymbol{R}_1^1,\boldsymbol{R}_1^2,\cdots,\boldsymbol{R}_1^h$ 中 h 个掩码的置信分数 $S_{R_1^1},S_{R_1^2},\cdots,S_{R_1^h}$ 以及检测框中心点的横坐标 $x_{R_1^1},x_{R_1^2},\cdots,x_{R_1^h}:x_{R_1^h}=x_{R_1^h-}+(x_{R_1^h+}-x_{R_1^h-})/2$。

(2) 计算当前掩码检测框中心点横坐标 $x_{R_1^i}$ 和其余检测框中心点横坐标 $x_{R_1^j}$ 的距离 $|x_{R_1^j}-x_{R_1^i}|$。

(3) 设定阈值 $N_{R_1^i}:N_{R_1^i}=(x_{R_1^i+}-x_{R_1^i-})/2$。

(4) 比较 $|x_{R_1^j}-x_{R_1^i}|$ 与 $N_{R_1^i}$ 的大小,若 $|x_{R_1^j}-x_{R_1^i}|<N_{R_1^i}$,则认为当前两掩码为重叠掩码。

(5) 比较重叠掩码的置信分数,保留分数最高的掩码,抑制分数较低的掩码。

(6) 重复(2)~(5),得到优化结果 $\boldsymbol{W}_1^1,\boldsymbol{W}_1^2,\cdots,\boldsymbol{W}_1^n$。

最后,根据 V 组舷号检测识别结果进行两次一维非极大值抑制处理。第一次使用一维非极大值抑制技术主要为了简化 V 组样本的检测识别结果,使各样本舷号的各个字符均对应一个检测识别结果,相应的得到 V 组输出 $\boldsymbol{W}_1,\boldsymbol{W}_2,\cdots,\boldsymbol{W}_V$,如图 9-5(e)所示。然而,在 $\boldsymbol{R}_1,\boldsymbol{R}_2,\cdots,\boldsymbol{R}_V$ 中,由于部分样本检测识别结果中的重叠掩码存在正确掩码置信分数低而错误掩码置信分数高的现象,因此第一次一维非极大值抑制技术处理后输出了错误的结果,但 $\boldsymbol{W}_1,\boldsymbol{W}_2,\cdots,\boldsymbol{W}_V$ 中仍有部分输出保留了重叠掩码中的正确结果。所以,为了获得最佳输出,第二次使用一维非极大值抑制技术。先将 $\boldsymbol{W}_1,\boldsymbol{W}_2,\cdots,\boldsymbol{W}_V$ 这 V 组预测结果整合在一起,再对该整合数据进行一维非极大值抑制处理,最终输出一组最优结果,有效地提升了舷号的检测识别性能。

9.5 舰船舷号检测与识别评价标准

为了客观评价提出的基于多视角渐进式上下文解耦的舰船舷号检测识别算法的检测性能,我们采用自然场景文本检测中的精确率(P)、召回率(R)和 F 值(F)进行评估。各指标定义如下:

$$P = \text{TP}/(\text{TP}+\text{FP}) \tag{9-10}$$

$$R = \text{TP}/(\text{TP}+\text{FN}) \tag{9-11}$$

$$F = (2 \times P \times R)/(P+R) \tag{9-12}$$

其中,TP 表示被正确检测的舷号字符数量;FP 表示被错误检测到的舷号字符的数量;FN 表示未被检测到的舷号字符的数量。精确率和召回率分别从错检和漏检两个角度评价算法,若较多的字符未被检测到,则召回率降低;若较多字符被错误检测到,则精确率降低。F 值综合精确率和召回率,F 值越大,评价结果越好。其中,正确和错误的舷号字符区域主要由交并比(Intersection over Union,IoU)阈值来决定,公式如下:

$$\text{IoU} = \text{area}(\boldsymbol{S}_{\text{det}} \cap \boldsymbol{S}_{\text{gt}})/\text{area}(\boldsymbol{S}_{\text{det}} \cup \boldsymbol{S}_{\text{gt}}) \tag{9-13}$$

其中,$\boldsymbol{S}_{\text{det}}$ 表示舷号字符的检测区域;$\boldsymbol{S}_{\text{gt}}$ 表示舷号字符的真值区域;area 表示检测和真值舷号区域的相交或相并区域面积。本章设定的 IoU 阈值为 0.7(Jiang 等,2021),如果预测舷号字符区域的 IoU 值大于 0.7,则认为该预测区域为正确的舷号字符区域。

为了客观评价基于多视角渐进式上下文解耦的舰船舷号检测识别算法的舷号识别性能,我们采用识别率(RR)进行评估。识别率的定义如下:

$$\text{RR} = n_{\text{correct}}/n_{\text{total}} \tag{9-14}$$

其中,n_{correct} 表示所有字符均被正确识别到的舷号数量;n_{total} 表示舷号总数量。

9.6 舰船舷号检测与识别的应用

舰船舷号检测与识别在实际应用中有许多场景。在海事安全方面,船舶舷号识别可以帮助监测船只的合法性和身份,确保船只遵守规定并减少非法活动;在港口管理方面,自动识别船舶舷号可以提高操作效率,减少人工干预,以及更好地管理船只的进出;在海上巡逻方面,无人艇或巡逻船可以使用舷号识别技术来监测海域中的船只,以维护海上安全;在海洋环境保护方面,通过识别舷号,可以追踪船只的活动,监测污染源,以及采取必要的环境保护措施;在船只追踪与管理上,对于船队管理和船只追踪,舷号识别可以帮助记录船只的位置、状态和历史信息。

总之,舰船舷号检测与识别技术在海事、港口管理、巡逻和环境保护等领域都具有广泛的应用前景。

9.6.1 定性分析

图 9-6 为不同算法的舷号检测识别结果对比。这些样例包含了 SSHN-RS 中所有类型的舷号,样例一为小尺度、近岸舷号;样例二为正常尺度、近岸舷号;样例三为大尺度、近岸、倾斜舷号;样例四为倾斜、远海、小尺度舷号;样例五为模糊、倾斜、近岸、正常尺度舷号;样例六为遮挡、大尺度舷号,这些舷号属性交错分布,检测识别难度相对较大。

通过观察图 9-6 中各算法的舷号检测识别结果可以看出,Mask RCNN 这类经典实例分割算法的各类舷号检测识别结果中均存在大量错检、漏检和冗余字符,效果均较差。对于 BlendMask 和 CenterMask2 等这类最新优质的实例分割算法而言,舷号检测识别效果也存在一定局限性。对于小尺度舷号,如样例一,由于比例较小,因此 BlendMask 和 CenterMask2 检测识别出的字符均较少,BlendMask 仅检测出了两个字符 P 和 V,且对 V 的识别还是错误的,而 CenterMask2 仅检测出了 3 个字符,效果较差。对于正常尺度舷号,如样例二,由于舷号字符密集、部分字符(L 和 I)相对简单、字符(M 与 N、E 和 R)间存在相似性,因此 BlendMask 错检了字符 N,漏检了字符 I,而 CenterMask2 错检了字符 E,漏检了字符 L。对于大尺度舷号,如样例三,由于舷号 1306 字符的嵌套区域较明显,背景复杂,因此 BlendMask 和 CenterMask2 的舷号检测识别结果存在冗余字符,且 BlendMask 检测出

图 9-6　不同算法的舷号检测识别结果对比

了一些背景负样本。对于倾斜舷号，如样例四，由于舷号 530 比例极小、倾角过大，BlendMask 将 3 错检为 6，而 CenterMask2 没有检测出来。对于模糊和遮挡舷号检测识别，如样例五和样例六，由于各舷号字符特征不明显或缺失，因此 BlendMask 和 CenterMask2 的结果存在错检和漏检。然而，本章算法对各类舷号检测识别效果均优于其他算法，不仅能检测出几乎所有的舷号字符，而且对于各字符的识别均是正确的，同时也没有冗余结果，效果最佳。以上分析表明，本章算法在各类舷号的检测和识别任务中均具有良好性能。

9.6.2　定量分析

为了验证本章算法的有效性，本章在 SSHN-RS 上计算了近几年流行的实例分割算法舷号检测的精确率、召回率和 F 值，以及舷号的识别率。表 9-1 为不同算法的对比结果。通过表 9-1 可以看出，本章算法取得了较高的精确率、召回率、F 值和识别率，分别可达 0.9854、0.9576、0.9713 和 0.9018。对于 Mask RCNN 和 Mask Scoring RCNN 这类经典实例分割算法而言，各指标均较低，精确率、召回率和 F 值均低于 50%，识别率均不到 20%，说明这类算法不适用于舷号的检测识别任务。相比于最新的 PolarMask、BlendMask 和 CenterMask2 等算法，本章算法的检测识别指标均较高，精确率、召回率、F 值和识别率比基础网络 CenterMask2 分别高出了 4.51%、3.45%、3.97% 和 8.83%。然而，在实际场景下会存在多艘舰船的现象，SSHN-RS 中含多艘舰船（2～3 艘）的图像仅 31 张，共计 64 个舷号和 195 个字符。表 9-2 为不同算法对含多艘舰船的性能对比结果，可以看出本章算法仍具有较高的精确率、召回率、F 值和识别率，分别为 0.9684、0.9435、0.9558 和 0.8750。结果表明，本章算法解决了舰船舷号检测和识别任务中因样本稀疏、字符分布密集、字符自身存在嵌套、字符间相似度高导致检测识别结果存在大量错检、漏检和冗余字符的问题，具备有效性和较强的鲁棒性。

表 9-1　不同算法的对比结果

算法	P	R	F	RR
Mask RCNN	0.3816	0.3683	0.3748	0.1066
Mask Scoring RCNN	0.4223	0.3958	0.4086	0.1954
PolarMask	0.7265	0.6902	0.7079	0.5624
YOLACT	0.7865	0.8123	0.7992	0.6232
SOLO	0.8526	0.8352	0.8438	0.7097
BlendMask	0.8924	0.8396	0.8652	0.7363
CenterMask2	0.9403	0.9231	0.9316	0.8135
本章算法	**0.9854**	**0.9576**	**0.9713**	**0.9018**

注：加粗字体为每列最优值。

表 9-2　不同算法对含多艘舰船的性能对比结果

算法	P	R	F	RR
Mask RCNN	0.3037	0.2559	0.2778	0.0625
Mask Scoring RCNN	0.3521	0.2983	0.3230	0.1406
PolarMask	0.6952	0.6521	0.6730	0.4844
BlendMask	0.8701	0.8051	0.8363	0.7031
SOLO	0.8234	0.7914	0.8071	0.6719
CenterMask2	0.9372	0.9179	0.9274	0.7656
本章算法	**0.9684**	**0.9435**	**0.9558**	**0.8750**

注：加粗字体为每列最优值。

参考文献

[1] REDMON J, DIVVALA S, GIRSHICK R, et al. You only look once：unified, real-time object detection [C]. IEEE Conference on Computer Vision and Pattern Recognition, 2016：779-788.

[2] LIU W, ANGUELOV D, ERHAN D, et al. SSD：single shot multibox detector [C]. European Conference on Computer Vision, 2016：21-37.

[3] LIAO M, SHI B, BAI X, et al. Textboxes：a fast text detector with a single deep neural network[C]. AAAI Conference on Artificial Intelligence, 2017.

[4] XING L, TIAN Z, HUANG W, et al. Convolutional character networks[C]. IEEE/CVF International Conference on Computer Vision, 2019：9126-9136.

[5] REN S, HE K, GIRSHICK R, et al. Faster R-CNN：towards real-time object detection with region proposal networks[J]. Advances in Neural Information Processing Systems, 2015, 28.

[6] HE K, GKIOXARI G, DOLLÁR P, et al. Mask R-CNN[C]. IEEE International Conference on Computer Vision, 2017：2961-2969.

[7] LI H, WANG P, SHEN C. Towards end-to-end text spotting with convolutional recurrent neural

networks[C]. IEEE International Conference on Computer Vision, 2017: 5238-5246.
[8] LYU P, LIAO M, YAO C, et al. Mask textspotter: an end-to-end trainable neural network for spotting text with arbitrary shapes[C]. European Conference on Computer Vision, 2018: 67-83.
[9] WANG K, LIEW J H, ZOU Y, et al. Panet: few-shot image semantic segmentation with prototype alignment[C]. IEEE/CVF International Conference on Computer Vision, 2019: 9197-9206.
[10] BOLYA D, ZHOU C, XIAO F, et al. Yolact: real-time instance segmentation[C]. IEEE/CVF International Conference on Computer Vision, 2019: 9157-9166.
[11] LEE Y, PARK J. Centermask: real-time anchor-free instance segmentation[C]. IEEE/CVF Conference on Computer Vision and Pattern Recognition, 2020: 13906-13915.

第10章 图像校正与拼接

图像校正与拼接先对多张低分辨率小视场图像校正,然后将其拼接为高分辨率大视场图像;要求融合区域过渡自然,无重叠鬼影。这一主题一直是数字图像处理领域研究的热点。

现阶段常见的用于进行校正与拼接的图像获取方法主要有以下几种。

(1) 使用特殊的广角相机,拍摄一次就可以获得足够大的视场图像。

(2) 遥感影像的几何校正。

(3) 使用普通相机拍摄重叠小视场图像,全景拼接生成大视场全景图。

全景图像拼接在多个领域有广泛应用。尽管技术有进展且广泛应用,基于高空平台的全景图像拼接,特别是图像数量较多、视场变化大的情况,研究较少。

10.1 鱼眼镜头图像校正

10.1.1 鱼眼镜头简介

随着计算机视觉的发展,监控系统的进步,考虑实施安装和图像处理算法的复杂性,单个摄像机所能覆盖的监测面积越大越好。这要求图像携带更多场景信息,普通相机40°的视野满足不了需求,而超广角鱼眼镜头的视野可以拍摄180°~270°的视野,如图10-1所示。鱼眼镜头的引入解决了普通相机视野范围的问题。

鱼眼镜头短焦距、大视场,前透镜鼓起似鱼眼。鱼眼镜头视角大,导致鱼眼图像桶形畸变严重,只有中心的直线保持不变。图10-2为鱼眼镜头拍摄的图像。

鱼眼镜头有多种优点。然而,鱼眼镜头的超大视角源于短焦距,导致图像严重变形。根据光学成像原理,焦距越短,图像变形越严重。因此,鱼眼图像需要校正为人们视觉习惯的图像。这限制了鱼眼镜头更广泛的应用。

图 10-1　超广角鱼眼镜头 　　　　　图 10-2　鱼眼镜头拍摄的图像

10.1.2　鱼眼图像校正法

鱼眼图像校正有二维和三维两种。二维校正不涉及空间点信息,直接通过映射变换对图像进行坐标变换和插值,以完成图像校正。本章主要从二维和三维空间角度,对鱼眼图像进行校正,如圆分割法、经纬度映射法、多项式拟合法以及本章提出的非线性分段法的鱼眼图像校正法。

1. 圆分割法

圆分割法由张琨等提出,通过将鱼眼图像划分为同心圆线,并将其映射为同心正方形线,从内向外逐步校正,得到校正图像。

鱼眼图像正向校正是通过映射计算原图像像素点的坐标,将其映射到校正图像上。然而,数字图像中的像素坐标必须取整,导致校正图像可能出现空白点。为填充这些空白点,需要进行图像插值,利用周围像素值填充,如图 10-3 所示。

(a) 原鱼眼图像　　　　　(b) 未插值图像　　　　　(c) 插值后结果

图 10-3　圆分割鱼眼校正

可以选择逆向校正的圆分割鱼眼校正法来解决正向校正中插值点突兀且图像信息损失的问题。逆向校正从校正后的空白像素点出发,通过逆向映射找到原图像上对应的像素点,利用原鱼眼图像信息进行插值,以获得更好的插值效果。

此方法通过圆分割法逆向校正,从校正图像像素位置出发,找到对应鱼眼图像的坐标,并在校正图像上进行双线性插值,获取像素值,如图 10-4 所示。

图 10-4 为圆分割法对鱼眼图像正向与逆向校正效果与局部放大图,明显可见双线性插值的逆向校正法得到的图像过渡更平滑,正向校正法则有锯齿效果。

(a) 逆向映射　　　　　　　　(b) 正向映射

(c) 逆向插值—双线性插值　　　(d) 正向插值—邻域插值

图 10-4　正向校正与逆向校正效果与局部放大

基于圆分割的鱼眼图像校正法利用同心圆的映射将圆形鱼眼图像校正为正方形，适用于圆形鱼眼图像。然而，该方法在对角线区域的变形较严重，尤其在图像中心区域，校正效果不佳，拉伸效果明显。

2. 经纬度映射法

1）传统经度映射法

传统经度映射法可以解释为经纬度校正法，类似于地球平面地图的绘制，将地球球面以经纬线分割，映射到平面地图上。

基于经度的鱼眼图像校正法由 MUNDHENK T N 提出，是典型的二维图像校正法，该法主要是利用球面经线近似表示鱼眼镜头的扭曲变形。

鱼眼图像经纬度校正法就是先将鱼眼图像映射到球面上，再按照经纬线对球面进行分割得到单位球面面积，最后将单位球面上的点映射到平面图像上，即可完成校正。

此法将二维鱼眼图像转换为三维单位圆面，利用微分原理，经纬线分割鱼眼图像，多个单位圆面映射到半个柱面上，展开柱面得到校正效果，如图 10-5 所示。

通过图 10-5 所示，经纬度校正法能在图像中心保留原图像，横向校正效果好，但在鱼眼图像上下部分产生明显的拉伸和扭曲。

2）双经度校正法

水平/竖直双经度畸变校正法由魏利胜等基于传统经纬度校正法提出，主要针对经纬度校正法校正的图像的顶端和底端拉伸过大的现象。

双经度校正法是基于经纬度校正法提出的，经纬校正法的横向经度不改变，而将纵向纬度转换为球面纵向经度坐标，从而投影为以横纵方向双经度坐标为基础的正方形平面图像，从而实现对鱼眼图像的校正。

双经度校正法与经纬度校正法过程大致相同，先将鱼眼图像映射到球面上，在按照双经线（横纵经线）对球面进行分割，最后将单位球面上的点映射到矩形目标图像上，即可完成

(a) 原图像1　　　　　　(b) 校正图像1

(c) 原图像2　　　　　　(d) 校正图像2

图 10-5　经纬度鱼眼图像校正

校正。

此法将二维的鱼眼图像转换到三维单位圆面上,利用微分的原理,通过双经度线将鱼眼图像分割成单位圆面,最后把若干单位圆面映射到半个柱面上,将柱面展开即可得到校正效果图。图 10-6 所示为通过双经度校正法校正的鱼眼图像。

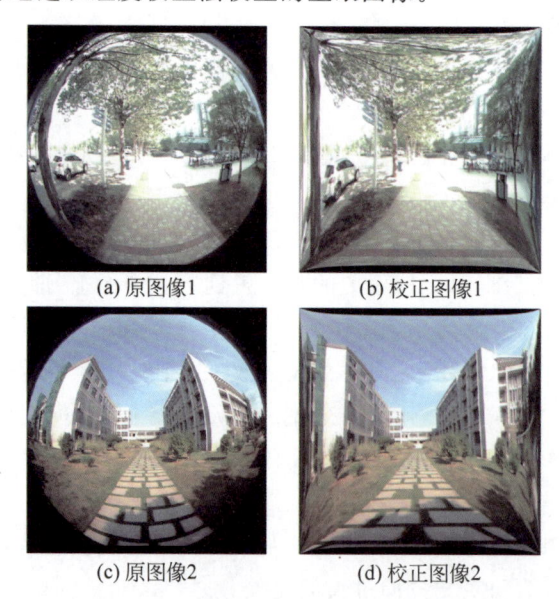

(a) 原图像1　　　　　　(b) 校正图像1

(c) 原图像2　　　　　　(d) 校正图像2

图 10-6　双经度校正法校正的鱼眼图像

如图 10-6 所示,双经度校正法对鱼眼图像进行校正,保留了图像中心,上下校正有所改善,横向效果好,但边缘区域,特别是对角线方向,存在过校正,导致拉伸和扭曲。

3. 多项式拟合法

前几种校正方法都是从鱼眼图像形状出发，涉及较为复杂的二维或三维的坐标变换，多项式拟合法仅须在平面坐标上进行坐标变换，基于投影不变性原理，通过迭代优化目标函数的方法得出校正模型的参数，进而完成鱼眼图像的校正。

根据针孔相机的投影模型可以知道，空间中一条直线在二维成像面上的透视投影在平面上依然为一条直线，然而鱼眼镜头通常采用多组光学镜片组合，整体上可看作一个非线性成像系统，所以空间中一条直线在鱼眼镜头下成像将是一条畸变的曲线。

鱼眼镜头的非线性畸变主要分为径向畸变、离心畸变和薄棱镜畸变3大类，其中径向畸变对图像畸变影响最大，所以通常只考虑径向畸变。由光学成像原理可知，通过光学镜头中心的线，成像之后依然为一条通过光学镜头中心的线，且两条线位于经过光学镜头中心的同一平面上。

基于多项式拟合的鱼眼图像校正过程与圆分割鱼眼校正法过程类似，在已经获取拟合的多项式的前提下，先对鱼眼图像进行坐标变换，并通过多项式计算得到校正后鱼眼图像的大小，利用多项式与鱼眼图像上各点与图像中心的夹角与半径，计算得到对应在校正图像上的位置，并填入合适的像素值，即可完成校正。上述为多项式拟合鱼眼图像校正的正向校正过程，逆向校正只需从校正后图像坐标点入手，利用校正后图像各点与图像中心的夹角和半径，通过多项式映射关系计算得到在鱼眼图像上对应点的位置，并利用双线性插值，计算得出每个坐标点的像素值，即可完成校正。

如图10-7所示，多项式拟合法对鱼眼图像的校正效果良好，横向和纵向校正效果较好，符合正常视觉习惯。然而，对不同镜头的图像校正效果较差，对图像的对角线方向信息有丢失。此外，多项式拟合法需要进行大量高次多项式拟合计算，计算量较大。

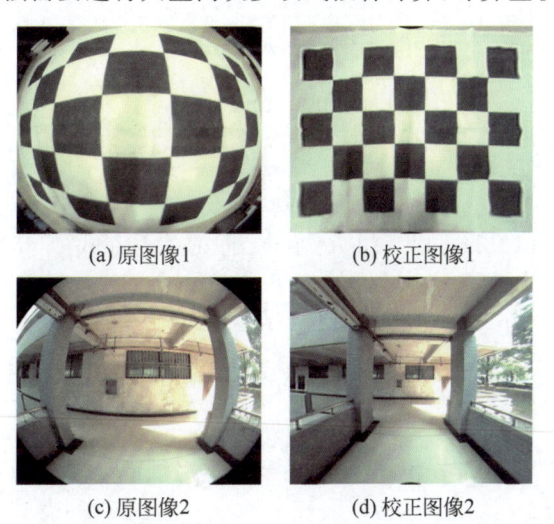

(a) 原图像1　　　　　　(b) 校正图像1

(c) 原图像2　　　　　　(d) 校正图像2

图10-7　多项式拟合鱼眼图像校正

4. 非线性分段法

该方法与多项式拟合法具有同样的思路，但在校正模型上有所改变，将多项式模型改为基于光学成像原理的分段模型。

根据光学成像原理可知，通过针孔相机的光线不发生折射，而通过鱼眼相机会发生折射，所以由针孔相机捕获的图像中对象没有任何明显的失真。如图 10-8 所示，光线从 A 点射入镜头，通过鱼眼镜头时发生折射，在成像面上 B 点成像，若通过针孔则不会发生折射，在成像面上 C 点成像。

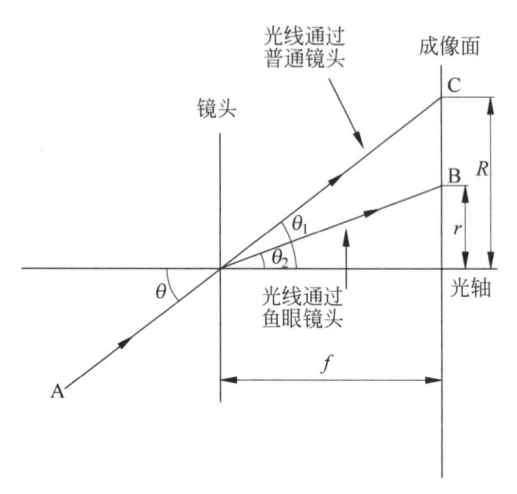

图 10-8 鱼眼镜头成像过程

在成像面上 B 点与 C 点到光轴距离分别为 r 与 R，成像平面到镜头的距离为 f，入射光线与主光轴的夹角为 θ，通过针孔相机的折射光线与光轴夹角为 θ_1，通过镜头的折射光线与光轴夹角为 θ_2，设定鱼眼镜头的相对折射率为 k。

$$\begin{cases} \sin\theta_1 = \sin\theta \\ \sin\theta = k \cdot \sin\theta_1 \\ \sin\theta_1 = k \cdot \sin\theta_2 \end{cases} \tag{10-1}$$

$$\begin{cases} \tan\theta_1 = \dfrac{R}{f} \\ \tan\theta_2 = \dfrac{r}{f} \end{cases} \tag{10-2}$$

通过式(10-1)与式(10-2)可以求出 R 与 r 之间的关系如式(10-3)所示。

$$\begin{cases} R = f \cdot \tan\left(\arcsin\left(\sin\left(\arctan\left(\dfrac{r}{f}\right)\right) \cdot k\right)\right) \\ r = f \cdot \tan\left(\arcsin\left(\dfrac{\sin\left(\arctan\left(\dfrac{r}{f}\right)\right)}{k}\right)\right) \end{cases} \tag{10-3}$$

k 值是由实际镜头确定的参数，根据三角函数定义域的要求与折射率的定义，可以计算出 k 值的取值范围，如式(10-4)所示。

$$\begin{cases} k \geqslant 1 \\ k < \dfrac{1}{\sin\left(\arctan\left(\dfrac{r_{\max}}{f}\right)\right)} \end{cases} \tag{10-4}$$

图 10-9 为 $r_{max}=700$、$f=100$ 时不同 k 值的光学成像曲线,其中横坐标为 R,纵坐标为 r。由图 10-9 可知,当 r_{max} 与 f 一定时,k 值越小,曲线斜率越接近 1;k 值越大,曲线斜率越小,曲线越平缓。

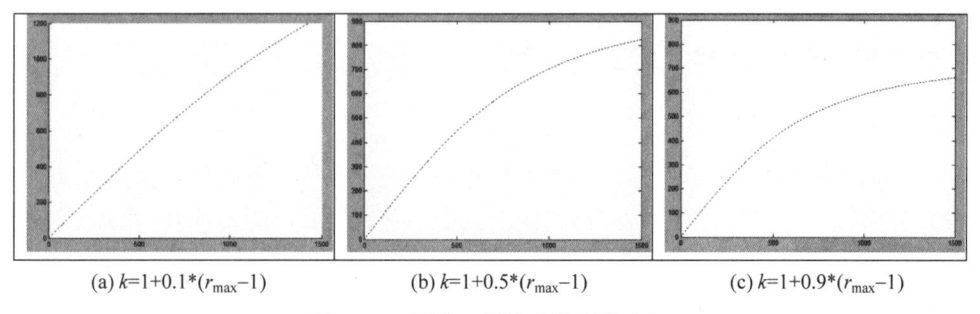

(a) $k=1+0.1*(r_{max}-1)$　　　(b) $k=1+0.5*(r_{max}-1)$　　　(c) $k=1+0.9*(r_{max}-1)$

图 10-9　不同 k 值的光学成像曲线

此处不难发现,k 值较大时的曲线与多项式拟合法使用的 4 阶曲线极为相似,为了解决多项式拟合法造成的边缘的拉伸过大、靠近光轴部分相对于边缘过小、信息不能很好地突出与高阶多项式计算量大等不足,需降低图像边缘部分的校正强度,选用分段函数对多项式进行改进。

鱼眼图像靠近光轴部分,畸变不明显,靠近边缘部分畸变较大,此处将校正曲线分为 3 段:内部、中部与外部。图像内部变化不明显,选用 k 值较小,中部各曲线差别不大,选用中间值,图像外部边缘部分畸变最大,选用 k 值较大。图 10-10 为多项式拟合法拟合的 4 阶曲线与非线性分段法拟合曲线,其中实线为 4 阶曲线,虚线为分段曲线。

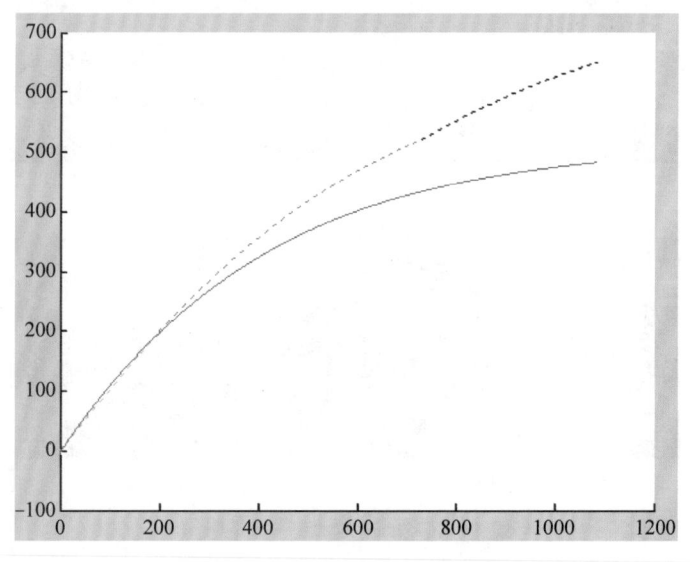

图 10-10　拟合曲线与分段曲线

基于非线性分段法的鱼眼图像校正与多项式拟合法的校正过程相同,将 R 与 r 的映射关系从 n 阶多项式改为基于光学成像原理的分段函数,此处用 3 段曲线进行拟合,其中 k_1、k_2 与 k_3 分别为 3 段曲线的 k 值,分段点分别为 (R_1,r_1) 与 (R_2,r_2),如式(10-5)与式(10-6)所示。

$$r = \begin{cases} f \cdot \tan\left(\arcsin\left(\dfrac{\sin\left(\arctan\left(\dfrac{R}{f}\right)\right)}{k_1}\right)\right) & 0 \leqslant R < R_1 \\ f \cdot \tan\left(\arcsin\left(\dfrac{\sin\left(\arctan\left(\dfrac{R}{f}\right)\right)}{k_2}\right)\right) - r_{01} & R_1 \leqslant R < R_2 \\ f \cdot \tan\left(\arcsin\left(\dfrac{\sin\left(\arctan\left(\dfrac{R}{f}\right)\right)}{k_3}\right)\right) - r_{02} & R_2 \leqslant R \end{cases} \quad (10\text{-}5)$$

$$\begin{cases} r_{01} = f \cdot \tan\left(\arcsin\left(\dfrac{\sin\left(\arctan\left(\dfrac{R_1}{f}\right)\right)}{k_2}\right)\right) - f \cdot \tan\left(\arcsin\left(\dfrac{\sin\left(\arctan\left(\dfrac{R_1}{f}\right)\right)}{k_1}\right)\right) \\ r_{02} = f \cdot \tan\left(\arcsin\left(\dfrac{\sin\left(\arctan\left(\dfrac{R_2}{f}\right)\right)}{k_3}\right)\right) - f \cdot \tan\left(\arcsin\left(\dfrac{\sin\left(\arctan\left(\dfrac{R_2}{f}\right)\right)}{k_2}\right)\right) \end{cases} \quad (10\text{-}6)$$

此法利用光学成像公式来替代多项式校正曲线，通过调节相对折射率 k 值来调节成像曲线的弯曲度，逐步趋近 4 阶多项式，利用合适的分段曲线校正鱼眼图像。图 10-11 所示为通过非线性分段法校正的鱼眼图像。

(a) 原图像1　　　　　　　　(b) 校正图像1

(c) 原图像2　　　　　　　　(d) 校正图像2

图 10-11　非线性分段法校正鱼眼图像

在图 10-11 中，选用了从网上下载的全幅鱼眼与圆形鱼眼图像以及使用实验室鱼眼镜头拍摄的鱼眼图像，非线性分段法对这些鱼眼图像都有很好的校正效果，在图像边缘部分，由于所选择的鱼眼图像外部校正曲线的 k 值并不是非常大，因此会有一定的畸变，但对于鱼眼图像内部和中部都有较好的校正效果。

10.2　光学遥感卫星影像几何校正

10.2.1　卫星影像几何畸变来源及影响

遥感成像中的几何畸变是由多种因素综合影响导致的,使得原图像中地物的几何特征与地面实际特征不一致。几何畸变的主要来源及产生原因见表 10-1。

表 10-1　光学遥感卫星影像几何畸变主要来源及产生原因

畸变来源	产生原因
成像器件引起的内部畸变	比例尺畸变、歪斜畸变、中心移动畸变、扫描非线性畸变、辐射状畸变、正交扭曲畸变等
卫星位置和运动状态变化	由于卫星是沿着地球按椭圆轨道运动的,卫星会有航高和飞行速度的变化,以及由于发生翻滚、偏航和俯仰变换都可以引起卫星图像的几何畸变
地球自转	地球自转导致的星下点的偏移,引入几何畸变
地形表面曲率	地面是不规则的曲面,成像时像点发生移动,像点对应地面的宽度存在误差,引起影像变形
大气折射	由于大气层分布的不均匀,电磁波在穿越大气层的过程中,会发生折射,这样电磁波的传播路径就不再是直线而变成了一条曲线,像点与地物点之间就会发生位移偏差,造成几何畸变
地球表面起伏	在某些有地面起伏的区域,本来一个理想的地面点被垂直在其上的某地面点替代,使得图像上相应的像点也会产生偏移

10.2.2　几何校正模型

由于几何畸变会对影像的正确理解与应用产生负面影响,因此在应用遥感数据前必须对影像进行几何校正处理。为了对遥感影像中的畸变和失真效果进行修复校正,需要了解影像的成像原理和基于成像原理所产生的校正方法。

几何校正模型通常分为物理校正模型和非物理校正模型,常用的通用传感器模型有多项式模型、有理函数模型等。其中,多项式模型适用于小面积的经过系统几何校正的影像,有理函数模型使用于任何类型和大小的影像数据。

1. 多项式模型

此模型的基本原理是回避遥感成像的空间几何过程而直接对影像变形的本身进行数学模拟,因为它与传感器的特性无关,是一种通用传感器模型,适合于地形起伏不大的较平坦地区,其二维多项式模型数学方程为

$$\begin{cases} x = \sum_{i=0}^{m} \sum_{j=0}^{n} a_{ij} X^i Y^j \\ y = \sum_{i=0}^{m} \sum_{j=0}^{n} b_{ij} X^i Y^j \end{cases} \quad (10-7)$$

其中,X、Y 为地面坐标;x、y 为像点坐标;i、j 为整数增量。

二维多项式模型不考虑地形起伏引起的图像变形,它只限于小范围、地势较平坦的区域。所以,当进行高分辨率遥感影像的精校正尤其是当地形起伏较大时,此模型已经不再适

用,必须在多项式中引入高程坐标,建立三维多项式模型:

$$\begin{cases} x = \sum_{i=0}^{m}\sum_{j=0}^{n}\sum_{k=0}^{p} a_{ijk} X^i Y^j Z^k \\ y = \sum_{i=0}^{m}\sum_{j=0}^{n}\sum_{k=0}^{p} b_{ijk} X^i Y^j Z^k \end{cases} \tag{10-8}$$

多项式校正模型的精度依赖于地面控制点的分布、数量和精度。

2. 有理函数模型

该模型用于正射校正和三维特征提取。此模型将像点坐标和物点坐标的关系描述为两个多项式的比值,其表达方程为

$$\begin{cases} l_n = \dfrac{\mathrm{Num}_L(U,V,W)}{\mathrm{Den}_L(U,V,W)} \\ s_n = \dfrac{\mathrm{Num}_S(U,V,W)}{\mathrm{Den}_S(U,V,W)} \end{cases} \tag{10-9}$$

其中,(l_n, s_n)是像点的像素坐标(l,s)对应的像方归一化坐标;(U,V,W)是物点坐标(B,L,H)的归一化坐标,物点坐标(B,L,H)即像点对应物点的经度、纬度和高程。

$$\begin{aligned}
\mathrm{Num}_L(U,V,W) &= a_1 + a_2 V + a_3 U + a_4 W + a_5 VU + a_6 VW + a_7 UW + a_8 V^2 + \\
&\quad a_9 U^2 + a_{10} W^2 + a_{11} UVW + a_{12} V^3 + a_{13} VU^2 + a_{14} VW^2 + \\
&\quad a_{15} V^2 U + a_{16} U^3 + a_{17} UW^2 + a_{18} V^2 W + a_{19} U^2 W + a_{20} W^3 \\
\mathrm{Den}_L(U,V,W) &= b_1 + b_2 V + b_3 U + b_4 W + b_5 VU + b_6 VW + b_7 UW + b_8 V^2 + \\
&\quad b_9 U^2 + b_{10} W^2 + b_{11} UVW b_{12} V^3 + b_{13} VU^2 + b_{14} VW^2 + \\
&\quad b_{15} V^2 U + b_{16} U^3 + b_{17} UW^2 + b_{18} V^2 W + b_{19} U^2 W + b_{20} W^3 \\
\mathrm{Num}_S(U,V,W) &= c_1 + c_2 V + c_3 U + c_4 W + c_5 VU + c_6 VW + c_7 UW + c_8 V^2 + \\
&\quad c_9 U^2 + c_{10} W^2 + c_{11} UVW + c_{12} V^3 + c_{13} VU^2 + c_{14} VW^2 + \\
&\quad c_{15} V^2 U + c_{16} U^3 + c_{17} UW^2 + c_{18} V^2 W + c_{19} U^2 W + c_{20} W^3 \\
\mathrm{Den}_S(U,V,W) &= d_1 + d_2 V + d_3 U + d_4 W + d_5 VU + d_6 VW + d_7 UW + d_8 V^2 + \\
&\quad d_9 U^2 + d_{10} W^2 + d_{11} UVW + d_{12} V^3 + d_{13} VU^2 + d_{14} VW^2 + \\
&\quad d_{15} V^2 U + d_{16} U^3 + d_{17} UW^2 + d_{18} V^2 W + d_{19} U^2 W + d_{20} W^3
\end{aligned}$$

$$\tag{10-10}$$

$a_i, b_i, c_i, d_i (i=1,2,\cdots,20)$为有理多项式系数。

令 LineOff、SampleOff 为像点坐标的平移值,LineScale、SampleScale 为像点坐标的缩放值,LonOff、LatOff、HeiOff 为物点坐标的平移值,LonScale、LatScale、HeiScale 为物方坐标的缩放值,则有 $l_n = \dfrac{l - \mathrm{LineOff}}{\mathrm{LineScale}}$,$s_n = \dfrac{s - \mathrm{SampleOff}}{\mathrm{SampleScale}}$,$U = \dfrac{B - \mathrm{LonOff}}{\mathrm{LonScale}}$,$V = \dfrac{L - \mathrm{LatOff}}{\mathrm{LatScale}}$,$W = \dfrac{H - \mathrm{HeiOff}}{\mathrm{HeiScale}}$。

有理函数模型不用知道传感器的几何细节性质,它独立于传感器类型,是目前高分辨率

遥感卫星影像应用的标准模型。

10.2.3 系统几何校正

系统几何校正法基于卫星获取的轨道、姿态数据和传感器参数，建立像点与地面点的几何关系，消除因地球自转、传感器变化引起的几何畸变，得到带有地理信息的影像数据。图 10-12 展示了系统几何校正的流程。

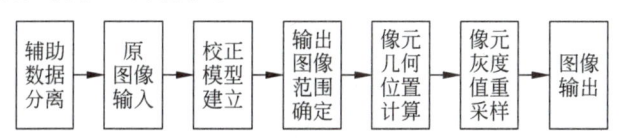

图 10-12 系统几何校正的流程

10.2.4 正射校正

正射校正通过选取地面控制点，在已有数字高程模型（Digital Elevation Model，DEM）数据的基础上，对影像进行倾斜和投影差改正，生成正射影像。将多个正射影像拼接、色彩平衡处理后，裁切得到的影像即为正射影像。

从摄影测量的角度，卫星遥感影像可以看作一个中心投影的结果，它必然会受到传感器观测角度和地面高程的影响，特别是在影像的边缘，地面高程引起的视差更是不可忽视。在图 10-13 中，从卫星 S 看到的地面点 M，其坐标应为 X；但是按照正向模型的计算，求得的坐标则为 X'。这里，由于高程 h 的影响，正向模型的计算误将 X' 当作是 M 的地面坐标，而距离 $|X-X'|$ 是由于高程 h 引起的视差。

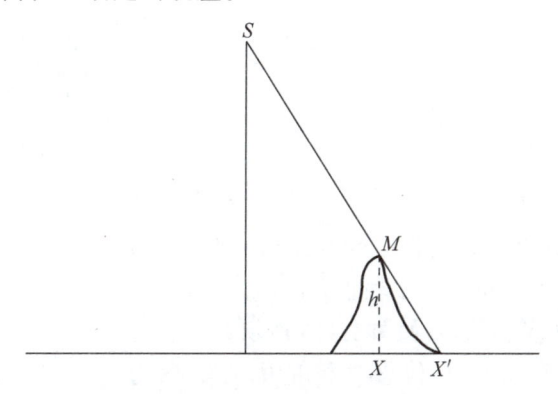

图 10-13 地面高程引起的视差

正射校正的目的就是要消除这种由地面高程引起的视差，在数字高程模型的帮助下，得到 M 点正确的位置坐标 X。

目前最常采用的校正方法是使用数字高程模型的有理函数模型法。

10.3 图像拼接

10.3.1 图像拼接基本流程

图像拼接是合并具有一定重叠区域的图像，使之形成无缝连接的单一图像。举例来说，当相同或不同相机拍摄同一场景的两张图像时,由于拍摄视角不同,图像会有差异。图像拼接即是找到这差异,计算它们的转换关系,将它们合成为一幅大图像的过程。

图像拼接基本流程如图 10-14 所示。

图 10-14 图像拼接基本流程

10.3.2 图像拼接的几何基础

1. 摄像机成像模型

在摄像机成像模型研究中,由于针孔相机模型与实际相机成像系统具有相同的成像关系,因此,为了简化实际的摄像机成像模型,常用针孔相机成像模型来代替实际的摄像机成像模型。

小孔透视投影模型可以用来简单描述摄像机成像原理,其涉及的坐标系包括图像坐标系、相机坐标系、世界坐标系,3 个坐标之间的关系如图 10-15 所示。

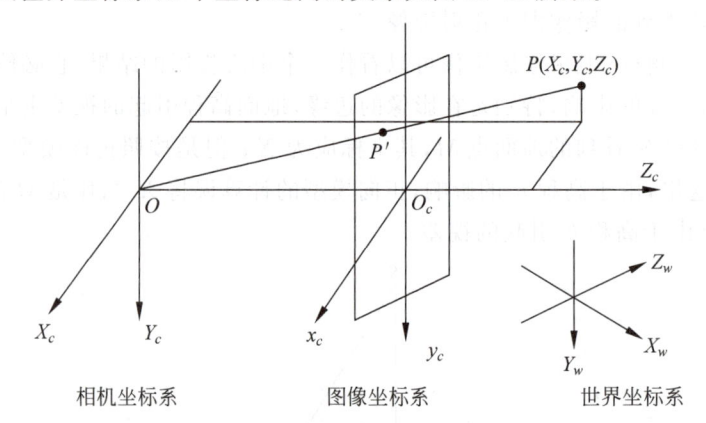

图 10-15 相机坐标系、图像坐标系及世界坐标系之间的关系

为了使图像坐标系更符合我们习惯的图像矩阵,取图像左上角为坐标原点、水平向右为 u 轴正方向、垂直向下为 v 轴正方向建立图像像素坐标系,如图 10-16 所示。

假设图像坐标系的原点在像素坐标系中的坐标为 (m_0, n_0),像素点的大小为 $\Delta x, \Delta y$,则同一像点在两个坐标系中的关系可以表示如下:

$$\begin{pmatrix} m \\ n \\ 1 \end{pmatrix} = \begin{pmatrix} 1/\Delta x & 0 & m_0 \\ 0 & 1/\Delta y & n_0 \\ 0 & 0 & 1 \end{pmatrix} \begin{pmatrix} x \\ y \\ 1 \end{pmatrix} \quad (10\text{-}11)$$

图 10-16 图像像素坐标系

相机坐标系和世界坐标系可通过旋转和平移运算联系起来,假设空间中某一点在相机坐标系的坐标为 (x_c, y_c, z_c),在世界坐标系中点的坐标为 (x_w, y_w, z_w),则其关系可以用式(10-12)来表示。

$$\begin{pmatrix} x_c \\ y_c \\ z_c \\ 1 \end{pmatrix} = \begin{pmatrix} \boldsymbol{R} & \boldsymbol{T} \\ \boldsymbol{0}^{\mathrm{T}} & 1 \end{pmatrix} \begin{pmatrix} x_w \\ y_w \\ z_w \\ 1 \end{pmatrix} \tag{10-12}$$

其中,$\boldsymbol{R}$ 为 3×3 的旋转矩阵,$\boldsymbol{T}$ 为 3×1 的平移向量,$\boldsymbol{0}^{\mathrm{T}}=(0\ 0\ 0)^{\mathrm{T}}$。在图 10-15 中,空间场景中的一点 P 在相机坐标系下坐标为 $P(X_c,Y_c,Z_c)$,通过光心 O 与点 P 的直线与图像平面相交于 P',P' 在图像坐标系下坐标为 $P'(x,y)$,那么 P' 就是空间场景点 P 在图像平面上的像点,于是,用点 P 的坐标表达点 P' 的数学关系(图像坐标系和相机坐标系的关系)为

$$\begin{pmatrix} x \\ y \end{pmatrix} = \begin{pmatrix} \dfrac{fx_c}{Z_c} \\ \dfrac{fy_c}{Z_c} \end{pmatrix} \Rightarrow s \begin{pmatrix} x \\ y \\ 1 \end{pmatrix} = \begin{pmatrix} f & 0 & 0 & 0 \\ 0 & f & 0 & 0 \\ 0 & 0 & 1 & 0 \end{pmatrix} \begin{pmatrix} x_c \\ y_c \\ z_c \\ 1 \end{pmatrix} \tag{10-13}$$

其中,f 为相机焦距,s 为比例因子,$(x\ y)^{\mathrm{T}}$ 为像素坐标系中的一点,$(x_c\ y_c\ z_c)^{\mathrm{T}}$ 为该点在相机坐标系中的坐标。

联合式(10-11)~式(10-13)即可得到空间中任一点的坐标到图像平面,即像素坐标系的变换关系,如式(10-14)所示。

$$\begin{aligned} s \begin{pmatrix} m \\ n \\ 1 \end{pmatrix} &= \begin{pmatrix} 1/\Delta x & 0 & m_0 \\ 0 & 1/\Delta y & n_0 \\ 0 & 0 & 1 \end{pmatrix} \begin{pmatrix} f & 0 & 0 & 0 \\ 0 & f & 0 & 0 \\ 0 & 0 & 1 & 0 \end{pmatrix} \begin{pmatrix} \boldsymbol{R} & \boldsymbol{T} \\ \boldsymbol{0}^{\mathrm{T}} & 1 \end{pmatrix} \begin{pmatrix} x_w \\ y_w \\ z_w \\ 1 \end{pmatrix} \\ &= \begin{pmatrix} f_x & 0 & m_0 & 0 \\ 0 & f_y & n_0 & 0 \\ 0 & 0 & 1 & 0 \end{pmatrix} \begin{pmatrix} \boldsymbol{R} & \boldsymbol{T} \\ \boldsymbol{0}^{\mathrm{T}} & 1 \end{pmatrix} \begin{pmatrix} x_w \\ y_w \\ z_w \\ 1 \end{pmatrix} \end{aligned} \tag{10-14}$$

可以令

$$\boldsymbol{M}_n = \begin{pmatrix} f_x & 0 & m_0 & 0 \\ 0 & f_y & n_0 & 0 \\ 0 & 0 & 1 & 0 \end{pmatrix}, \quad \boldsymbol{M}_w = \begin{pmatrix} \boldsymbol{R} & \boldsymbol{T} \\ \boldsymbol{0}^{\mathrm{T}} & 1 \end{pmatrix}$$

则有

$$s \begin{pmatrix} m \\ n \\ 1 \end{pmatrix} = \boldsymbol{M}_n \boldsymbol{M}_w \begin{pmatrix} x_w \\ y_w \\ z_w \\ 1 \end{pmatrix} \tag{10-15}$$

式(10-14)中,f_x、f_y 是分别表示图像像素坐标系中 u 轴和 v 轴上的归一化焦距,(m_0,n_0) 是相机光轴在图像上的坐标。在式(10-15)中,矩阵 $\boldsymbol{M}_n$ 共有 4 个参数,它们代表了图像平面偏移量、分辨率及相机焦距等信息,它们只与相机本身的参数有关,与相机的位置无关,所以称 $\boldsymbol{M}_n$ 为内参数矩阵。而式中的 $\boldsymbol{M}_w$ 只与相机的位置有关,而与相机本身的参数无关,

所以称为外参数矩阵。

2. 图像变换模型

图像变换模型描述了目标图像与原图像之间的关系，特别是在摄像机成像系统下。在图像拼接过程中，这种模型成为成功进行配准与拼接的基础。常见的变换模型包括刚性、相似、仿射和透视变换，详见图 10-17。

图 10-17　图像变换模型示例

1) 刚性变换

刚性变换又称欧氏变换，它描述的是摄像机平移和旋转的运动方式，该变换不会改变原图像的大小，也不会扭曲图像。它的参数矩阵 $\boldsymbol{H}$ 表示为

$$\boldsymbol{H} = \begin{pmatrix} \cos\theta & -\sin\theta & h_{13} \\ \sin\theta & \cos\theta & h_{23} \\ 0 & 0 & 1 \end{pmatrix} \tag{10-16}$$

刚性变换参数矩阵具有 3 个参数，矩阵中 θ 描述的是图像旋转，h_{13} 和 h_{23} 描述的是图像的平移量，因此需要两对或以上不共线的控制点才可以求解刚性变换的参数矩阵。

2) 相似变换

与刚性变换相比，相似变换增加了一个尺度因子，因此，相似变换不仅可以表示两幅图像之间的平移和旋转变换关系，还可以表示图像之间的缩放关系。它的参数矩阵 $\boldsymbol{H}$ 表示为

$$\boldsymbol{H} = \begin{pmatrix} r\cos\theta & -r\sin\theta & h_{13} \\ r\sin\theta & r\cos\theta & h_{23} \\ 0 & 0 & 1 \end{pmatrix} \tag{10-17}$$

相似变换模型具有 4 个参数，其中，增加的 r 参数是图像尺度缩放因子，至少需要两对不共线的控制点才可以求解相似变换的参数矩阵。

3) 仿射变换

仿射变换不仅可以用于摄像机存在平移、旋转和缩放的运动情况，还可以处理错切变换导致的图像变形。该变换最大的特点是图像中的平行关系不变。它的参数矩阵 $\boldsymbol{H}$ 表示为

$$\boldsymbol{H} = \begin{pmatrix} h_{11} & h_{12} & h_{13} \\ h_{21} & h_{22} & h_{23} \\ 0 & 0 & 1 \end{pmatrix} \tag{10-18}$$

仿射变换模型具有 6 个参数，因此需要 3 对或以上的匹配点对才可以求解仿射变换的参数矩阵。

4) 透视变换

透视变换模型是最普遍的图像变换模型。透视变换后，图像中的角度和平行关系都会

发生改变。它的参数矩阵 H 表示为

$$H = \begin{pmatrix} h_{11} & h_{12} & h_{13} \\ h_{21} & h_{22} & h_{23} \\ h_{32} & h_{32} & 1 \end{pmatrix} \quad (10\text{-}19)$$

透视变换模型具有 8 个未知参数,理论上需要 4 对或以上不在同一直线上的匹配点对才可以求解出透视变换的参数矩阵。

由以上分析可知,图像变换模型可以统一由透视变换模型来概括,其他 3 种图像变换模型都可以看作透视变换的特殊情况,因此,使用一个 8 参数变换矩阵就可描述所有的图像变换模型。

10.3.3 图像配准技术

图像配准是指将两幅不同的(可以是不同时间或不同相机拍摄)具有一定重合关系的图像,通过某种相似性度量,确定图像之间变换关系的过程。

图像配准方法分为 3 类:基于相位的、基于区域的和基于特征的。前两者有明显限制,基于相位的方法仅适用于平移、旋转和缩放,对于复杂变换无效;基于区域的方法准确度低,难以应对复杂变换,容易受光照影响。与此相反,基于特征的方法简单、精度高、健壮性强。特征点图像配准近年来备受关注,本章以此为例研究图像配准原理方法。

基于特征点的图像配准技术首先提取原图像的特征点,然后对这些提取的特征点进行匹配,最后对这些匹配点进行提纯并求解图像变换模型。

1. 图像特征点提取

图像特征点又称兴趣点,是指图像中突出且具有代表意义、能够有效反映图像本质特征且能够标识图像中目标物体的点。目前提取图像特征点的算法许多,其中最经典、最有代表性的是 Harris 角点检测算法和 SIFT 特征提取算法。

1) Harris 角点检测算法

该算法最早是由 Harris 提出的,并且混合了角点和边缘检测算法,主要是通过计算点的梯度和曲率来判断角点。

Harris 角点检测算法可分为以下几个环节。

(1) 计算灰度图像在 x、y 方向的梯度:

$$X = \frac{\partial I}{\partial x} = I \otimes (-1, 0, 1) \quad (10\text{-}20)$$

$$Y = \frac{\partial I}{\partial y} = I \otimes (-1, 0, 1)^{\mathrm{T}} \quad (10\text{-}21)$$

其中,I 为灰度图像,$\otimes$ 表示卷积算子。

(2) 构造自相关矩阵。

$$M = \begin{pmatrix} A & C \\ C & B \end{pmatrix} = \begin{pmatrix} X^2 \otimes w & XY \otimes w \\ XY \otimes w & Y^2 \otimes w \end{pmatrix} \quad (10\text{-}22)$$

这里,$w = \exp\left(-\dfrac{x^2 + y^2}{2\delta^2}\right)$ 是高斯窗平滑函数,目的是提高算法的抗噪能力。

(3) 提取角点。

由于矩阵 M 是二阶并且是实对称的,因此肯定可以求解出矩阵的两个特征值,设为 λ_1 和 λ_2,而 λ_1 和 λ_2 与图像局部自相关函数的主曲率成比例,因此,通过对图像中任意点 λ_1 和 λ_2 的取值进行分析,可以找到图像中的角点。角点检测原理如图 10-18 所示。

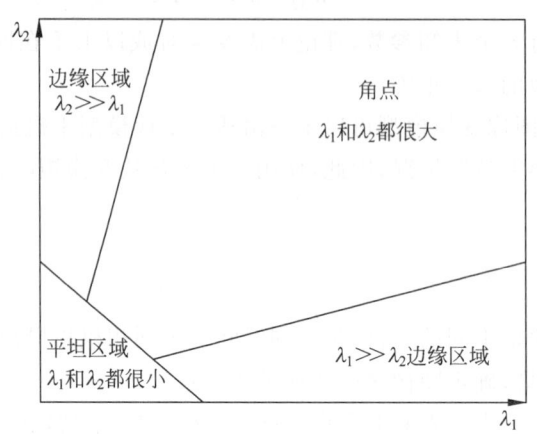

图 10-18　Harris 角点检测原理

如果 λ_1 和 λ_2 都很小,说明该点附近很平坦,对应图像中的平坦区域;如果 λ_1 和 λ_2 一个很小一个很大,说明该点沿某方向变化很很小,沿该方向的垂直方向则变化很大,对应图像中的边缘区域;如果 λ_1 和 λ_2 都很大,说明该点沿任何方向变化都很激烈,对应图像中的角点。

求解自相关矩阵 M 特征值 λ_1 和 λ_2 的计算量很大,因此,在实际计算环节,为了减少计算量,提高角点提取速度,通常定义角点为 Harris 角点响应函数大于某阈值的局部极大值。其中,Harris 角点响应函数为

$$R = \mathrm{Det}(\boldsymbol{M}) - k\mathrm{Tr}(\boldsymbol{M})^2 \tag{10-23}$$

其中,$\mathrm{Det}(\boldsymbol{M})$ 为矩阵 $\boldsymbol{M}$ 的行列式值,$\mathrm{Tr}(\boldsymbol{M})$ 为矩阵 $\boldsymbol{M}$ 的迹,k 为常数,一般取经验值 $0.04 \sim 0.06$。

$$\mathrm{Det}(\boldsymbol{M}) = \lambda_1 \lambda_2 = AB - C^2 \tag{10-24}$$

$$\mathrm{Tr}(\boldsymbol{M}) = \lambda_1 + \lambda_2 = A + B \tag{10-25}$$

因此,响应函数 R 可表示为

$$R = \mathrm{Det}(\boldsymbol{M}) - k\mathrm{Tr}(\boldsymbol{M})^2 = AB - C^2 - k(A+B) > T \tag{10-26}$$

这里 T 是一个阈值,与图像响应函数 R 有关。此外,为了防止检测的角点之间的距离太近,使角点尽量分散于整个图像上,通常取 3×3 或 5×5 邻域对响应函数 R 进行非极大值抑制。最终检测出响应函数 R 大于阈值 T 并且是局部极大值的点,可认为是图像的角点。

Harris 角点检测结果如图 10-19 所示。

2) SIFT 特征提取算法

SIFT(Scale-Invariant Feature Transform)是 Lowe 在哥伦比亚大学首次提出的优秀尺度不变算法,对噪声、亮度差异和视角变化有健壮性,适用各种复杂条件下的图像配准。其特征提取包括以下几个环节。

图 10-19　Harris 角点检测结果

（1）构建尺度空间，检测极值点。

为了使提取的 SIFT 特征具有多尺度特性，首先需要构建图像的尺度空间。图像的尺度空间可以用高斯函数与该图像进行卷积来得到，可表示为

$$L(x,y,\sigma) = G(x,y,\sigma) \otimes I(x,y) \tag{10-27}$$

其中，$L(x,y,\sigma)$ 为图像的尺度空间，$G(x,y,\sigma)$ 为尺度可变的高斯函数，$I(x,y)$ 为图像数据。尺度可变的高斯函数 $G(x,y,\sigma)$ 定义为

$$G(x,y,\sigma) = \frac{1}{2\pi\sigma^2} e^{\frac{-(x^2+y^2)}{2\sigma^2}} \tag{10-28}$$

式(10-27)和式(10-28)中 σ 为尺度系数，也是对输入图像进行卷积的次数，代表了输入图像的模糊程度。因此，σ 越大，显示对输入图像进行平滑的次数越多，图像越平滑，分辨率越低，对应的图像尺度越大；对应的 σ 越小，显示对输入图像进行平滑的次数越少，图像越接近输入图像，分辨率越高，对应的图像尺度越小。

为了加快算法的速度，这里采用速度较快的 DOG 算子来计算极值点。

SIFT 特征提取算法利用高斯差分图像金字塔生成 DOG 算子。定义不同尺度系数，对输入图像卷积得尺度空间图像，构建金字塔。通过下采样生成金字塔的第二层，以此类推。对相邻层图像差分得高斯差分图像。

再比较高斯差分图像中每个像素及其邻域像素，包括同层 8 像素和上下两层的 9 像素，共计 26 像素。极值点检测见图 10-20，图中×号表示参考点，圆点表示邻域像素。如果参考点的 DOG 值大于或小于所有邻域像素的 DOG 值，则为极值点。

（2）特征点过滤并精确定位。

经过 DOG 算子检测，极值点中可能包含不稳定特征，需过滤不理想特征。将高斯差分函数展开，可以得出：

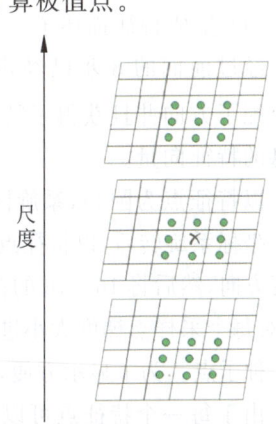

图 10-20　图像尺度空间极值点检测示意

$$D(X) = D + \frac{\partial D^{\mathrm{T}}}{\partial X} X + \frac{1}{2} X^{\mathrm{T}} \frac{\partial^2 D}{\partial X^2} X \tag{10-29}$$

其中,$\boldsymbol{X}=(x,y,\sigma)^{\mathrm{T}}$ 对上式两边求导并令其等于 0,可以得到极值点:

$$\hat{\boldsymbol{X}}=-\frac{\partial^2 \boldsymbol{D}^{-1}}{\partial \boldsymbol{X}^2}\frac{\partial \boldsymbol{D}}{\partial \boldsymbol{X}} \tag{10-30}$$

将式(10-30)代入式(10-29)中,可以求得极值为

$$D(\hat{\boldsymbol{X}})=\boldsymbol{D}+\frac{1}{2}\frac{\partial \boldsymbol{D}^{\mathrm{T}}}{\partial \boldsymbol{X}}\hat{\boldsymbol{X}} \tag{10-31}$$

当 $|D(\hat{\boldsymbol{X}})|\leqslant 0.3$ 时,认为该特征点的对比度相对较低,应该过滤掉,否则保留该特征点。对于不稳定的边缘响应点,可借用 Hessian 矩阵来剔除。

(3) 特征点方向分配。

前面两步保证了图像特征的尺度不变性。这一步是为了使图像特征保持旋转不变性,具体方法是计算每个特征点的梯度变化,为它们分配一个方向。

计算特征点邻域中每个点的梯度模值 $m(x,y)$ 和 $\theta(x,y)$ 方向:

$$m(x,y)=\sqrt{(L(x+1,y)-L(x-1,y))^2+(L(x,y+1)-L(x,y-1))^2} \tag{10-32}$$

$$\theta(x,y)=\tan^{-1}((L(x,y+1)-L(x,y-1))/(L(x+1,y)-L(x-1,y))) \tag{10-33}$$

其中,L 为各特征点所在的尺度。计算完特征点邻域内各像素的梯度后,用直方图统计其方向,方向范围为 0°~360°,每隔 10°统计一次,共统计 36 次。统计的特征点方向直方图如图 10-21 所示(为了显示方便,这里只描述 8 个方向)。

特征点的主方向是梯度方向直方图峰值的方向。为增强匹配稳定性,取峰值大于主方向峰值 80% 的方向为特征点的副方向,因此,在同一个位置可能会有多个方向不同的特征点,但在实际检测过程中只有少量特征点会被赋予多个方向。

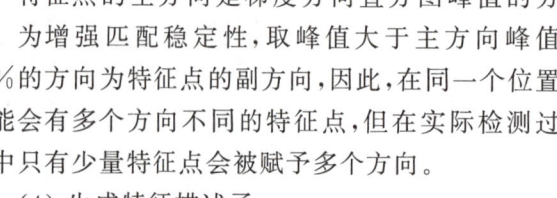

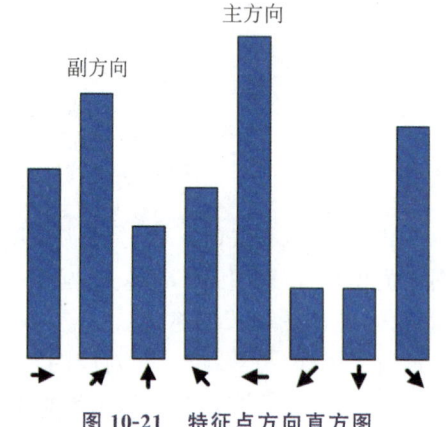

图 10-21 特征点方向直方图

(4) 生成特征描述子。

经过前面的 3 步已经定位了特征点,也为特征点分配了方向并且获得了特征点的尺度信息,这一步是为所有特征点生成一个包含其特征信息的特征向量。

以特征点为圆心,系旋图像坐标,使坐标轴方向与特征点的主方向重合。

坐标系旋转后,以特征点为中心取 16×16 的窗口邻域,计算邻域内每个像素的梯度值和梯度方向,然后将 16×16 的窗口邻域分成 16 个 4×4 的小块。对每一个小块,以 45°为一个区间,对每个采样点梯度大小进行高斯函数加权,统计 8 个梯度区间上梯度方向的累加值,生成一个种子点。为了显示方便,以 8×8 的窗口邻域为例,特征描述子生成示意如图 10-22 所示。

由于每一个特征点可以生成 16 个子区域,其中任何一个子区域又包含 8 个方向的信息,因此,每个特征点可以生成一个 16×8 共 128 维的 SIFT 特征描述子。

SIFT 特征点提取结果如图 10-23 所示。

2. 图像特征点匹配

图像特征点提取完毕后,下一环节就需要对这些特征点进行匹配。常用的特征点匹配

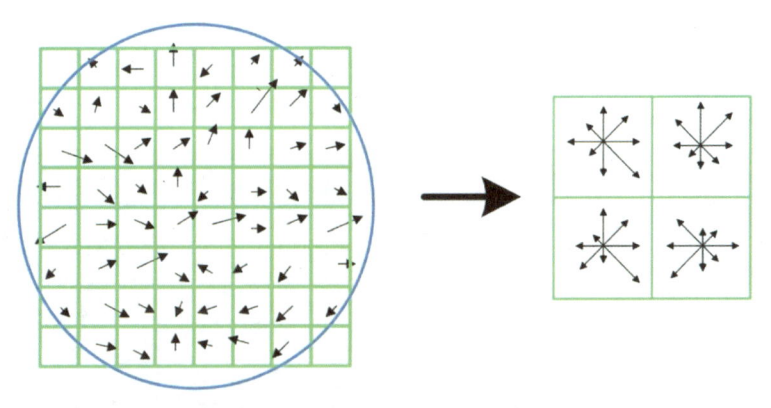

图 10-22　特征描述子生成示意

图 10-23　SIFT 特征点提取结果

方法有归一化互相关方法、最近邻方法和汉明距离等,对于不同的特征点检测算法通常用不同的特征点匹配方法与之对应。

对于 Harris 角点检测算法,由于该算法只检测特征点的位置,并没有生成特征向量,常用归一化互相关方法对该算法检测的特征点进行匹配。

归一化互相关方法以不同特征点邻域像素灰度值的归一化互相关系数为匹配准则进行匹配。基本思想如下:在待配准的两张图像中,以特征点为中心取一个 $(2N+1)\times(2N+1)$ 大小的相关窗,通常取 $N=2$,计算两张图像中不同特征点相关窗之间的归一化互相关系数,归一化互相关系数为

$$\text{NCC} = \frac{\sum\limits_{x,y \in W} [I_1(x,y) - \bar{I}_1][I_2(x,y) - \bar{I}_2]}{\sqrt{\sum\limits_{x,y \in W}[I_1(x,y) - \bar{I}_1]^2} \sqrt{\sum\limits_{x,y \in W}[I_2^2(x,y) - \bar{I}_2]^2}} \tag{10-34}$$

其中,W 是以特征点为中心的相关窗,I_1、I_2 是待配准两张图像中特征点相关窗内像素的灰度值,$\bar{I}_1$ 和 $\bar{I}_2$ 分别表示 I_1 和 I_2 所在特征点相关窗内像素灰度值的均值,NCC 是归一化互相关系数。

对于不同的特征点,求解的归一化互相关系数 NCC 的范围为 $-1 \sim 1$,NCC 越大表示两个特征点越相似,当 NCC 大于某一阈值 T 时,认为两个特征点是匹配的,通常取 $T=0.9$。

该方法对图像光照变化具有很好的适应性，但特征点矩形相关窗的选取是该方法的缺陷。因此，这种方法只适合图像间具有平移或小角度旋转关系的图像配准中。

使用归一化互相关方法对 Harris 特征点进行匹配，结果如图 10-24 所示。

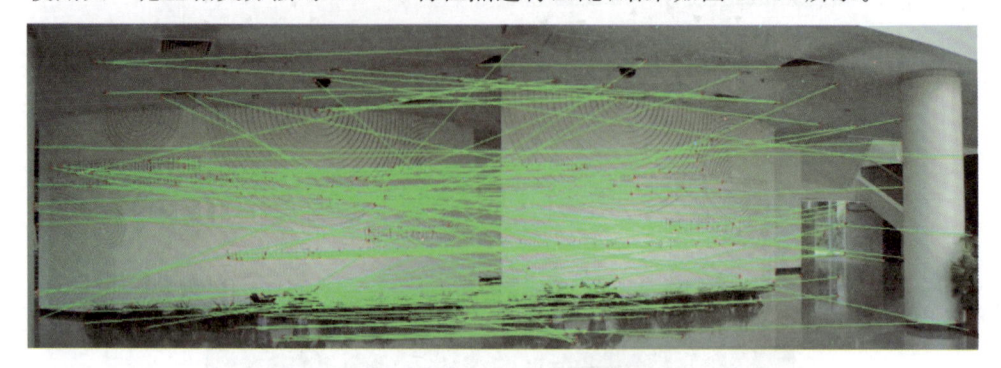

图 10-24　Harris 特征点匹配结果

对于 SIFT 特征提取算法，由于 SIFT 局部特征会生成一个 128 维的特征向量，这种高维特征向量具有很好的独特性，因此常用最邻近方法对该算法提取的特征点进行匹配。

对于 SIFT 特征匹配，设 p、q 为两个 SIFT 特征向量，它们之间的欧氏距离可表示为

$$d = \sqrt{\sum_{i=1}^{128}(p_i - q_i)^2} \tag{10-35}$$

将参考图像中的每个特征点与待配准图像中所有特征点进行匹配，计算特征向量之间的最近邻距离 d_1 和次近邻距离 d_2，若 d_1 明显小于 d_2，即 d_1 与 d_2 的比值小于设定的阈值 T 时，则认为特征向量之间有着最近邻距离的两个特征向量匹配正确，否则认为该特征点没有与之匹配的特征点。这里阈值 T 通常取 0.2~0.6。

使用最近邻方法对 SIFT 特征点进行匹配，结果如图 10-25 所示。

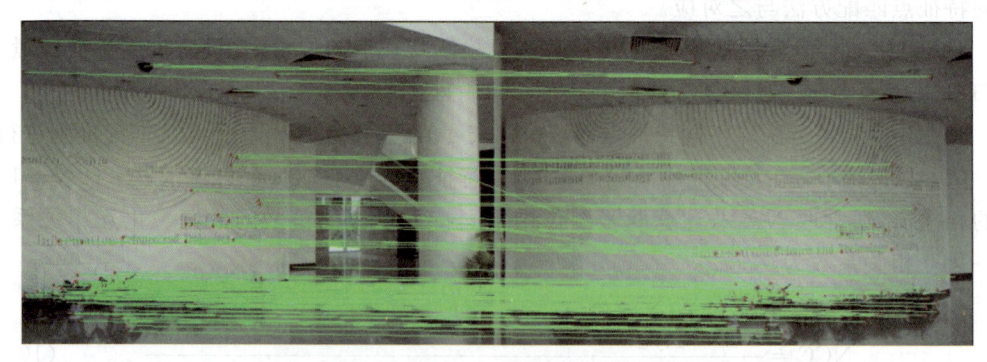

图 10-25　SIFT 特征点匹配结果

对比分析 Harris 特征点匹配结果图 10-24 和 SIFT 特征点匹配结果图 10-25，可以明显看出 Harris 算法匹配的连线显得杂乱无章，大部分特征点匹配都出现了错误，而 SIFT 特征点匹配的连线则非常有规律，只有极少特征点匹配到了错误的特征点上。图 10-24 和图 10-25 证明了 SIFT 特征有着比 Harris 特征更好的独特性和适应性，验证了前面对 Harris 和 SIFT 算法的分析。

3. 去除误匹配与变换矩阵求解

在图像配准中,两图像的特征点不一一对应,因特征可能位于非重叠区域,或相似但不正确。因此,特征点匹配可能有误,仅为粗匹配,见图 10-24 和图 10-25。误匹配导致错误变换矩阵,从而拼接失败。去除误匹配和求解变换矩阵并非独立,前者为后者的基础,且两者相互依赖。典型方法是 RANSAC 算法。

使用 RANSAC 算法去除特征点匹配中的误匹配同时求解图像变换矩阵步骤如下。

(1) 从特征点粗匹配点对中随机选取 4 对匹配点对。

由对图像变换模型分析可知,图像变换模型可统一归纳为透视投影,透视投影变换矩阵 **H** 可表示为

$$\boldsymbol{H} = \begin{pmatrix} h_{11} & h_{12} & h_{13} \\ h_{21} & h_{22} & h_{23} \\ h_{31} & h_{32} & 1 \end{pmatrix} \tag{10-36}$$

其中,变换矩阵 **H** 具有 8 个自由度,所以至少需要 4 对匹配点对。

(2) 根据 4 对匹配点对计算临时变换矩阵 **H**。

两张图像在透视变换条件下满足如下关系:

$$s \begin{pmatrix} x'_0 \\ y'_0 \\ 1 \end{pmatrix} = \boldsymbol{H}' \begin{pmatrix} x_0 \\ y_0 \\ 1 \end{pmatrix} = \begin{pmatrix} h_{11} & h_{12} & h_{13} \\ h_{21} & h_{22} & h_{23} \\ h_{31} & h_{32} & 1 \end{pmatrix} \begin{pmatrix} x_0 \\ y_0 \\ 1 \end{pmatrix} \tag{10-37}$$

其中,(x_0, y_0) 和 (x'_0, y'_0) 分别为一对匹配点对的两个特征点坐标,s 为齐次坐标系下的比例因子。通过上式可以建立如下两个方程:

$$h_{11}x_0 + h_{12}y_0 + h_{13} - h_{31}x_0 x'_0 - h_{32}y_0 x'_0 - x'_0 = 0 \tag{10-38}$$

$$h_{21}x_0 + h_{22}y_0 + h_{23} - h_{31}x_0 y'_0 - h_{32}y_0 y'_0 - y'_0 = 0 \tag{10-39}$$

将随机选取的 4 对匹配点对代入式(10-64)和式(10-65)中建立方程组,便可求解 $h_{11} \sim h_{32}$ 共 8 个参数,得到临时变换矩阵 **H**′。

(3) 将所有粗匹配特征点用临时变换矩阵 **H**′映射,计算映射后特征点与匹配的特征点之间的欧氏距离,并记录距离小于阈值 T 的特征点对个数 Ni。其中 T 为经验数值,通常取 $T=3$。

设 p、q 为一粗匹配点对,点 p' 为点 p 经过临时变换矩阵 **H**′映射的点,则点 p' 与点 p 之间的欧氏距离为

$$d = \sqrt{(p'_x - q_x)^2 + (p'_y - q_y)^2} \tag{10-40}$$

当 $d < T$ 时,认为这一匹配点对是正确的,并记为一个内点。统计所有粗匹配对中的内点的个数 Ni。

(4) 当 Ni 大于阈值 N 时,认为求解的临时变换矩阵是合理的,利用 Ni 对应的内点集重新计算临时变换矩阵 **H**′;当 Ni 小于阈值 N 时,认为求解的临时变换矩阵 **H**′不合理,则重新回到步骤(1)。

(5) 重复以上 4 步,直至循环结束,选择最大 Ni 对应的临时变换矩阵 **H**′为最终变换矩阵 **H**,对应的内点集为最优聚类,从而去掉特征点匹配中的误匹配并完成变换矩阵求解。

为了验证 RANSAC 算法的效果,对图 10-24 和图 10-25 所示的特征点粗匹配结果进行提纯,可以得到基于 Harris 和 SIFT 算法的特征点精匹配,精匹配结果如图 10-26 和图 10-27 所示。

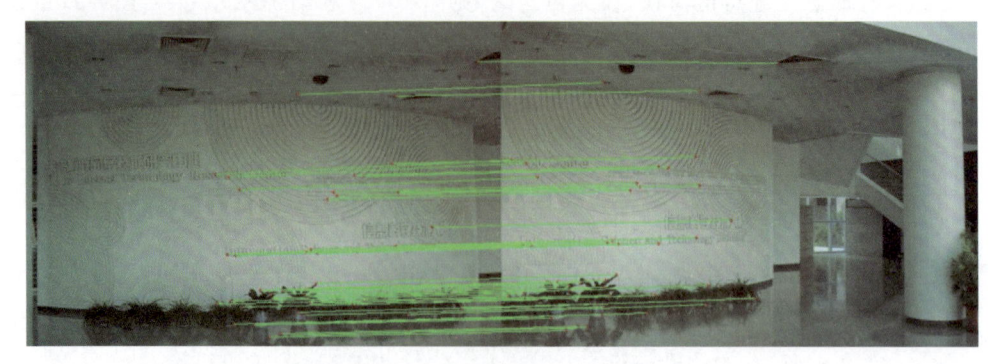

图 10-26　Harris 特征点精匹配

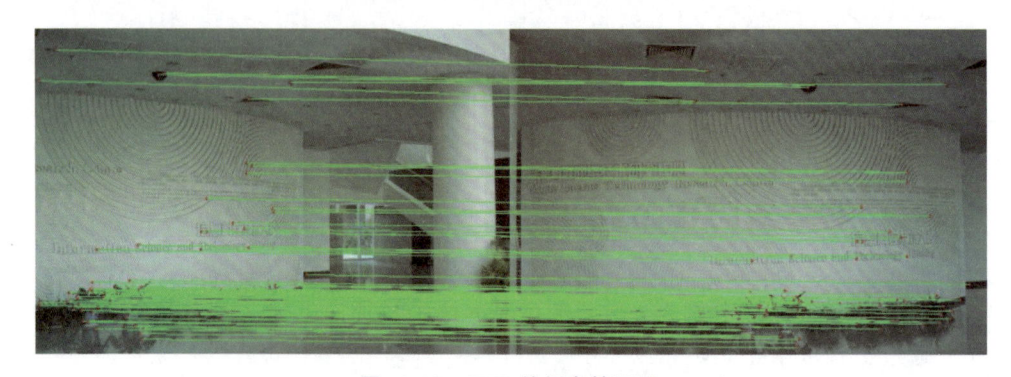

图 10-27　SIFT 特征点精匹配

在图 10-26 和图 10-27 中已经找不到错误的匹配点,与图 10-24 和图 10-25 进行对比,证明了 RANSAC 算法无论对于只有少量错误匹配的 SIFT 特征点匹配,还是对于有着大量错误匹配的 Harris 特征点匹配都有稳定的提纯效果。

10.3.4　图像融合技术

图像融合将经过配准的两图像的重叠部分统一到同一坐标系下,无痕拼接生成新图像。现有的图像融合方法很多,常用的有加权平均法、基于动态规划的缝合线搜索方法和多频段融合方法等。

1. 加权平均法

加权平均法使用的是两张图像重合区域的像素值,首先对两张图像的像素值进行加权计算,然后进行叠加,从而得到融合后图像的像素值。设 $f_1(x,y)$ 和 $f_2(x,y)$ 为两张待融合的图像,$f(x,y)$ 为融合后的图像,则有

$$f(x,y) = \begin{cases} f_1(x,y) & (x,y) \in f_1 \\ d_1 f_1(x,y+d_2 f_2(x,y)) & (x,y) \in f_1 \cap f_2 \\ f_2(x,y) & (x,y) \in f_2 \end{cases} \quad (10\text{-}41)$$

其中,d_1 和 d_2 分别代表两张图像在图像融合区域对应像素的权值,并且有 $d_1+d_2=1, 0 \leqslant$

$d_1 \leqslant 1, 0 \leqslant d_2 \leqslant 1$。加权平均法的核心在于权值 d_1 和 d_2 的选取,选择合适的权值可以使得两张图像在重叠区域实现平滑过渡,消除拼接缝隙。

当 d_1 和 d_2 都等于 1/2 时,加权平均法成为常见的直接平均法。

当 d_1 和 d_2 由重叠区域像素到重叠区域的边界距离来计算时,加权平均法成为常见的渐入渐出法。

使用该方法可得到平滑无缝过渡的融合结果图像,但可能产生鬼影现象。鬼影现象是融合后图像中的错位模糊。原因可分为两类:配准鬼影和合成鬼影。前者由于配准精度不足造成,后者由于待融合图像中物体移动引起。

2. 基于动态规划的缝合线搜索方法

缝合线是指图像重叠部分两张图像像素差异最小的一条曲线。缝合线的搜索方法最常见的是基于动态规划的方法。

动态规划的核心思想是将一个复杂的问题转换为多个单阶段的子问题,逐个求解子问题,然后利用各阶段子问题之间的关系,最后达到求解原始问题的目的。把动态规划方法用于搜索缝合线,就是要在两幅待拼接图像的重叠区域中,依据动态规划思想,确定一条差异性最小的最优缝合线。该方法可表示为

$$Z_r = \min \sum_{i=1}^{n} r_i(S_i, E_i) \tag{10-42}$$

上式中 $r_i(S_i, E_i), i \in [0, n]$ 为第 i 阶段的相似性指标量,S_i 和 E_i 分别为第 i 阶段决策的起点和终点。

基于动态规划的缝合线搜索方法最重要的是找到一个合适的缝合线搜索准则。显然,最优的缝合线搜索准则应该使缝合线两侧的图像差异最小。在此原则上,DUPLAQUET M L 给出了以下两个方向。

(1) 缝合线邻域像素差异最小。

(2) 缝合线邻域几何结构最相似。

因此,最优缝合线搜索准则可表示为

$$c(x,y) = c_{\text{dif}}(x,y) + \lambda c_{\text{edge}}(x,y) \tag{10-43}$$

其中,λ 是一个可变调节系数,$c_{\text{dif}}(x,y)$ 是缝合线邻域像素的颜色和亮度差异项,$c_{\text{edge}}(x,y)$ 是缝合线邻域的几何结构差异项,其定义为

$$c_{\text{dif}}(x,y) = \frac{1}{N_V} \sum_{i,j \in V} |\alpha_1(x+i, y+j) - \alpha_2(x+i, y+j)| \tag{10-44}$$

$$c_{\text{edge}}(x,y) = \min(g_1(x,y), g_2(x,y)) \tag{10-45}$$

其中,α_1 和 α_2 分别代表待拼接图像邻域像素的亮度,V 为矩形邻域,g_1 和 g_2 分别代表待拼接图像的梯度。对于三通道 RGB 彩色图像,其亮度计算公式如下:

$$\alpha(x,y) = 0.3R(x,y) + 0.59G(x,y) + 0.11B(x,y) \tag{10-46}$$

其中,$R(x,y)$、$G(x,y)$、$B(x,y)$ 分别代表彩色图像中每个像素点的三个通道值。

对于式(10-45)忽略了像素点周围的相似性,DUPLAQUET M L 认为几何结构相似性应该以像素点为中心,同时考虑对角线方向的 4 个相邻点,并且将它们的插值也作为相似性度量准则,即

$$c_{\text{geo}}(x,y) = \text{Diff}(I_1(x,y), I_2(x,y)) \tag{10-47}$$

上式中，I_1 和 I_2 分别表示两幅原图像，Diff 表示 I_1 和 I_2 在 x 和 y 方向上梯度差的乘积，其中计算 x 和 y 方向梯度的模板如下：

$$\boldsymbol{S}_x = \begin{pmatrix} -2 & 0 & 2 \\ -1 & 0 & 1 \\ -2 & 0 & 2 \end{pmatrix}, \quad \boldsymbol{S}_y = \begin{pmatrix} -2 & -1 & -2 \\ 0 & 0 & 0 \\ 2 & 1 & 2 \end{pmatrix} \tag{10-48}$$

总结以上分析，可得出最优缝合线搜索准则为

$$c(x,y) = c_{\text{dif}}(x,y) + c_{\text{geo}}(x,y) \tag{10-49}$$

下面以式(10-49)为搜索准则详细介绍最优缝合线的搜索步骤。首先确定待融合图像的重叠区域，将重叠区域图像相减，可以得到一幅重叠区域的差值图像，然后依据动态规划的搜索准则，沿着它的第一行，以该行上每一个像素为起点开始搜索缝合线，直到搜索完所有的缝合线，最后在所有的这些缝合线中寻找出最优缝合线。具体步骤如下。

(1) 假设重叠区域差值图像的第一行每个像素点都有一条缝合线与之对应，以式(10-49)为搜索准则计算出每条缝合线的强度值，并记录这条缝合线所在的列值。

(2) 以差值图像第一行像素点为起点向下延伸，直至结束。延伸的过程是计算每一条缝合线在当前参考点下一行中的 3 个点的准则值，选取准则值最小的点作为缝合线的更新方向，新缝合线的强度值由旧缝合线的强度值与最小准则值相加得到，再更新该缝合线的当前起点，起点为最小准则值点所在的列。

(3) 搜索完所有图像重叠区域后，其中强度准则值最小的缝合线就是最佳缝合线。

该方法避免了鬼影现象，比加权平均更清晰。但缝合线两侧像素来源不同图像，颜色/亮度差异大时可能出现"拼接线"。同时，重叠区域的物体运动可能导致错位。

3. 多频段图像融合方法

近年来，多频段融合成为主流图像融合方法，可获得优秀结果。它的核心思想是通过向下和向上采样构建拉普拉斯金字塔，将图像分解成不同频段，融合不同频段的拉普拉斯金字塔图像，最后还原为融合图像。

对于一张原始待融合的图像，首先向下采样得到一系列的高斯金字塔图像。以 G_i 表示第 i 层高斯金字塔图像，则第 $i+1$ 层高斯金字塔图像 G_{i+1} 可由如下方法获得。

(1) 将图像 G_i 与高斯内核进行卷积。

(2) 去除卷积后图像的所有偶数行和列。

由上可知，每层高斯金字塔图像大小是其下层图像大小的 1/4。通过对原图像不停迭代以上步骤就可以得到整个高斯金字塔图像。

然后对每层高斯金字塔图像(除最底层原图像)进行向上取样，具体方法如下。

(1) 将图像 G_i 在行和列两个方向扩大为原来的 2 倍，即将原图像中位置为 (x,y) 的像素映射到目标图像 $(2x+1, 2y+1)$ 的位置，新增加的行和列置 0。

(2) 使用相同的高斯内核与放大后的图像进行卷积。

最后用高斯金字塔图像 G_i 减去其上层高斯金字塔图像 G_{i+1} 向上取样后的图像。用公式描述如下。

$$L_i = G_i - \text{UP}(G_{i+1}) \otimes g \quad 0 \leqslant i < N \tag{10-50}$$

其中，g 为高斯内核，通常取 $g_{5\times 5}$。当 $i=N$ 时，$L_N=G_N$，即最顶层的拉普拉斯金字塔图像与高斯金字塔图像相同。

拉普拉斯金字塔的每一层的图像即为一个频段。

该方法无鬼影和明显"拼接线"，在光照不均图像融合中表现出色，对重叠区域物体运动也有效；唯一的不足就是算法稍显复杂。

10.3.5　全景图像拼接结果

在将多幅球面全景图像进行亮度调整后，需要对这些图像在统一坐标系下进行融合。本章采用了多频段融合方法，以此来拼接云端号采集的图像序列并生成球面全景图像。部分待拼接图像及拼接结果可参考图 10-28。

图 10-28　云端号采集的部分图像及拼接结果

为进一步验证算法的适应性，使用无人机模拟云端号拍摄一组图像序列，对采集的图像序列使用多频段融合方法进行拼接，拼接结果如图 10-29 所示。

图 10-29　无人机拍摄的部分图像及拼接结果

以上的全景图像是基于 Visual Studio 2012 和 OpenCV 平台拼接得到的,图 10-28 中全景图像由 38 张原图像拼接得到,图 10-29 中全景图像由 60 张原图像拼接得到。

拼接结果显示本章方法无明显错误,融合区域过渡自然。图像放大后仍清晰,证实方法有效。

参考文献

[1] 张军,王志舟,杨正瓴. 单幅圆形鱼眼图像的校正[J]. 计算机应用,2015,35(5):1444-1448.

[2] 王永仲. 鱼眼镜头光学[M]. 北京:科学出版社,2006.

[3] 陈兵旗,孙明. Visual C++实用图像处理[M]. 北京:清华大学出版社,2004.

[4] 周辉,罗飞,李慧娟,等. 基于柱面模型的鱼眼影像校正方法的研究[J]. 计算机应用,2008,28(10):2664-2666.

[5] 邱志强,陆宏伟,于起峰. 用射影不变性纠正鱼眼镜头畸变[J]. 应用光学,2003,24(5):36-38.

[6] HEMAYED E E. Camera calibration with lens distortion using weakly localized image features[J]. Proceedings of SPIE-The International Society for Optical Engineering,1999,3650(3650):119-127.

[7] MUNDHENK T N,RIVETT M J,LIAO X,et al. Techniques for fisheye lens calibration using a minimal number of measurements[C]//Conference on Intelligent Robots and Computer Vision:Algorithms,Techniques,and Active Vision,2000.

[8] FLEMMER C L,FLEMMER R C. A simple and accurate method for lens calibration[C]. International Conference on Autonomous Robots and Agents,Icara 2009,Wellington,New Zealand,February. DBLP,2009:257-260.

[9] WANG X,FENG W,LIU Q,et al. Calibration research on fish-eye lens[C]. IEEE International Conference on Information and Automation,2010:385-390.

[10] 杨晶晶,陈更生,尹文波. 一种基于几何性质的鱼眼图像校正算法[J]. 计算机工程,2012,38(3):203-205.

[11] ALVAREZ L,SENDRA J R. An algebraic approach to lens distortion by line rectification[J]. Journal of Mathematical Imaging and Vision,2009,35:36-50.

[12] 曹芳. 自由视角多平面场景图像拼接技术研究[D]. 上海:上海大学,2013.

[13] HARRIS C,STEPHENS M. A combined corner and edge detector[C]. Proceedings of the Fourth International Conference on Alvey Vision,1988:147-151.

[14] DAVID G L. Distinctive image features from scale-invariant keypoints[J]. International Journal of Computer Vision,2004,60(2):91-110.

[15] 范新峰,程远增,付强. 基于归一化互相关的亚像素双目视觉匹配方法[J]. 探测与控制学报,2016,38(3):71-74.

[16] FISCHLER M A,BOLLES R C. Random sample consensus:a paradigm for model fitting with applications to image analysis and automated cartography[J]. Communications of the ACM,1981,24(6):381-395. DOI:10.1145/358669.358692.

[17] 宋宝森. 全景图像拼接方法研究与实现[D]. 哈尔滨:哈尔滨工程大学,2012.

[18] DUPLAQUET M L. Building large image mosaics with invisible seam-lines[C]. Proceedings of SPIE Aerosense,Orlando,1998:369-377.

[19] BROWN M,LOWE D G. Recognising panoramas[C]. Proceedings of the Ninth IEEE International Conference on Computer Vision,2003:1218-1225.

第11章 三维点云重建与测量

随着技术的不断革新,各行各业正朝着自动化和智能化的方向发展,生产过程中对物体、平面及空间三维点云图像的采集需求与日俱增。工业器件检测、地貌勘探、虚拟现实技术等领域,都依赖于高精度的三维点云数据,结构光作为一种高效的三维点云采集方法,具有非接触、快速、精确等优点。结构光可分为点光源、线光源和面光源,其中,点光源常用于激光测距,而线光源和面光源则在三维点云数据采集方面表现出色,效果尤为显著。基于三维点云图像,能够进行精确的检测与测量,提供更多具有价值的工业参数。然而,当前仍有许多工厂依赖传统的人工检测方法,这不仅费时费力,而且对人体健康可能带来不利影响。此外,尽管较为先进的二维图像检测方法已被广泛应用,但其在耗时和存储空间上仍然存在巨大挑战,且容易出现较高的误差率,难以精准定位工业生产中的问题,因此,发展高效、便捷、准确且能提取更多关键参数的三维检测技术,尤其是线光源和面光源的三维点云图像采集方法,具有广阔的应用前景和重要的实际意义。

本章主要介绍线结构光以及面结构光的运用,虽然同属于结构光,但是各个系统均有自身的优劣之处,不同的优势适用于不同的场合。故作者团队研发了面向精密工件的单线结构光三维点云重建与测量系统、面向中小型器件多视角的多线结构光三维点云重建与测量系统、多视点的三维重建与测量系统、面向工件局部的数字光栅投影三维点云重建与测量系统。

11.1 单线结构光三维点云重建与测量

11.1.1 线结构光三角测量方法

线结构光发射器以特定的扇形角度投射出线结构光,形成一个线结构光平面,当被测工件表面与线结构光平面相交时,被测工件表面会产生一条线状结构光条纹线,该线结构光条纹线随着工件被测表面高度的变化呈现出不同的结构光条纹图案,结构光条纹图案的变化程度与被测工件表面的高度信息有关。即从线状结构光条的形状变化中可以得到待测工件的三维信息。线结构光的三角测量方法分为斜射式线结构光三角测量方法(见图 11-1(a))、直射式线结构光三角测量方法(见图 11-1(b))和基于双远心镜头的斜射式三角测量方法(见图 11-1(c))。

(a) 斜线式结构光三角测量

(b) 直射式结构光三角测量

(c) 基于双远心镜头的斜射式三角测量

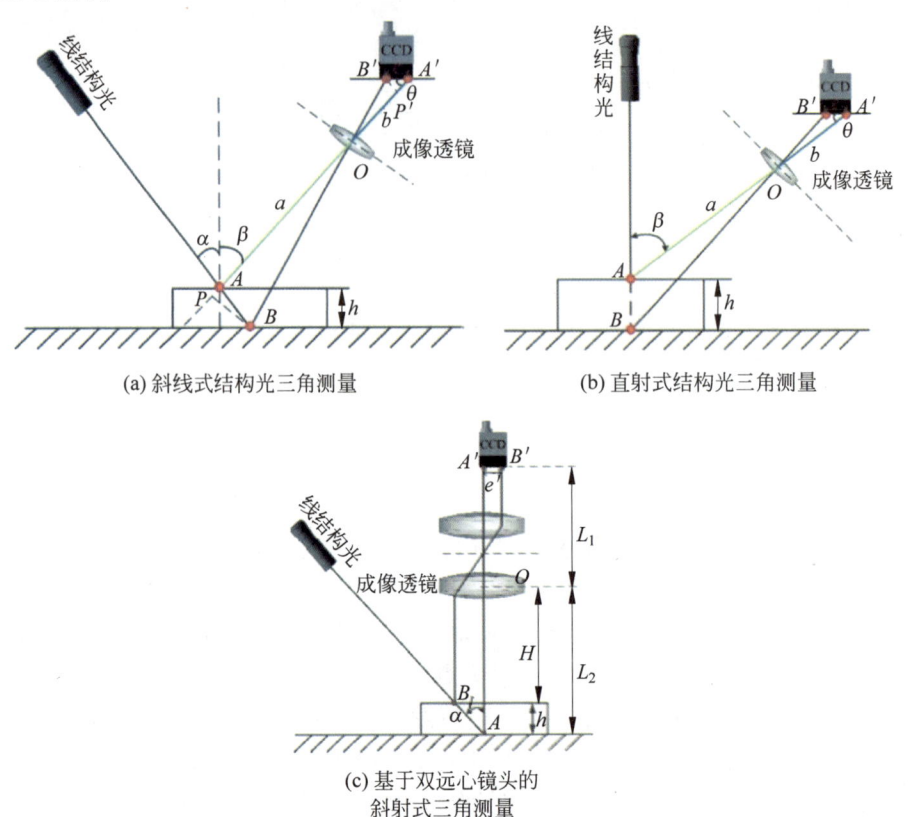

图 11-1 线结构光三角测量模型

线结构光三角测量模型中,图 11-1(a)与图 11-1(b)基于普通镜头的测量方法。α 表示线结构光射出光线 AB 与被测工件基准平面垂直线之间的夹角(其中 $\alpha \neq 0$ 时为斜射式测量方法,$\alpha = 0$ 时为直射式测量方法),β 表示线结构光经过工件表面之后的光线与基准平面垂直线之间的夹角,θ 表示 CCD 成像平面与线结构光经过工件表面之后的光线之间的夹角,a 表示入射光线照射在待测工件上的入射点与成像透镜中心的距离,b 表示成像透镜中心与 CCD 成像平面的距离,h 表示被测工件与基准面的距离,e 表示像点偏移距离,f 表示成像透镜焦距,过点 B 和 B' 分别对线结构光经过工件表面之后的光线 AA' 作垂线,交点分别为点 P 和 P'。

由几何关系进行公式推导可得

$$h = \begin{cases} \dfrac{e(a-f)\sin\theta\cos\alpha}{f\sin(\alpha+\beta) + e\left(1-\dfrac{f}{a}\right)\sin(\alpha+\beta+\theta)}, & \alpha \neq 0 \\ \dfrac{e(a-f)\sin\theta}{f\sin\beta + e\left(1-\dfrac{f}{a}\right)\sin(\beta+\theta)}, & \alpha = 0 \end{cases} \qquad (11\text{-}1)$$

双远心镜头如图 11-1(c)所示,把光圈安装在两个透镜中间,这样在物体侧的光线肯定会沿着光轴,平行到达 CCD 侧。在保证了足够大的景深范围的同时,即使是从镜头出来景深范围内发生大幅度变化,成像的尺寸也不会发生变化。双远心镜头的斜射式线结构光三角测量中,B 点表示入射线结构光线与被测工件表面的交点,α 为线结构光入射角度,h 为测点 B 与物体底部基准面的高度,l 表示 B 点到光学系统光轴的垂直距离,e 表示光斑的像素偏移量,H 为相机镜头到待测工件表面的距离,因为双远心镜头成像原理为平行投影,所以像点偏移量 e 与 l 呈线性关系,而与物距 H 无关,根据几何特征可知:

$$h = \frac{1}{k_e \tan\alpha} e \tag{11-2}$$

其中,k_e 为 e 与 l 之间的比例系数。

式中比例系数 k_e、线结构光入射角度 α 为常数,一旦测量系统安装完成都会固定下来,且可由标定得出。如式(11-2)所示,测点的高度 h 可以由像点偏移量 e 计算得到。

基准面坐标标定示意如图 11-2 所示。为了计算工件表面高度,需要对基准面坐标进行标定。具体步骤如下。

第 1 步:建立世界坐标系 $O\text{-}XYZ$,其中 Z 轴方向与光轴平行。

第 2 步:以测量移动平台为基准面,调节线结构光入射角度 α,使线结构光面与基准面相交形成的线结构光条纹线清晰且刚好处于相机视场正中心。

第 3 步:记录此时的坐标系坐标 (x_0, y_0, z_0)。

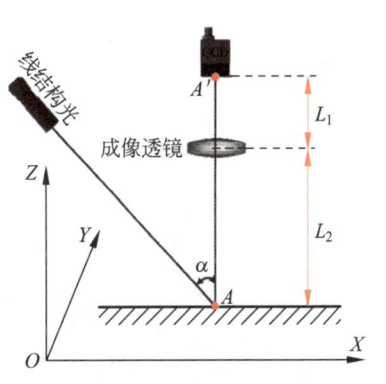

图 11-2 基准面坐标标定示意

11.1.2 系统标定

为了得到待测工件的三维参数,在对待测工件进行正式测量前,需要对整个测量系统进行标定,如相机标定、垂直度标定、线结构光视角标定和轴校正标定。

1. 相机标定

在对工件三维参数进行测量时,光学系统中相机镜头的畸变是导致测量出现偏差的主要产生原因,为了增加测量的精准度,就需要对镜头的畸变进行校正。

1)坐标系之间的转换

光学系统中相机大都是通过针孔原理进行成像的,如图 11-3 所示,相机成像涉及 4 个坐标系之间的转换。

世界坐标系 $(O_w\text{-}X_w Y_w Z_w)$ 是待测工件绝对位置的参考坐标系,用来描述在绝对集合空间中待测工件某一测点的坐标;相机坐标系 $(O_c\text{-}X_c Y_c Z_c)$ 是在以相机为原点建立的坐标系,以光学系统中相机为主视角去确定工件所在的坐标。(u_c, v_c) 表示点 p 在像素坐标系上的坐标,已知图像坐标系的原点坐标在像素坐标系的坐标为 (u_0, v_0)。

世界坐标系与相机坐标系之间的转换为刚体变换,只有旋转和平移的变换,世界坐标系与相机坐标系的转换过程如式(11-3)所示。

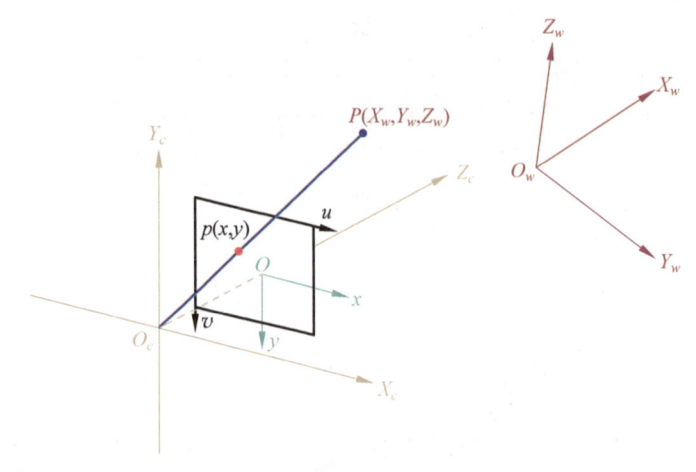

图 11-3　坐标系之间的转换

$$s\begin{pmatrix}u_c\\v_c\\1\end{pmatrix}=\begin{pmatrix}f/\mathrm{d}_x & 0 & u_0 & 0\\0 & f/\mathrm{d}_y & v_0 & 0\\0 & 0 & 1 & 0\end{pmatrix}\begin{pmatrix}\boldsymbol{R} & \boldsymbol{T}\\0 & 1\end{pmatrix}\begin{pmatrix}X_w\\Y_w\\Z_w\\1\end{pmatrix}=\boldsymbol{M}_1\boldsymbol{M}_2\begin{pmatrix}X_w\\Y_w\\Z_w\\1\end{pmatrix} \tag{11-3}$$

其中，s 为比例因子，f 为焦距，d_x、d_y 分别表示一个像素在 x、y 方向上的物理长度，$\boldsymbol{R}$ 为旋转矩阵，$\boldsymbol{T}$ 为平移矩阵，$\boldsymbol{M}_1$ 为相机的内参矩阵，$\boldsymbol{M}_2$ 为相机的外参矩阵。

2）双远心镜头的标定

双远心镜头的成像模型与一般镜头不同，它的成像原理不是针孔成像，而是平行成像。在双远心镜头的景深范围之内，镜头与测量工件距离的即使发生变化，相机对图像的成像也没有任何影响，则可得到远心仿射理想成像模型如式(11-4)所示。

$$\begin{pmatrix}u\\v\\1\end{pmatrix}=\begin{pmatrix}m/\mathrm{d}u & 0 & u_0\\0 & m/\mathrm{d}v & v_0\\0 & 0 & 1\end{pmatrix}\begin{pmatrix}r_{11} & r_{12} & r_{13} & t_x\\r_{21} & r_{22} & r_{23} & t_y\\0 & 0 & 0 & 1\end{pmatrix}\begin{pmatrix}X_w\\Y_w\\Z_w\\1\end{pmatrix} \tag{11-4}$$

其中，m 为远心镜头的放大倍率；$\mathrm{d}u$、$\mathrm{d}v$ 分别为 u、v 方向的像素尺寸；u_0、v_0 表示图像坐标系的原点坐标在像素坐标系的坐标；r 和 t 分别为相机外参中的旋转和平移矩阵参数。

将镜头畸变引入远心仿射成像模型中，结果如式(11-5)所示。

$$\begin{cases}u'=u(1+k_1r^2+k_2r^4k_3r^6)+[2p_1v+p_2(r^2+2u^2)]\\v'=v(1+k_1r^2+k_2r^4+k_3r^6)+[2p_1u+p_2(r^2+2v^2)]\end{cases} \tag{11-5}$$

其中，k_i 表示径向畸变阶数；p_i 表示切向畸变参数，畸变参数矩阵可以表示为 $\boldsymbol{d}(k_1,k_2,k_3,p_1,p_2)$。

3）相机参数标定步骤

标定的具体步骤如下。

第 1 步：通过相机拍摄 20 张角度、倾斜高度不同的棋盘格图像。

第 2 步：从棋盘格图像中提取棋盘格角点。

第 3 步：计算相机的内部和外部参数。

2. 垂直度标定

由相机光学系统的成像理论可以知道,当相机的成像平面与基准平面相互平行时,物与像的比例关系是定值。相机在生产制造时,相机的光心延长线与光学系统的成像平面是相互垂直的,当相机的成像平面与基准平面相互平行时,则相机光心延长线与测量基准平面也相互垂直。垂直度标定就是为了保证相机的成像平面与基准平面相平行,从而保证物与像的比例关系。

3. 线结构光视角标定

在工件进行三维参数测量之前,线结构光视角的标定十分重要,线结构光的角度影响着在对工件进行三维点云数据获取过程中得到的点云数据是否准确以及最后的数据精度。对于安装的工件三维参数测量系统,由于是人工安装,那么就不能保证线结构光视角跟预设的角度是一致的,因此需要使用一些方法对线结构光视角进行标定。

如图11-4(a)所示,在本章中将线结构光照射在基准平台上的线 L_1 称为基准线,线结构光照射在标定块上的线 L_2 称为高度线。如图11-4(b)所示,h_c 表示标定块的高度,d 表示基准线到高度线的垂直距离,由基准线与高度线的三角关系可得线结构光角度 θ,如式(11-6)所示。

$$\theta = \arctan(d/h_c) \tag{11-6}$$

(a) 标定块线结构光　　(b) 线结构光视角标定原理

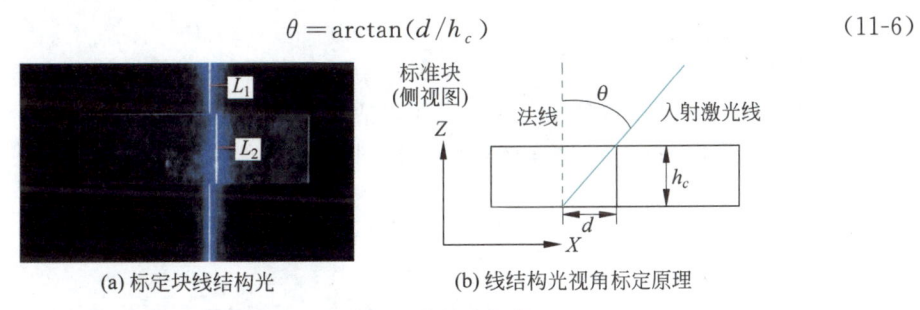

图 11-4　线结构光角度标定

4. 轴校正标定

在工件三维测量系统中,由于在系统安装时无法确保坐标轴的轨道精度,会导致 X、Y 坐标轴在沿对应的轴方向移动时出现一定的偏移,为了确保工件三维测量系统的精准度,在进行工件三维数据获取之前,一定需要对 X、Y 坐标轴进行校正标定,通过标定得到的 X 轴与 Y 轴偏移角度来消除硬件上坐标轴因为安装误差导致的角度偏移。

11.1.3　工件轮廓线提取与平面几何参数测量

对于工件平面尺寸的测量,轮廓的精确提取是至关重要的。本章中,采用基于过零点特征的方法准确提取目标轮廓,再采用最小二乘法对轮廓进行拟合,拟合出来轮廓参数,实现对工件平面尺寸的测量。

1. 基于过零点的图像轮廓线精确提取方法

由光学原理可知,目标成像存在着孔径模糊,导致目标与背景成像时存在着过渡区,如图11-5(a)所示。目标与背景理论分界点的二阶导数为零,称为过零点。显然,过零点是要提取的理论边界点。

为了便于理论轮廓线的提取,定义如下。

定义1：过零点对。图像目标与背景过渡区的法截面线上,由背景区域过渡到目标区域时称为左过零点,目标区域过渡到背景区域时称为右过零点,左右过零点组成过零点对。过零点对如图11-5(b)所示。

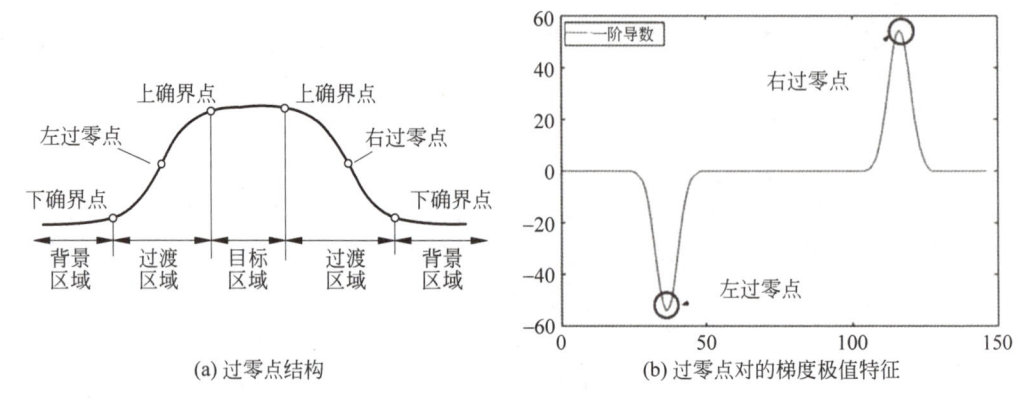

(a) 过零点结构

(b) 过零点对的梯度极值特征

图 11-5　过零点示意

定义2：上下确界点。以过零点为中心,上确界点为目标与过渡区的交界点。下确界点为背景与过渡区的交界点。

定义3：理论轮廓线。一系列的连续的过零点构成了目标与背景的理论轮廓线。

过零点结构性特征提取理论轮廓线主要包括以下三个步骤。

第1步：利用向前差分计算,将包含目标图像投影到梯度空间中。向前差分计算公式为

$$D(x_i) = \frac{1}{N} \sum_{n=1}^{N} (x_i - x_{i+n}) \tag{11-7}$$

第2步：利用过零点对(左过零点,右过零点),一阶导数的最大值和最小值及结构性特征(点对、上确点、下确点等),准确提取过零点。

第3步：利用过零点的连续性,对提取的系列过零点进行检查和位置精化调整,由此提取具有连续性的理论轮廓线。

采用Canny算子与过零点方法对工件圆形特征进行轮廓提取,结果如图11-6所示。

(a) 原图像　　(b) Canny算子的轮廓线提取　　(c) 过零点提取的轮廓线

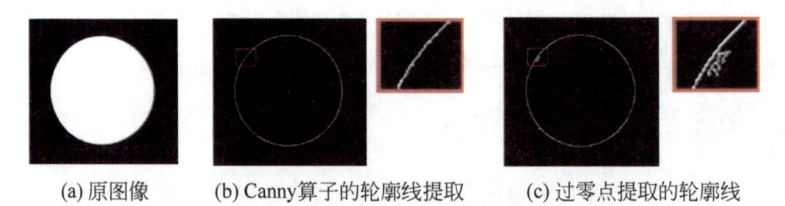

图 11-6　轮廓线提取对比

由式(11-7)可知,过零点差分提取方法只有加减运算没有乘除运算,计算量少,相比Canny轮廓提取方法,速度提升了10倍左右。如图11-6所示,基于过零点提取的边界点准确性更高且基于过零点提取的轮廓线相比于通过Canny算子提取的轮廓线连续性更好。由此可见本章提出的基于过零点的图像轮廓线精确提取方法,提取过程容易,计算复杂度低,提取精度高,同时提取的过零点具有连续性和单像素宽。

2. 基于轮廓拟合测量形状参数

测量工件内有圆、直线、矩形、直槽口、圆角矩形等特征形状。

通过最小二乘拟合直线，直线拟合示意如图11-7(a)所示，圆拟合示意如图11-7(b)所示。

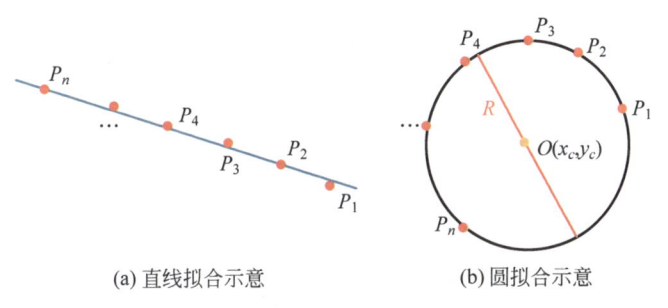

(a) 直线拟合示意

(b) 圆拟合示意

图 11-7 拟合示意

11.1.4 工件三维重建与几何参数测量

在对工件进行三维参数测量时，首先需要通过相机拍摄线结构光照射在待测工件表面的线结构光条纹图像，但可能因为工件材质的原因，导致线结构光条纹图像的部分条纹会出现光斑，线结构光条纹图像的部分条纹还有可能会不清晰，信息缺失。

1. 图像预处理

为了能够更好地为提取线结构光条纹中心线做准备，需要对线结构光图像进行预处理操作。因为将RGB彩色图像直接转换为灰度图像的方法对噪声敏感(见图11-8(b))，所以采用将线结构光线从RGB色彩空间模型转换为Lab色彩空间模型，然后根据具体的线结构光颜色进行单通道提取，如此获得的单通道灰度图中背景会较好地隐去或者消减，还可以增强微弱线结构光的信息，如图11-8(c)所示。

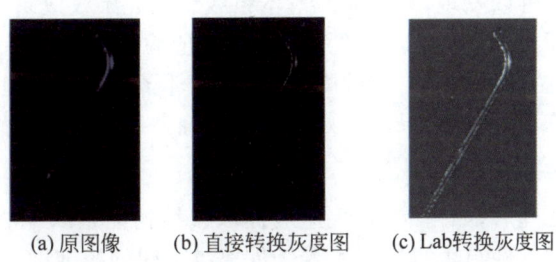

(a) 原图像　　(b) 直接转换灰度图　　(c) Lab转换灰度图

图 11-8 蓝色线结构光图转灰度对比结果

2. 图像滤波

图像中存在的噪声是指图像中不属于原目标图像的其他杂质信息，降低了图像的品质，影响了图像的后续处理。常见的滤波方法主要有均值滤波、高斯滤波、双边滤波等。

1) 均值滤波

均值滤波是图像滤波法中最简单、最方便入门的线性滤波方法，该方法是通过给定遍历模板，模板一般以目标像素的8-邻域加上目标像素本身，然后对图像中的每个像素依次进行遍历，用模板算出来的心像素值代替原像素值。滤波器如式(11-8)所示。

$$\boldsymbol{H}_1 = \frac{1}{9}\begin{pmatrix} 1 & 1 & 1 \\ 1 & 1 & 1 \\ 1 & 1 & 1 \end{pmatrix} \tag{11-8}$$

2）高斯滤波

高斯滤波是将图像中每个像素依次与高斯模板做卷积，以卷积之和作为新像素值代替该像素的原像素值。高斯模板中各元素的权值根据式(11-9)的二维高斯函数 $g(x,y)$ 进行计算得出。

$$g(x,y) = \frac{1}{\sqrt{2\pi}\sigma} e^{-\frac{x^2+y^2}{2\sigma^2}} \tag{11-9}$$

3）双边滤波

双边滤波是在高斯滤波的基础上加入了像素值权重项，既考虑了距离因素，又考虑了像素值差异的影响，像素值越相近，权重越大。双边滤波器的计算公式如式(11-10)所示。

$$g(i,j) = \frac{\sum_{k,l} f(k,l) * d(i,j,k,l) * r(i,j,k,l)}{\sum_{k,l} d(i,j,k,l) * r(i,j,k,l)} \tag{11-10}$$

滤波对比结果如图 11-9 所示。

(a) 原始灰度图　　(b) 高斯滤波结果　　(c) 均值滤波结果　　(d) 双边滤波结果

图 11-9　滤波对比结果

从滤波对比结果中可以发现，高斯滤波对本章线结构光条纹效果并不是很好，对图像中条纹边缘信息进行了平滑，使图像边缘变得模糊；均值滤波对图像特征边缘的细微部分无法充分地保护，虽然对图像去除了一定的噪声，但也损坏了图像特征边缘的信息；双边滤波相比于其他两种滤波算法，滤波结果能较好地保证图像条纹信息。

3. 线结构光条纹中心提取方法

对图像完成滤波处理后，如何准确、快速地提取线结构光条纹中心线成为核心问题，结构光条纹中心线提取的准确与否直接关系着工件三维重建的精准度。当前国内外使用较多的线结构光条纹中心线提取算法有极值法、灰度重心法、Steger 等算法。

1）极值法

极值法选取每行灰度值最大的像素点作为该行光条中心点，是提取结构光条纹中心线最简单、速度最快的方法。

2）灰度重心法

灰度重心法通过 ROI(Region Of Interest, 感兴趣区域)内每行灰度值与纵坐标的相乘累加与每行灰度值累加相除，从而得到每行的光条中心横坐标，并且可以实现亚像素级别的提取。

3）Steger 算法

Steger 算法是在 Hessian 矩阵的基础上进行衍生的一种算法，能够对线结构光条纹中心进行亚像素级别的精确提取。

4）种子点搜索提取算法

为了满足测量速度与精度的要求，提出了一种基于差分区间的种子点搜索算法。通过多阶后向差分确定条纹提取差分区间，差分公式为

$$d(i,j) = \sum_{k=l}^{m}(g(i,j) - g(i,j+k)) \tag{11-11}$$

其中，m 为差分模板长度，$g(i,j)$ 为当前像素坐标灰度值。

差分曲线如图 11-10(a)中 l_2 曲线所示，由差分曲线可知，在结构光的两侧分布着一个最大正值和最小负值，搜索每行中后向差分值的全局最大值 $S_{\max}$ 和全局最小值 $S_{\min}$，从而得到本行所有像素后向差分的最大负值行位置 $X_{\min}$ 和最大正值行位置 $X_{\max}$，X 的坐标范围$(X_{\min}, X_{\max})$为差分区间，即种子点搜索区间。初始种子点 S_0 利用二次加权灰度重心法确定，公式为

$$g(i,j) = \frac{\sum\limits_{k,l} f(k,l) * d(i,j,k,l) * r(i,j,k,l)}{\sum\limits_{k,l} d(i,j,k,l) * r(i,j,k,l)} \tag{11-12}$$

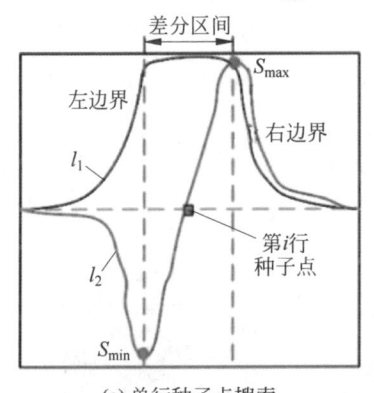

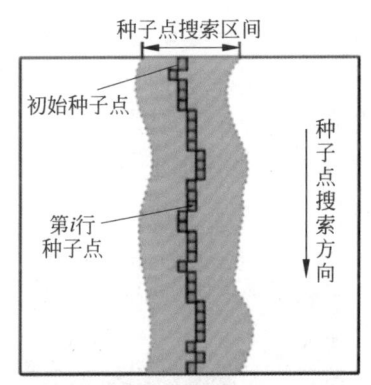

(a) 单行种子点搜索　　(b) 整个种子点搜索

图 11-10　基于差分区间的种子点搜索算法

通过种子点 S_0 确定一个固定的窗口，在此窗口区间内做跟踪扫描，将灰度阈值设为生长准则，成功提取一个像素后将这个像素点的坐标记录为新的种子点，并将此坐标添加到种子点空间中，种子点空间如图 11-10(b)中黑色像素点所示。以前面 M 次旧的种子点作为辅助判断，函数 $f(x)$ 作为约束条件，公式为

$$S_i = \sum_{x=i-M}^{i-1} f(x) \cdot S_x \tag{11-13}$$

重复此操作直到线结构光线提取完成。

5）线结构光条纹中心提取对比

对线结构光条纹图像进行预处理以及滤波处理之后，用上述 3 种线结构光条纹中心提取算法进行条纹中心提取，结果如图 11-11 所示。

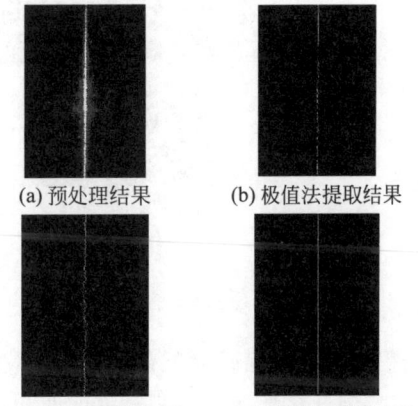

可以发现，极值法与灰度重心法的提取结

(a) 预处理结果　　(b) 极值法提取结果

(c) 灰度重心提取结果　　(d) 本章方法提取结果

图 11-11　线结构光条纹中心提取结果比对

果连续性较差,对于有光斑的光条提取结果也较差,本章提出的基于差分区间的种子点搜索算法连续性较好,对于有光斑的光条提取结果也较好,对噪声的抗干扰性也更好。

4. 点云数据的获取

根据提取的线结构光线各点与基准线的高度差来构成三维点云数据。设基准线方程为 $ax+by+c=0$,则高度线上每一个位置坐标相对于基准线的高度差 e 如式(11-14)所示。

$$e_{(i,j)} = \frac{a \times i + b \times j + c}{\sqrt{a^2 + b^2}} \tag{11-14}$$

将式(11-14)代入式(11-2),就可以得到高度线上每一个位置坐标对应工件表面的高度,这样通过移动扫描,就可以得到一系列点云数据。

5. 点云数据滤波处理

因为待测工件表面材质的影响、线结构光条纹中心线提取算法的误差以及坐标转换等的误差,所以对测量工件使用双线结构光扫描得到的点云数据中或多或少都会有噪声数据,这些噪声数据的存在会影响工件三维参数的测量精度以及速度,因此在进行工件三维参数测量之前,首先需要对点云数据进行滤波处理。

先根据点云数据的坐标特征,采用坐标区域去除法除去不在该坐标区域内的点云数据,再用高斯统计滤波进行滤波处理。点云滤波结果示意如图11-12所示。

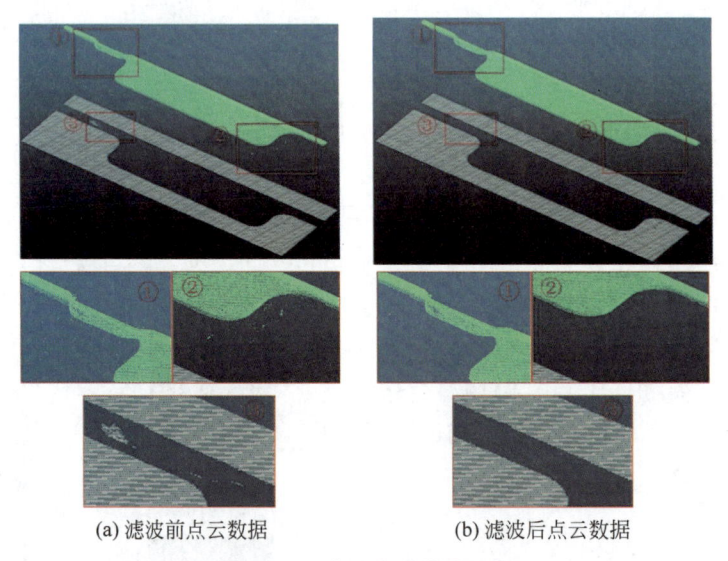

(a) 滤波前点云数据　　　　(b) 滤波后点云数据

图 11-12　点云滤波结果示意

6. 点云数据实体化

很多工件表面较为复杂,单纯的只使用点云数据并不能很好地显示被测工件的真实表面结构,因此需要通过点云数据的曲面重建,来构造点与点之间的几何拓扑关系。目前比较成熟的离散点云曲面重建算法有贪婪三角投影算法和泊松曲面重建算法。

7. 曲率测量

在得到曲面工件的三维点云数据后,对其进行参数测量需要对得到的点云数据进行剖面提取、插值与拟合得到点云轮廓数据,在此基础上通过连续多点对曲率进行计算。首先采用最小二乘法对半径进行计算,方法在 11.1.3 节已经说明,在此基础上对曲率进行计算,曲率 k 计算公式如式(11-15)所示。

$$k = 1/R \tag{11-15}$$

8. 轮廓度测量

为了进一步分析与测量点云数据的局部轮廓参数,需要从点云数据表面提取出感兴趣的局部轮廓线。采用基于双线性插值的拟合算法来提取点云的表面轮廓数据。

图 11-13(a)为在原始点云中利用线性插值算法插值的结果,图 11-13(b)为该插值结果的点云,即为提取出的轮廓点云。

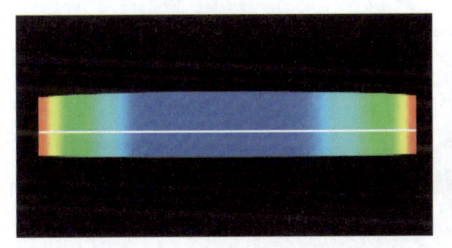

(a) 在原始点云中利用线性插值算法插值的结果　　(b) 插值结果的点云

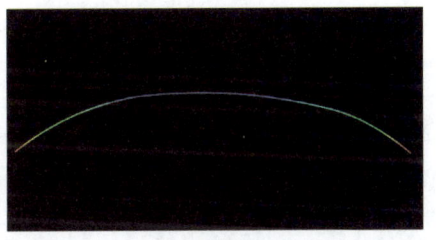

图 11-13　点云插值结果

11.1.5　系统设计与实现

1. 硬件结构设计

针对工件尺寸测量的精度与效率要求,所设计的测量系统由高精度的视觉系统和三轴运动控制系统组成,其中视觉系统硬件包括相机、光源、镜头、双线结构光,三轴运动控制系统由控制器、直流电机、轴驱动器、轴等组成,测量系统结构示意如图 11-14 所示。

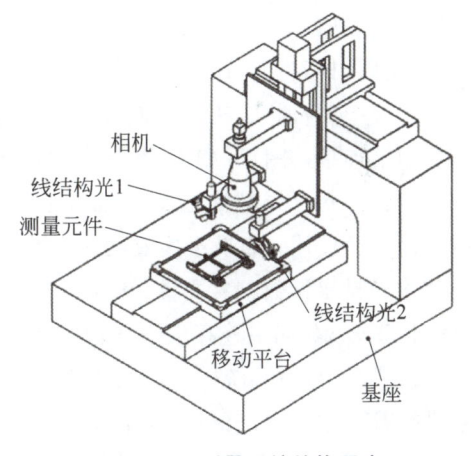

图 11-14　测量系统结构示意

随着计算机技术持续不断的发展,数控技术也在不断地发展进步,现如今,绝大多数数控系统已经载入了很丰富的控制算法,通过各种不同的控制算法来对系统不同的功能进行控制,以至于完成整合。本章以计算机作为工件三维测量系统的控制核心,完成对运动控制模块以及各种不同光学设备的操控与数据传输。硬件系统结构如图 11-15 所示,本工件三维测量系统的硬件包括计算机、运动控制模块和光学设备。光学设备包括双线结构光、平行光源作为底光,环形光源作为顶光。计算机作为运动控制模块与光学设备的控制媒介,通过串行通信端口(Cluster Communication Port,通常指COM 接口)以及通用串行总线(Universal Serial Bus,USB)进行数据通信,光学设备安装在运动控制模块之上,跟随其进行运动。

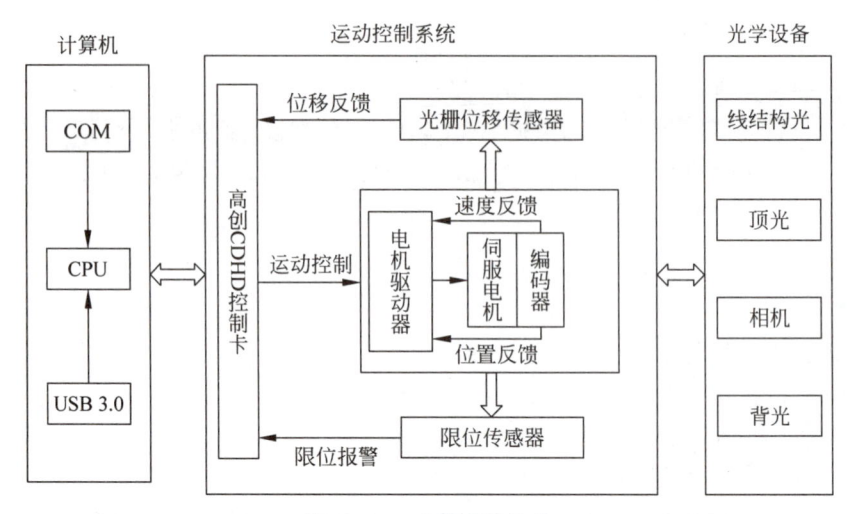

图 11-15　硬件系统结构

2. 软件结构设计

本章工件三维测量系统基于 Windows 操作系统进行软件开发,采用 VS(Visual Studio)2012 作为软件开发工具,在本章中采用 MFC 框架进行软件开发,MFC 具有功能齐全、编写简单、架构清晰等特点。

软件启动流程示意如图 11-16 所示。在软件启动时,首先,读取在标定阶段以及设置阶段创建的配置文件,将一些系统固定参数读入系统软件。其次,对轴进行使能后设置坐标轴限位无效,进行坐标轴原点的查找,直到搜寻到坐标原点,成功实现对坐标轴的初始化操作。接着,完成对相机、线结构光、顶光以及背光等硬件的连接。对于相机来说,如果连接失败,修改系统中相机状态栏为未连接,表示该硬件不能使用;如果连接成功,修改系统中相机状态栏为已连接,并打开相机,初始化软件界面的相机窗口界面,根据相机的配置参数进行相机初始化。对于线结构光来说,如果连接失败,修改系统中线结构光状态栏为未连接,表示该硬件不能使用;如果连接成功,修改系统中线结构光状态栏为已连接,并打开线结构光,线结构光没有参数配置文件,该线结光参数都是保存在线结构光发射器硬件中。对于背光以及顶光来说,如果连接失败,修改系统中光源状态栏为未连接,表示该硬件不能使用;如果连接成功,修改系统中光源状态栏为已连接,并打开背光以及顶光,并根据光源的配置参数进行背光初始化。最后,对上述硬件状态进行判断,只要有一个状态为未连接,系统就会进入离线测量模式,此时只能导入以前保存的数据进行检测;反之,系统就会进入在线测量模式。

3. 数据处理模块

在进行线结构光扫描检测时,首先需要在系统三维控制栏中输入待测工件测量坐标范围,本系统软件设置了两种不同的采集模式:一种为停轴采集,需要自己设置采集间隔,一般为 0.1mm,这种方式由于需要坐标轴的停顿控制,虽然采集数据效果较好,但速度较慢;另一种为不停轴采集,这种采集方式是按照固定速度进行采集,这种方式由于没有坐标轴的停顿,虽然速度快,但采集数据效果较差。在对工件进行数据采集

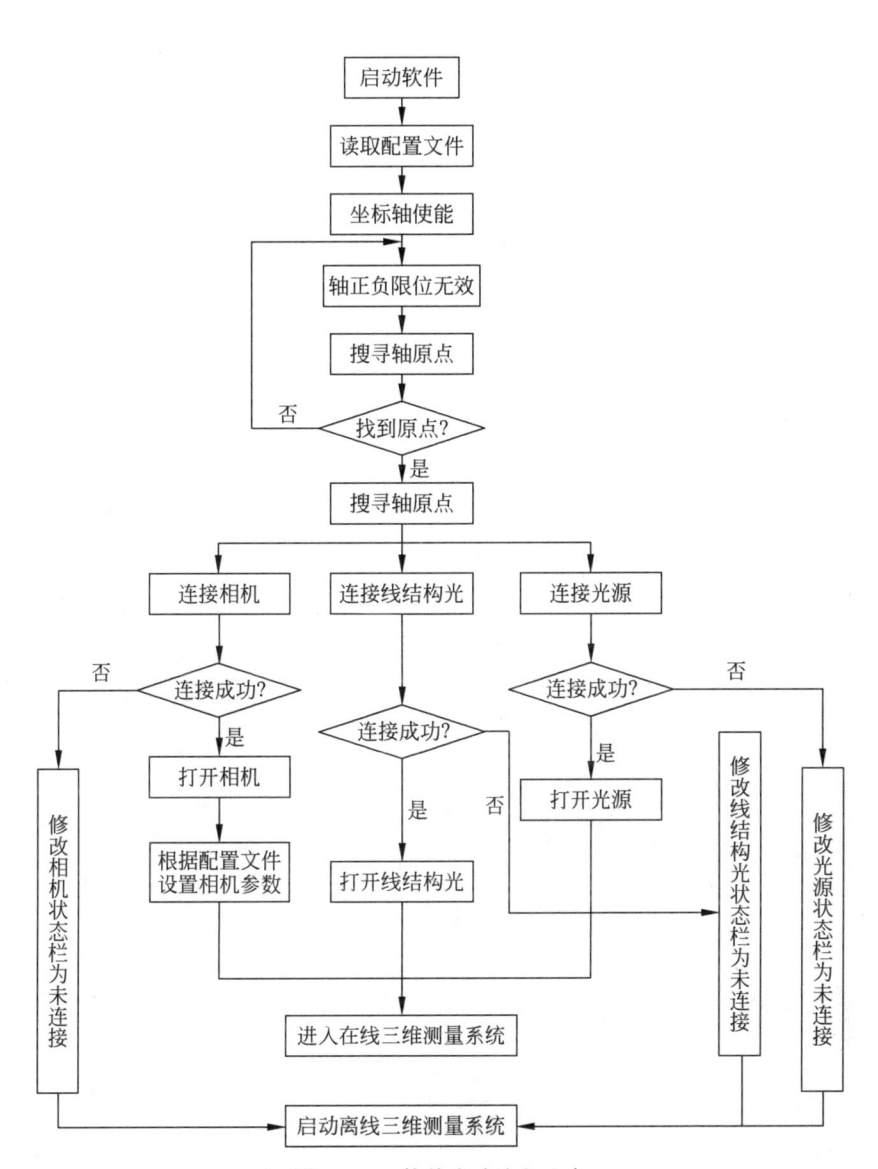

图 11-16 软件启动流程示意

时需要根据实际测量需求进行选择不同的采集模式。为了提高数据的处理速度,本章采用多线程进行数据的处理,一个线程用于图像获取,一个线程用于图像处理。图像获取线程首先从相机回调中复制图像数据并存为 Mat 格式,然后将图像压入临界区队列。多个图像处理线程首先将图像从临界区队列中取出,其次进行图像滤波,接着完成线结构光条纹中心线的精确提取,然后根据线结构光三角法将提取的线结构光条纹中心线图像坐标转换为空间三维坐标,最后将点云数据存入点云空间进行显示。当数据采集完成之后,线程终止,坐标轴也停止运动,接下来就是进行点云数据的处理。在本章中主要有两种测量类型可供选择:第一种是剖面测量,可以进行粗糙度测量、轮廓度测量以及曲率测量;第二种是局部测量,可以进行高度测量以及厚度测量。详细处理流程如图 11-17 所示。

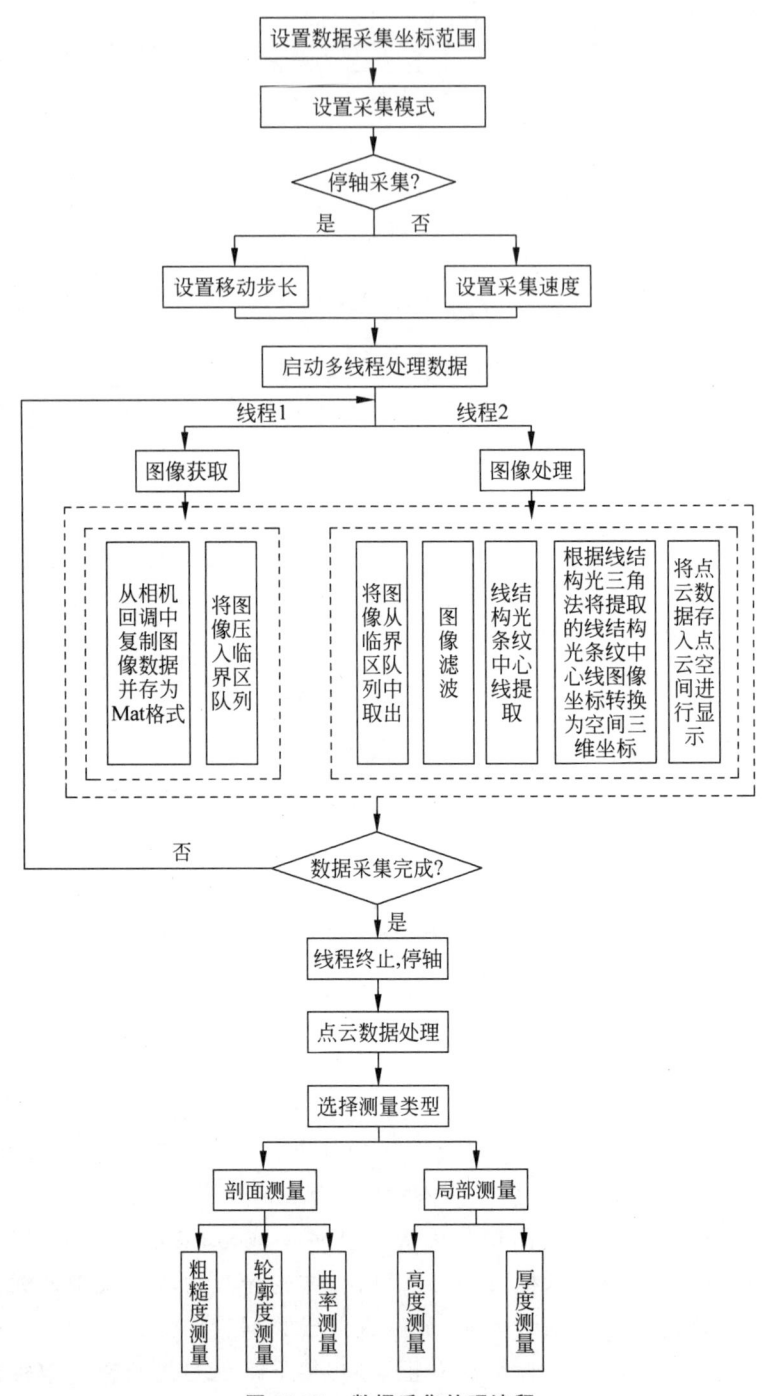

图 11-17 数据采集处理流程

11.2 多线结构光三维点云重建与测量

11.2.1 引言

近年来,随着我国工业化建设的高速推进,对生产过程中的各项技术的要求也越来越高,并逐渐朝着精细化、快捷化的方向发展,这使得如何快速、准确地获取物体的三维模型等数据成为一个关键因素。

多线结构光三维测量技术方案使用较简易的设备组件,同时保持了较高的测量速度和测量数据的准确性,使测量设备具有成本低、可靠性高、操作灵活、数据获取快速等优点。多线结构光三维点云重建技术通过线结构光发射器,将多线结构光投射到被测物体表面,一般采用两个 CCD 相机组合的方式采集物体表面带有结构光条纹的图像,通过将物体表面的结构光条纹二维坐标转换为被测物体的三维坐标,完成三维点云重建。如图 11-18 所示,想要获取被测物体完整的三维点云数据,需要进行系统标定、多线结构光的匹配重建、标记点的匹配重建、刚体变换参数获取等工作。

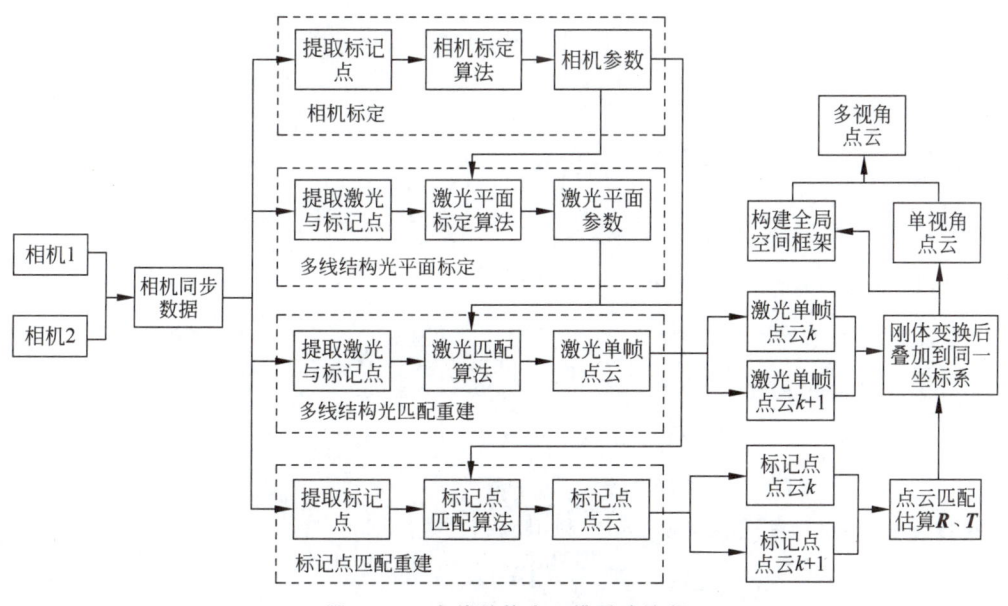

图 11-18 多线结构光三维重建流程

注:R 为旋转矩阵,T 为平移矩阵。

11.2.2 多线结构光三维测量系统模型

1. 双目成像模型

双目成像的目的是利用空间上任意点 p 在两个相机中的投影点和相机的位姿,得到点 p 在对应坐标系下的三维坐标,关键在于在两张图像上如何寻找点 p 对应的投影点对。

双目立体视觉模型简单地说就是由两个单目视觉模型组成的,其最大特点就是需要算出两个相机之间的位置关系,如图 11-19 所示,$O_{cl}\text{-}X_{cl}Y_{cl}$ 为左相机坐标系,f_l 为左相机焦距,$o_l\text{-}x_ly_lz_l$ 为左图像坐标系,$O_{cr}\text{-}X_{cr}Y_{cr}$ 为右相机坐标系,f_r 为右相机焦距,$o_r\text{-}x_ry_rz_r$ 为右图像坐标系,点 p 为世界坐标系中任意一点,p_l、p_r 分别为 p 在左、右图像坐标系中的投影点。

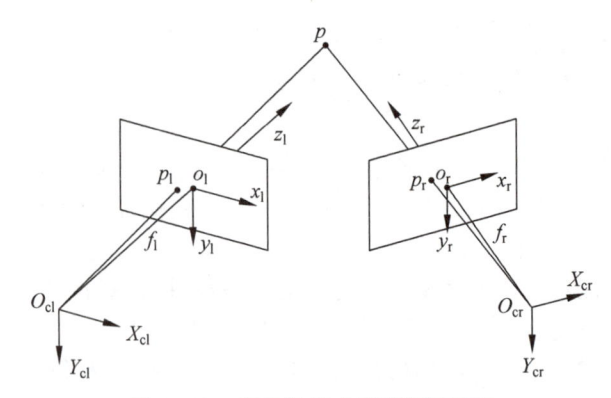

图 11-19 双目相机成像原理示意图

双目立体视觉模型中两个相机坐标系之间的转换关系为刚体变换,假设旋转矩阵为 R,平移向量为 t,可以得到以下关系:

$$\begin{cases} \begin{pmatrix} u_1 \\ v_1 \end{pmatrix} = P^1_{3\times 4} \begin{pmatrix} X_w \\ Y_w \\ Z_w \end{pmatrix} \\ \begin{pmatrix} u_r \\ v_r \end{pmatrix} = P^2_{3\times 4} \begin{pmatrix} X_w \\ Y_w \\ Z_w \end{pmatrix} \end{cases} \tag{11-16}$$

P 为 3×4 投影矩阵,展开整理式(11-16)可得

$$\begin{pmatrix} u_1 p^1_{31} - p^1_{11} & u_1 p^1_{32} - p^1_{12} & u_1 p^1_{33} - p^1_{13} \\ v_1 p^1_{31} - p^1_{21} & v_1 p^1_{32} - p^1_{22} & v_1 p^1_{33} - p^1_{23} \\ u_2 p^2_{31} - p^2_{11} & u_2 p^2_{32} - p^2_{12} & u_2 p^2_{33} - p^2_{13} \\ v_2 p^2_{31} - p^2_{21} & v_2 p^2_{32} - p^2_{22} & v_2 p^2_{33} - p^2_{23} \end{pmatrix} \begin{pmatrix} X_w \\ Y_w \\ Z_w \end{pmatrix} = \begin{pmatrix} p^1_{14} - u_1 p^1_{34} \\ p^1_{24} - v_1 p^1_{34} \\ p^2_{14} - u_2 p^2_{34} \\ p^2_{24} - v_2 p^2_{34} \end{pmatrix} \tag{11-17}$$

可以将式(11-17)简写为 $AX_w = B$,利用最小二乘法即可计算得到点 p 的三维坐标:

$$X_w = (AA^T)^{-1} A^T B \tag{11-18}$$

2. 线结构光模型

线激光的三角测量法如图 11-20 所示,设激光平面中任意一个点 $P_w(X_w, Y_w, Z_w)$ 投射到相机成像平面的坐标为 $p(u,v)$,当激光发射器与相机的相对位置以及方向固定时,激光平面相对于相机坐标系是一个定平面。

设激光平面为一般平面方程,得到式(11-19):

$$\begin{cases} Z_c \begin{pmatrix} u \\ v \\ 1 \end{pmatrix} = \begin{pmatrix} p_{11} & p_{12} & p_{13} & p_{14} \\ p_{21} & p_{22} & p_{23} & p_{24} \\ p_{31} & p_{32} & p_{33} & p_{34} \end{pmatrix} \begin{pmatrix} X_w \\ Y_w \\ Z_w \\ 1 \end{pmatrix} \\ AX_w + BY_w + CZ_w + D = 0 \end{cases} \tag{11-19}$$

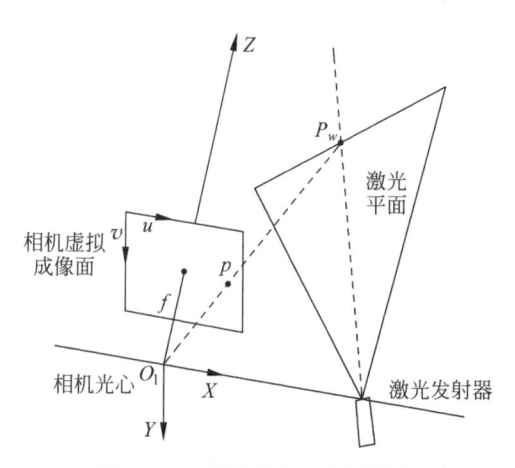

图 11-20 线激光的三角测量法

其中，A、B、C、D 为激光平面一般方程的系数，可以通过标定激光平面求取，对式(11-19)的第一个方程消去 Z_c 后，得到一个线性方程组，方程组的矩阵形式为式(11-20)：

$$\begin{pmatrix} up_{31}-p_{11} & up_{32}-p_{12} & up_{33}-p_{13} \\ up_{31}-p_{21} & up_{32}-p_{22} & up_{33}-p_{23} \\ A & B & C \end{pmatrix} \begin{pmatrix} X_w \\ Y_w \\ Z_w \end{pmatrix} = \begin{pmatrix} p_{14}-up_{34} \\ p_{24}-up_{34} \\ -D \end{pmatrix} \quad (11\text{-}20)$$

当已知图像上一点坐标 $p(u,v)$，投影矩阵已知、激光平面已知时，式(11-20)左边矩阵可逆时，方程有唯一解，可以解得 $P_w(X_w,Y_w,Z_w)$。

11.2.3 多线结构光匹配重建

1. 线结构光提取

目前常见的线结构光条纹中心提取方法有极值法、阈值法、灰度重心法、Steger 算法、高斯拟合法及各种基于此类算法的变种算法。极值法、阈值法原理简单，提取速度快，但极值法当线结构光条纹光强大时会出现多个极值，阈值法提取精度不高且易受噪声干扰。灰度重心法相较于极值法和阈值法在提取精度上有很大提升，但没有考虑条纹的方向性，对于光条突变区域会产生较多的误差点，稳定性差。Steger 算法具有较高的精度和健壮性，但由于其算法中包含大量卷积，运算时间较长，无法满足实时性要求，且对于线结构光条纹端点处的提取效果较差。高斯拟合法具有较高的精度，但当结构光条纹较窄或激光条纹宽度变化较大时不能满足提取精度的要求。

本章介绍一种改进的灰度重心法，首先经过图像的预处理，此部分涉及的算法包括高斯滤波、局部自适应阈值分割以及细化算法，使用高斯滤波的目的是过滤部分噪声以及省去后续构造 Hessian 矩阵的重复性计算，阈值分割以及细化算法用于减少感兴趣点，避免重复计算以及保持提取点的唯一性。其次是构造点的拓扑关系，使其有序地排列成一个集合，集合内的点构成一个点链，点链的特点是点与点有上下文关系，且点链与点链之间相互独立，点链内所有的点满足同一个约束激光平面，为了确保点链上的点为激光线上的点，再次对点链上的点进行拟合筛选，得到最终的点链。最后对点链上的每个点使用灰度重心法计算亚像素中心点，将亚像素级中心点保留到点链中，完成对激光线的亚像素级中心点的提取以及构造其拓扑关系。

在对图像进行高斯滤波、阈值分割和细化后,可初步获取线结构光单像素点,便于后续可用 Hessian 矩阵求取光条法向。通常求一幅图像的 Hessian 矩阵需要对图像进行高斯函数卷积,并对卷积后的图像进行求导,由于在图像预处理时,已经对图像进行了高斯滤波,因此,这里只用对感兴趣点进行求导即可。

对于二维图像某点(x,y),其 Hessian 矩阵的最大特征值对应的特征向量即为其邻域二维曲线最大曲率的强度和方向,即灰度分布曲线剧烈的一侧为条纹的法线方向,最小特征值对应的特征向量对应其垂直方向,即灰度分布曲线平缓方向为条纹的切线方向。Hessian 矩阵的定义如下:

$$H(x,y) = \begin{pmatrix} g_{xx} & g_{xy} \\ g_{yx} & g_{yy} \end{pmatrix} \tag{11-21}$$

离散点的求导公式如式(11-22)～式(11-26)所示。

$$g_x(i,j) = f(i,j+1) - f(i,j) \tag{11-22}$$

$$g_y(i,j) = f(i+1,j) - f(i,j) \tag{11-23}$$

$$g_{xx}(i,j) = f(i,j-1) - 2f(i,j) + f(i,j+1) \tag{11-24}$$

$$g_{yy}(i,j) = f(i-1,j) - 2f(i,j) + f(i+1,j) \tag{11-25}$$

$$g_{xy}(i,j) = f(i+1,j+1) + f(i,j) - f(i,j+1) - f(i+1,j) \tag{11-26}$$

根据式(11-21)构造 Hessian 矩阵,求解其特征值得到法向图,如图 11-21 所示,绿色线条为单位法向量,为了视觉上能够看清晰地观察,将感兴趣点降采样处理。

KD 树是一种 K 个维度的多叉树,以二维为例构成一个二叉树,对其顺序查询时,其时间复杂度为 $O(N)$,当二叉树是一个平衡二叉树时,其时间复杂度为 $O(\log N)$,因此 KD 树是一种能够较为快速查询的多叉树。

构造 KD 树的目的是能够快速搜索到给定的一个查询点,在构造完成后,对目标能够进行快速的邻域搜索,点链算法如图 11-22 所示,设定一个搜索半径,使用 KD 树查询 N 个邻域,从小到大依次列出,判断最后一个满足邻域半径的点,将最后一个邻域半径内的点作为下一个中心点,并将已经查询的点列为已查询点,当一轮查询无新增加的点时,说明已经完成了一个点链的搜索,判断是否还有剩余点,若还有剩余点,则取一个新的点作为搜索起点。

图 11-21 根据 Hessian 矩阵求取的激光线法向图

当每次遇到终点时,将整个搜索到的点链保存,同时可以设定点链的长度必须大于某个阈值,否则直接舍弃小于阈值的点链,点链的链接只是对索引进行链接并保存索引号,因此根据索引还可以得到点的法向方向和切向方向的方向向量,这两个方向向量可由 Hessian 矩阵所计算出的特征向量得到。

图 11-23 为实测图进行的点链算法,不同的颜色代表不同的点链,在激光线主要的工作范围内具有较稳点的效果,构造这样的拓扑关系,可以使得后续的处理更加方便,在匹配过程中,不仅仅是点的匹配,还是点链的匹配。

根据前面的处理,得到了若干点链,以及点链上各点的法向量和切向量,但是不可避免

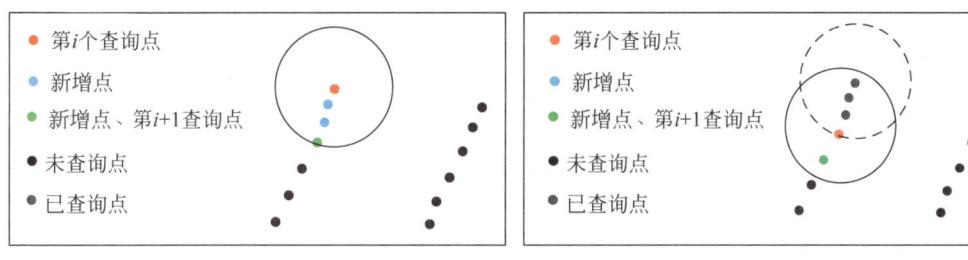

(a) 第k次循环

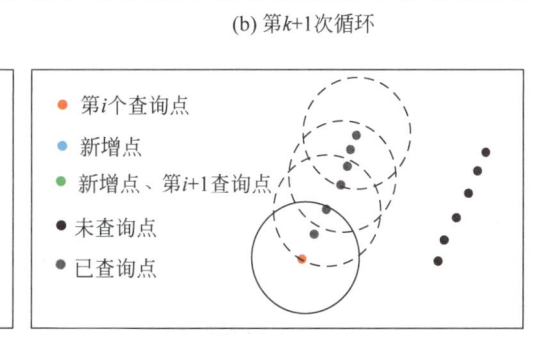

(b) 第k+1次循环

(c) 第k+2次循环

(d) 第k+3次循环

图 11-22　点基于 KD 树的点链算法

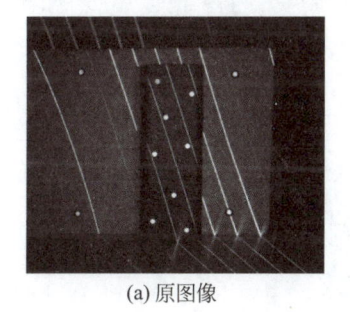

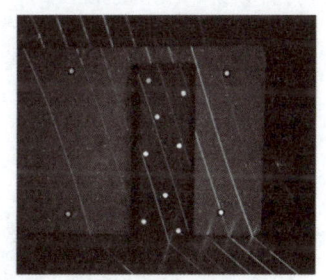

(a) 原图像

(b) 点链图

图 11-23　点链算法实际测试

会出现一些错误点,主要原因是激光线照射到浅色物体上,扩散的范围超过设定值,如图 11-24 所示,常出现的错误为偏移,而如果不对错误的点进行筛选,在后续的匹配中可能会降低匹配率。

针对这种情况,使用两种方法在同一个点链上进行筛选。

(1) 法线变化趋势的连续性,设定一个相邻的两个法向量的夹角变化率允许的最大值。

(2) 线宽约束法,在一个点链上,线宽的变化率是较为均匀的,当法线存在偏差时,实际上只有造成法线上激光线缺失部分时,才会造成较大误差。

在同一条激光线上,对 σ^2、A 进行筛选,σ^2 与激光线的线宽有关,A 为高斯曲线的幅值,表示激光线的峰值灰度,

图 11-24　法线估算错误情形

经过这层筛选后,能够移除其他非激光线的干扰,再通过灰度重心法计算激光线的中心点。算法流程如图 11-25 所示。

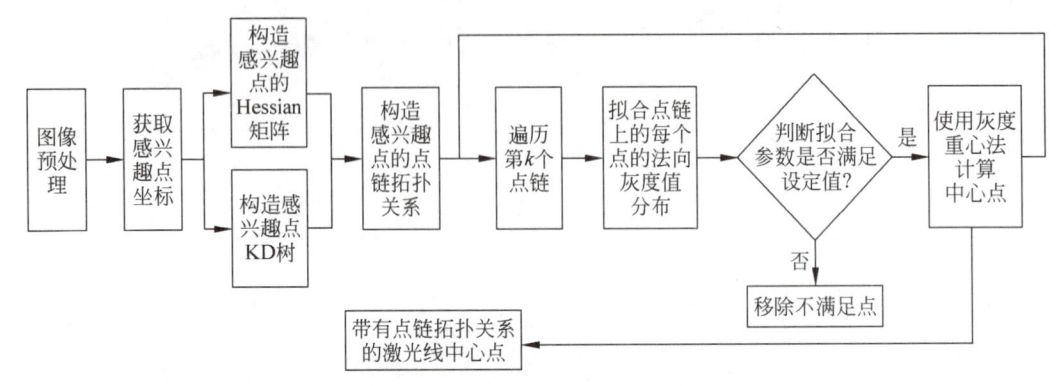

图 11-25　提取激光线亚像素级中心点流程

2. 线结构光平面参数标定

标定一个激光平面可以通过两条或两条以上非共线的直线标定。将网格激光投射在标定板上,不断变换标定板与扫描系统的相对位置,得到激光平面与多个不同平面相交的多条相交线,将得到的直线进行平面拟合计算,可以得到系统激光平面方程。标定激光平面时将多线激光均打在标定板上,如图 11-26 所示。

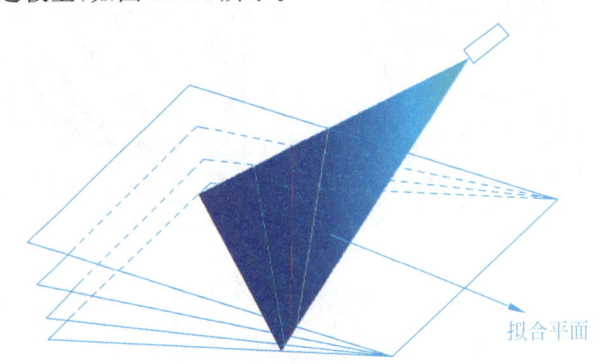

图 11-26　线结构光平面参数标定示意

平面标定步骤如下。

(1) 提取标定板 ROI。

(2) 获取激光线中心骨架坐标。

(3) 根据标定板 ROI,筛选有效的激光线中心骨架坐标,根据激光的连续性对激光线坐标进行分组,将不同结构光平面上的点分离到不同集合中,筛选采用构建 KD 树,通过欧氏距离进行评判指标,采用 KNN 搜索。

(4) 步骤(3)得到的每一组激光线坐标都进行直线拟合,将拟合结果与同集合的坐标点进行偏移评价,若符合拟合要求则根据对应直线截距大小进行编号继续后续步骤,否则重新采集图像,进行步骤(1)。

(5) 将得到的拟合直线根据截距进行排序,对左右图像上拟合直线的同名点利用极线约束得到激光平面对应直线的三维坐标。验算所有的三维点到标定平面的距离,若符合条件继续进行下一步,否则重新获取一组图像,进行步骤(1)。

(6) 统计计算成功组数,可根据实际需求设置组数要求,不满足要求的重复步骤(1)~(5),满足组数要求时,对同一个结构光平面的点进行随机采样一致性拟合,根据拟合平面结果与三维坐标点进行偏移评价,若符合拟合要求则导出拟合结果,否则重新标定。

11.2.4 多视角三维点云帧间匹配

1. 标记点提取与匹配

为了实现从不同空间坐标拍摄的场景图片来实现物体三维信息重构,需要对场景中的标记点进行识别和定位,大多数光学三维测量系统采用圆形标记点作为拼接标记点,通过拍摄在物体表面的预先粘贴的圆形标志、通过提取该标记的重心来计算出拼接的变换参数。

借助非编码标记点完成多个视场深度数据的全局匹配,主要分三个步骤:第一,标记点的亚像素提取;第二,两个视场标记点的匹配;第三,多个视场标记点的全局匹配。

通常采用白色圆形标记,如图11-27所示。圆形标记经透镜成像后成为椭圆,为了达到对椭圆中心的亚像素级精度定位,算法分为以下步骤。

(1) 高斯滤波去除图像噪声。

(2) 边缘检测算子(Canny算子)对椭圆边缘进行像素级粗定位。

(3) 标记点的自动识别满足以下两个条件的被认为是标记点(即标记点轮廓所包含的像素数在一定范围内波动;而且标记点轮廓是闭合的)。

(4) 椭圆边缘的亚像素级精定位(本章对像素级边缘的每个像素的5×5邻域进行三次多项式曲面拟合,求取曲面的一阶导数局部极值的位置,即亚像素位置)。

(5) 对椭圆边缘点进行最小二乘拟合,得到圆心的亚像素定位。

(a) 原始圆形图　　(b) 经透视变换后成为椭圆

图11-27 标记点图样

在提取完圆形标记点后即可使用提取到的标记点进行帧间匹配拼接,拼接的主要目的在将多视角下的局部坐标系点云统一到同一坐标系下,由于本章使用的是非编码点代替图像特征进行三维拼接,大大减少了需要匹配点的个数,因此,可以利用极线约束对非编码点圆心进行匹配,将得到的匹配点对代入式(11-17)即可得到当前坐标系下的标记点三维坐标。

2. 刚体变换参数估计

同一物体,不论处于何种坐标系中,其特征点之间的位置关系不会发生变化,即具有空间特征不变性。另外,即使在不同的坐标系下物体特征匹配点对是唯一的,即唯一约束性。设由空间三维坐标点(x,y,z)构成的点集$X=\{X_1,X_2,\cdots,X_i\}(i>3)$,点集中任意两点间

距离为

$$d(X_1, X_2) = \sqrt{(x_1-x_2)^2 + (y_1-y_2)^2 + (z_1-z_2)^2} \tag{11-27}$$

点集 X 经过刚体变换后形成新的点集 $X' = \{X'_1, X'_2, \cdots, X'_j\}(j > 3)$。由空间特征不变性可知，$d(X_1, X_2) = d(X'_1, X'_2)$。即两点集中任意匹配点对的相对位置关系不变，如图 11-28 所示，$|p_1a_1| = |p_2a_2|$、$|p_1b_1| = |p_2b_2|$、$|p_1c_1| = |p_2c_2|$、$|c_1a_1| = |c_2a_2|$、$|b_1a_1| = |b_2a_2|$。

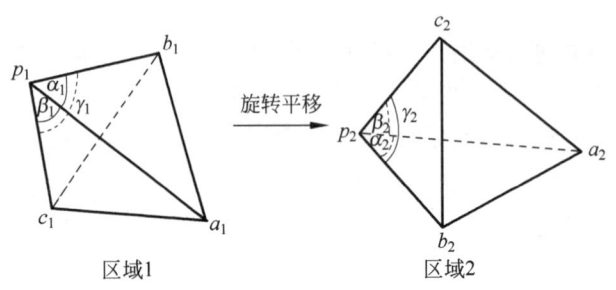

图 11-28 空间旋转不变性示意

由此找到帧间标记点的对应匹配点后，即可由两个一一对应的点集，带入四元素，求解出两帧之间的刚体变换矩阵 $\boldsymbol{R}$、$\boldsymbol{T}$。

得到已知匹配三维点集 $P = \{p_i | p_i \in P, i=1,2,\cdots,N\}$ 和点集 $Q = \{q_i | q_i \in Q, i=1,2,\cdots,N\}$。两个点集的质心为

$$\begin{cases} \mu_1 = \dfrac{1}{N} \sum_{n=1}^{N} p_i \\ \mu_2 = \dfrac{1}{N} \sum_{m=1}^{N} q_i \end{cases} \tag{11-28}$$

对于点集 P 与点集 Q，为了计算出最优旋转矩阵 $\boldsymbol{R}$，需要消除平移矩阵 $\boldsymbol{T}$ 的影响，所以需要将点集重新中心化，都转换到质心坐标下，即将两个点集分别做相对于质心的平移，生成新的点集 $\{M_i^1\}$ 和 $\{M_i^2\}$：

$$\begin{cases} M_i^1 = p_i - \mu_1 \\ M_i^2 = q_i - \mu_2 \end{cases} \tag{11-29}$$

根据移动后的点集 $\{M_i^1\}$ 和 $\{M_i^2\}$ 计算协方差矩阵 $\boldsymbol{K}$，即

$$\boldsymbol{K} = \frac{1}{N} \sum_{i=1}^{N} M_i^1 (M_i^2)^{\mathrm{T}} \tag{11-30}$$

由矩阵 $\boldsymbol{K}$ 中的各个元素 $K_{ij}(i,j=1,2,3)$ 构造出 4×4 对称矩阵 $\boldsymbol{K}_\alpha$，即

$$\boldsymbol{K}_\alpha = \begin{bmatrix} K_{11}+K_{22}+K_{33} & K_{32}-K_{23} & K_{13}-K_{31} & K_{21}-K_{12} \\ K_{32}-K_{23} & K_{11}-K_{22}-K_{33} & K_{12}+K_{21} & K_{13}+K_{31} \\ K_{13}-K_{31} & K_{12}+K_{21} & -K_{11}+K_{22}-K_{33} & K_{23}+K_{32} \\ K_{21}-K_{12} & K_{13}+K_{31} & K_{23}+K_{32} & -K_{11}-K_{22}+K_{33} \end{bmatrix} \tag{11-31}$$

计算 $\boldsymbol{K}_\alpha$ 的最大特征值对应的单位特征向量 $\boldsymbol{h}$，此时 $\boldsymbol{h}$ 对应误差最小时的四元素，即

$$\boldsymbol{h} = (h_0, h_1, h_2, h_3)^{\mathrm{T}} \tag{11-32}$$

根据单位特征向量 $\boldsymbol{h}$，求解旋转矩阵 $\boldsymbol{R}_1$、平移向量 $\boldsymbol{T}_1$，即

$$\boldsymbol{R}_1 = \begin{pmatrix} h_0^2 + h_1^2 - h_2^2 - h_3^2 & 2(h_1 h_2 - h_0 h_3) & 2(h_1 h_3 + h_0 h_2) \\ 2(h_1 h_2 + h_0 h_3) & h_0^2 + h_2^2 - h_1^2 - h_3^2 & 2(h_2 h_3 - h_0 h_1) \\ 2(h_1 h_3 - h_0 h_2) & 2(h_2 h_3 + h_0 h_1) & h_0^2 + h_3^2 - h_1^2 - h_2^2 \end{pmatrix} \tag{11-33}$$

$$\boldsymbol{T}_1 = \mu_2 - \boldsymbol{R}_1 \mu_1 \tag{11-34}$$

得出两块点云的空间变换关系为

$$P = \boldsymbol{R}_1 \times Q + \boldsymbol{T}_1 \tag{11-35}$$

对于三维测量中的圆形标记点，在不同坐标系下的三维坐标，根据旋转不变特性得到的刚体变换参数后的转换图如图 11-29 所示。

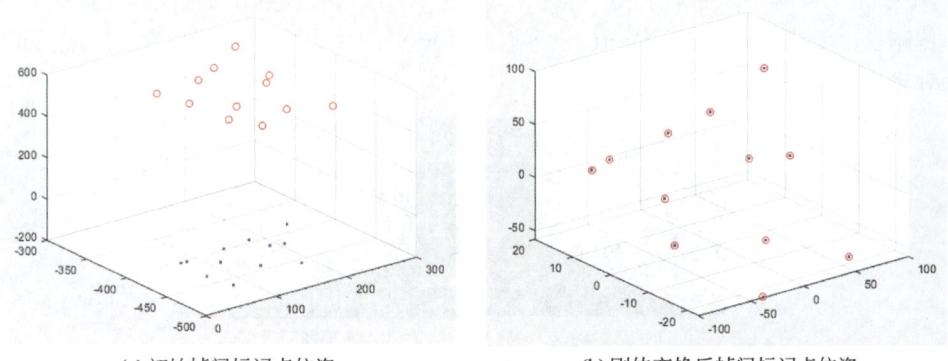

(a) 初始帧间标记点位姿　　　　　　(b) 刚体变换后帧间标记点位姿

图 11-29　帧间标记点刚体变换

在测量时，可改变被测物体的角度，也可以保持被测物体不动，移动测量设备，其原理均是把每次测量得到的三维数据转换到同一坐标系下，通过多次扫描，最终得到完整的三维数据。在多视角三维重建中，测量时采用构建全局空间框架的方式来确定多视角点云之间的位姿，将每一帧坐标系都统一到全局空间框架中。全局空间框架的构建如图 11-30 所示，先根据被测物体的大小布置好测量场景，由于相机成像场有限，无法一次性重建出全局控制点，故需对全局控制点采用先局部扫描再拼接的方式构建出全局空间框架。后续扫描重建，均以此为参考坐标系。

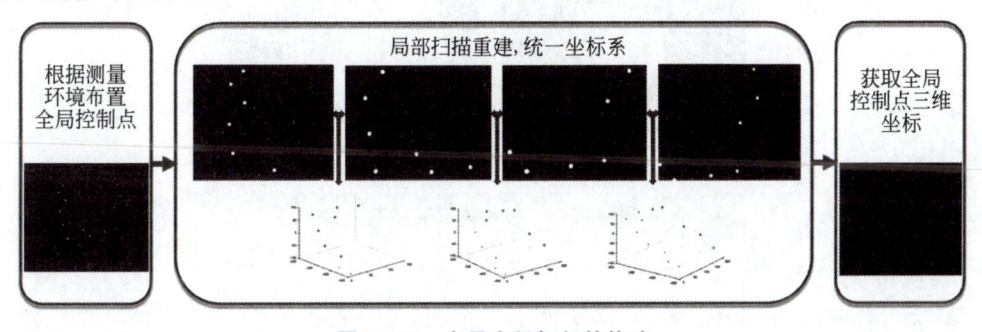

图 11-30　全局空间框架的构建

在全局空间框架构建完成后，开始将被测物体放置于其中，并对其进行多视角扫描，将

扫描得到的局部坐标系中的单帧三维点云，统一到全局控制点下的全局坐标系，重复此步骤，直至扫描重建工作完成。

11.2.5 三维点云曲面重建

1. 点云滤波

经过多视角三维点云帧间匹配后得到原始点云数据，因环境光、设备元件衍射、人工操作等因素不可避免地会包含噪声点，会直接影响曲面重建的精度，因此要想得到较为理想的三维重建模型，还需要对点云数据进行降采样、去噪、平滑等处理。

1）降采样

体素降采样是一种将高分辨率三维模型转换为低分辨率的方法，旨在减少计算量的同时保持模型形状和表面细节的一种技术。它将三维空间划分为一个个小立方体（称为"体素"），检查每个体素中是否存在点，若存在，则用一个点代替体素中的点集，通常这个采样点可以是体素中所有点坐标的平均值，也可以是中心点或者离中心点最近的点。点云降采样前后对比如图 11-31 所示。

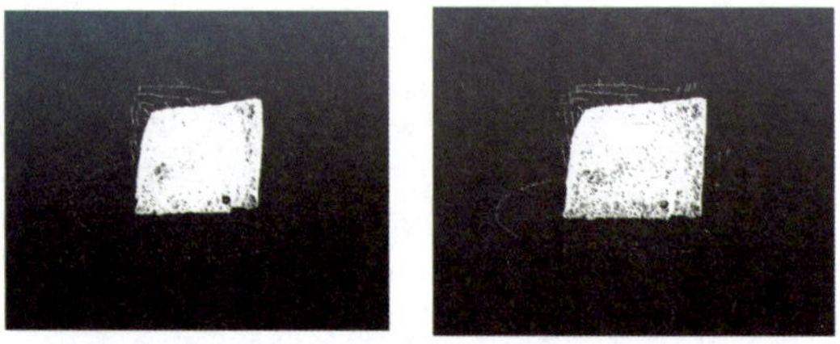

(a) 降采样前　　(b) 降采样后

图 11-31　点云降采样前后对比

2）去噪

统计滤波是一种常用的点云去噪方法，用于去除点云中的离群点。该算法首先计算点云中所有点到其邻域点的平均距离 $\mu_{neighbor}$，得到的结果符合高斯分布，其次计算所有 $\mu_{neighbor}$ 的平均值 μ 和标准差 σ，确定距离阈值 $Threshold=\mu+k\sigma$，k 为标准差系数，将平均距离 $\mu_{neighbor}$ 低于 Threshold 的点视为内点，高于 Threshold 的点视为离群点。点云滤波前后对比如图 11-32 所示。

(a) 统计滤波前　　(b) 统计滤波后

图 11-32　点云滤波前后对比

3）平滑

MLS（Moving Least Squares，移动最小二乘法）是一种点云数据平滑的方法。点云平滑是一种用于点云数据处理的方法，它通过对局部拟合窗口中的采样点进行最小二乘拟合，得到拟合曲面或曲线的参数，再通过这个曲面或曲线来重新计算每个点的坐标，实现点云的平滑处理。这种方法可以更好地处理点云中的不规则性和非均匀性,提供更准确的平滑结果。点云平滑前后对比如图 11-33 所示。

(a) 点云平滑前　　　　(b) 点云平滑后

图 11-33　点云平滑前后对比

2. 点云曲面重建

点云曲面重建的目标是根据离散的点云数据,生成一个平滑、连续的表面模型。Delaunay 三角剖分是计算机图形学和几何计算中一种常用的方法,用于将给定点集进行三角剖分,以构建连续、无重叠的三角网格。

1) Delaunay 三角剖分的两个重要准则

准则 1:空圆特性。在 Delaunay 三角网中任意一个三角形的外接圆内不存在其他点,如图 11-34 所示。

准则 2:最大化最小角特性。在点集所有可能形成的三角剖分中,Delaunay 三角剖分所形成的三角形,其最小角最大。具体来说是指在任意两个相邻的三角形所组成的凸四边形中,将其对角线交换后,六个内角的最小角不再增大,如图 11-35 所示。

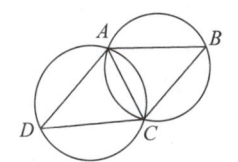

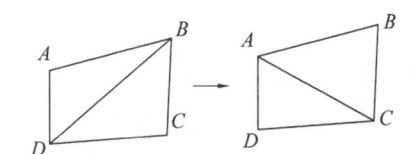

图 11-34　空圆特性　　　　图 11-35　最大化最小角特性

2) 局部最优化处理

理论上为了构造 Delaunay 三角网,Lawson 提出了局部优化过程(Local Optimization Procedure,LOP),如图 11-36 所示。其步骤如下。

第 1 步:将具有公共边的两个相邻三角形组成一个四边形。

第 2 步:以最大空圆特性检查其第四个顶点是否在外接圆内。

第 3 步:若在外接圆内,则将对角线对调即可满足空圆特性。

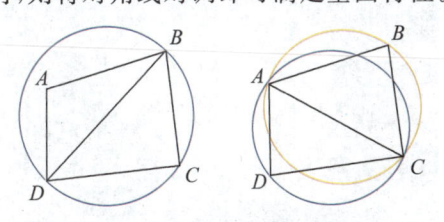

图 11-36　局部最优化处理

3) Lawson 算法和 Bowyer-Watson 算法

大部分 Delaunay 三角剖分的构造算法都是通过逐点插入来实现的,本章主要介绍 Lawson 算法和 Bowyer-Watson 算法。

Lawson 算法的基本步骤如下。

第 1 步:构建一个能够包含所有点集 P 的包围盒,将包围盒的四个顶点加入点集 P 得到 P',任意连接包围盒的一条对角线生成两个超级三角形,构成初始的三角剖分 T_0。

第 2 步:将点集 P' 中的点一一插入现有的三角剖分 T_i 中,并将插入点与其所属的三角形 t 的三个顶点连接生成三个新的三角形 t_1、t_2、t_3,分别检查 t_1、t_2、t_3 是否满足空圆特性,若不满足则进行翻边操作(局部最优化处理),直到没有坏边为止。

第 3 步:当点集 P' 所有点均插入三角剖分中且完成所有翻转边之后,得到一个包含点集 P' 的 Delaunay 三角剖分,删除第 1 步中加入的包围盒的四个顶点,并且去除所有与之连接的三角形,剩下的三角形就构成点集 P 的 Delaunay 三角剖分 T。

Bowyer-Watson 算法的第 1 步、第 3 步与 Lawson 算法相同,只在第 2 步进行了改进。

Bowyer-Watson 算法的基本步骤如下:

第 1 步:同 Lawson 算法。

第 2 步:将点集 P' 中的点插入现有的三角剖分 T_i 中之后,找出外接圆包含插入点的三角形,删除其公共边形成一个"空穴",将插入点同"空穴"(四边形)的各个顶点连接起来形成新的三角形,再分别对其进行空圆检测,利用 LOP 进行优化。

第 3 步:同 Lawson 算法。

Bowyer-Watson 算法关键的第 2 步如图 11-37 所示。

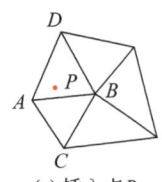

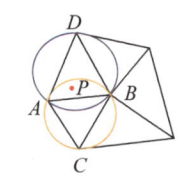

(a) 插入点 P   (b) 决定如何连接 P 与其他顶点   (c) 删除公共边 AB   (d) 生成新三角形

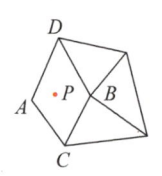

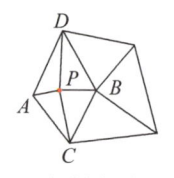

图 11-37 关键步骤处理过程

将原始三维点云数据投影到二维平面,利用 Delaunay 三角剖分原理得到三角网格,最后根据投影在二维平面的点云的连接关系确定原始三维点云间的拓扑关系,最终得到曲面模型,如图 11-38 所示。

图 11-38 石头曲面重建模型

11.2.6 系统设计与实现

1. 系统硬件组成

根据硬件结构设计,搭建一套基于多线结构光的手持式三维扫描系统,其硬件包括两个灰度相机、一个激光发射器以及两个焦距为 8mm 的镜头、两个 450nm 滤光镜、两个 450nm 蓝色光源和支架等硬件,如图 11-39 所示。

图 11-39 系统硬件构成

本系统选用 FLIR 系列 CCD 相机 FLIR_BFS-U3-51S5,分辨率为 2448×2048,像素尺寸为 $3.45×3.45\mu m$,该相机通过 USB 3.0 进行数据传输和供电,支持硬触发模式,具体参数如表 11-1 所示。

表 11-1 相机主要参数

参数名称	参数指标
分辨率	2448×2048
帧率	1FPS-75FPS
像素尺寸	$3.45\mu m$
采集模式	连续,单帧,多帧
传感器	Sony IMX250,CMOS,2/3″
镜头接口	C-mount
机械尺寸	29mm×29mm×30mm

对于激光器的选择,应考虑激光线条的细致程度、发射的稳定性及光束的集中性,选择了型号为 LETO-2B55-LWP050-375 的双通道网格激光器。其具体参数如表 11-2 所示。

表 11-2 激光器主要参数

参数名称	参数指标
波长	450nm
类型	双通道5线
棱镜角度	55°
最小线宽	$<120\mu m@375mm$
输出功率	100mW
供电电压	DC12V

2. 系统软件组成

软件算法主体可以分为三个模块:第一部分是相机初始化,需要对连接的相机的曝光值、采集模式、触发模式、触发选择器以及触发源等相关参数进行初始化设定；第二部分是采集模块，该模块主要是对初始化中处理的图像指针根据用户需求进一步处理，例如图像保存与显示等；第三部分是算法处理部分，该模块主要是对图像指针进行计算得出最终点云结果。相关流程如图 11-40 所示。

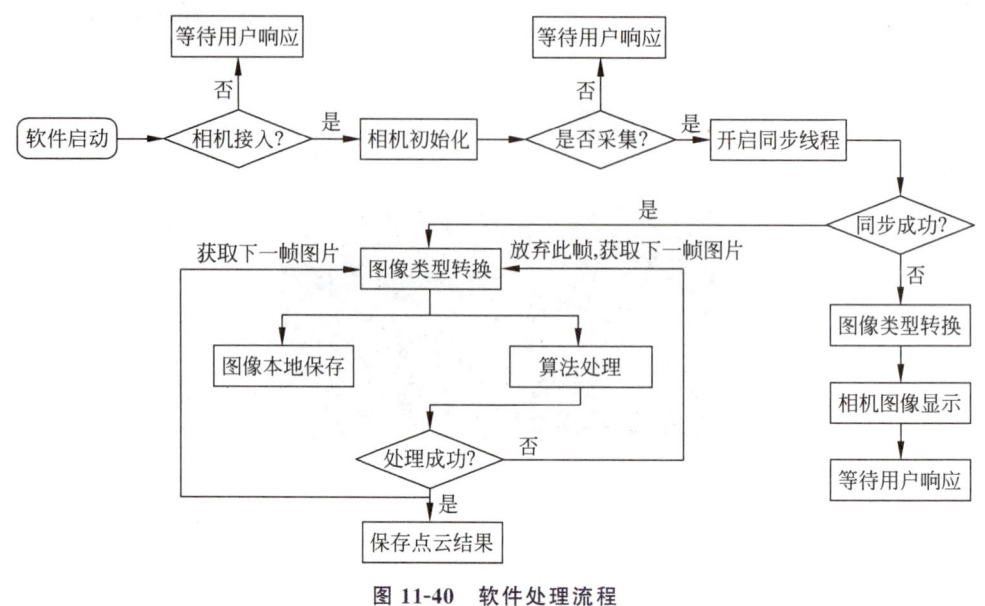

图 11-40　软件处理流程

11.3　数字光栅投影三维点云重建与测量

11.3.1　引言

　　数字光栅三维测量技术凭借全光场成像、非接触、高分辨率、高精度、测量速度较快以及易于工程化等诸多优势，已然成为三维测量领域炙手可热的研究方向，受到国内外众多学者的广泛关注，并成为科学研究与产品研发领域的重要课题。以下将对该领域主要的产品研发公司进行介绍。

　　在产品研发进程中，国外起步相对较早，目前已在高端三维测量设备市场占据主导地位。以下是对部分国外公司主打产品及其特有技术的简要阐述。德国 GOM 公司的 ATOS 系列产品，为降低外界光线对测量结果的干扰，采用蓝光条纹技术，显著提升了测量的准确性。同时，该产品配备了专门研发的光学系统，能够有效满足不同测量场景下的多样化需求。德国 Breuckmann(博尔科曼)公司的 StereoSCAN neo 系列产品，其机身采用碳纤维双结构设计，赋予了产品出色的机械稳定性与热稳定性，确保在复杂环境下仍能稳定工作。德国 ZEISSOptotechnik 公司(原 SteinbichlerOptotechnik 公司)的 COMET 6 系列产品，装备了功能强大的 LED 灯以及创新型投影光学器件。其特有的自适应投影技术能够对投射到物体表面的光量进行局部调整，从而最大限度地减少眩光等不良因素的影响，保障测量质量。美国 FARO 公司的 Cobalt Array Imager 系列产品，首次配备了专用的机上处理功能，其智能传感器支持多成像仪阵列配置，极大地拓展了扫描范围。这不仅能够实现快速、自动且全面的检测，还显著缩短了检测周期，有效提高了工作效率。加拿大 LMI

Technologies 的 HDI ADVANCE 系列产品，可依据用户针对不同大小和形状目标物的测量需求，将工业相机安置于预先设定好的安装位置，从而便捷地调整扫描视野大小，进而实现对各种形状和尺寸目标物的有效扫描。除此之外，其他国家也有不少公司投身于相关产品和工业实现方案的研发工作。国外公司的主要产品如图 11-41 所示。

(a) GOM公司的ATOS 　　(b) Breuckmann公司的StereoSCANneo 　　(c) ZEISS Optotechnik公司的COMET 6

(d) FARO公司的Cobalt Array Imager 　　(e) LMI Technologies的HDI ADVANCE

图 11-41　国外公司的主要产品

近年来，在国内，众多致力于研发数字光栅投影三维测量设备的公司如雨后春笋般涌现。其中包括杭州先临三维科技股份有限公司、深圳精易迅科技有限公司、北京天远三维科技有限公司、西安新拓三维光测科技有限公司、深圳华朗三维技术有限公司以及武汉惟景三维科技有限公司等。这些公司所推出的产品各具特色，在数字光栅投影三维测量领域展现出了独特的优势。图 11-42 展示了部分国内主要的相关产品。

(a) 杭州先临三维的EinScan HX 　　(b) 深圳精易迅科技的eSharp-P13 　　(c) 北京天远三维的OKIO-5M

(d) 西安新拓三维光测的XTOM-MATRIX 　　(e) 深圳华朗三维的HL-3DX 　　(f) 武汉惟景三维的PowerScan

图 11-42　国内主要产品

数字光栅投影三维点云重建与测量技术的原理如下：首先，将制作好的光栅条纹利用投影仪投射至被测物体表面，随后，借助 CCD 相机采集物体的光栅条纹图。从所获取的光栅条纹图中提取相位信息，并通过对解得的包裹进行处理，从而得到被测物体的三维坐标，以此实现从二维图像到三维点云的转换。

为了提高测量结果的精确性、降低误差，在上述步骤实施之前，通常会开展系统标定、相位校正等工作。当三维点云生成之后,一般还需要对其进行滤波处理,以此去除点云噪声,使最终结果更加平滑,具体情况如图 11-43 所示。

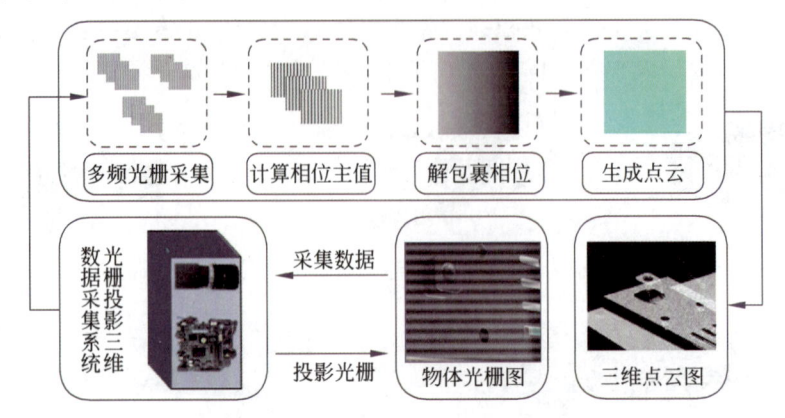

图 11-43　光栅投影三维测量技术流程

11.3.2　光栅投影三维测量系统基本模型

光栅投影三维测量系统基本模型如图 11-44 所示。其中,O_w-$X_w Y_w Z_w$ 为参考坐标系,O_c-$X_c Y_c Z_c$ 为相机坐标系,O_p 为投影中心,O_c 为光心。omn 平面为相机成像面上的图像坐标系,$OX_w Y_w$ 为待测路面,该平面平行于投影平面,Y_w 轴平行于光栅条纹,O_p 在 Z_w 轴上。相机坐标系 O_c 经由旋转矩阵 $\boldsymbol{R}_w$ 以及平移矩阵 $\boldsymbol{T}_w$ 可转换为参考系坐标 O_w。确定待测物体的三维尺寸,根本上是要建立待测物体在拍摄图像上的像点坐标、相位和空间三维坐标之间的对应关系。

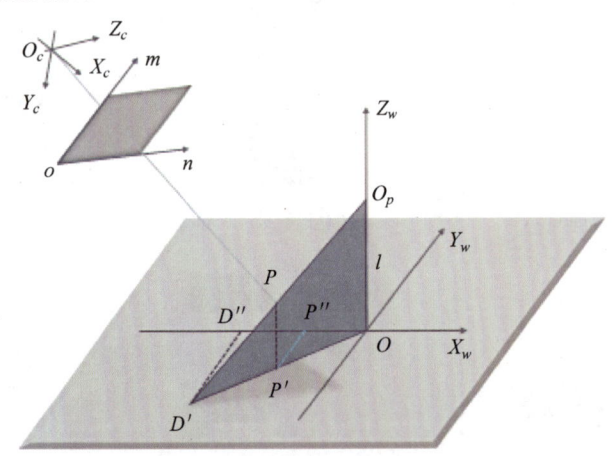

图 11-44　光栅投影三维测量系统基本模型

相机坐标系 O_c-$X_c Y_c Z_c$ 与参考坐标系 O_w-$X_w Y_w Z_w$ 之间的关系如下。

$$\begin{pmatrix} X_w \\ Y_w \\ Z_w \end{pmatrix} = (\boldsymbol{R}_w, \boldsymbol{T}_w) \begin{pmatrix} X_c \\ Y_c \\ Z_c \\ 1 \end{pmatrix} \tag{11-36}$$

其中，R_w，T_w 分别为旋转矩阵和平移矩阵。

1. 像点坐标 $p(m,n)$ 与相机坐标 (X_c,Y_c,Z_c) 的关系

在相机针孔模型中，设相机成像面为 omn 平面，o 为相机光心，m 轴和 n 轴夹角为 α，O_c 为相机坐标系原点，设 f_c 为 $O_c o$ 的距离，则成像面中任意一点 $p(m,n)$ 与其相机坐标 $P(X_c,Y_c,Z_c)$ 有如下关系：

$$\begin{cases} \dfrac{X_c}{Z_c} = \dfrac{m}{f_c} \\ \dfrac{Y_c}{Z_c} = \dfrac{n}{f_c} \end{cases} \tag{11-37}$$

由式(11-37)，像点坐标和相机坐标之间关系为

$$\rho \begin{pmatrix} m \\ n \\ 1 \end{pmatrix} = \boldsymbol{A}_c \begin{pmatrix} X_c \\ Y_c \\ Z_c \end{pmatrix} \tag{11-38}$$

其中，ρ 为比例因子，$\boldsymbol{A}_c$ 为相机内部参数矩阵。

2. 相位 θ 与相机坐标 (X_c,Y_c,Z_c) 的关系

相位与物体三维点的坐标关系如下：

$$\theta = \frac{a_1 X_c + a_2 Y_c + a_3 Z_c + a_4}{a_5 X_c + a_6 Y_c + a_7 Z_c + a_8} \tag{11-39}$$

其中，$a_1 \sim a_8$ 为系统标定系数，系统标定的目的即为获取这 8 个常量。

11.3.3 解包裹相位

在数字光栅投影三维点云重建与测量系统中，相位分为相位主值 φ 和绝对相位 θ。对于常规正弦光栅，绝对相位 θ 由相位主值 φ 展开获取，这个过程也称为解包裹相位。式(11-40)表达了两者之间在图像任意一点 (m,n) 的关系：

$$\theta(m,n) = \varphi(m,n) + 2k(m,n)\pi \tag{11-40}$$

其中，k 为条纹级数，且 k 为整数。

解包裹相位过程即为精确获取相位主值 φ 以及条纹级数 k 的过程。通常，相位主值 φ 由拍摄的光栅条纹图通过相移法获得。

对于 i 步相移法，其相位主值为

$$\varphi(m,n) = \arctan \frac{-\sum_{j=1}^{i}\left[I_j(m,n)\sin\left(\dfrac{2\pi j}{i}\right)\right]}{\sum_{j=1}^{i}\left[I_j(m,n)\cos\left(\dfrac{2\pi j}{i}\right)\right]}, \quad j=1,2,\cdots,i \tag{11-41}$$

获得相位主值后，需要求解绝对相位。求解绝对相位的过程分为两类：空间解相位法与时间解相位法。由于空间解相位法的局限性较大，对高反光、高度跳变大的物体所得到的相位不准确，因此大多采用时间解相位法。

时间解相位法具有更好的精确性、灵活性、健壮性，弥补了空间解相位法的某些不足之处，这也使得时间解相位法更为热门，其中运用最广泛的是多频外差法，其主要步骤为：

(1) 投射三种节距为 p_1、p_2、p_3 的光栅条纹，要求 $p_1 < p_2, p_{12} < p_{23}, p_{123}$ 可以覆盖整个视场。

(2) 相移法求解节距为 p_1、p_2、p_3 图像的相对相位，分别对应 φ_1、φ_2、φ_3（见图 11-45(a)～图 11-45(c)）。

(3) φ_1、φ_2 做差得到叠栅条纹节距为 p_{12} 的相对相位 φ_{12}（见图 11-45(d)），φ_2、φ_3 做差得到叠栅条纹节距为 p_{23} 的相对相位 φ_{23}（见图 11-45(e)），φ_{12}、φ_{13} 做差得到叠栅条纹节距为 p_{123} 的相对相位 φ_{123}（见图 11-45(f)），此时由于节距 p_{123} 可以覆盖整个视场，则有相对相位等于其绝对相位，也即 $\varphi_{123} = \theta_{123}$。由关系依次由高节距展开至低节距的相位，从而由 θ_{123} 得到 θ_{12}，再由 θ_{12} 得到 θ_1。

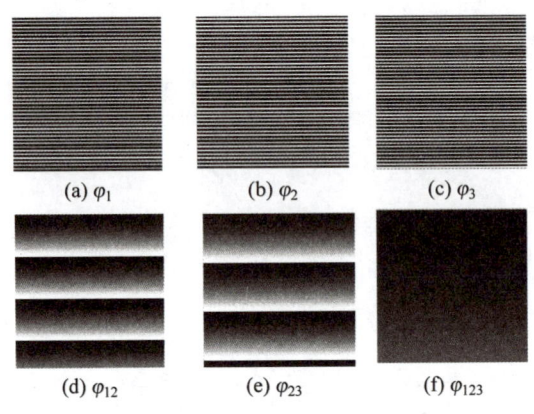

图 11-45 多频外差法原理

11.3.4 系统标定与三维点云生成

系统标定是数字条纹投影三维测量系统中不可或缺的关键环节，最终三维重建的质量取决于系统中相机和投影仪的光学与几何参数的标定精度。

以标定板中心为原点，Z 轴垂直于标定装置板面建立标定坐标系 Ω_0，则设标定装置板面上任意一点为 $Q(a,b)$，其三维坐标为 $Q(a,b,0)$。

由相机坐标系中像点坐标 (m,n)、标定板坐标系中点的坐标 (a,b) 及相机坐标系中点的坐标 (X_c, Y_c, Z_c) 之间的关系可得

$$\rho' \begin{pmatrix} m \\ n \\ 1 \end{pmatrix} = \mathbf{A}_c \begin{pmatrix} X_c \\ Y_c \\ Z_c \end{pmatrix} = \mathbf{A}_c (r_1, r_2, T_0) \begin{pmatrix} a \\ b \\ 1 \end{pmatrix} = \mathbf{H} \begin{pmatrix} a \\ b \\ 1 \end{pmatrix} \tag{11-42}$$

其中，ρ' 为比例因子，$\mathbf{A}_c$ 为相机内参矩阵，$\mathbf{H} = \mathbf{A}_c(r_2, r_2, T_0)$ 为 3×3 矩阵。设

$$\mathbf{G} = \mathbf{H}^{-1} = (r_1, r_2, T_0)^{-1} \mathbf{A}_c^{-1} = \begin{pmatrix} g_1 & g_2 & g_3 \\ g_4 & g_5 & g_6 \\ g_7 & g_8 & g_9 \end{pmatrix} \tag{11-43}$$

由相位绝对相位 θ、参考坐标系中的坐标 (X, Y, Z) 及相机坐标系中的坐标 (X_c, Y_c, Z_c) 之间的关系可得

$$\theta = \frac{a_1 X_c + a_2 Y_c + a_3 Z_c + a_4}{a_5 X_c + a_6 Y_c + a_7 Z_c + a_8} \tag{11-44}$$

由于相机内参矩阵 $\boldsymbol{A}_c$ 为上三角形,则设

$$\boldsymbol{A}_c = \begin{pmatrix} a_{11} & a_{12} & a_{13} \\ 0 & a_{22} & a_{23} \\ 0 & 0 & 1 \end{pmatrix} \quad (11\text{-}45)$$

则联立式(11-44)和式(11-45),可以得到物体的空间三维点坐标:

$$\begin{cases} K_1 = \dfrac{n - a_{23}}{a_{22}} \\ K_2 = \dfrac{m - a_{13} - a_{12}K_1}{a_{11}} \\ Z_c = \dfrac{a_8\theta - a_4}{a_3 - a_7\theta - K_1(a_6\theta - a_2) - K_2(a_5\theta - a_1)} \\ X_c = K_2 Z_c \\ Y_c = K_1 Z_c \end{cases} \quad (11\text{-}46)$$

此外,考虑投影反射畸变的误差影响,可采用逆向即法或相高法对标定进行更加精细化的标定。

11.3.5 相对相位校正

数字光栅投影三维点云重建与测量系统由于需要将计算机制作的光栅条纹图像烧入投影仪,投影仪投射该光栅条纹至待测物体上,最后经相机获取并传输至计算机。这一系列过程中相机抓取的图片会不可避免地受外界光干扰、设备的非线性响应等影响,导致相机抓拍光栅图像的灰度往往呈现非正弦性,而非正弦线条纹的出现将对后续计算出的相位产生较大的偏差,进而导致生成的三维点云以及测量失去有效性,故为了提升还原的真实性以及提升测量精度,对整个系统进行相位校正十分必要。

现有技术主要可以归为两类:校正补偿法和相位误差补偿法。校正补偿法具有速度快和计算简单的特点,但计算过程中相移步数足够大,导致系统的灵活性降低。相位误差补偿法无须求解系统的 Gamma 值,但是需要建立完整的相位误差模型,才能消除高次谐波带来的相位误差,过程比较烦琐,且需要大量的计算。本章利用 Gamma 畸变校正进行相位校正。

根据图 11-46 所示,假设由计算机生成的初始光栅图像的灰度值 I_i^s 为

$$I_i^s = A + B\cos(2\pi f x + \varphi + \delta_n) \quad (11\text{-}47)$$

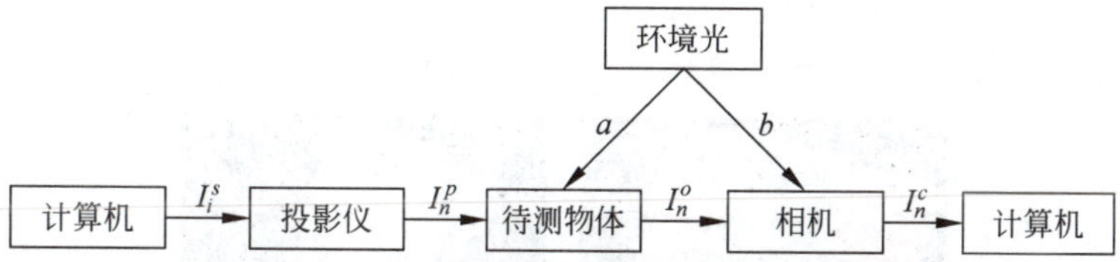

图 11-46 数字光栅测量系统非线性响应过程

由于系统的 Gamma 效应,当引入预编码 γ 后,计算机产生的灰度图像的灰度值可以表示为

$$I_i^c = (I_i^s)^\gamma \quad (11\text{-}48)$$

γ 为整个光栅投影系统所对应的 Gamma 失真值,不同的 FPP 系统对应不同的 Gamma 失真值,通常 γ 的范围为 $1<\gamma<3$。由上述可知,只有当 $\gamma=1$ 时,相机采集到的图像不受系统 Gamma 畸变的影响,即此时不存在 Gamma 畸变。为了获取上述两组光栅图的 Gamma 值,需要对四幅不同灰度图像分别引入两个预编码值 γ_{p1} 和 γ_{p2},对其采用算法求取最优解,即可求得系统的 Gamma 值 γ'_1 和 γ'_2。

$$\gamma_a = \frac{\gamma_{p1} - \gamma_{p2}}{\gamma'_1 - \gamma'_2} \tag{11-49}$$

$$\gamma_b = \frac{\gamma_{p1}\gamma'_2 - \gamma_{p2}\gamma'_1}{\gamma_{p1} - \gamma_{p2}} \tag{11-50}$$

对式(11-49)和式(11-50)联立求解,则可解出 γ_a 和 γ_b。同时,$\gamma'=1$,得

$$\gamma_p = (1-\gamma_b)\gamma_a \tag{11-51}$$

运用式(11-51),即可获取实际所需要的预编码值,将其 Gamma 预编码映射到后续的投影条纹图案,即可消除 Gamma 失真,完成 Gamma 预校准。通过上述流程检测到系统的预编码值接近 3 时,整个系统的 Gamma 值接近 1。

11.3.6 点云滤波处理

三维重建的目的是对物体三维信息的精确测量,在获取点云数据时,由于设备精度、操作者经验、环境因素的影响,往往需要对生成的初始点云进行滤波,考虑点云噪声有多种形式,通常采用统计滤波和半径滤波相结合的方法实现不同噪声的去除。滤波效果如图 11-47 所示。

(a) 滤波前的初始点云   (b) 滤波后的点云

图 11-47 统计滤波和采样滤波前后点云对比

使用高分辨相机对点云进行采集,往往点云会较为密集。过多的点云数量会为后续工作带来困难,所以可以用体素滤波进行下采样。

另外,对于在空间分布有一定空间特征的点云数据,可以通过直通滤波的方式过滤掉指定维度方向上取值不在给定值域内的点。滤波效果如图 11-48 所示。

(a) 滤波前的初始点云   (b) 滤波后的点云

图 11-48 直通滤波前后点云对比

滤波完成后,对点云进行空间线性插值,提取点云表面轮廓,从而对待测物体进行测量。

11.3.7 基于点云的三维尺寸测量

要对点云三维尺寸进行测量,首先需要对点云数据进行剖面轮廓提取,为了得到点云的剖面轮廓数据,本章采用三维空间线性插值的方法。

点云剖面结果如图 11-49 所示。

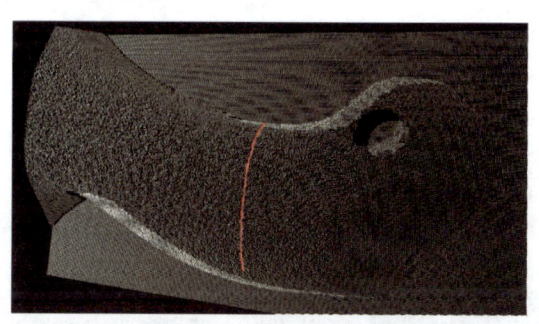

图 11-49 点云剖面结果

通过剖面测量的方式获取点云的三维尺寸大小后,将测量结果与实际尺寸大小进行对比,得到测量的绝对误差及相对误差,可以判断测量精度。

如图 11-50 所示,对物体选取切割线并进行测量。

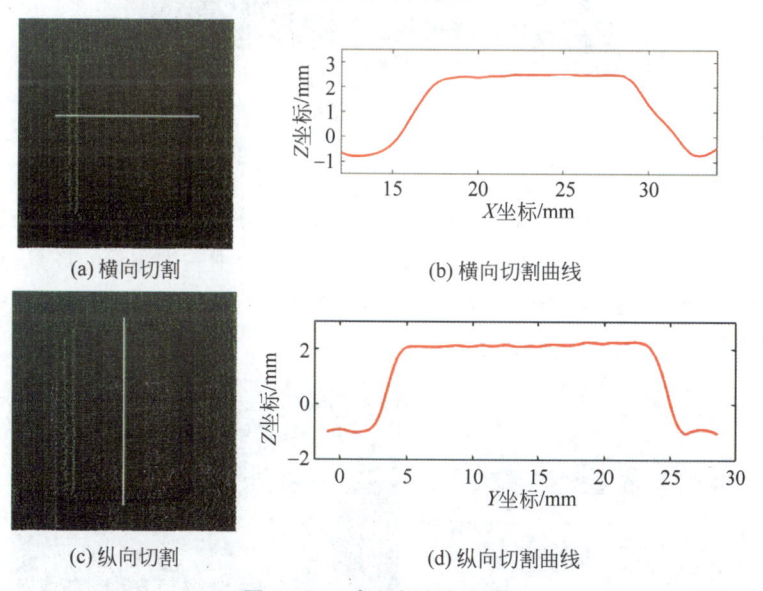

(a) 横向切割　　(b) 横向切割曲线

(c) 纵向切割　　(d) 纵向切割曲线

图 11-50 点云切割与测量

表 11-3 为测量结果。测得点云长、宽、高绝对误差小于 0.1mm,相对误差小于 2%。

表 11-3 点云三维尺寸测量结果

类　别	长　度	宽　度	高　度
实际值	19.763mm	13.737mm	3.067mm
测量值	19.841mm	13.66mm	3.014mm

续表

类别	长度	宽度	高度
绝对误差	0.078mm	0.077mm	0.053mm
相对误差	0.391%	0.564%	1.749%

11.3.8 系统与典型应用

1. 数字光栅投影三维点云重建与测量系统

实验使用的相机为 Daheng MER-502-79U3C,采集图像分辨率为 2448×2048,投影仪为 DLP 4500,最大可烧入 912×1140 分辨率的图片,搭建如图 11-51 所示的数字光栅投影三维点云重建与测量系统。

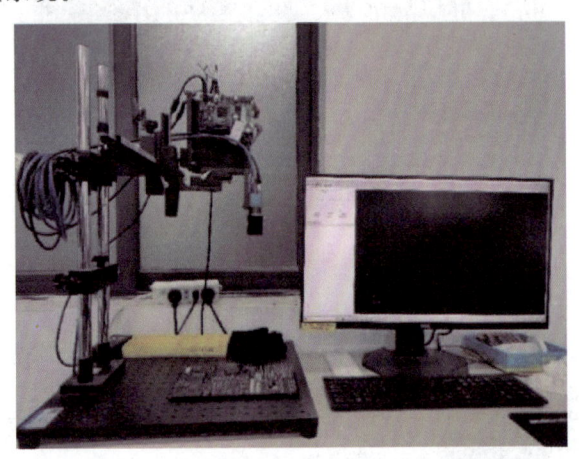

图 11-51 本实验使用的光栅投影三维测量系统

2. 工业精度测量应用

在三维重建的应用中,通常会将重建物体以大小来区分重建场景,所以分别选择大型工业零件和电路板上微小元件进行重建实验,以模拟常见的工业中三维测量的场景,并对电路板上的元件进行测量实验,以此来验证三维重建系统的精度,其中大型工业零件如图 11-52(a)所示,其重建点云如图 11-52(b)所示。

(a) 大型工业零件　　(b) 大型工业零件的点云

图 11-52　大型工业零件重建结果

在对电路板上微小元件的测量实验中,选择电路板上的两个元件进行重建,并对重建出的点云进行测量,与其真实高度进行对比从而验证测量精度,其中电路板上元件如图 11-53(a)所示,电路板上元件重建出的点云如图 11-53(b)所示。通过剖面测量的方式获取点云的三维尺寸大小,将测量结果与实际尺寸大小进行对比,其测量结果如图 11-54 所示。

(a) 电路板上元件

(b) 电路板上元件重建出的点云

图 11-53　电路板元件重建出的点云

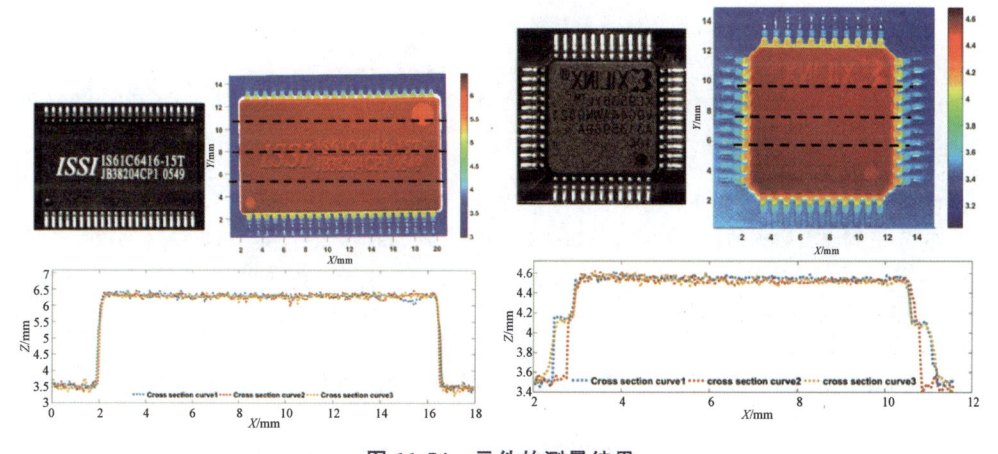

图 11-54　元件的测量结果

表 11-4 为电路板上元件测量数据,由测量高度与实际高度对比可以看出,测量相对误差为 0.4%,测量绝对误差为 0.02mm,满足测量要求。

表 11-4　电路板上元件测量数据

测量物体	实际高度/mm	测量高度/mm	绝对误差/mm	相对误差/%
元件 1	6.50	6.47	0.03	0.46
元件 2	4.60	4.58	0.02	0.43

3. 其他应用

数字光栅投影三维测量技术广泛应用与汽车工业、铁路工程、造船等制造行业中,其中基本都存在上面实验中的两个三维测量场景,但是除了这两种场景外,还有不少其他的三维测量场景案例,具体如下。

1) 表面形变检测

在汽车生产过程中由于 B 柱两端结构复杂,成形深度较深易出现回弹或变形等情况,导致零件外形出现一定误差,影响整车的装配,因此对B柱的三维检测至关重要。

2)表面裂缝检测

钢轨是轨道交通系统的重要组成部分,而钢轨跟端的连接效果直接影响车轮通过时的连续性及平顺性,所以钢轨跟端的成形对轨道交通安全有着重要影响。

3)工艺品开发

光学三维扫描设备可以应用到木雕、石雕、陶瓷等各类材质的工艺品上,无论是多种结构的仿真模型还是纹理复杂的雕塑、刺绣等,都能精准获取实物的三维数据。

参考文献

[1] YU Y K,HUANG Z T,LI F,et al. Point Encoder GAN：A deep learning model for 3D point cloud inpainting[J]. Neurocomputing,2020,384：192-199.

[2] 周铭明.基于线扫描三维点云的夹片检测方法[D].武汉：湖北工业大学,2019.

[3] ZHANG M,AN J,ZHANG J,et al. Enhanced delaunay triangulation sea ice tracking algorithm with combining feature tracking and pattern matching[J]. Remote Sensing,2020,12(3)：581.

[4] 肖顺夫,刘升平,李世娟,等.改进区域增长算法的植株多视图几何重建[J].中国农业科学,2019,52(16)：2776-2786.

[5] ALVES T,ALVES G A,MACEDO-FILHO A,et al. Epidemic outbreaks on random Voronoi-Delaunay triangulations[J]. Physica A：Statistical Mechanics and its Applications,2020,541(C)：122800.

[6] 盛仲飙,韩慧妍.散乱点云分割技术研究与实现[J].计算技术与自动化,2016,35(1)：104-106.

[7] 张亦芳.三维点云数据的精简与重建算法研究[D].成都：西南交通大学,2020.

[8] GORON L C,TAMAS L,RETI I,et al. 3D Laser scanning system and 3D segmentation of urban scenes[P]. Automation Quality and Testing Robotics（AQTR）,2010 IEEE International Conference on,2010.

[9] 朱铮涛,裴炜冬,李渊,等.基于远心镜头的激光三角测距系统研究与实现[J].激光与光电子学进展,2018,55(3)：191-196.

[10] 周瑞丰.基于线激光扫描的透明微件三维测量系统[D].武汉：武汉工程大学,2018.

[11] 曹一青.一种用于机器视觉系统的双远心镜头设计[J].红外技术,2022,44(2)：140-144.

[12] 杨军,闫亚东,李奇,等.基于双远心镜头的空间分辨PDV探头研制[J].光子学报,2021,50(7)：147-159.

[13] 陈伟琪,刘沛杰,张勇.双远心影像系统在微小结构测量中的应用[J].中国测试,2017,43(12)：69-74.

[14] 石础,谌海云,宋展.远心结构光三维系统研究[J].集成技术,2019,8(4)：32-41.

[15] 毕天华.前照条件下刀具测量仪对焦方法研究[D].太原：中北大学,2019.

[16] 邱磊.基于结构光的大工件三维测量拼接方法的研究[D].南昌：南昌航空大学,2018.

[17] 洪汉玉,张天序.基于多分辨率盲目去卷积的气动光学效应退化图像复原算法研究[J].计算机学报,2004,27(7)：952-963.

[18] 洪汉玉.目标探测多谱图像复原方法与应用[M].北京：国防工业出版社,2017.

[19] 洪汉玉.基于明暗模式的真实感图形处理与程序设计[J].武汉化工学院学报,2002,(4)：60-62.

[20] HONG H Y,HUA X,ZHANG X H,et al. Multi-frame real image restoration based on double loops with alternative maximum likelihood estimation[J]. Signal Image & Video Processing. 2016,10(8)：1489-1495.

[21] 张天序,洪汉玉,孙向华,等.基于估计点扩展函数值的湍流退化图像复原算法[J].自动化学报,

2003,(4):573-581. DOI:10.16383/j.aas.2003.04.013.

[22] ZHANG T X, HONG H Y. Restoration algorithms for turbulence degraded images based on optimized estimation of discrete values of overall point spread functions[J]. Optical Engineering, 2005,44(1):017005.

[23] 洪汉玉.现代图像图形处理与分析[M].北京:中国地质大学出版社,2011.

[24] LUO Z P, LIU D, LI J, et al. Learning sequential slice representation with an attention-embedding network for 3D shape recognition and retrieval in MLS point clouds[J]. ISPRS Journal of Photogrammetry and Remote Sensing,2020,161:147-163.

[25] LEAL E, SANCHEZ-TORRES G, BRANCH J W. Sparse regularization-based approach for point cloud denoising and sharp features enhancement[J]. Sensors,2020,20(11):3206.

[26] MACIEJ Z, MACIEJ Z, PIOTR K, et al. Adversarial autoencoders for compact representations of 3D point clouds[J]. Computer Vision and Image Understanding,2020,193:102921.

[27] 王成湖.渐进式粘磨层气压砂轮及软磨削试验[D].杭州:浙江工业大学,2015.

[28] 贾琦.基于三角测量法的激光位移传感器的研究[D].长春:长春理工大学,2014.

[29] 章金敏.基于激光三角法的物体三维轮廓测量系统[D].武汉:武汉理工大学,2015.

[30] ANDREW J B, MICHAEL J B, IAN E G, et al. An improved three-dimensional concentration measurement technique using magnetic resonance imaging[J]. Experiments in Fluids,2020,61(2):1-19.

[31] 李冬冬,王永强,许增朴,等.激光三角法在物面倾斜时的测量误差研究[J].传感器与微系统,2015, 34(2):28-29,36.

[32] ENTWISTLE J A, MCCAFFREY K J W, ABRAHAMS P W. Three-dimensional (3D) visualisation: the application of terrestrial laser scanning in the investigation of historical scottish farming townships[J]. Journal of Archaeological Science,2008,36(3):860-866.

[33] 李涛涛.多视觉线结构光高精度三维信息提取技术研究[D].北京:中国矿业大学,2018.

[34] WANG Z Z. Unsupervised recognition and characterization of the reflected laser lines for robotic gas metal arc welding[J]. IEEE Transactions on Industrial Informatics,2017,13(4):1866-1876.

[35] 刘振.基于结构光的双目立体成像技术研究[D].成都:中国科学院光电技术研究所,2013.

[36] 武紫凝.基于结构光的双目视觉三维测量技术研究与应用[D].成都:电子科技大学,2021.

[37] 张晨博.基于平行多线的手持式激光三维扫描技术研究和应用[D].南京:南京航空航天大学,2017.

[38] 彭祺,仲思东,屠礼芬.基于双目立体视觉的运动物体投射阴影检测[J].中南大学学报,2014,21(2): 651-658.

[39] LI X J, GE B Z. Correction of world coordinate error in the three-dimensional laser scanning system of human body[C].//2011 3rd International Conference on Computer Design and Applications (ICCDA 2011).

[40] 温博.月球车视觉导航方法研究[D].哈尔滨:哈尔滨工业大学,2007.

[41] 涂明明.基于多特征融合的图像检索技术研究与实现[D].武汉:华中科技大学,2018.

[42] 王向军,邓子贤,曹雨,等.野外大视场单相机空间坐标测量系统的快速标定[J].光学精密工程, 2017,25(7):1961-1967.

[43] 旺玥.柔性关节机器人参数辨识及固定时间轨迹跟踪控制研究[D].秦皇岛:燕山大学,2019.

[44] 蔡伟峰.基于体视原理三维重建的研究[D].南昌:南昌大学,2007.

[45] 刘平利,乔天荣,张鸿祥,等.手持式三维激光扫描仪测量防空洞精度控制方法[J].地理空间信息, 2021,19(5):51-52.

[46] 田翠萍,饶红.基于结构光检测的三维轮廓测量专利技术综述[J].中国发明与专利,2020, 17(S02):6.

[47] TRUCCO E, FISHER R B, FITZGIBBON A W, et al. Calibration, data consistency and model

[47] (接上) acquisition with laser stripers[J]. International Journal of Computer Integrated Manufacturing,1998,11(4):293-310.

[48] ZHOU P,XU K,WANG D D. Rail profile measurement based on line-structured light vision.[J]. IEEE Access,2018,6:16423-16431.

[49] STEGER C. An unbiased detector of curvilinear structures[J]. IEEE Transactions on Pattern Analysis and Machine Intelligence,1998,20(2):113-125.

[50] CHANG Y C,CHEN J,TIAN J W. Sub-pixel edge detection algorithm based on Gauss fitting[J]. Journal of computer applications,2011,31(1):179.

[51] 牟少敏,杜海洋,苏平,等.一种改进的快速并行细化算法[J].微电子学与计算机,2013,30(1):53-55,60.

[52] ZHANG T Y,SUEN C Y. A fast parallel algorithm for thinning digital patterns[J]. Communications of the ACM,1984,27(3):236-239.

[53] 刘振.基于结构光的双目立体成像技术研究[D].北京:中国科学院大学,2013.

[54] 张宗华,刘巍,刘国栋,等.三维视觉测量技术及应用进展[J].中国图象图形学报,2021,26(6):1483-1502.

[55] GU Z N,CHEN J,WU C S. Three-dimensional reconstruction of welding pool surface by binocular vision[J].中国机械工程学报,2021,34(3):272-284.

[56] 曹爽,岳建平,马文.基于特征选择的双边滤波点云去噪算法[J].东南大学学报(自然科学版),2013,43(S2):351-354.

[57] 董明晓,郑康平.一种点云数据噪声点的随机滤波处理方法[J].中国图象图形学报,2004,9(2):120-123.

[58] KANG C L,LU T N,ZONG M M,et al. Point cloud smooth sampling and surface reconstruction based on moving least squares[J]. The International Archives of the Photogrammetry, Remote Sensing and Spatial Information Sciences,2020,42:145-151.

[59] 方林聪,汪国昭.基于径向基函数的曲面重建算法[J].浙江大学学报(工学版),2010,44(4):728-731.

[60] LEE D T,SCHACHTER B J. Two algorithms for constructing a Delaunay triangulation[J]. International Journal of Computer & Information Sciences,1980,9(3):219-242.

[61] FREITAG L A,PLASSMANN P. Local optimization-based simplicial mesh untangling and improvement[J]. International Journal for Numerical Methods in Engineering,2000,49(1-2):109-125.

[62] REBAY S. Efficient unstructured mesh generation by means of Delaunay triangulation and Bowyer-Watson algorithm[J]. Journal of computational physics,1993,106(1):125-138.

[63] 吕深圳.基于数字光栅投影技术的三维面型测量研究[D].长春:中国科学院长春光学精密机械与物理研究所,2021.

[64] 杨建柏.基于数字光栅投影的三维测量关键技术研究[D].长春:中国科学院长春光学精密机械与物理研究所,2020.

[65] 达飞鹏.光栅投影三维精密测量技术与系统[D].南京:东南大学.

[66] 王怡然.基于正弦条纹投影的三维形貌测量研究[D].哈尔滨:哈尔滨工业大学,2021.

[67] 虞梓豪,刘瑾,杨海马,等.多频光栅物体高精度廓形三维测量及重建研究[J].应用光学,2020,41(3):580-585.

[68] FENG S,ZUO C,ZHANG L,et al. Calibration of fringe projection profilometry:a comparative review[J]. Optics and lasers in engineering,2021,143:106622.

第12章

路面缺陷和道路异物检测

　　道路基础设施作为连接城市的复杂系统,几十年来经历了从低等级公路到高等级公路,再到数字化、智能化公路的演化历程。道路基础设施数字化是智能公路、智慧交通、无人驾驶等多领域发展的前提条件。以数字化、信息化、智能化为主导的新型基础设施建设将成为加快建设交通强国的有力支撑。在十九大"充分发挥创新驱动在交通强国建设中的第一动力作用"的指导下,智能公路、智慧交通和无人驾驶等新学科领域的兴起成为我国乃至全世界交通领域发展的必然趋势。面向全路网的"多维度、高时效、高可靠"的道路技术状态结构化数据是支撑交通未来高质量发展的重要战略资源。

　　推进智能公路的发展,急需新技术获取及时、准确的路网级道路三维数据和信息。我国公路货运量不断增长,道路负担日益加剧,道路裂缝、坑槽、车辙、松散、沉陷等病害所带来的安全隐患越发严峻。受限于现有公路基础设施检测仪器的技术水平,道路数据采集以二维为主,智能化处理能力不足、动平台复杂条件下的数据测量回溯可靠性不高等问题成为约束基础设施数字化进程的重要障碍。当前道路基础设施数字化技术仍无法满足短时覆盖省级路网道路显性病害的检测需求。三维重建是目前道路检测的首选方法,典型方案是通过三维数据采集装置,如激光扫描、探地雷达和双目视觉等,获得道路的点云数据完成三维重建和分析计算,但该方案存在诸多瓶颈,采用在线收集数据、线下分析的检测模式,检测能力和数据获取的时效性均受到制约。

12.1　裂缝检测

　　目前,我国公路养护调查只有部分实现了自动化,而在许多领域,大部分仍依赖人工现场调查。这种方式效率低下,投入大量人力和物力,且影响交通畅通。此外,这种方法有时还会破坏路面结构的完整性,并导致数据精度难以保证。随着高速大容量存储器等计算机硬件及图像处理技术的发展,基于图像分析的道路破损自动检测技术逐渐被落实到应用工程中。高速公路基础设施发达的国家对该领域研究早,有着长期的实验研究与技术积累。然而，路面破损自动检测是一个不容易解决的问题，虽有一系列自动检测系统产品问世，但因路况的复杂性和多样性，要使自动检测系统做到实时、准确、稳定，还有很多工作要做。

20 世纪 90 年代以来，国外对道路病害的自动检测研究较深入，一批较成熟的产品纷纷问世，如日本的 Komatsu 系统、瑞典的 PAVUE 系统、英国的 HARRIS 系统、澳大利亚的 RoadCrack 系统、美国的 PCES 系统、WayLink 系统(阿肯色大学土木工程系)以及加拿大的 Wisecrax 系统等。

我国在公路状况监测与调查、管理与维护技术方面，十分薄弱。尤其在多功能公路路面智能检测车方面，尚属空白领域，仅有个别院校对有关沥青路面裂缝的计算机检测算法从事过探索性研究。例如，武汉大学与北京微视新纪元科技有限公司联合开发的路面综合检测车，是在机动车上装配先进的传感器和采集设备，通过传感器和图像处理卡采集路面图像，在 GPS 和里程计的支持下，获取精确的路面破损和平整度数据及其空间位置。

综上所述，上述方法都是在一定的试验条件下才有效，且都普遍缺乏通用性，算法健壮性不强，还有很多问题需要解决，主要有：

（1）成像灰度不均问题。成像系统所形成的缓慢变化部分具有较低的频率和较高的幅值，引起灰度不均。例如，高速高分辨率的广角 CCD 数字摄像机拍出的图像会有中间亮、周围暗的效果，而摄像机拍摄时光学镜片沾水、沾灰或检测车突然变速，可能造成图像模糊。

（2）阴影问题和白线问题。晴朗天气下所拍摄图像质量较好，易于处理。而出入车辆及周边建筑物产生的阴影会严重影响检测效果，对于公路表面如斑马线等标识区域，当其表面上产生裂缝时，会不同程度影响后续处理。

（3）路面非裂缝的不规则物引起的问题。施工块线和下水道的防井盖、汽油泄漏形成的污垢斑点、临时跨越公路的地线防护皮等，都会影响裂缝的正确检测。

（4）随机噪声的问题。由于材料粒度不同以及颗粒之间间隔不同而产生的噪声是一个随机的、高频率、中低幅值信号。而裂缝也是中低幅值高频信号，要提取裂缝就必须首先去掉这些随机噪声。

（5）算法的稳定性问题。实际工程下路面破损情况千差万别，测试案例样本较少，很难针对仅一种或几种情况下的破损检测方法进行各种状况下的病害检测。

（6）检测的实时性问题。路面图像的多纹理、弱信号特点以及图像质量的难以控制性，使得检测算法极为复杂，很难在数据采集的过程中实时地对数据进行处理，通常采用离线处理。

本章将充分利用现有成果、研究经验和试验数据，继续研究该领域目前面临的路面破损病害自动检测的瓶颈问题，并提出新的处理方法。

12.1.1 路面病害类别及系统开发环境

1. 路面裂缝类病害分类

路面破损形式主要分为两类：结构性破损和功能性破损。常见的结构性破损有龟状裂缝、块状裂缝、横向裂缝和纵向裂缝等；常见的功能性破损有车辙、推移、坑洞、拥包、泛油、波浪和修补。限于篇幅,这里只对结构性破损进行了研究,下面简要介绍结构性路面破损分类定义。

1）龟状裂缝

龟状裂缝是裂缝与裂缝连接成龟甲状的不规则裂缝,它的初始形态是沿轮迹带出现单条或多条平行的纵缝,而后,在纵缝间出现横向和斜向连接缝,形成缝网。它主要是由于路面的整体强度不足而引起的,如图 12-1(a)所示。

2）块状裂缝

块状裂缝属沥青路面的不规则裂缝,可能由于路面出现横向或纵向裂缝后未及时封填,致使水分渗入下层,使基层表面被泡软,基层表面被逐步淘空,产生块裂,如图 12-1(b)所示。

3）横向裂缝

横向裂缝的方向与路面中心线大体垂直,大多出现于路面两侧的硬路肩,逐渐发展而贯通全路。它可能是由于基层材料因失水温度骤降而收缩而使路面底部拉裂或路基与构造物差异沉降而引起的,如图 12-1(c)所示。

4）纵向裂缝

纵向裂缝多为纵向条带状的,起始方向与路面中心线大体平行。这种裂缝可能由于地基承载能力的差别出现不均匀沉降,或是局部路基受水浸泡后承载力值降低等原因导致,如图 12-1(d)所示。

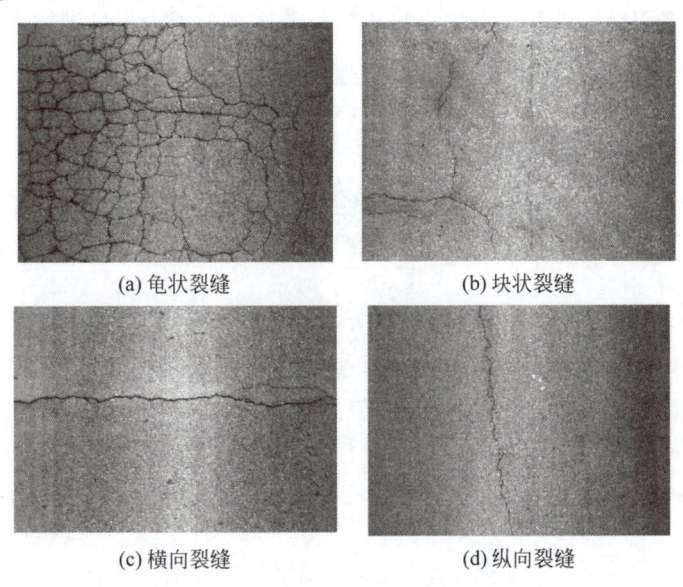

(a) 龟状裂缝　　(b) 块状裂缝

(c) 横向裂缝　　(d) 纵向裂缝

图 12-1　结构性路面破损的几种类别

2. 路面裂缝评价标准

路面裂缝经历不同阶段,对路面使用性能的影响也不同。初现时,裂缝小且边缘完整,影响较小;发展到后期,裂缝宽且边缘严重碎裂,行车舒适性受到很大影响,裂缝间几乎无传荷能力。因此,为了区分同一种裂缝不同时期对路面使用性能的影响严重程度,将其划分为以下几个等级(见表 12-1)。

表 12-1　沥青路面裂缝分类和评价标准

分类	分级	外观描述	分级指标（块度，cm）	计量单位
龟状裂缝	轻	初期龟裂，缝细，无散落，裂区无变形	20～50	m^2
	中	裂块明显，缝宽，轻散落或轻度变形	<20	
	重	裂块破碎，缝宽，散落重，变形明显	<20	
块状裂缝	轻	缝细，无或轻微散落，块度大	>100	m^2
	重	缝宽，散落，裂块小	50～100	
横向裂缝	轻	无或轻微散落，无或少支缝	<0.5	m^2
	重	散落重，支缝多	>0.5	
纵向裂缝	轻	无或轻微散落，无或少支缝	<0.5	m^2
	重	散落重，支缝多	>0.5	

下面将对在路面破损自动检测技术中的关键性的算法进行介绍，并对部分算法的编程思想一一详述。

12.1.2　裂缝检测中的图像处理技术

路面破损图像预处理主要包括图像增强、去除噪声、图像分割等。由于路面状况复杂，路面破损图像极易受到路面上一些噪声的影响，因此有必要研究路面破损图像增强以及去除路面噪声等技术。图像增强的目的是改善图像的视觉效果，并把图像处理成为适于计算机分析的某种形式。

图像分割是把图像中的目标分为许多感兴趣的区域与图像中各种物体目标相对应的过程。图像分割方法主要有两大类：一是基于边界的图像分割；二是基于区域的图像分割。常见图像分割的手段有边缘检测、直方图变换、区域生长、形态学处理等。

1. 真彩色图的灰度化处理

灰度化就是使彩色的 R、G、B 分量值相等的过程。因为 R、G、B 的取值范围是 0～255，所以灰度的级别只有 256 级，即灰度图像仅能表示 256 种颜色。灰度化处理主要有如下三种方法。

(1) 最大值法：使 R、G、B 的值等于三值中最大的一个，即

$$R = G = B = \text{Max}(R, G, B) \tag{12-1}$$

(2) 平均值法：使 R、G、B 的值等于三值的平均值，即

$$R = G = B = (R + G + B)/3 \tag{12-2}$$

(3) 加权求和法：根据重要性和其他指标给 R、G、B 赋予不同的权值，并使它们的值加权求和，即

$$R = G = B = W_R \times R + W_G \times G + W_B \times B \tag{12-3}$$

其中，W_G 为 G 的权值，W_R 为 R 的权值，W_B 为 B 的权值。

为了将 24 位真彩色图像变为 8 位灰度图像。采用第三种方法，当权重如 $W_G = 0.30$，$W_R = 0.59$，$W_B = 0.11$ 时即

$$R = G = B = 0.30R + 0.59G + 0.11B \tag{12-4}$$

由式(12-4)进行转换得到的灰度图符合人眼视觉要求。

相比于对一般的彩色图像处理，通过对 256 级灰度图像处理更加节省存储空间、处理速度较快，而且不影响最终处理结果。

2. 去模糊处理

利用 CCD 摄像机采集图像时,携载摄像机的车辆处于高速运动状态,由于拍摄的路面和摄像机之间的相对运动,导致所获取的路面图像存在模糊现象。因此,在图像分析处理前,必须对其进行去模糊处理。模糊的二维图像可模型化为

$$g(x,y) = \iint f(s,t)h(x,y,s,t)\mathrm{d}s\mathrm{d}t + n(x,y) \tag{12-5}$$

对其离散后,上式可表达为

$$g(x,y) = \sum_s \sum_t f(s,t)h(x,y,s,t) + n(x,y) \tag{12-6}$$

其中,$g(x,y)$,$f(s,t)$,$n(x,y)$ 分别为模糊图像、原图像及噪声。将上式进行傅里叶变换后,利用维纳滤波方法进行高通滤波,将产生模糊的低频信息去掉,保留高频图像信息,则可得到去模糊后的图像。

3. 灰度图的分割处理算法

在路面裂缝图像的研究中,最为关注裂缝的几何形状特性。由于裂缝图像本身所具有的对比度较低的特点,图像分割就成为系统设计中的难点。依据路面图像的灰度、颜色等性质,把图像中具有破损特征的区域从背景中分割出来,这些区域应同时满足以下三点基本要求。

(1) 区域的均匀性和连通性。均匀性指该区域中的所有像素点都满足基于灰度、纹理等特征的某种相似性准则。连通性指该区域内存在连接任意两点的路径。

(2) 目标区域与背景区域之间对选定的特征有显著差异性。

(3) 分割区域边界应该规整,同时保证边缘的空间定位精度。

在区域分割中,如果过分强调分割区域的均匀性,很容易产生大量的空白和不规则的边缘;若过分强调分割后不同区域之间的差异,可能导致合并非同质区域和丢失有意义的边界。

尽管多年来研究者尝试多种分割处理方法,但其方法往往只局限于某一具体情况,且在众多这类算法中,不存在一个判定分割是否成功的客观标准。因此图像分割被认为是计算机视觉中的一个"瓶颈"。一般而言,主要有如下 4 种方法。

(1) 基于灰度统计的阈值分割。目前广泛使用的是图像的阈值分割法,对物体和背景对比较强的图像的分割有着很强的优势。但路面裂缝图像的对比度比较低,背景和目标的界限模糊,阈值分割法很难应用于路面裂缝图像。

(2) 基于边缘检测的分割。由于路面裂缝图像中的目标区域,即裂缝的边缘所提供的信息量比较小,用边缘检测法分割此类图像效果差强人意。

(3) 基于区域的分割。这里的区域分割主要是指串行区域分割,其特点是整个处理过程可以分解为顺序的多个步骤依次进行。串行分割一般分为两种:一是区域生长;二是分裂合并。

(4) 基于像素-像素区域扩张的分割。像素-像素区域扩张是指以图像的某个像素为生长点,比较相邻像素的特征,将特征相似的相邻像素合并为同一区域;以合并的像素为生长点,继续重复以上的操作,最终形成具有相似特征的像素的最大连通集合。

1) 一种快速的连通域去噪

经过区域扩张分割处理后,一方面裂缝信息比较强烈,另一方面背景干扰也不弱,如

图 12-2 所示。分割后得到的图片一般包含多个区域。提取这些区域将用到带连通域标记的去噪的方法。

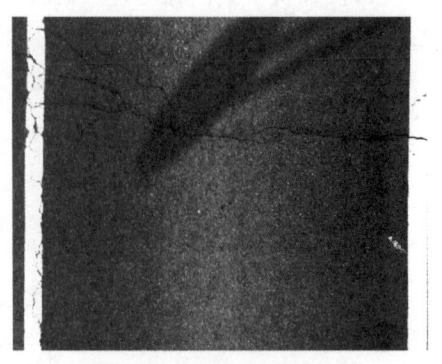

(a) 路面网状裂缝可见光原图像　　(b) 路面条状裂缝可见光原图像

图 12-2　区域扩张分割处理后的图像

连通域标记的方法很多,最早是 Rosenfeld 提出的 4-邻域和 8-邻域数组结构标记法,采用不同数据结构对算法进行了改进,通过确定两个像素间的连通性确定它们之前是否满足相似特性。从反复的实验处理中,可以发现裂缝具有有别于背景噪声的形状属性,如长度较长且扁平。作者在地理遥感图像处理系统中,提出了一种带连通域标记的去噪算法,并对这一算法进行了深入的研究。其算法思想如下。

(1) 经过图像分割处理后,图像变为二值图。对该二值图进行栅格扫描,并将具有相同属性的像素进行连通区域归并。在扫描过程中,得到图像的一维标记图,每个区域有唯一的标记值,并统计每个区域的面积(以像素为单位)。重复以上操作,直到整幅图像扫描完成。

(2) 在扫描完整幅图像后,根据标记区域的面积大小判断是否为噪声并去除。具体步骤是,对标记图上的标记值从小到大进行搜索,若面积大于阈值,则将标记为该值的像素点设为 255;否则设为 0。这样可以通过面积大小来过滤掉噪声。

仔细分析上述算法,不难发现,随着遍历图像次数越多、连通域数目越多,过多次的遍历导致整个程序处理速度严重下降。但在一般的图像裂缝检测处理系统中,处理一幅图像花费的时间也不过一两秒,因此有必要改进其算法。

由于裂缝目标具有一定的线性长度,而非裂缝目标则往往较短,故采取面积阈值去噪是不合理的,作者针对裂缝细长性特征,提出长度阈值去噪。这里的长度是用区域外接矩形的长宽描述的,区域长度定义为

$$\text{Length} = \text{Max}(L, W) \tag{12-7}$$

其中,L 为外接矩形长度,W 为外接矩形宽度。

快速连通域去噪改进算法如下。

(1) 和原算法一样,通过扫描整幅图像并将连通域进行归并,同时对外接矩形坐标进行连通域计数统计,之后计算其外接矩形的长度和宽度,按照式(12-7)计算区域长度。重复操作,直到整幅图像扫描完毕。

(2) 对一维标记图进行坐标变换获得二维图像像素的横纵坐标,从而对图像进行长度阈值去噪。若标记值小于长度阈值,则将像素点的值置为零,否则置为 255。

新的算法在第(2)步处理时,无论标记的区域数目是多少,由于从标记图中取出坐标信

息,故只需对图像访问一次,大大提高处理速度。实验证明,该算法处理时间在 0.5s 以下。图 12-3 为快速连通域去噪处理。

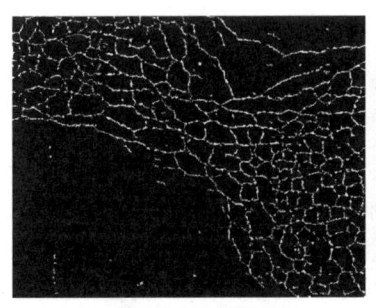

(a) 对图12-2(a) 进行去噪　　　(b) 对图12-2(b) 进行去噪

图 12-3　快速连通域去噪处理

2) 形态学变换处理

形态学一词通常代表生物学一个分支,是研究动植物形态和结构的学科。将数学形态学作为工具从图像中提取对于表达和描绘区域形状有用的图像分量,比如边界、骨架及凸壳等。

(1) 膨胀与腐蚀。

膨胀与腐蚀这两种操作是形态学处理的基础。由于 A 和 B 是 Z 中的集合,A 被 B 膨胀的定义为

$$A \oplus B = \{z \mid (B)_z \cap A \neq \varnothing\} \tag{12-8}$$

这个公式是以得到 B 的相对于它自身原点的映像并且由 z 对映像进行位移为基础的。A 被 B 膨胀是所有位移 z 的集合,这样 B 和 A 至少有一个元素是重叠的。

对 Z 中的集合 A 和 B,使用 B 对 A 进行腐蚀,用 $A \ominus B$ 表示,并定义为

$$A \ominus B = \{z \mid (B)_z \subseteq A\} \tag{12-9}$$

这个公式表明,使用 B 对 A 进行腐蚀就是所有的用 z 平移 B 中包含于 A 中的点 z 的集合。

(2) 开操作与闭操作。

膨胀操作使图像扩大,腐蚀操作使图像缩小。开操作可使图像轮廓光滑,断开狭窄间断并消除细小的突出物。闭操作同样使轮廓光滑,但与开操作相反,它通常消除狭窄间断和长细的鸿沟,填补轮廓中的断裂,并消除小的孔洞。使用结构元素 B 对 A 进行开操作,表示为

$$A \circ B = (A \ominus B) \oplus B \tag{12-10}$$

因此,用 B 对 A 进行开操作就是 B 对 A 进行腐蚀,然后用 B 对结果进行膨胀,同样,使用结构元素 B 对 A 进行闭操作,表示为

$$A \bullet B = (A \oplus B) \ominus B \tag{12-11}$$

即使用 B 对 A 进行闭操作就是 B 对 A 进行膨胀,然后用 B 对结果进行腐蚀,与开操作过程刚好相反。

通过对二值图像的研究,可以发现有些点必定是骨骼像素,例如端点、交叉点和脊线点,而有些点一定不是骨骼像素,这些像素就应该被去掉。

设定一个搜索标记,凡是没有被搜索的点记为 0,搜索过的点记为 1。然后对二值化后

的图像进行搜索,凡是满足集合Ⅰ而且不属于集合Ⅱ的像素将其值置为 0。反复重复这一过程直到所有像素都搜索完为止,这样就可以得到一个比较稳定的骨骼图像了。

形态学的骨架化细化算法也存在一些无法克服的问题:①分支过多,骨架不稳定,不能反映目标的主体结构;②不能保证为单像素宽度,可能出现"肿块"现象。

4. 基于链码跟踪的破损区域描述

根据交通部对路面病害检测标准的要求,道路状况评估需要检测并描述病害目标的特征信息,如长度、宽度和面积等。为此,常用的图像描述方法有游程码和链码。游程码用于二值图像压缩,分别记录连续的白色和黑色像素数目。而链码则更适合对感兴趣目标的描述和特征提取,如角点、面积和周长等。本章研究了任意复杂轮廓线的跟踪算法和基于链码描述的轮廓填充算法,以获取目标链码描述。对图像上一个像素来说,其与周围像素的连通性可分为 4-邻域和 8-邻域。4-邻域连通性指像素在水平与竖直的 4 个方向的延伸,分别可用 0、1、2、3 方向码表示;而 8-邻域连通性指像素在 8 个方向延伸,以 0、1、2、3、4、5、6、7 分别对应 8 个方向。从起点开始将边界走向按上面编码方式记录下来形成链码。图 12-4(a)和图 12-4(b)分别是 4-邻域和 8-邻域方向码。我们采用 8-邻域方向码,由于裂缝跟踪的需要,作者在这定义含 8 个元素的二维数组:

Direct[8][2]={{0,1},{−1,1},{−1,0},{−1,−1},{0,−1},{1,−1},{1,0},{1,1}}

其邻域方向码值为 d,当前点坐标(Cur_i,Cur_j)和邻域点坐标(Cur_i0,Cur_j0)表示为:

Cur_i0=Cur_i+Direct[d][0];

Cur_j0=Cur_j+Direct[d][1];

在跟踪过程中当碰到多个分支时,传统的链码法则视为"干扰"而丢掉信息,同时对上面提到的"肿块"问题也无能为力。针对上述情况,我们从微机原理的中断响应表得到启发,引进优先级的概念,提出优先级方向码 d_Prior:

Prior[8]={0,−1,1,−2,2,−3,3,4};

d_Prior=(8+d+Prior[k])%8;

其思路是以当前点(Cur_i,Cur_j)来的方向(即前一点指向当前点的方向码)为优先级最高的方向,链码跟踪时优先存储这个方向的信息,定义优先码为 0;8-邻域方向码二维数组是按照逆时针顺序,−1 代表二维数组中当前方向 d 的前一方向值(d−1),以此类推,分别为 d+1、d−2、d+2、d−3、d+3、d+4,如图 12-4(c)所示。

在路面破损图像中,不仅有简单的单条裂缝病害,更多的是带有分叉或回返的复杂病害。显然,经过细化得到骨架再分析更容易得到其端点、结点以及回返等信息,其定义如下。

端点指在细化骨架图中,若某一点的邻域有且仅有一个灰度值为 255 的点。

结点指在细化骨架图中,若某一点其邻域有两个以上连接点。

若由端点到结点之间没有其他结点则称其为一分支。

两个结点之间,若没有其他分支点则称其为分支段。

若由结点出发,由一连通路径回到此结点,则此连通路径称为回返。

图 12-5 为一典型裂缝骨架示意,其上有 3 个端点 E_1、E_2、E_3,三个分支点 P_1、P_2、P_3,三条分支 B_1、B_2、B_3,以及三个分支段 B_4、B_5、B_6,构成一个回返。

对于一条裂缝骨架,分析分支信息、建立分支结点链表是跟踪的基本步骤。分支信息的

(a) 4-方向码　　(b) 8-方向码

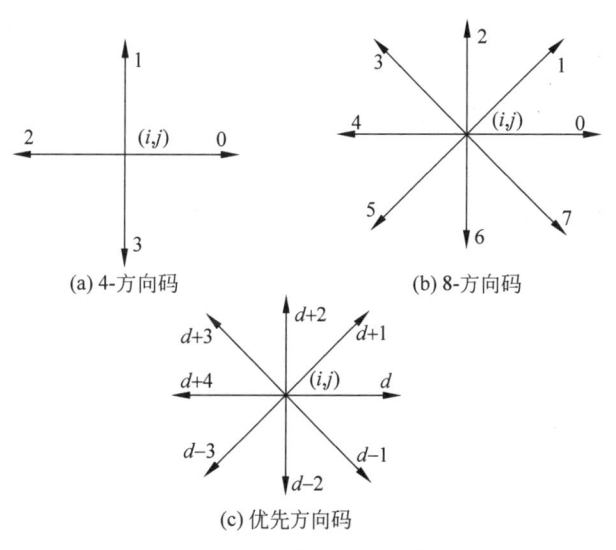

(c) 优先方向码

图 12-4　优先方向码示意

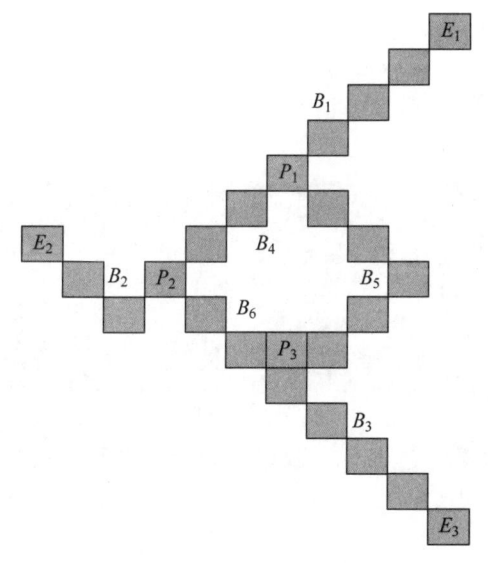

图 12-5　裂缝骨架示意

遍历为一深度优先遍历,遍历过程如下。

(1) 根据栅格扫描顺序寻找满足条件的右上角端点(根结点),将端点指向的邻域点作为第一个结点的分支存入栈,并添加坐标、方向信息,同时标记已访问点。然后开始遍历骨架,并计算相应的链码。

(2) 访问自上一结点而来的分支,当遇当前分支结点时,按照优先方向码,一方面将结点除最高优先级外的其他方向存入栈,并添入相应信息;另一方面接着访问最高优先级方向的分支段,同时标记已访问点。

(3) 重复(2)操作,直到访问当前分支的末端点。即该点周围除来的方向外没有未被标记的点,我们认为自当前分支结点而来的分支段结束。接着到栈中访问下一分支。

(4) 从栈中新的分支结点开始,按照(2)、(3)操作,直到自新的分支结点而来的分支访问到分支结束点。访问栈中下一分支。

(5) 重复(2)~(4)操作,不断地从栈中取出新的结点分支,直到整棵树被遍历。

(6) 按照(1)~(5)操作访问下一棵树,最后整幅细化图被遍历,跟踪结束。

图像处理的最后一步是删除目标区域中的短链和过小的目标区域,以净化图像,去除干扰。这些小的目标区域不属于裂缝区,是在图像处理中产生的噪声干扰,必须去除,以避免计算误差。为此将采用区域生长的长度阈值法,一一删除短链,具体的操作步骤如下。

(1) 利用链码跟踪所得到的各棵树的坐标信息,可以计算各棵树的重心坐标,这里利用统计特征,得到计算公式:

$$\text{Center\_i0} = \sum_{i=0}^{num} x_i / num \tag{12-12}$$

$$\text{Center\_j0} = \sum_{i=0}^{num} y_i / num \tag{12-13}$$

(2) 一般地,长度小于某一阈值 LENTH 的链为可疑的噪声,对其进行重点排查。以此链重心为中心,在 LENTH×LENTH 的窗口内寻找是否存在除自身外的较长的链,若不存在,则认为其为孤立的噪声点予以删除;否则,保留此链。

经过去除短链的操作后,图像上的裂缝部分几乎没有受到删除短链操作的影响,孤立的噪声链均被删除,效果较为明显。至此操作之后,图像处理部分的操作已经全部完成了,最终得到的结果如图 12-6 所示。

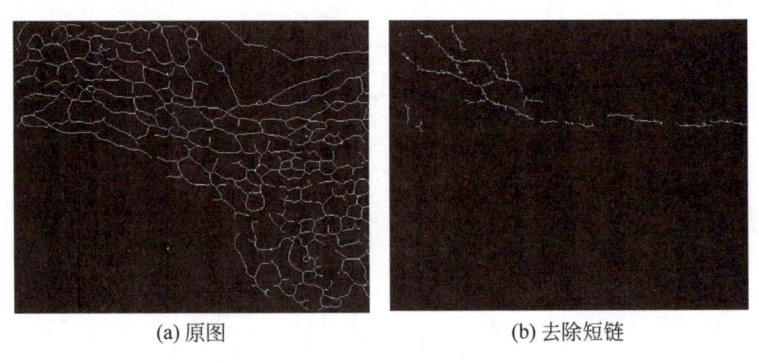

(a) 原图　　　　　　　　(b) 去除短链

图 12-6　去除短链后的最终结果

12.1.3　破损特征提取及破损初步评估

1. 破损图像特征提取

特征提取是模式识别的关键环节,在识别领域,针对各种识别目标类型,有相对应的一系列方法与规则来提取该目标类型图像的特征。

路面裂缝类病害没有固定的形状,具有无规则性,典型的路面病害类型二值图像如图 12-7 所示。以下是其一般的图像特征。

(1) 直观性特征。如图像的边沿、轮廓、纹理和区域等。

(2) 灰度统计特征。如灰度直方图特征,将一幅图像看作一个二维随机过程,引入统计上的各阶矩作为特征来描述和分析图像。

(3) 变换域特征。如小波变换、曲波变换、Hough 变换、离散余弦变换。

(4) 代数特征。将图像作为矩阵,对其进行各种代数变换反映其代数属性;

路面病害图像为二值图像,无法提取灰度统计特征,但裂缝类型有明显的直观性特征,因此提取结构特征较直观。但由于裂缝信息具有无规则性,同一种类型的病害有不同的形状,因此需要增加统计等非结构的特征描述方法。

图 12-7(c)所示的横向裂缝和图 12-7(b)所示的纵向裂缝这两类病害区域是细长的具有线性特征的简单裂缝图像,因此提取目标图像的线性特征可以简单初步地区分横向裂缝、纵向裂缝与其他裂缝类型。前期的图像分割已经除去了孤立点和复杂的背景(非裂缝),以下几种线性特征可以有效地提取出裂缝。

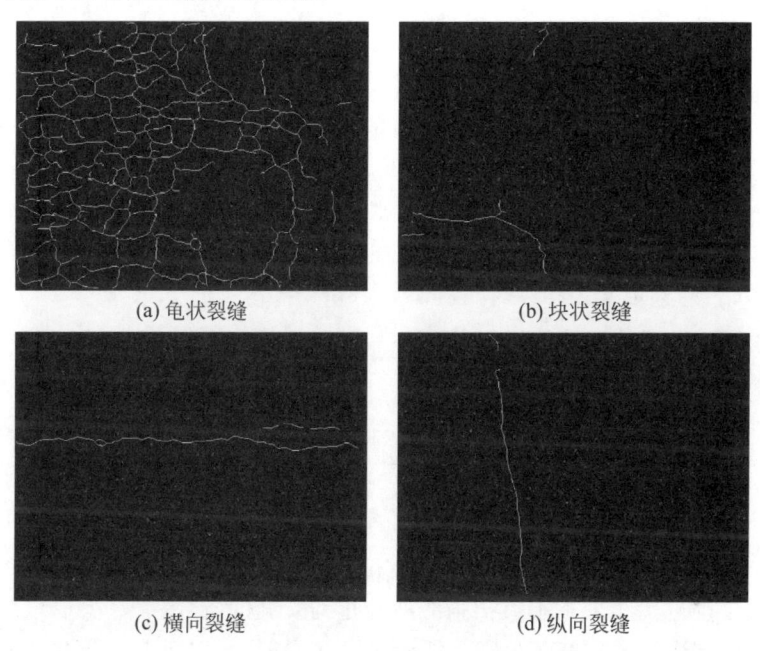

(a) 龟状裂缝　　(b) 块状裂缝

(c) 横向裂缝　　(d) 纵向裂缝

图 12-7　破损的二值图像

1) 外接矩形(MER)及长宽比(L)特征

设 H 为裂缝水平方向投影的长度,W 为裂缝垂直方向投影的长度,则定义:

$$L_1 = H/W \tag{12-14}$$

一般地,横向裂缝的 L_1 比较小,在区间$(0,1)$中,$L=L_1$;纵向裂缝 A_1 比较大,在区间$(1,+\infty)$中,$L=1/L_1$;在区间$(0,1)$中,L 值靠近下界 0 的为纵向裂缝或横向裂缝,靠近上确界 1 的为而其他几种裂缝。但是对于像图 12-8(b)所示的有一定角度倾斜的纵向裂缝,角度倾斜大到某一值后,很容易把它判属于网状裂缝。为此,提出矩形度和细长度特征以准确判断。

2) 矩形度(R)和细长度(X)特征

裂缝矩形度(R)是矩形拟合因子,其表达式为

$$R = A_O/A_L \tag{12-15}$$

其中,A_O 裂缝覆盖的面积;A_L 裂缝最小外接矩形(MER)的面积;R 反映裂缝覆盖的区域充满裂缝最小外接水平矩形区域能力。

裂缝细长度(X)就是 MER 长宽比特征,与式(12-15)有所不同的是这里的外接矩形是

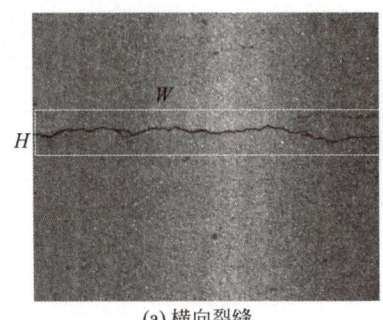

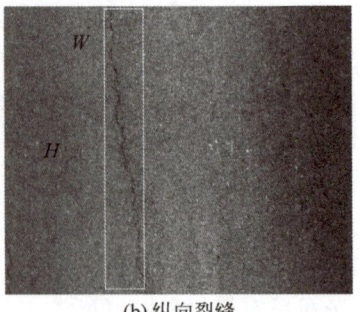

(a) 横向裂缝　　　　　　　　　(b) 纵向裂缝

图 12-8　外接矩形

裂缝的最小外接水平矩形的长宽比。

$$X = \text{Min}(L(\theta)), \quad 0° \leqslant \theta \leqslant 360° \tag{12-16}$$

3) 密集度特征

密度指一幅路面破损图像中裂缝目标的密集程度，可以形象地理解为在每一个方向上所穿越的裂缝条数的统计信息。定义一幅破损图像的密度为 ξ，分解为水平方向密度 ξ_x 和垂直方向密度 ξ_y，则其定义为

$$\xi_x = \sum_{i=1}^{h} x_i / h \tag{12-17}$$

$$\xi_y = \sum_{j=1}^{w} y_j / h \tag{12-18}$$

$$\xi = \sqrt{\xi_x^2 + \xi_y^2} \tag{12-19}$$

其中，h 为图像高度，i 从 1 到 h；w 为图像宽度，j 从 1 到 w；x_i 为第 i 条水平扫描线所经过的裂缝的条数；y_j 为第 j 条垂直扫描线所经过的裂缝的条数。

第 1 种特征方法只能简单表示横向裂缝和纵向裂缝，而对于有一定倾斜的单向裂缝却无能为力，但算法时间复杂度较低；第 2 种特征方法更准确地描述单向裂缝特征，比较准确地判断区分带有倾斜的单向裂缝和无方向性的裂缝，但其算法的时间复杂度却增加了；第 3 种特征方法则能准确判断出网状裂缝。表 12-2 是一组裂缝图像的样本值，从表中看出 L 值有效地区分横向裂缝和纵向裂缝，ξ 值有效地区分出网状裂缝。

表 12-2　一组裂缝图像的样本值

类　型	特　征		
	L	R	ξ
横向裂缝	0.0685	0.3010	1.7205
纵向裂缝	0.2397	0.2107	2.4263
斜向裂缝	0.9074	0.4051	1.4142
网状裂缝	0.7361	0.8065	4.7176

4) 纹理特征

一般情况下，路面裂纹在图像上主要表现为下述特征。①非负特征：与周围的非裂纹像素相比，裂纹位置的像素灰度值表现出明显低于背景像素灰度值的特征。②对比度特征：

裂纹像素与其周围的非裂纹区域存在明显的对比度关系。③路面裂纹的纹理特征：裂纹在窗口区域中表现为连续的、共线的且具有相近灰值的像素区域，因此可以将裂纹的这种特征描述为基于灰值相似性分布基础上的纹理特征。

根据以上描述的主要裂纹特征及其度量，提出一种基于像素灰度值比较进行裂纹特征量提取的快速扫描方法。本算法具体步骤为：

(1) 以图像中心(i,j)为起点按照逆时针方向进行 8-邻域扫描原图像灰度信息，将满足灰度特征像素置为 255，否则置为 0。

(2) 每改变一次方向时其方向码值加 2 个单位方向，每改变两次方向时其步长值加 1 个单位。

(3) 将扫描点灰度值与其 4-邻域的灰度中值进行比较，若两者相似则将扫描点赋值为 255，若与 4-邻域中值为 0 的点在原图像中的灰度值相似，当前点赋为 0，下一步执行(5)；若与它们都不相似，则执行(4)操作。

(4) 判断其 8-邻域点在原图像中的灰度信息，若其满足某一灰度特征信息，则其值赋为 255，否则赋为 0，执行下一步。

(5) 重复(2)、(3)操作，直至遍历整幅图像为止。

因路面光线、人为干扰等因素，在上述裂纹提取结果中不可避免地会混入大量的假裂纹目标。利用以上描绘的几种裂纹特征及其度量对所有目标进行判断，若同时满足上述所有的特征条件，则将目标保留，否则删除。对所有裂纹目标进行判断，最终得到较为准确的裂纹信息结果。

2. 初步的破损评价

前面工作的最终目的是为破损评价提供统计数据，数据是否真实影响到评价是否可靠，进而决定是否对路面某段区域采取养护措施。将评价需要的各个特征维度存入一个信息结构中进行综合判断。

道面破损检测数据在公路路面数据中是一个重要的指标。公路路面质量直接影响运营成本和服务质量。自动的检测技术和有效的养护手段可以减少事故，提高道路运行能力。如何准确、实时、高效地采集路面数据是推广和应用路面管理系统的瓶颈。针对路面破损特征，以模式识别为基础对裂缝自动检测关键算法进行以下几方面研究。

(1) 图像分割算法是路面破损自动检测技术的关键。对于像素-像素的区域扩张方法，不论是栅格扫描、扇形扫描还是圆形扫描，都能很好地保留裂缝等目标区域。但从算法时间度来说，栅格扫描最耗时，扇形扫描会出现边界附近图像失真问题，而圆形扫描则兼顾了二者的优点。

(2) 提出了一种快速的连通域去噪算法，在原有的算法标记基础上，将不满足条件的区域的标记作为除去依据，这样整个去噪处理只需要对整幅图遍历一次，大大缩短算法执行时间。

(3) 对分割后的图像进行形态学变换时，在细化操作中主要应用 8 个自选模板和两个串行模板进行细化，效果较为明显。

(4) 对破损图像特征提取，主要从其线性特征出发，探讨了长度比、矩形度、密集度等指标，以此为标准比较准确地判别了裂缝类型。在上述工作的基础上，定义了一个结构体来存储破损的评估信息。

12.2 基于路面激光图像的车辙特征检测方法研究

12.2.1 车辙形成与危害

车辙是公路路面上永久性的凹陷弯曲变形，它是由于车辆反复行驶碾压而在车行道行车轨迹上产生的纵向带状辙槽。根据车辙形成的原因不同可以将其分为4个大类：磨损型车辙、结构型车辙、失稳型车辙以及压密型车辙。

车辙的检测方法根据在检测时是否与待测路面接触可以分为接触式测量和非接触式测量两类；根据在测量过程中是否使用人工光源可以分为主动测量和被动测量两类。被动测量利用自然光源，适用于军事及工业场合；主动测量需要人工光源，通过控制光束采集图像并得到目标。

关于车辙等道路病害的自动检测技术，国外高速公路发达的国家研究较早，其路面车辙数据的实时采集设备以及数据的后续处理已经相当成熟并且开发了许多路面病害检测系统。比较典型的系统主要有丹麦的MarkH检测系统、日本的Komatsu系统等。这些系统因其操作便捷、数据精度高等优点在国外具有广泛应用。与之相比，我国在车辙等道路病害检测方面起步较晚，相对滞后，处于初步的探索阶段。目前国内较成熟的车辙检测系统主要有南京理工大学研究开发的JG-1型路面智能检测车、武汉大学研究开发的SINC-RTM车载智能路面自动检测车等。

车辙是沥青路面主要病害之一，导致车辆行驶不安全且影响公路寿命。因此有必要进行车辙的自动化检测，提供可靠车辙特征数据给道路决策者。由于道路多样性和标识不确定性，激光图像可能包含大量无关信息，表现为低信噪比、目标丢失和背景复杂等现象。下面研究围绕路面激光图像车辙特征提取过程中的图像预处理、分割和特征获取等核心问题。

12.2.2 车辙特征的提取

特征提取是模式识别和自动检测技术中的关键问题之一。车辙图像分析主要考虑如何从图像中获取激光线目标的特征，一方面是确定选用什么样的特征对目标进行度量；另一方面是对目标特征的测量。常见的目标特征可以分为几何特征、纹理特征以及灰度特征等。

特征获取的优劣影响到分类器的设计与性能以及模式识别的稳定性与健壮性。经过分割后的图像包含原图像信息但不能反映目标特征实质，因此还需要对分割图像做进一步处理来突出目标和抑制背景。

我们的主要目的是获取车辙激光线弯曲变形深度信息，如车辙激光线目标。由于原始车辙激光图像自身信噪比较低，同时预处理方法一定程度上存在局限性，使得分割图像中仍然存在着噪声，因此在车辙特征的提取过程中首先对包含有噪声干扰的分割图像做滤波处理，为了突出线性目标的几何特征并融合小的断点对滤波后的车辙激光图像进行了形态学膨胀处理，最后通过细化处理得到激光线目标的骨架分布并提取车辙的深度特征。

在二值车辙激光图像中，通过区域标记可以提取出目标区域或其小部分。分割结果图像中的每个像素只能属于一个区域，并且同一子区域内的像素是连通的。因此，通过验证相邻像素之间的连通性,可以进行二值激光图像的区域标记。根据分割的定义,在分割的结果图像中每个像素不能同时归属于两个不同的区域,在同一个子区域内任意两个元素之间是连通的,因此对二值激光图像的区域标记可以通过验证每个像素与其相邻像素之间的连通性来进行。

对于二值图像中的激光二值图,可以通过验证像素点的灰度值和已标记像素的灰度值是否一致来进行连通区域标记。如果一致,则它们是连通的,将当前点标记为相同标记;如果不同,则它们不连通,将当前点标记为新的标记。在程序的实现过程中通常需要开辟一个与所要处理的二值图像相同空间的二维数组来进行标记值的存储,并且使标记与分割图像中像素的位置依次对应。

在二值激光图像的传统连通区域标记过程中,等价标记的出现增加了算法实现的时间复杂度和空间复杂度。因此需要对传统的连通域标记算法进行优化和改进,一次性完成连通区域的标记,以减少对每个像素进行邻域连通性验证的运算次数,提高算法的运行效率。

在区域生长过程中当没有满足生长准则的像素时区域会终止生长,在实际应用过程中所选用的终止条件一般是按照生长准则来确定的。在某些生长准则的约束下,终止条件就是一个阈值。当生长准则是基于尺寸或者形状时,终止的条件中还应该加入一定的模型作为参考。

为了获取准确的激光线目标,需要对车辙激光图像进行滤波处理从而去除存在的噪声。使用基于区域生长的连通域标记方法,能够在二值化的图像中区分激光线目标像素和背景像素。通过统计每个区域的面积(像素点的个数),进行基于白色像素点的连通性区域统计,可以判断标记的区域是否为噪声,将噪声区域滤除,从而得到准确的激光线目标。这种方法避免了等价区域的合并,同时降低了算法的时间复杂度。将数组进行初始化后,以种子点为中心按顺时针方向进行 8-邻域元素扫描,将其中像素值为 255 的像素点标记并压入栈列,同时将区域面积数组按区域标号增加面积值,每扫描完成一次后从栈顶取出新的种子点进行下一轮的 8-邻域扫描与判断,直到最终栈列为空,该区域停止生长。之后继续寻找下一个未被标记的白色像素点作为新的种子点开始另一个区域的生长,图 12-9 就是应用我们提出的方法对二值车辙图像进行区域生长标记的过程。

当所有白色像素点都被遍历后,车辙图像中所有的区域都与一个标号相对应并且每个区域的面积值也被保存在数组中。然后将每个区域的面积值与所给阈值进行比较,只将大于阈值的区域保留。考虑分割图像中目标有可能出现断续点,在保证目标最大化的前提下通过大量的实验和算法训练,结合一定的先验知识得到最佳数据作为最佳面积阈值进行噪声的滤除。实验证明该方法能够最大限度地滤除噪声,获取的目标较为清晰。

12.2.3 车辙特征提取结果与分析

根据上述算法对车辙激光图像进行了自动提取实验。图 12-10 为对采集的不同情况路面的激光图像进行激光线提取的结果。

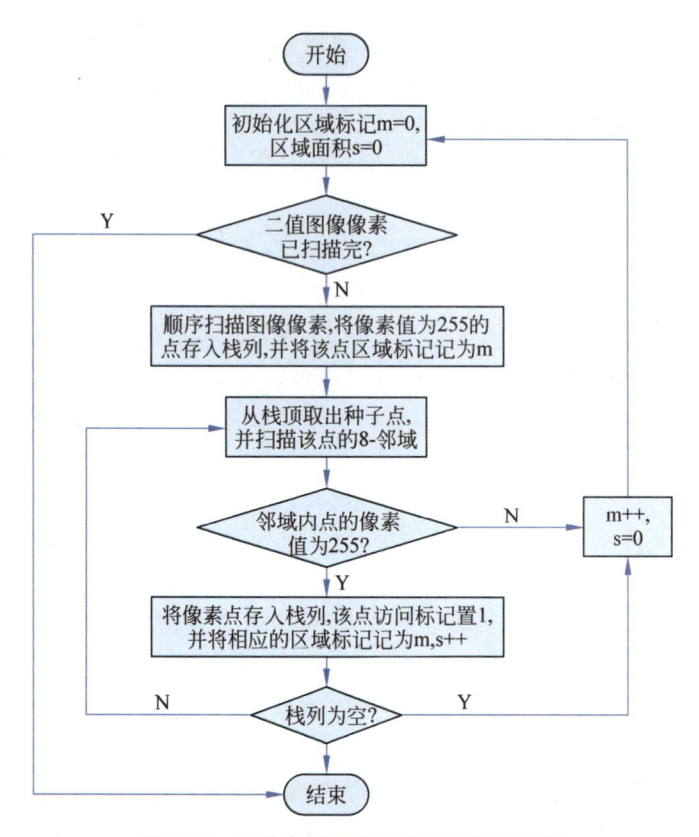

图 12-9　二值车辙图像区域生长标记过程

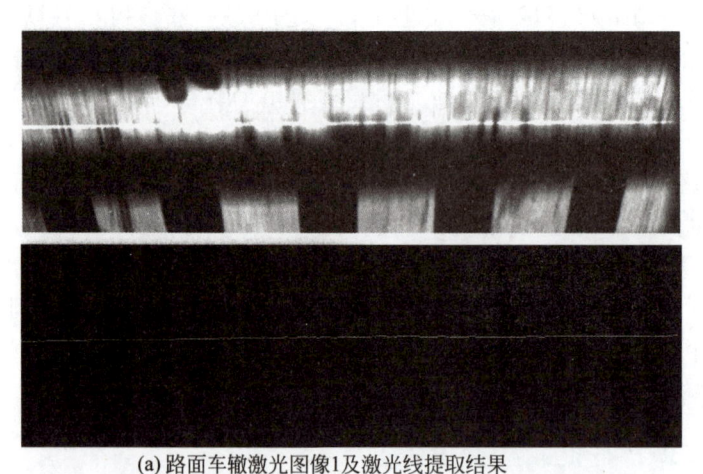

(a) 路面车辙激光图像1及激光线提取结果

图 12-10　路面车辙激光图像及激光线提取结果

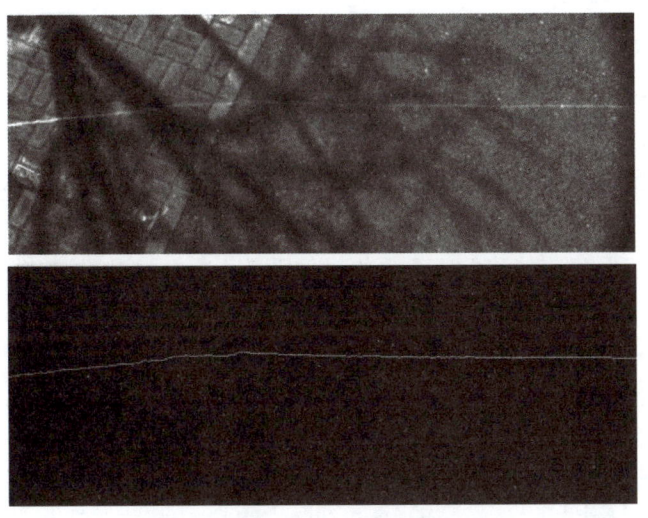

(b) 路面车辙激光图像2及激光线提取结果

图 12-10 （续）

12.3 路面缺陷三维检测

12.3.1 路面缺陷三维检测需求分析

在公路损害分类中，路面缺陷是常见的损害类型，路面缺陷不仅影响道路行车安全，同时也给建设与养护单位带来较大的成本负担。例如，路面径流渗入道路内部，破坏稳定性使路基失稳引发路基塌陷；路面出现的裂缝造成高速行驶的车辆行驶过程中的操控失稳与跳车情况。常见缺陷图像如图 12-11 所示。

(a) 路面网状龟裂图像 　　　　(b) 路面开裂纵缝图像

图 12-11　常见缺陷图像

12.3.2 基于线激光的三维检测系统

通过在智能检测车上安装与道路有一定角度的单线激光器和高分辨率相机，构成一个车载的道路线激光三维成像系统。其原理为采用线阵激光器连续向道路发射线激光，通过高分辨率相机实时获取道路序列激光线图像，激光线弯曲反映道路凹凸深度变化。线激光道路深度以道路观测点的高程测量为基础，通过基于线结构光的道路三维成像系统获取道路凹凸深度值。测点深度的高程计算基于三角测量原理来实现，其计算原理如图 12-12

所示。

Las 为线结构激光器，Cam 为相机，F 为相机焦点，f 为镜头焦距(像距)，α 为激光入射方向与被测路面基准线的夹角；β 为相机主光轴与被测路面基准线的夹角，此处相机光轴法线垂直于被测路面基准面，所以此处 β 为 90°；H_1 为激光器的安装高度，H_2 为相机镜头的安装高度；d 为激光线与基准路面的交点 E 到相机主光轴与被测路面基准线的交点 A 的距离；h 为被测位置相对于基准路面的高程；e 为成像中应测点位置的激光线变形量(像素)；k_0 为图像偏移距离与偏移像素个数的比例系数；为在测定凹凸高程值时得到一个统一的计算公式，规定被测点 C 在路面基准线之上的高程 h 为正，对应为凸面高程，见图 12-12(a)；之下为负，为凹面高程，见图 12-12(b)。与此对应，成像点偏移量 e 在原点 O 上方时为正，下方时为负；当激光线在基准路面之上与相机光轴法线无交点，则 d 为正，有则为负。

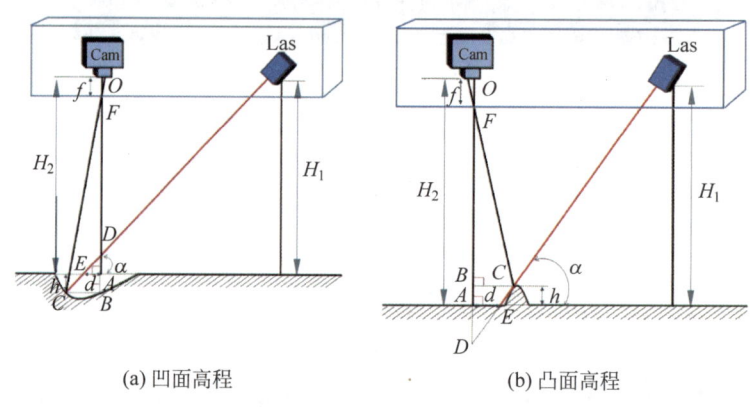

(a) 凹面高程　　　　　　(b) 凸面高程

图 12-12　道路三维成像系统及凹凸深度计算原理

12.3.3　基于过零点理论的道路表面三维道路缺陷检测

红外激光线图像可以分成激光线区域、干扰与曝光区域、背景区域。激光线区域具有较好的区分度，但经常受到高亮度路标、污损、复杂光照等干扰。通过利用采集图像中像素点的灰度值趋势变化反映了像素间明暗变化的幅度大小这一特性，提出了一种基于过零点理论的激光线提取方法，为实现路面三维精确实时重建提供了技术支撑。

为了精确构建道路表面三维模型，需要从激光线图像中提取宽度为一个像素的激光线。首先，通过差分模板和逐列差分求和运算定位激光线的上下边界。然后，根据过零点理论，计算激光点的位置。最后，根据激光点在空间上的连续性特点，从左至右找到最短路径作为最终的激光线提取结果。这样可以在各种环境下准确提取激光线，为三维重建提供支持。基于过零点理论的激光提线算法，其具体步骤如下。

(1) 对每张提取到的激光线图像上的每个像素进行后向差分，得到图像每一列的最终差分结果。

(2) 对经过差分运算后结果图上所有的差分结果 $f(i,m)$，按行递增的方向形成差分曲线 F_m，并对该曲线 F_m 进行曲率变换，找到最大波峰峰值 $f_{\max}$ 和最小波谷峰值 $f_{\min}$，两点在图中行坐标分别为 p 和 q，则激光的中心位置为 $\text{index}_m = (p+q)/2$。

（3）对激光点在图像中的分布进行累加求和，得到每一行激光点像素值的总和。根据激光线的连续性特点，将图像按行划分成若干区域，并比较这些区域中的激光点像素总值，选择包含最大总值的区域作为激光线的大致区域。

（4）根据得到的激光线大致区域位置，通过向上或向下查找其他区域中激光点的分布是否符合一般激光线连续性的特点，来判断是否有遗漏的激光区域以及是否需要增加激光线区域的存在范围。最后保留激光线区域中的所有激光点，剔除区域以外的激光点以此达到去除噪声干扰的效果。

12.3.4 实验与分析

1. 道路表面缺陷和异物三维检测系统

实验采集图像分辨率为 1920×1200，选用的镜头为 Kowa 镜头，焦距为 3mm，在 3m 工作距离下，视场宽度可达到 8m，搭建如图 12-13 所示的搭建道路表面缺陷和异物三维检测系统。

图 12-13 道路表面缺陷和异物三维检测系统

2. 针对激光线提取的定性分析

基于过零点算法相比于传统的灰度重心法、Steger 法，具有计算速度快、抗背景曝光干扰强以及激光线提取精度高等优势，这几种方法的激光线提取效果如图 12-14 所示。

3. 针对激光线提取的定量分析

（1）检出正确率。图像中所有算法计算正确的激光点总数与人工标记的激光点总数之比，即为检出正确率。计算公式表达为

$$R = \frac{\sum_{(i,j)} g(i,j) f(i,j)}{\sum_{(i,j)} g(i,j)} \tag{12-20}$$

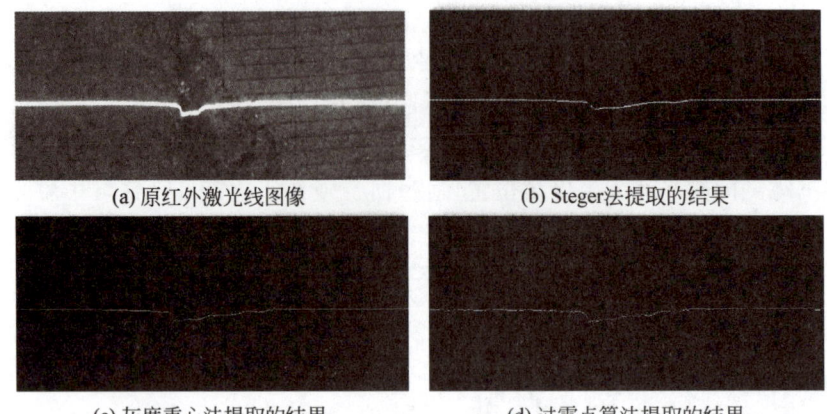

(a) 原红外激光线图像　　　　　　　(b) Steger 法提取的结果

(c) 灰度重心法提取的结果　　　　　(d) 过零点算法提取的结果

图 12-14　激光线提取结果对比

其中，R 表示图像的检出正确率，$g(i,j)$ 表示当前列人工标注激光点的位置，$f(i,j)$ 表示当前列算法计算得到激光点的位置。

（2）提取完整率。给定一条基准线，计算标注点的激光点深度与算法提取的对应列上的激光点深度之间的误差率。通过对所有对比列的误差率求平均，得到提取激光点的完整率。计算公式表达为

$$\eta = \frac{1}{N} \sum_i \left(1 - \frac{|h_b(i) - h_t(i)|}{h_b(i)}\right) \quad (12\text{-}21)$$

其中，$h_b(i)$ 表示人工标注激光线上的激光点深度，$h_t(i)$ 表示算法测得的激光线上对应人工标注那一列的激光点深度，N 表示所有对比组的总数。

（3）算法处理速度。选中一段激光线视频并用算法加之处理，将处理视频的时间除以视频中的总帧数即为平均每张图片的处理速度。计算公式表达为

$$v = \frac{T}{F} \quad (12\text{-}22)$$

其中，T 为处理视频的总时间，F 为测试视频的总帧数。

（4）激光线提取结果评价。实验对 16 000 张图片进行了激光线提取，通过比对人工标注图像集与算法提线图像集，计算出该算法的检出正确率以及提线完整率的检测结果，其指标结果对比汇总表 12-3 所示。

表 12-3　不同算法指标对比

指　标	算　法		
	灰度重心法	Steger 法	过零点算法
检出正确率	0.77	0.76	0.85
提取完整率	0.93	0.91	0.94
耗时（毫秒/帧）	15.36	20.44	3.68

通过实验采集路面缺陷，最终得到的三维点云图像如图 12-15 所示。

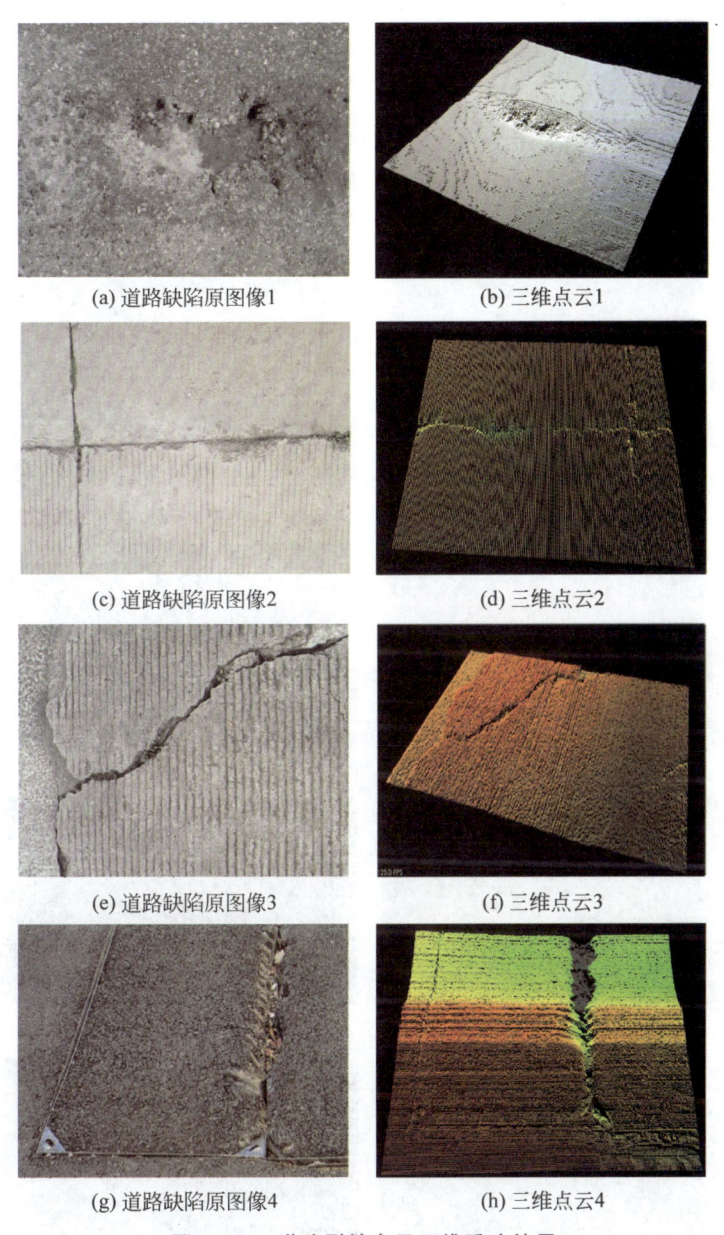

(a) 道路缺陷原图像1　　(b) 三维点云1

(c) 道路缺陷原图像2　　(d) 三维点云2

(e) 道路缺陷原图像3　　(f) 三维点云3

(g) 道路缺陷原图像4　　(h) 三维点云4

图 12-15　道路裂缝点云三维重建结果

12.4　道路异物三维检测

　　道路表面异物的检测由于其异物大小与表面材质的不同，一般的人工巡检难以将道路表面异物尽数检测。通过采用特定红外波长的激光线进行检测，设置相机曝光等参数以及使用红外滤光片等硬件调试，得到一个稳定的采集环境。

　　道路表面异物的测量与道路缺陷三维检测的基本原理与计算方法类似，通过分析异物表面激光线到基准线之间的距离从而得到异物的高度信息，并对视频逐帧的结果进行时序的拼接，形成路面的三维点云数据。形成的路面三维点云结果与异物信息显示如图 12-16 所示。

(a) 道路表面异物原图像1 (b) 三维点云1

(c) 道路表面异物原图像2 (d) 三维点云2

(e) 道路表面异物原图像3 (f) 三维点云3

(g) 道路表面异物原图像4 (h) 三维点云4

(i) 道路表面异物原图像5 (j) 三维点云5

(k) 道路表面异物原图像6 (l) 三维点云6

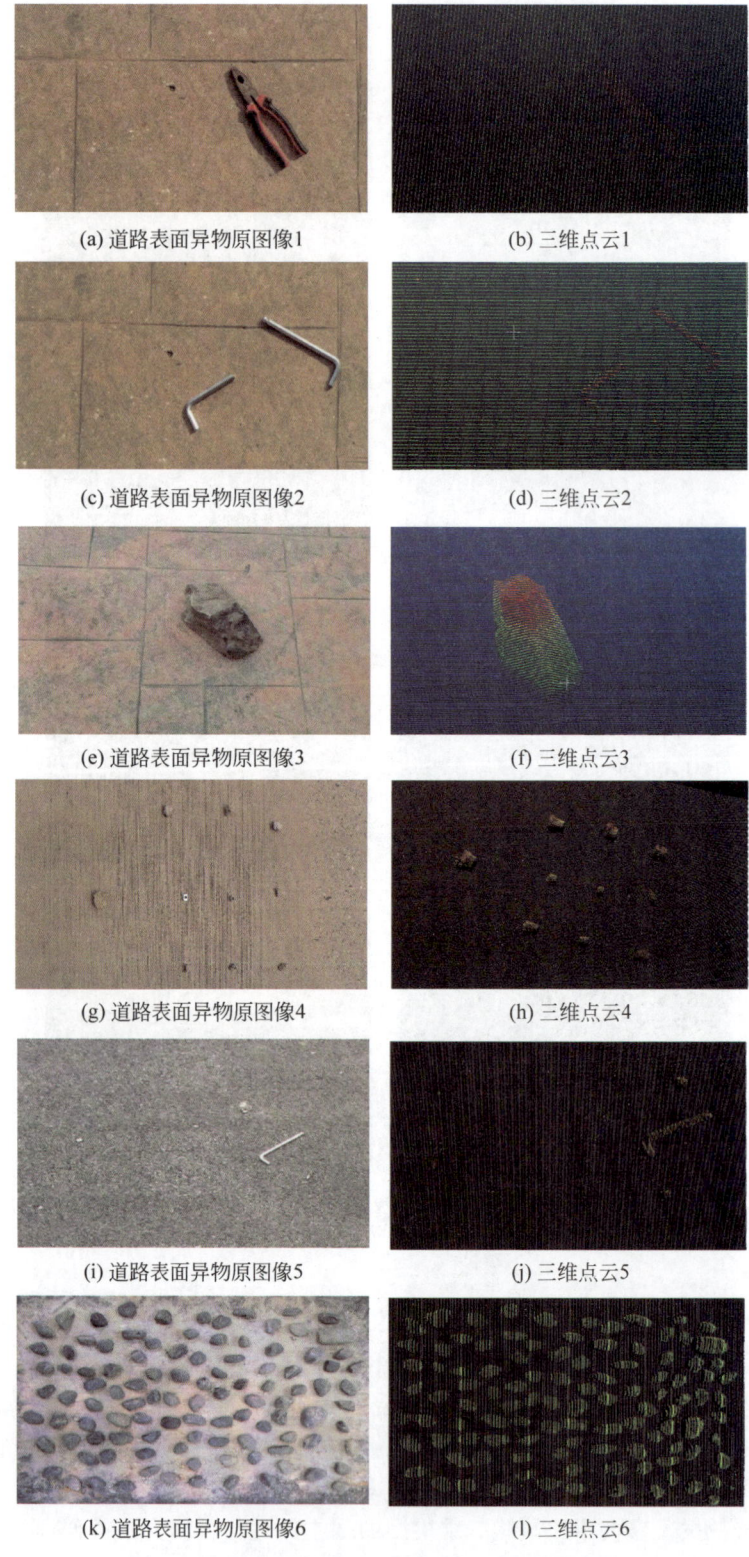

图 12-16　形成的路面三维点云结果与异物信息显示

(m) 道路表面异物原图像7　　　　(n) 三维点云7

图 12-16 （续）

参考文献

[1] HUANG Y G,TILLOTSON H,SNAITH M. Massively parallel computing techniques might in prove highway maintenance[J]. IEEE,1998:58-67.

[2] FUKUHARA T,TERADA K,NAGAO M,et al. Automation pavement-distress-survey system[J]. ASCE Journal of Trans Portation Engineering,1990,116(3):280-286.

[3] PYNN J. WRIGHT A,LODGE R. Automatic identification of cracks in road surfaces[J]. Proceedings of 7th International Congress on Image Processing and Its Applications,1999,2:671-675.

[4] KELVIN C P,WANG K,ELLIOTT R. Investigation of image archiving for pavement surface distress survey［R］. A final report submitted to Mack-Blackwell TransPortation Center. Image Processing,1999.

[5] CHENG H D,MIYOJIM M. Automation pavement distress detection system［J］. Journal of Information Science,1998,108:219-240.

[6] 韩宏,杨静宇. 神经网络分类器的组合[J]. 计算机研究与发展,2000(12):1488-1492.

[7] 王珣. 图像分割技术及其路面开裂破损识别中的应用[J]. 计算机工程,2003,10(17):117-119.

[8] BHAGVATI C,SKOLNIEK M M,GRIVAS D A. Gaussian normalization of morphological size distributions for increasing sensitivity to texture variations and its application to pavement distress classification[J]. IEEE,1994:700-703.

[9] 王华,朱宁,王祁,等. 公路路面分形纹理特征分析与分类[J]. 哈尔滨工业大学学报,2005,6(6):816-818.

[10] 刘玉臣,王国强,林建荣,等. 高等级沥青公路路面裂缝图像处理技术[J]. 建设机械技术与管理,2006,(2):65-68.

[11] 交通部公路科学研究所. 公路路基路面现场测试规程[M]. 北京:人民交通出版社,1995.

[12] 河南省交通厅公路管理局. 公路养护质量检查评定标准[M]. 北京:人民交通出版社,1994.

[13] ROSENFELD M. Some neighborhood operation,in real-time/parallel computing image analysis[M]. New York:Plenum Press,1981.

[14] 秦筱槭,蔡超,周成平. 一种有效的骨架毛刺去除算法[J]. 华中科技大学学报,2004,(12):28-31.

[15] 梁新政,潘卫育,徐宏. 路面无损检测技术新发展[J]. 公路学报,2002,9:927-931.

[16] 陈向荣,朱志刚,石定机. 基于双外极线的结构光深度信息快速获取[J]. 清华大学学报(自然科学版),1998,38(1):96-99.

[17] FUKUHARA T,TERADA K,NAGAO M,et al. Automatic pavement distress survey system[J]. Journal of Transportation Engineering,1990,11(3):280-286.

[18] WANG K. Automatic systems for pavement surface distress survey:a historical perspective on design and implementation[C]. Annual Meeting of Transportation Research Board for Presentation and Publication,Washington,2002:49-72.

[19] 贺安之,贺斌,徐友仁,等.激光断面高程仪：CN00240679.9[P].2001-10-10.
[20] 贺安之,徐友仁,贺宁.高速公路路面状况的光学智能检测与信息处理[J].光电子·激光,2002,13(12)：1281-1284.
[21] 李清泉,毛庆洲,胡庆武,等.智能道路路面自动检测车：CN03237211.6[P].2004-11-24.
[22] 孙露,毕笃彦.基于信息熵的图像分割阈值迭代改进算法[J].计算机应用与软件,2008,25(10)：225-226.
[23] 郑朝晖.基于最大熵法的雷达图像分割[J].电子科技,2008,21(6)：51-53.
[24] 王石青,邱林,王志良,等.确定隶属函数的统计分析法[J].华北水利水电学院学报,2002,23(1)：68-71.
[25] 王季方,卢正鼎.模糊控制中隶属度函数的确定方法[J].河南科学,2000,(4)：348-351.
[26] KARDAN M,BUF J D,SPAN M. Texture feature performance for image segmentation[J]. Pattern Recognition,1990,23(3-4)：291-309.
[27] 孙即祥.模式识别中的特征提取与计算机视觉不变量[M].北京：国防工业出版社,2001.
[28] 钟珞.模式识别[M].武汉：武汉大学出版社,2006.
[29] 张修军,郭霞,金心宇.带标记校正的二值图像连通域像素标记算法[J].中国图象图形学报,2003,8(2)：198-202.
[30] 李欢,杨捷.求解二值图像连通域的改进算法[J].计算机与现代化,2005,4：11-13.
[31] YANG Y,ZHANG D. A novel line scan clustering algorithm for identifying connected components in digital images[J]. Image and Vision Computing,2003,21：459-472.
[32] SERRA J. Image analysis and mathematical morphology[M]. London：Academic Press,1988.
[33] DOUGHERTY E R,DOUGHERTY E R. Digital image processing methods[M]. New York：Marcel Dekker,1994.
[34] PAVLIDIS T. A thinning algorithm for discrete binary images[J]. Computer Graphic and Image Processing,1980,13(2)：142-157.
[35] 王家隆,郭成安.一种改进的图像模板细化算法[J].中国图象图形学报,2004,9(3)：297-301.